经典名著

全本全解版

·经典名著全本全解版·

昆虫记

〈 [法]法布尔 / 著 〉

陈筱卿 / 译

天地出版社 | TIANDI PRESS

图书在版编目（CIP）数据

昆虫记 /（法）法布尔著；陈筱卿译. -- 成都：
天地出版社, 2023.8
（经典名著全本全解版 / 程文彬主编）
ISBN 978-7-5455-7491-3

Ⅰ.①昆… Ⅱ.①法… ②陈… Ⅲ.①昆虫学 – 青少
年读物 Ⅳ.①Q96–49

中国版本图书馆CIP数据核字（2022）第244790号

KUNCHONG JI

昆虫记

出 品 人	杨　政
著　　者	[法]法布尔
译　　者	陈筱卿
责任编辑	李红珍　江秀伟
责任校对	张思秋
内文排版	蚂蚁书坊
责任印制	刘　元

出版发行　天地出版社
　　　　　（成都市锦江区三色路238号 邮政编码：610023）
　　　　　（北京市方庄芳群园3区3号 邮政编码：100078）
网　　址　http://www.tiandiph.com
电子邮箱　tianditg@163.com
经　　销　新华文轩出版传媒股份有限公司

印　　刷　三河市兴国印务有限公司
版　　次　2023年8月第1版
印　　次　2023年8月第1次印刷
开　　本　787mm×1092mm　1/16
印　　张　22
字　　数　591千字
定　　价　39.00元
书　　号　ISBN 978-7-5455-7491-3

法布尔（1823—1915）

　　让-亨利·法布尔（Jean-Henri Fabre），法国著名昆虫学家、文学家、博物学家，生于法国普罗旺斯的圣莱昂。精通拉丁语和希腊语，先后通过自学取得业士学位、数学学士学位、自然科学学士学位和自然科学博士学位，在《昆虫记》第一卷出版发行后，买下圣莱昂的一处老旧民宅并取名"荒石园"，常年在这里进行观察和实验，整理并完成《昆虫记》的后九卷。《昆虫记》为他赢得了"昆虫界的荷马""昆虫界的维吉尔"的美名。鲁迅曾将法布尔的《昆虫的故事》称为"讲昆虫的故事""讲昆虫的生活"的楷模。其主要作品有《昆虫记》（全十卷）、《自然科学编年史》。

阅读指南

阅读是一种理解、领悟、吸收、鉴赏、评价和探究的思维过程，而有益的阅读规划和阅读策略无疑会提升阅读的效果。因此，我们根据每一部作品的具体特点，制订了针对性的阅读规划和阅读策略，以帮助读者更好地实现阅读目标。

阅读规划

《昆虫记》全书共选录四十六篇文章，建议用两周的时间完成整本书的阅读。

阅读时间		阅读内容	是否完成
第一周	第一天	《荒石园》《毛刺砂泥蜂》《隧蜂》《隧蜂门卫》	是☐ 否☐
	第二天	《灰毛虫》《松毛虫》《圣甲虫》	是☐ 否☐
	第三天	《圣甲虫的梨形粪球》《圣甲虫的造型术》《西班牙蜣螂》《舒氏西绪福斯蜣螂与蜣螂父亲的本能》	是☐ 否☐
	第四天	《月形蜣螂与野牛宽胸蜣螂》《米诺多蒂菲》《南美潘帕斯草原的食粪虫》《粪金龟和公共卫生》	是☐ 否☐
	第五天	《昆虫的装死行为》《昆虫的"自杀"行为》《绿蝇》	是☐ 否☐
	第六天	《麻蝇》《红蚂蚁》《蝉和蚂蚁的寓言》	是☐ 否☐
	第七天	《蝉出地洞》《螳螂捕食》《灰蝗虫》《绿蝈蝈》	是☐ 否☐

阅读时间		阅读内容	是否完成
第二周	第一天	《大孔雀蝶》《小阔条纹蝶》《象态橡栗象》	是 □ 否 □
	第二天	《豌豆象》《菜豆象》《老象虫》	是 □ 否 □
	第三天	《天牛》《蟹蛛》《纳博讷狼蛛》	是 □ 否 □
	第四天	《圆网蛛》《迷宫蛛》《克罗多蛛》	是 □ 否 □
	第五天	《意大利蟋蟀》《田野地头的蟋蟀》《萤火虫》《朗格多克蝎的家庭》	是 □ 否 □
	第六天	《朗格多克蝎》《金步甲的婚俗》《松树鳃角金龟》	是 □ 否 □
	第七天	《昆虫与蘑菇》《燕子与麻雀》	是 □ 否 □

阅读策略

✅ 要点提示

1 详细了解作者的生平事迹、科学成就以及《昆虫记》（全十卷）的成书过程和分卷的大致内容，初步感知作品特色以及名家对作品的评价。

2 作者在昆虫身上倾注人文关怀，以虫性反观人类社会，思考人类的生存状态和价值观，仔细阅读本书，感受作品"以人性关照虫性"的艺术手法，体会书中睿智的哲思。可将重点昆虫分类，进行习性和特点的横纵向对比，以更深入地了解昆虫的特点。

3 作者以朴实却不失生动优美的笔触描写昆虫，用词严谨却别有风趣，以有别于一般的科普作品的散文化形式展现了生命之美，传达出特殊的美学趣味。

4 作者将专业知识与人生感悟相结合，以独特的视角和文笔向读者展示了神秘而有趣的昆虫世界。作品既有科学的理性又有文学的感性，不仅是一部科学百科，又是一部文学巨著，充溢着作者对大自然和生命的关切之情，显露出生态哲学理性的光芒。

☑ 方法点拨

1 根据阅读规划时间按时分阶段完成全书的阅读，注意结合导读和批注解读文字进行辅助阅读。

2 在阅读过程中可借助工具书和查阅相关资料来理解专业性较强的术语及概念，在了解科普类文学作品的写作特点基础上，结合章节后的读后思考内容进行深层次探究阅读。

3 精读重点章节及章节中的重点段落，可以围绕感兴趣的昆虫进行专题阅读，选取典型代表归纳总结其生活习性。

4 作为一部科普类文学作品，《昆虫记》集文学性和科学性于一身，感知作品艺术特色并带着疑问进行阅读，体会作者在进行科学研究时求真务实的严谨态度和精神。

序

  19 世纪末到 20 世纪初，在法国，一位昆虫学家的一本令人耳目一新的书出版了。全书共十卷，长达二三百万字。该书随即成为一本畅销书，其书名按照法文直译为《昆虫学回忆录》，简单、通俗地称为《昆虫记》。该书出版后，好评如潮。法国著名戏剧家埃德蒙·罗斯丹称赞该书作者："这个大学者像哲学家一般地去思考，像艺术家一般地去观察，像诗人一般地去感受和表达。"罗曼·罗兰称赞道："他观察之热情耐心，细致入微，令我钦佩，他的书堪称艺术杰作。我几年前就读过他的书，非常地喜欢。"英国生物学家达尔文夸奖说，他是"无与伦比的观察家"。中国的周作人也说："见到这个布罗凡斯的科学的诗人的著作，不禁引起旧事，羡慕有这样好书看的别国的少年，也希望中国有人来做这翻译编纂的事业。"鲁迅先生早在五四以前就已经提到过《昆虫记》这本书，想必他看的是日文版。当时法国和国际学术界称赞该书作者为"动物心理学的创始人"。总之，这是一本根据对昆虫的生活习性详尽、真实的观察而写成的不可多得的书。书中所记述的昆虫的习性、生活等各方面的情况真实可信，而且作者描述时文笔精练清晰。因而，该书被称为"昆虫的史诗"，作者也被赞誉为"昆虫界的维吉尔"。

  该书作者就是让 – 亨利·法布尔（1823—1915）。他出身寒门，一生勤奋刻苦，锐意进取，自学成才，用十二年的时间先后获得业士❶、双学士和博士学位。但这种奋发上进并未得到法国教育界、科学界的权威们的认可，以致虽一直梦想着能执大学的教鞭而终不能遂愿，只好屈就中学的教职，以微薄的薪金维持一家

---

❶ 业士：法国在全球特有的学位形式，由拿破仑在 1808 年创立，相当于高中学业结束的学历，最初业士学位考试范围涉及科学、文学和商务领域，后来范围和分类越来越多。

七口的生活。但法布尔并未气馁，除兢兢业业地教好书外，他利用业余时间对昆虫进行细心的观察研究。他的那股钻劲儿、韧劲儿简直到了废寝忘食的程度。他对昆虫的那份好奇、那份爱，非常人所能理解。他笔下的那些小虫子，一个个活灵活现，栩栩如生，充满着灵性，让人看了之后觉得十分可爱，就连一般人讨厌的食粪虫都让人看了觉得妙趣横生。

该书堪称鸿篇巨制，既可视为一部昆虫学的科普书籍，又可称之为描写昆虫的文学巨著，因而法布尔既被人称为大博物学家，又被称为大文学家。为此，他在晚年时，也就是 1910 年，曾获得诺贝尔文学奖的提名。该书于 1879 年到 1907 年间陆续发表，后一版发表于 1919 年到 1925 年间。后来，便一再地以"选本"的形式出版发行，取名为《昆虫的习性》《昆虫的生活》《昆虫的漫步》，受读者欢迎的程度可见一斑。

……我劝大家不妨拨冗一读这本老少咸宜的书，你定会从中感觉出美妙、朴实、有趣来的。它既可以让你增加许多有关昆虫方面的知识，又可以让你从中了解到作者笔下那种似散文诗般的语言的美好。与此同时，你也会从字里行间看到作者的那份韧劲儿，那份孜孜不倦，那份求实精神，那份不把事情弄个水落石出、明明白白绝不罢休的博物学家的感人至深的精神。

陈筱卿

2014 年 4 月

目录

contents

荒石园……………………………… 001

毛刺砂泥蜂…………………………… 008

隧 蜂………………………………… 015

隧蜂门卫……………………………… 021

灰毛虫………………………………… 026

松毛虫………………………………… 031

圣甲虫………………………………… 045

圣甲虫的梨形粪球…………………… 053

圣甲虫的造型术……………………… 060

西班牙蜣螂…………………………… 065

舒氏西绪福斯蜣螂

　　与蜣螂父亲的本能………………… 071

月形蜣螂与野牛宽胸蜣螂…………… 078

米诺多蒂菲…………………………… 083

南美潘帕斯草原的食粪虫…………… 090

粪金龟和公共卫生…………………… 096

昆虫的装死行为……………………… 101

昆虫的"自杀"行为………………… 109

绿 蝇………………………………… 115

麻 蝇………………………………… 122

红蚂蚁………………………………… 129

蝉和蚂蚁的寓言……………………… 139

蝉出地洞……………………………… 148

螳螂捕食……………………………… 154

灰蝗虫………………………………… 162

绿蝈蝈………………………………… 170

大孔雀蝶……………………………… 174

小阔条纹蝶…………………………… 185

象态橡栗象…………………………… 192

豌豆象………………………………… 201

菜豆象………………………………… 213

老象虫………………………………… 222

天　牛………………………………… 229

蟹　蛛………………………………… 236

纳博讷狼蛛…………………………… 240

圆网蛛………………………………… 250

迷宫蛛………………………………… 262

克罗多蛛……………………………… 268

意大利蟋蟀…………………………… 274

田野地头的蟋蟀……………………… 277

萤火虫………………………………… 282

朗格多克蝎的家庭…………………… 291

朗格多克蝎…………………………… 300

金步甲的婚俗………………………… 311

松树鳃角金龟………………………… 315

昆虫与蘑菇…………………………… 319

燕子与麻雀…………………………… 325

延伸阅读……………………………… 330

评价·思考·探究……………………… 332

高频考点真题………………………… 334

综合检测题…………………………… 336

参考答案……………………………… 339

导读

　　荒石园是作者的"钟情宝地"，是作者四十多年来梦寐以求的一个理想的实验室。在这里，作者积极地探索着大自然有趣的秘密，发生了诸多有趣的故事。作者以饱蘸深情的笔墨向世人描述着这动植物的天堂，与动植物为伴，享受着观察的乐趣……

荒石园

　　这儿是我最喜欢的地方，不算太大，却是我的"钟情宝地"。周围有围墙围着，与公路上的熙来攘往、喧闹沸扬相隔绝，虽说偏僻荒芜，无人问津，又遭太阳的暴晒，却是刺茎菊科植物和膜翅目昆虫们所喜爱的地方。因无人问津，我便可以在那里不受过往行人的打扰，一心一意地对沙泥蜂和石泥蜂等进行艰难的探索。这种探索难度极大，只有通过实验才能完成。在那里我无须耗费时间，分心劳神地跑来跑去，东寻西觅，无须着急忙慌地赶来赶去。我只消安排好自己的周密计划，细心地设置下陷阱圈套，然后，每天不断地观察并记录所获得的结果。是的，一块"钟情宝地"，这就是我的夙愿，我的梦想，我一直苦苦追求但总难以实现的一个梦想。

　　一个每天都在为生计操劳的人，想要在旷野之中为自己准备一个实验室，实属不易。我四十年如一日，凭借自己顽强的意志力，与贫困潦倒的生活苦斗着，终于有一天，我的心愿得到了满足。这是我孜孜不倦、顽强奋斗的结果，其中的艰苦繁难我在此就不赘述了，反正，我的实验室算是有了。尽管它的条件并不十分理想，但是，有了它，我就必须拿出点时间来侍弄它。其实，我如同一个苦役犯，身上锁着沉重的锁链，闲暇时间并不太多。但是，愿望实现了，总是好事，只是稍嫌迟了一些，我可爱的小虫子们！我真害怕，到了采摘梨桃瓜果之时，我的牙却啃不动它们了。是的，确实是来得晚了点儿：当初那广阔的旷野，而今已变成了低矮的穹庐，令人窒息憋闷，而且还在日益地变低变矮变窄变小。对于往事，除了已失去的东西外，我并无丝毫的遗憾，没有任何的愧疚，甚至对我那消逝而去的光阴也是如此，而且，我对一切都已不再抱有希望。世态炎凉我已遍尝，体味甚深；我已心力交瘁，心灰意冷；每每禁不住要问自己，为了活命，吃尽苦头，是否值得？我此时此刻的心情就是这样。

理解感悟

　　作者在文中所称的"钟情宝地"是植物和昆虫的乐园，对常人来说却是荒凉难以忍受的地方，可见作者对昆虫研究的痴迷。

理解感悟

　　作者虽然"锁着沉重的锁链"，承受着人生的重压，但是依旧抽出时间对昆虫进行研究并乐在其中，如今终于可以全身心投入自己喜欢的工作中，表现了作者心遂所愿的喜悦。

我放眼四周，触目皆为废墟，唯有一堵断墙残垣屹立其间。这个断墙残垣因为是石灰沙泥浇灌，所以仍然兀立在废墟的中央。它就是我对科学真理的执着追求与热爱的真实写照。啊，我心灵手巧的膜翅目昆虫们，啊，我的这份热爱能否让我有资格给你们的故事追加一些描述？我会不会心有余而力不足？我既然心存这份担忧，为何又把你们抛弃了这么长的时间？有一些朋友已经因此而责备我了。啊，请你们去告诉他们，告诉那些既是你们的也是我的朋友们。告诉他们我并不是因为懒惰和健忘，才抛弃了你们。告诉他们我一直惦记着你们。告诉他们我始终深信节腹泥蜂的秘密洞穴中还有许多尚待我们去探索的有趣的秘密。告诉他们飞蝗泥蜂的猎食活动还会向我们提供许多有趣的故事。然而，我缺少时间，又是单枪匹马，孤立无援，无人理睬，何况，我在高谈阔论之前，必须先考虑生计的问题。我请你们就这么如实地告诉他们吧，他们是会原谅我的。

还有一些人在指责我，说我用词欠妥，不够严谨，说穿了，就是缺少书卷气，没有学究味儿。他们担心，一部作品让读者读起来容易，不费脑子，那么，该作品就没能表达出真理来。照他们的说法，只有写得晦涩难懂，让人摸不着头脑，那作品才是思想深刻的。你们这些身上或长着螫针或披着鞘翅的朋友，你们全都过来吧，来替我辩白，替我做证。请你们站出来说一说，我与你们的关系是多么亲密，我是多么耐心细致地观察你们，多么认真严肃地记录下你们的活动。我相信，你们会异口同声地说："是的，他写的东西没有丝毫的言之无物的空洞乏味的套话，没有丝毫不懂装懂、不求甚解的胡诌瞎扯，有的只是准确无误地记录下来的观察到的真情实况，既未胡乱添加，也未挂一漏万。"今后，但凡有人问到你们，请你们就这么回答他们吧。

另外，我亲爱的昆虫朋友们，如果因为我对你们的描述没能让人生厌，因而说服不了那帮嗓门儿很大的人的话，那我就会挺身而出，郑重地告诉他们说："你们是把昆虫开膛破肚，而我是在它们活蹦乱跳的情况下进行研究；你们把昆虫变成一堆既可怖又可怜的东西，而我则使得人们喜欢它们；你们在酷刑室和碎尸场里工作，而我是在蔚蓝的天空下，在鸣蝉的歌声中观察；你们用试剂测试蜂房和原生质，而我却研究本能的最高表现；你们探究死亡，而我却探究生命。"因此，我完全有资格进一步地表明我的思想：野猪把清泉的水给搅浑了，原本是青年人的一种非常好的专业——博物史，因越分越细，相互隔绝，互不关联，竟至成了一种令人心生厌恶、不愿涉猎的东西。诚然，我是在为学者们而写，是在为将来有一天或多或少地为解决"本能"这一难题做点贡献的哲学家们而写，但是，我也是在，而且尤其是在为青年人而写。我真切地希望他们能热爱这门被你们弄得让人恶心的博物史专业。这就是我为什么在竭力地坚持真实第一，一丝不苟，绝不采用你们的那种科学性的文字的缘故。你们的那种科学性的文字，说实在的，好像是从休伦人❶所使用的土语中借来

---

❶ 休伦人：属印第安人的一个分支，住在北美的圣罗伦斯河畔，在十六世纪被一位法国探险家发现的族群。

的。这种情况，并不鲜见。

然而，此时此刻，我并不想做这些事。我想说的是我长期以来一直魂牵梦萦着的那块计划之中的土地，我一心想着把它变成一座活的昆虫实验室。这块地，我终于在一个荒僻的小村子里寻觅到了。这块地被当地人称为"阿尔玛"，意为"一块除了百里香恣意生长，几乎没有其他植物的荒芜之地"。这块地极其贫瘠，满地乱石，即使辛勤耕耘，也难见成效。春季来临，偶尔带来点雨水，乱石堆中也会长出一点草来，随即引来羊群的光顾。不过，我的阿尔玛，由于乱石之间仍夹杂着一点红土，所以还是长过一些作物的，据说，从前，那儿就长着一些葡萄。的确，为了种上几棵树，我就在地上挖来刨去，偶尔会挖到一些因时间太久而已部分炭化了的实属珍稀的乔本植物的根茎来。于是，我便用唯一可以刨得动这种荒地的农用三齿长柄叉来又刨又挖。然而，每每都会感到十分遗憾，据说最早种植的葡萄树没有了，而百里香、薰衣草也没有了。一簇簇的胭脂虫栎也见不着了。这种矮小的胭脂虫栎本可以长成一片矮树林的，它们确实长不高，只要稍微抬高点腿，就可以从它们上面迈过去。这些植物，尤其是百里香和薰衣草，能够为膜翅目昆虫提供它们所需要采集的东西，所以对我十分有用，我不得不把偶尔被我的农用三齿长柄叉刨出来的又给栽了进去。

在这儿大量存在着的，而又无须我去亲手侍弄的是那些开始时随着风吹的土粒而来的，而后又长年积存起来的植物。最主要的是犬齿草，那是十分讨厌的禾本植物，三年炮火连天、硝烟弥漫的战争都没能让它们灭绝，真是野火烧不尽，春风吹又生。数量上占第二位的是矢车菊，全都是一副桀骜不驯的样子，浑身长满了刺，或者长满着棘，其中又可分为两年生矢车菊、蒺藜矢车菊、丘陵矢车菊、苦涩矢车菊，而尤以两年生矢车菊数量最多。各种各样的矢车菊相互交织，彼此纠缠，乱糟糟地簇拥在一起，其中可见一种菊科植物，形同枝形大烛台似的支棱着，凶相毕露，被称为西班牙刺枯，其枝杈末梢长着很大的橘红色花朵，似火焰一般，而其刺茎则是硬如铁钉。长得比西班牙刺枯要高的是伊利大刺蓟，它的茎孤零零地"独立寒秋"，笔直硬挺，高达一两米，梢头长着一个硕大的紫红色绒球，它身上所佩带的利器，与西班牙刺枯相比，毫不逊色。也别忘了，还有刺茎菊科类植物。首先必须提到的是恶蓟，浑身带刺，致使采集者无从下手；其次是披针蓟，阔叶，叶脉顶端是梭镖状硬尖；最后是越长颜色越黑的染黑蓟，这种植物缩成一个团，状如插满针刺的玫瑰花结。这些蓟类植物之间的空地上，爬着荆棘的新枝丫，结着淡蓝色的果实，枝条长长的，像是长着刺的绳条。如果想要在这杂乱丛生的荆棘中观察膜翅目昆虫采蜜，就得穿上半高筒长靴，否则腿肚子就会被拉得满是条条血丝，又痒又疼。当土壤尚留下春雨所能给予的水分，墒情尚可时，角锥般的刺枯和大翅蓟细长的新枝丫便会从由这块两年生矢车菊的黄色头状花序铺就的"地毯"上生长出来。这时候，在这种荒凉贫瘠的艰苦环境下，这种极具顽强生命力的荆棘必定会展现出它们的某些娇媚来的。四下里矗立着一座座狼牙棒似的金字塔，伊利里亚矢车菊投出它那横七竖八的标枪来。但是，等到干旱的夏日来临时，这儿呈现的是一片枯枝败叶，划根火柴，就会点着整块的土地。这就是我意欲从此永远与我的昆虫们亲密无间地生活的美丽迷人的伊甸园，或者，更确切地说，我一开始拥有这片园子时，它就是这么一座荒石园。我经过了四十年的艰苦努力，顽强奋斗，最终才获得了这块宝地。

我称它为美丽迷人的伊甸园 ❶，看来我这么说还是恰如其分的。这块没人看得上眼的荒地，可能没一个人会往上面撒一把萝卜籽的，但是，对于膜翅目昆虫来说，它可是个天堂。荒地上那茁壮成长的荆棘蓟类植物和矢车菊，把周围的膜翅目昆虫全都吸引了来。我以前在野外捕捉昆虫时，从未遇到过任何一个地方，像这个荒石园那样，聚集着如此之多的昆虫，可以说，所有的膜翅目昆虫全都聚集到这里来了。它们当中，有专以捕食活物为生的"捕猎者"，有以湿土"造房筑窝者"，有梳理绒絮的"整理工"，有在花叶和花蕾中修剪材料备用的"备料工"，有以碎纸片建造纸板屋的"建筑师"，有搅拌泥土的"泥瓦工"，有为木头钻眼的"木工"，有在地下挖掘坑道的"矿工"，有加工羊肠薄膜的"技工"……还有不少干其他活儿的，我也记不清了。

这是个干什么的呀？原来是一只黄斑蜂。它在两年生矢车菊那蛛网般的茎上刮来刮去，刮出一个小绒球来，然后，它便得意扬扬地把这个小绒球衔在大颚间，弄到地下，制造一个棉絮袋子来装它的蜜和卵。那些你争我斗、互不相让的家伙是干什么的呀？那是一些切叶蜂，腹部下方有一个花粉刷，刷子颜色各异，有的呈黑色，有的呈白色，有的则是火红火红的颜色。它们还要飞离蓟类植物丛，跑到附近的灌木丛中，从灌木的叶子上剪下一些椭圆形的小叶片，把它们组装成容器，来装它们的收获物——花粉。你再看，那些一身黑绒衣服的，都是干什么的呀？它们是石泥蜂，专门加工水泥和卵石的。我们可以在荒石园中的石头上，很容易地看到它们所建造起来的房屋。还有那些突然飞起，左冲右突，大声嗡鸣的。它们是干什么的？它们是沙泥蜂。它们把自己的家安在破旧墙壁和附近向阳物体的斜面上。

现在，我们看到的是壁蜂。有的在蜗牛空壳的螺旋壁上建造自己的窝；有的在忙着啄一段荆条，吸去其汁液，以便为自己的幼虫做成一个圆柱形的房屋，而且，房屋中用隔板隔开，隔成一层一层的，俨然一幢楼房；有的还在设法将一截折断了的芦苇作为天然通道派上用场；还有的，干脆就乐享其成地免费使用高墙石缝空闲着的走廊。让我们再来看看：那是大头蜂和长须蜂，其雄蜂都长着高高翘起的长触角；那是毛斑蜂，它的后爪上长着一个粗大的毛钳，是它的采蜜器官；那些是种类繁多的土蜂；此外，还有一些隧蜂，腰腹纤细。我就先这么简要

---

❶ 伊甸园：《圣经》故事中记载的亚当和夏娃居住的乐园，后来用以比喻美好幸福的生活环境。

地提上一句，不一一赘述，否则我得把采花蜜的昆虫全都记录下来了。我曾经把我新发现的昆虫呈送给波尔多❶的昆虫学家佩雷教授，他问我是否有什么特别的捕捉方法，怎么会捕捉到这么多既稀罕鲜见而又全新的昆虫品种？我并不是什么捕捉昆虫的专家学者，更不是一心一意地在寻找昆虫、捕捉昆虫、制作标本的专家学者，我只是对研究昆虫的生活习性颇感兴趣的昆虫学爱好者。我所有的昆虫全都是我在长着茂密的蓟类植物和矢车菊的草地上捉到并喂养着的。

真是机缘巧合，与这个采集花蜜的大家庭在一起的还有一群群的捕食采蜜者的猎食者。泥瓦匠们在我的荒石园中垒造园子围墙时，遗留下来不少的沙子和石头，这儿那儿地随意堆放着。由于工程进展缓慢，拖了又拖，一开始就运到荒石园来的这些建筑材料便这么遗弃着。渐渐地，石蜂们选中石头之间的空隙投宿过夜，一堆一堆地挤在一起。粗壮的斑纹蜂遇到袭击时，会向你迎面扑来，不管侵袭者是人还是狗；它们往往选择洞穴较深的地方过夜，以防金龟子的侵袭。白袍黑翅的鹡鸰鸟，宛如身着多明我会❷服装的修士，栖息在最高的石头上，唱着它那并不动听的小曲短调。离它所栖息的石头不远，必定有它的窝巢，大概就在某个石头堆中，窝巢内藏着它的那些天蓝色的小蛋蛋。不一会儿，这位"多明我会修士"不见了踪影，消失在石头堆中了。我对这个鹡鸰鸟却是颇有点怀念，而对于那长耳斑纹蜂，我却并不因它的消失而感到遗憾。

沙堆却是另一类昆虫的幽居之所。泥蜂在那儿清扫门庭，用后腿把细沙往后蹬踢，形成一个抛物形；朗格多克飞蝗泥蜂用触角把无翅螽斯咬住，拖入洞中；大唇泥蜂正在把它的储备食物——叶蝉藏入窖中。让我心疼不已的是，泥瓦匠终于把那儿的猎手们全都给撵走了，不过，一旦有这么一天，我想让它们回来的话，我只需再堆起一些沙堆来，它们很快也就归来了。

居无定所的各种沙泥蜂倒是没消失。我在春季里可看见某些品种的沙泥蜂，在秋季里又可看见另一些品种的沙泥蜂，飞到荒石园的小径草地上，跳来飞去，寻找毛虫。各种蛛蜂也留在了园中，它们正拍打着翅膀，警惕地飞行着，朝着隐蔽的角落，去捕捉蜘蛛。个头儿大的蛛蜂则窥伺着狼蛛，而狼蛛的洞穴在荒石园中则有的是。这种蜘蛛的洞穴呈竖井状，井口由禾本植物的茎秆中间夹着蛛丝做成的护栏保护着。往洞穴底部看去，大多数的狼蛛个头儿很大，眼睛闪烁发亮，让人看了直起鸡皮疙瘩。对于蛛蜂来说，捕捉这种猎物可是非同小可的事啊！好吧，让我们观观战吧。在这盛夏午后的酷热中，蚂蚁大队爬出了"兵营"，排成一个长蛇阵，到远处去捕捉奴隶。让我们不妨忙里偷闲，随着这支蚂蚁大军前行，看看它们是如何围捕猎物的。那儿，在一堆已经变成了腐殖质的杂草周围，只见一群长约 1.5 法寸❸的土蜂正没精打采、懒洋

❶ 波尔多：城市名，位于法国西南部。

❷ 多明我会：天主教的一个教派名。

❸ 法寸：法国长度计量单位，1 法寸约合 27 毫米。

理解感悟

　　作者只是"简要地提上一句"就罗列出种类繁多的有趣昆虫，可见其昆虫学知识的渊博，这都是他常年潜心观察的结果。

写作手法

　　运用排比手法列举了沙堆中生活的三种昆虫，通过一系列动作描写，表现了昆虫富有情趣的生活场景。

洋地飞动着，它们被金龟子、蛀犀金龟子和金匠花金龟子的幼虫吸引住了，那可是它们丰盛的美餐啊，所以便一头钻进那堆杂草中去了。

值得观察研究的对象简直是太多太多了，而且，光是这里，也只是提到了一部分而已！这座荒石园，人去楼空，房屋闲置遗弃，地也撂荒了。这座没有人住的荒石园，成了动物的天堂，没有人会伤害它们，它们也就占据了这儿的各个角落。黄莺在丁香树丛中筑巢搭窝；翠鸟在柏树那繁茂的枝叶间落户安家；麻雀把碎皮头和稻草麦秆衔到屋瓦下；南方的金丝雀在它们那建在梧桐树梢的没有半个黄杏大的小安乐窝里鸣叫；红角鸮习惯了这儿的环境，晚间飞来唱它那单调歌曲，声似笛音；被人称为雅典娜鸟的猫头鹰也飞临此地，发出它那刺耳的咕咕声响。这座废弃屋前有一个大池塘。向村子里输送泉水的渡槽，顺带着也把清清的流水送到这个大池塘中。动物发情的季节，两栖动物便从方圆一公里处往池塘边爬来。灯芯草蟾蜍——有的个头儿大如盘子——背上披着窄小细长的黄绶带，在池塘里幽会、沐浴；日暮黄昏时，"助产士"雄蟾蜍的后腿上挂着一串胡椒粒似的雌蟾蜍的卵——这位宽厚温情的父亲，带着它珍贵的卵袋从远方蹦跳而来，要把这卵袋没入池塘中，然后再躲到一块石板下面，发出铃铛般的声响；成群的雨蛙躲在树丛间，不想在此时此刻哇哇乱叫，而是以优美动人的姿势在跳水嬉戏。五月里，夜幕降临之后，这个大池塘就变成了一个大乐池，各种鸣声交织，震耳欲聋，以致你若是在吃饭，就甭想在饭桌上交谈，即使躺在床上，也难以成眠。为了让园内保持安静，必须采取严厉的措施。不然怎么办？想睡而又被吵得无法入睡的人，当然心就会变硬的。

膜翅目昆虫简直无法无天，竟然把我的隐居之所也给侵占了。白边飞蝗泥蜂在我屋门槛前的瓦砾堆里做窝，为了踏进家门，我不得不特别小心，否则，一不留神，就会把它的窝给踩坏，正在忙活的"矿工们"将会遭灭顶之灾。我已经有整整二十五年没有看到过这种捕捉蝗虫的高手了。记得我第一次看见它时，是我走了好几里地去寻找的；其后，每次去寻访它，都是顶着那八月火热的骄阳前去的，忍受着那艰难的长途跋涉。可是，今天，我却在自家门前见到了它们，它们竟然成了我的芳邻了。关闭的窗户框为长腹蜂提供了温度适宜的套房；它那泥筑的蜂巢，建在了规整石材砌成的内墙壁上；这些捕食蜘蛛的好猎手归来时，穿过窗框上本来就有的一个现成的小洞孔，钻入房内。百叶窗的线脚上，几只孤身的石蜂建起了它们的蜂房群落；略微开启着的防风窗板内侧，一只黑胡蜂为自己建造了一个小土圆顶，圆顶上面有一个大口短细颈脖。胡蜂和马蜂经常光顾我家，它们飞到饭桌上，尝尝桌上放着的葡萄是否熟透了。

这儿的昆虫确实是又多又全，而我所见到的只不过是一小部分，而且非常不全。如果我能与它们交谈的话，那么，我就会忘掉孤苦寂寥，变得情趣盎然。这些昆虫，有些是我的新朋，有的则是我的旧友，它们全都在我这里，挤在这方小天地之中，忙捕食，采蜜，筑窝搭巢。另外，若是想要改变一下观察环境，这也不难，因多几百步开外便是一座山，山上满是野草莓丛、岩蔷薇丛、欧石楠树丛；山上有泥蜂们所偏爱的沙质土层，有各种膜翅目昆虫喜欢开发利用的泥灰质坡面。我正是因为早已认准了这块风水宝地，这笔宝贵财富，才逃避开城市，躲到这乡间来的，来到塞里尼昂这儿，给萝卜地锄草，给莴苣地浇水。

人们花费大量资金，在大西洋沿岸和地中海边建起许许多多的实验室，以便解剖对我们来说并无多大意义的海洋中的小动物；人们耗费大量钱财，购置显微镜、精密的解剖器械、捕捞设备、船只，雇用捕捞人员，建造水族馆，为的是了解某些环节的卵黄是如何分裂的。我直到如今都没弄明白，这些人搞这些有什么用处？为什么他们偏偏就对陆地上的小昆虫瞧不上眼、不屑一顾？这些小昆虫可是与我们息息相关的，它们向普通生理学提供着难能可贵的资料。它们中有一些在疯狂地吞食我们的农作物，肆无忌惮地在破坏着公共利益。我们迫切地需要一座昆虫学实验室，一座不是研究三六酒❶里的死昆虫，而是研究活蹦乱跳的活昆虫的实验室，一座以研究这个小小的昆虫世界的动物之本能、习性、生活方式、劳作、争斗和生息繁衍为目的的昆虫实验室，而我们的农业和哲学又必须对之予以高度的重视。彻底掌握对我的葡萄树进行吞食、蹂躏的那些昆虫，可能要比了解一种蔓足纲动物的某一根神经末梢结尾是个什么状态更加重要。通过实验来划分清楚智力与本能的界限，通过比较动物系列的各种事实，以揭示人的理性是不是一种可以改变的特性等这一切，应该比了解一个甲壳动物的触须有多少要重要得多。为了解决这些大的问题，必须动用大批的工作人员，可是，就目前来说，我只是孤军一人在奋战。当下，人们的注意力放在了软体动物和植虫动物的身上了。人们花费大量的资金购置许许多多的拖网去探索海底世界，可是，对自己脚下的土地却漠然处之，不甚了解。我在等待着人们改变态度的同时，开辟了我的荒石园这座昆虫实验室，而这座实验室却用不着花纳税人的一分钱。

读后思考

1. 作者在文中提到"野猪把清泉的水给搅浑了"，请你结合上下文，谈谈对这句话的理解。

2. 文中提到"这座没有人住的荒石园，成了动物的天堂"，为什么没有人类的伤害，动物才能快乐地生活呢？结合实际谈谈你的看法。

❶ 三六酒：旧时一种烧酒，因特殊的制作工艺而得名。

⊟导读

作者开篇并没有直接描写毛刺砂泥蜂，而是浓墨重笔地描述了法维埃与昆虫有关的丰富经历和有趣故事，法维埃超凡的鉴别能力与记忆力令作者钦佩不已。接着，作者对毛刺砂泥蜂的习性和生活进行了描述，并详细地将毛刺砂泥蜂对松毛虫进行"外科手术"的过程进行了精彩而详细的介绍……

毛刺砂泥蜂

五月的某一天，我在巡视我那座荒石园实验室，想看看能否获得新的发现。法维埃正在不远的菜地里干活儿。法维埃是何许人也？大家马上就会知晓，因为他将在下面的故事中出场。

法维埃行伍出身。他曾经在非洲荒原的角豆树下搭建自己的茅草屋，在君士坦丁堡❶捕捞过海胆，在没有军事行动时，他还在克里木捕捉过椋鸟。他经历十分丰富，见多识广。冬季，不到下午四点，地里的活儿便收工了。冬夜漫长，无所事事，绿橡树原木在厨房的炉子里烧得正旺，火光熊熊，他把耙子、叉子、双轮小车收拾停当之后，便坐在炉边高大的石头上，掏出烟斗，用大拇指蘸上点儿口水，娴熟地往烟斗里塞满、压实烟丝，美滋滋地吞云吐雾。其实，几小时之前他烟瘾便上来了，只是舍不得抽，因为烟草价格昂贵，所以憋到现在才抽上一口。他总把烟闷在肚子里，久久地享受一阵才吐一点儿出来。

写作手法

描述收工后法维埃围着炉火的场景，通过一系列动作描写，表现了他工作后身心放松的惬意状态。

大家便在这个时候围着炉火闲聊。法维埃兴致颇高，海阔天空，畅所欲言。因为他的故事精彩动听，所以他就像古代的说书人似的，被安排坐在最佳的位置，成了中心人物。只不过我们的这位说书人是在兵营里练就说书本领的。这倒无伤大雅，反正一家老小，无论大人孩子，都在聚精会神地听他讲述。即使他说的故事纯属杜撰，也总是编得合情合理、顺理成章。所以，当他干完活儿后，如果不在炉边歇上一会儿的话，我们全都会感到一种说不出的惆怅。他到底跟我们讲了些什么，让我们这么如痴如醉？他给我们讲述了他在一场推翻专制帝国的政变中的所见所闻。他说，他们先是把烧酒分着喝光了，然后便向人群开枪射击。他信誓旦旦地对我说，他自己只是对着墙开枪。我十分相信他的话，因为我感觉到，他参加了这场疯狂的大屠杀是纯属无奈，而他一

---

❶ 君士坦丁堡：伊斯坦布尔的古称。

直在悔恨自己的这一次经历，并为它感到十分悲哀、羞耻。

他还向我们讲述了他在塞瓦斯托波尔城外战壕里的不眠之夜。他说，他曾在冰天雪地的黑夜里孤立无援地蜷缩在雪堆旁，眼看着被他称为"花瓶"的玩意儿落在他的近旁，惊恐万状，不能自已。那只"花瓶"在燃烧，在喷射，在发光，把周围照得如同白昼。那些可恶、吓人的东西会随时随地地爆炸，令人胆战心惊，毛骨悚然。他的战友们死去了，而他侥幸活了下来。"花瓶"熄灭了。而那所谓的"花瓶"，其实就是照明弹，在黑暗中发射，用以侦察围城敌军的动静。

在讲述完残酷激烈的战斗故事之后，法维埃又给我们讲了兵营中的不少趣闻乐事。他告诉我们军队里是如何烧菜做饭的，士兵们的饭盒里都藏了些什么秘密，以及土堡里一些可笑的琐碎事情。他肚子里真的装着说不完的故事，而且讲述起来眉飞色舞、生动活泼，引人入胜，不知不觉便到了吃晚饭的时间。

法维埃还有一手令我叹服。我的一位朋友从马赛给我捎来两只大螃蟹，那是一种被渔民们称为"海上蜘蛛"的蜘蛛蟹。当工人们——忙于修缮破房屋的油漆工、泥瓦匠、粉刷工等——吃完晚饭回来时，我便把捆绑着那两只大螃蟹的绳子解开了。工人们一看，吓得直往后缩。这两只怪模怪样的动物，从甲壳四周呈辐射状地伸出它们的"螯针"，而且竖立在细长的腿上，状如蜘蛛，看着瘆人。法维埃却根本不把它们当回事，只见他手那么一伸，便一把按住了那两只可怕的横行霸道的"蜘蛛"，然后说道："我知道这家伙，我在瓦尔拉吃过，味道鲜美极了。"他边说，边用嘲讽的目光看着周围的人，好像在说："你们这帮人啊，简直是孤陋寡闻，从来就没有走出过自己的窝。"

最后，再举一个证明他见多识广的例子。他的一位芳邻遵照医生的嘱咐，前往塞特泡海水浴，带回来一个稀罕的东西，像一种奇异的果实。她觉得这个果子种上后，一定会有所收获。她拿起这个果子放在耳边摇动，听见响声，这就说明壳内有种子。这个果子呈圆形，壳上多刺，一端像一朵小白花未曾开放的花蕾，另一端则略有些凹陷，上面有几个孔。这位芳邻便跑到法维埃那儿去，把自己视若珍宝的东西拿出来给他看，并让他转告我。后来她把这个果子给了我，并说它将来必定会长成非常漂亮的小灌木，可以为我的花园增添一景。她指着这个果子的两端对法维埃说："这儿是花，这儿是尾巴。"

法维埃听她这么一说，不禁放声大笑，随即告诉她："这是一只海胆，我在君士坦丁堡吃过。"然后，他便详尽地解释给她听，海胆是什么，是怎么回事。那位女邻居始终未能听明白他的话，仍抱着那个顽固的看法。她心里还在想，法维埃一定是因为这么宝贵的种子不是他而是别人送给她的，便心生嫉妒，才编出这么一套说法来欺骗她。他们俩因无法说服对方，便跑到我家里来。那位热心肠的女邻居对我又说了一遍："这儿是花，这儿是尾巴。"我看了之后，便跟她解释道，她所说的那"花"其实是海胆的五颗聚在一起的白牙齿，而那"尾巴"是跟海胆的嘴相对应的部位。她走了，仍旧心存疑惑。也许她认为的那些"种子"，那些摇动时在空壳中发出响声的沙粒，现在正放在一个破旧的土瓮里"发芽"呢。

从这一点，我们不难看出，法维埃确实知道不少东西，而且他是因为亲口尝过才认识的。他知道獾的里脊肉非常好吃；他知道狐狸的后臀尖肉很香；他知道荆棘鳗鱼——游蛇哪个部位的肉最佳；他曾把臭名昭著的"南方玻璃珠"——单眼蜥蜴用油煎炸而食；他曾经考虑用油来炸蚱蜢，做成一道美味。他跑遍世界，长足了见识，能够做出一般人想象不出来的菜肴，让我看了不禁惊叹不已，自叹弗如。

我对他那仔细观察的鉴别能力以及对事物的记忆力也十分钦佩。不管我告诉他一种什么植物，只要我向他仔细地描述清楚，哪怕是一种毫不起眼的杂草，只要我们周围的树林里有这种植物，他就能替我找来，并且告诉我他是在什么地方、什么方位找到的。再细小难辨的植物，他都能分辨得一清二楚。为了对我已发表的关于沃克吕兹的球菌的文章加以补充，在气候恶劣的季节里，昆虫们都躲起来了，我不得不拿着放大镜采集植物标本。这时候，由于严寒，土地变得又实又硬，或者由于大雨，地上满是泥浆，法维埃便无法侍弄园子，我就带着他一起跑到树林里去，在荆棘丛生的杂草堆中寻找我需要的那些又细又小的植物。球菌的一个个小黑点，使得遍地蔓生的荆棘的枝枝杈杈长满了黑色斑点。我把那些最大的黑斑点称为"黑色火药"。这些球菌中的某一种也被植物学家冠以这一名称。法维埃在寻找的过程中比我发现得多，他对此颇为自豪。玫瑰茄像一团黑色的乳头，"乳头"上包着一层淡红色的棉絮状绒毛，这是一种绝佳的植物，如果法维埃发现一株这样的植物，会高兴得跟什么似的，立即掏出烟斗抽上一袋，以示庆贺。

在采集过程中，总会引来一些不识相的看热闹的人，而法维埃很擅长把他们打发走。这些人都是附近的农民，出于好奇，总爱提一些小孩子一样的问题，而且，他们的好奇中掺杂着鄙夷和嘲讽，凡是他们不懂的东西，他们都得嘲笑几句。有什么能比一位绅士模样的人研究一只捕来放在玻璃瓶中的苍蝇，或者翻来覆去地琢磨一块捡到的烂木头，更让他们觉得滑稽可笑的呢？然而，只要法维埃一句话，就能噎住他们那些并非善意的探询。

我们弯着腰，一步步地前行，寻找着史前时期的遗留物，什么蛇形斧啦，黑陶器碎片、燧石制箭镞和矛头啦、碎片、刮削器、燧石块啦，等等。这些东西在山的南坡多得很。一个农民见状，突然问道："您的主人要这破玩意儿干什么呀？"法维埃便立即顶他一句："给配门窗玻璃的人做填料。"

我收集了一把兔子粪，放在放大镜下一看，粪上有一种隐花植物，值得我带回去加以研究。正在这个时候，又来了一个好奇而饶舌的乡下人，他见我这么小心仔细地把发现的"宝物"装进一只纸袋里，心想，那一定是很值钱的东西，一定能卖个好价钱。在乡下人的眼里，一切的一切最终都归为一个"钱"字。在他们看来，我一定是靠着这些兔子粪发了大财。于是，他狡猾地向法维埃打听：

"您的主人弄这些干什么呀？"法维埃便一本正经地回答他："他要蒸馏这些兔子粪，好取粪汁。"那个好奇者被这个回答弄得莫名其妙，悻悻地走开了。

我们先打住吧，就别在这位脑子灵活、巧于应对、喜欢打趣的军人身上花费太多的笔墨了。我们还是把话题回到我那座荒石园昆虫实验室里引起我关注的东西上来。几只砂泥蜂在用脚扒拉着，搜寻着，不一会儿又向前飞上一小段路，时而落在有草的地方，时而又飞到寸草不生之处。时已五月中旬。一天，风和日丽，我看见那几只砂泥蜂落在满是尘土的小路上，懒洋洋地沐浴着温暖的阳光。它们全都是毛刺砂泥蜂。我曾经叙述过这种砂泥蜂是如何冬眠的，以及当春天到来时，在其他捕食性膜翅目昆虫仍旧躲在茧里的时候，它们就已经飞来飞去地寻觅食物了。我还描述了它们是如何肢解毛虫，以利于自己的幼虫嚼食的。我还叙述了它们把自己的螫针多次刺入毛虫的神经中枢。我还是头一回看到如此精巧的"活体解剖"，也就看过一次，所以我希望有机会能再次目睹这种外科手术。那头一次的观察，浮皮潦草，很不仔细，因为那次我有事在身，长途奔波，人很疲惫，很可能有很多细节被忽略了。而且，就算我真的全都看得一清二楚，我也很有必要再仔细观察一番，使自己的观察结果臻于完善、真实可靠。我还要补充一句，即使我看过上百次这种场面，我想再看一看，读者们也不会觉得我多此一举，令人生厌吧？

因此，毛刺砂泥蜂一出现，我便开始跟踪监视。现在，它们既然来到了我的家门前，离大门只有几步路，我只要稍微留意一点儿，就一定能够找到它们。三月末和四月过去了，我一直留心观察着，却一无所获，也许尚未到毛刺砂泥蜂筑巢做窝的时间，或者更可能是因为我监视的方法欠妥。直到五月十七日，我才终于有了机会。

只见几只砂泥蜂突然出现在我的眼前，飞来飞去，十分忙碌。我们就先来观察其中那只最活跃的砂泥蜂吧。我是在被踩得结结实实的小径的土里发现它们的，当时我正在对砂泥蜂耙那最后的几耙，这时候，这些捕食者把被它们麻醉的毛虫暂时弃置在离它们的窝几米远处，尚未把猎物弄进窝里去。当砂泥蜂确定洞穴很合适，洞口较宽，足以把一个体积庞大的猎物弄进洞中去时，它便飞回去寻找刚被自己麻醉的猎物。那只被麻醉的毛虫僵直地躺在那儿，身上爬满了蚂蚁，捕食者砂泥蜂对这只爬满了蚂蚁的毛虫已不感兴趣了。许多捕食性膜翅目昆虫总是先把猎物弃置在一边，以便先把自己的窝加以完善，或者刚刚开始做窝，一时顾不上被自己麻醉的猎物。不过，通常它们总是把自己的猎物置于高处，放在草丛中，免得遭受其他昆虫的侵扰或掠夺。砂泥蜂精于此道，但这一次不知是疏忽大意，掉以轻心了呢，还是因为猎物太大太重，搬运时掉落下去，反正，猎物已经成了群蚁争抢撕咬的美味。即使想把这帮强徒赶跑，恐怕也不可能奏效，因为你赶跑了一只，马上会有十来只攻上来。砂泥蜂大概正是这么想的。因为它看到自己的猎物被蚂蚁侵占之后，并没有上前驱赶，而是飞到别处另寻猎物去了。

砂泥蜂都是在自己的窝巢周围十来米范围内寻找猎物的。它用脚在土里一点儿一点儿地、不紧不慢地探查着，再用弯成弓状的触角不停地拍击着土地。无论是光秃秃的地、满是碎石的地，还是杂草丛生的地，它都要仔细地搜索一遍。烈日当空，天气闷热，这预示着第二天将要下雨，甚至当晚就会下雨。而我在这样的闷热天气里始终盯着寻找猎物的砂泥蜂，足足盯了三个小时。足见对于这只急需觅食的膜翅目昆虫来说，要找到一只灰毛虫该有多么困难啊。

即使对于我这么个大活人来说，要找到一只毛虫也是颇费周折的。读者们知道，我曾经采取什么办法去观察一只正在捕食的膜翅目昆虫，也知道膜翅目昆虫为了给自己的幼虫提供一块动弹不了但未死的活物，是如何对它的猎物进行外科手术的。当时，我把那只膜翅目昆虫的猎物拿走，偷梁换柱，给了它一块一模一样的"活肉"。为了观察砂泥蜂，我如法炮制，为了让它重复它那种外科手术，我必须尽快找到几只灰毛虫，让它见到之后用自己的螯针去麻醉猎物。

这时，法维埃正在园子里忙碌着，我便冲他喊道："快点儿来，法维埃，我需要几只灰毛虫。"我已经给他介绍过这种虫子，而且，最近一段时间，他对这种外科手术已经有所了解。我便告诉他我的砂泥蜂以及它们需要觅食灰毛虫这一情况。他基本上算是了解了我所关心的昆虫的生活习性。他对我的要求十分理解。于是，他寻找开来。他在莴苣叶下翻找，在鸢尾旁边察看。我对他的眼明手快深有体会，相信他一定能够替我找到。可是，时间一分一秒地过去了，始终没有听到他报捷的声音。"怎么样，法维埃，有灰毛虫吗？""我还没有发现，先生。""唉！那么就让克莱尔、阿格拉艾和其他人齐上阵，分头去找，非找到不可！"全家人都聚在了一起，人人都像准备奔赴战场似的，严阵以待，积极地行动起来。我则坚守在岗位上，一直盯着那只砂泥蜂。我一只眼睛盯着它，另一只眼睛也没忘记找灰毛虫。但是，天不遂我愿，三个小时过去了，大家仍旧一无所获，谁都未能发现灰毛虫。

砂泥蜂也没能挖到灰毛虫，只见它仍然毫不懈怠地在一些有裂隙的地方寻找着。砂泥蜂继续清扫地面，它已经精疲力竭。它把一块杏核般大小的土刨开，但很快便把这地方撇下了。我顿有所悟，不禁猜想道：虽然我们几个大活人没找到一只灰毛虫，但这并不能说砂泥蜂也同我们四五个人一样又蠢又笨。人办不到的事，昆虫有时却能大功告成。昆虫具有极其敏锐的感觉，它们是不会连续几小时瞎找一通的。也许毛虫们预感到大雨将至，全都躲到更深的洞穴中去了。砂泥蜂一定知道毛虫躲在哪儿，只不过它无法从很深的地方把毛虫挖出来。如果它在一个地方刨挖了几次之后把这地方放弃了，那并不说明它缺乏敏锐的洞察力，而是它没有能力往深处挖。凡是砂泥蜂挖过的地方，都可能有一只灰毛虫存在；而砂泥蜂之所以放弃这个地方，那只是因为它不得不承认自己力量有限，无法完成这项挖掘工程。我真是愚不可及，竟然未能早一点儿悟出这番道理。像砂泥蜂这样猎食灰毛虫的高手，会在没有灰毛虫的地方浪费气力乱挖吗？绝对不会！

于是，我决定帮它一把。此时此刻，砂泥蜂正在一处翻耕过的光秃秃的土地上搜寻着。它最终又像在其他地方那样，把这个地方也放弃了。我便握住一把刀，往它挖过的地方继续向下挖去。我同样一无所获，不得不放弃，走开了。这时候，砂泥蜂却飞了回来，在我清查过的地方又刮又耙起来。**我觉得这只膜翅目昆虫像在对我说道："你滚一边去吧，你这蠢笨的人，让我来指给你看灰毛虫藏在什么地方吧。"我按照它指示的地方，又用刀挖了起来，终于挖出来一只灰毛虫。啊！我没猜错，你是不会在没有灰毛虫的地方无端地又挖又耙的！**

佳句品析

　　拟人化的语言描写，风趣而幽默，令读者读起来感到生动而有趣。

　　从这时起，我便采取了"狗鼻子捕猎法"：狗嗅出猎物的藏身地，人就去那儿找，一定能找到猎物。因此，我就按照砂泥蜂所指示的地点，把洞穴深处的猎物挖出来。就这样，我获得了第二只，然后，又弄到了第三只、第四只，而且全都是在数日前用铁锹翻动过的光秃秃的地方挖到的。从外表上看，地面无任何迹象表明地下藏有灰毛虫。法维埃、克莱尔、阿格拉艾，还有其他人，你们觉得怎么样？你们服不服气呀？你们花了三个小时连一只灰毛虫也没见着，可是我想到借砂泥蜂一臂之力，竟然要多少只它就会帮我指点出多少只来。

　　现在，我已经拥有充足的替代品了，但我还想让砂泥蜂帮我找到第五只。下面，我将分段按照编号顺序来叙述我眼前所发生的这出精彩戏剧的各个场次。我是在最有利的条件下进行观察研究的。我趴在地上，与砂泥蜂离得很近，所以任何一点儿细节都未能逃过我的眼睛。

　　一、砂泥蜂用它大颚上的弯钩钳子抓住灰毛虫的脖子。那只灰毛虫拼命地挣扎，臀部扭曲着，扭过来转过去。膜翅目昆虫无动于衷，不予理会，紧守在猎物身旁，谨慎小心，不让对方碰着自己。然后它用螫针刺入猎物腹部中线皮肤最细嫩处——与头部第一个环节分开的那个环节。螫针在那环节中停留了片刻。不用说，灰毛虫的致命部位就在那儿，砂泥蜂完全制伏了灰毛虫，使之听任它的摆布。

　　二、接着，砂泥蜂放开猎物，匍匐在地，侧身转动，肢体明显地抽搐着，翅膀颤抖着。我十分担心，以为捕食者砂泥蜂在搏斗中受到了致命的攻击，就这样英勇地牺牲了，以至我期盼了那么长时间的一次实验就将这样功败垂成。但是，不一会儿，砂泥蜂便平静下来，抖抖翅膀，弯弯触角，又敏捷地奔向那只被麻醉的灰毛虫。我一开始认为的那种预示死亡将至的痉挛，实际上只不过是它捕猎成功后欣喜若狂的举动。膜翅目昆虫是在以自己独特的方式庆贺着捕猎行动的成功。

　　三、外科手术施行者砂泥蜂咬住猎物背部的皮层，然后把螫针刺入比第一针稍低一点儿的第二个环节，仍旧在腹部的那一面。只见它在灰毛虫身上慢慢地往后退着，每次都咬住灰毛虫背部稍低一点儿的位置。它用大颚上的弯把儿阔钳子咬住猎物，然后把螫针刺入猎物腹部的下一个环节。它的动作有板有眼，有条不紊，十分精确，先后退，再咬住猎物背部稍低一点儿的部位，像用尺子量过似的那么准确。它每后退一步，螫针就刺入灰毛虫的下一个环节，就这样，逐一地把灰毛虫真腿上的那三个胸部环节、后面的两个无足环节以及假腿上的四个环节全都刺了一遍，一共刺了九针。不过，灰毛虫身上的最后四个节段，砂泥蜂并没有刺。那四个节段上有三个无足环节和最后一个带假腿的环节，或者说是第十三个环节。施行外科手术者在手术过程中没有遇到什么大的麻烦，

阅读笔记

比较顺利，因为灰毛虫被刺了第一针后就已经麻木了，丧失了反抗能力。

四、最后，砂泥蜂把自己大颚上那把锐利无比的钳子完全张开，夹住毛虫的脑袋，谨慎小心地咬住它，压它，但又不把它压伤。它一下接一下地，不慌不忙、慢条斯理地挤压猎物，仿佛想要了解每一次的挤压所产生的后果。它停下来，等了一会儿，再进行挤压。为了达到预期的目的，它对灰毛虫头部的操作慎之又慎，要掌握好分寸，操作不能过度，否则便会把灰毛虫弄死。灰毛虫一死，尸体就会很快腐烂。因此，捕食者砂泥蜂在使用大颚上那把锐利的钳子时，用力很有节制，而大钳挤压的次数较多，大约二十下。

砂泥蜂的外科手术做完了。灰毛虫侧着身子，呈半蜷缩状躺在地上，一动不动，没有一点儿生气。捕食者准备挖洞造屋，把它运进窝里，对此，它无可奈何，无一丝一毫的反抗或挣扎的能力，它也根本不可能再对将以它为食的砂泥蜂幼虫造成任何伤害。胜券在握的捕食者把灰毛虫撇在动手术的地方，自己回到窝里了。我的眼睛一直紧盯着捕食者，它在对自己的窝进行修缮，以便储存食物。它那个窝的拱顶上有一块卵石凸了出来，有碍它把那庞大的猎物运进地下食物储存室，它便想方设法地把那块卵石弄下来。它在拼命地工作，翅膀摩擦着，发出"吱吱嘎嘎"的声响。窝里，卧室不够宽敞，它又在努力地把卧室加宽加大。它还在努力地劳动着。我因为害怕漏掉这只膜翅目昆虫劳作过程的一点一滴，所以没有去照看那只灰毛虫。不一会儿，蚂蚁们便蜂拥而至。当砂泥蜂（还有我）回到灰毛虫那儿的时候，只见灰毛虫身上黑乎乎的一片，爬满了撕咬扯拉的掠食者。对我而言，此情此景，让人好不遗憾，而对于砂泥蜂来说，真让它叫苦不迭、恼火不已，因为这种倒霉的事已经发生过两次，到嘴的食物竟变成了他人的美味佳肴。

砂泥蜂看上去非常沮丧。我便立即用一只备用的灰毛虫来替换，但没能奏效，砂泥蜂对这只备用灰毛虫连看都不看一眼。随后，夜幕降临，天阴沉沉的，还下了几滴雨。在这种情况下，已经不可能再观察砂泥蜂的捕猎活动了，整个实验只好宣告结束。我真的很遗憾，准备好的几只灰毛虫竟然未能派上用场。我可是从午后一点一直观察到傍晚六点呀，整整五个小时，眼睛都不敢多眨一下！

读后思考

1. 作者以巡视荒石园实验室，引入在菜地里干活儿的法维埃的经历，后文才对本文的毛刺砂泥蜂进行详细描写，这么写是否偏离了文章的主题呢？请结合全文谈谈你的理解。

2. 作者分段按照编号顺序叙述了眼前发生的精彩戏剧的各个场次，请你根据各个段落的主要内容为每一个段落分别拟写一个小标题，注意概括出关键信息。

导读

隧蜂是酿蜜工匠，体形一般较为纤细，有着区别于其他蜂类的明显特点。隧蜂常常无视闯入家园的强盗，其愚蠢的宽厚令人费解。同时，隧蜂妈妈也是个不称职的家长，行为显得愚蠢而荒唐……迫害者千方百计地进行着无耻的掠夺和盘剥，把生物界的弱肉强食表现得淋漓尽致。

隧 蜂

你了解隧蜂吗？你大概不了解。这无伤大雅：即使不了解隧蜂，照样可以品尝人生的种种温馨甜蜜。然而，只要努力地去了解，这些不起眼的昆虫就会告诉我们许多奇闻趣事，而且，如果我们对这个纷繁的世界拓宽一点我们的知识面的话，就会明白同隧蜂打打交道并不是什么让人鄙夷不屑的事。既然我们现在有空闲的时间，那就了解了解它们吧。它们是值得我们去了解的。

怎么识别它们呢？它们是一些酿蜜工匠，体形一般较为纤细，比我们蜂箱中养的蜜蜂更加修长。它们成群地生活在一起，身材和体色又多种多样。有的比一般的胡蜂个头儿要大，有的与家养的蜜蜂大小相同，甚至还要小一些。这么多种多样，会让没经验的人束手无策，但是，有一个特征是永远不会改变的——任何隧蜂都清晰可辨地烙有本品种的印记。

你看看隧蜂肚腹背面腹尖上那最后一道腹环。如果你抓住的是一只隧蜂，那么其腹环则有一道光滑明亮的细沟。当隧蜂处于防卫状态时，细沟则忽上忽下地滑动。这条似出鞘兵器的滑动槽沟证明它就是隧蜂家族之一员，无须再去辨别它的体形、体色。在针管昆虫属中，其他任何蜂类都没有这种新颖独特的滑动槽沟。这是隧蜂的明显标记，是隧蜂家族的族徽。

四月份，工程谨慎小心地开始了，不是一些新土小包的话，外面是一点也看不出来的。外面工地上没有一点动静。工匠们极少跑到地面上来，因为它们在井下的活计十分繁忙。有时候，这儿那儿，有这么一个小土包的顶端晃动起来，随即便顺着圆锥体的坡面滑落下去，这是一个工匠造成的，它把清理的杂物抱出来，往土包上推，但它自己并没露出地面。眼下，隧蜂只忙乎这种事。

五月带着鲜花和阳光来到了。四月里的挖土方的工人现在变成了采花工。我无论何时都能够看见它们待在开了天窗的小土包顶上，个个都浑身沾满黄花

写作手法

以问句开篇，吸引读者阅读兴趣，引出后文对隧蜂的介绍。

理解感悟

隧蜂腹环有明显的细沟，当它处于防卫状态时，细沟会上下滑动，作者如此肯定地表明这条滑动的沟槽是隧蜂家族的族徽，表明作者是经历了长期细致的观察，才得出了结论。

粉。个头儿最大的是斑纹蜂，我经常看见它们在我家花园小径上筑巢建窝。我们仔细地观察一下斑纹蜂。每当储存食物的活计干起来的时候，总会不知从何处突然来了这么一位吃白食者。它将让我们目睹强抢豪夺是怎么回事。

五月里，上午十点钟左右，是昆虫们储备粮食的工作干得正欢的时候，我每天都要在这个时间去察看一番我那人口稠密的昆虫小镇。我在太阳地里，坐在一把矮椅子上，弓着腰，双臂支膝，一动不动地观察着，直到吃午饭时为止。引起我注意的是一个吃白食者，是一种叫不上名字的小飞虫，但却是隧蜂的凶狠的暴君。

这歹徒有名字没有？我想应该是有的，但我却并不太想浪费时间去查询，这种对读者来说并没多大意义的。与其花时间去弄清枯燥的昆虫分类词典上的解说，倒不如把清楚明白的叙述事实提供给读者。我只需简略描绘一下这个罪犯的体貌特征就可以了。它是一种身长五毫米的双翅目昆虫，眼睛暗红，面色白净，胸廓深灰，上有五行细小黑点，黑点上长着后倾的纤毛，腹部呈浅灰色，腹下苍白，爪子系黑色。

在我所观察的隧蜂中，它的数量很多。它常常蜷缩在一个地穴附近的阳光下静候着。一旦隧蜂收获归来，爪上沾满黄色花粉，它便冲上前去，尾随隧蜂，前后左右飞来转去，紧追不舍。最后，隧蜂突然钻入自家洞中，这双翅目食客也随即迅疾落在洞穴入口附近。它一动不动地，头冲着洞门，等待着隧蜂干完自己的活计。隧蜂终于又露面了，头和胸廓探出洞穴，在自家门前停留片刻。那吃白食者仍旧纹丝不动。

它们常常是面对面，间隔不到一指宽。双方都声色不动。隧蜂没有戒备伺机偷食的食客，至少，其外表之平静让人做如是想；而食客也丝毫没有担心自己的大胆行为会受到惩罚。面对一根指头就能把它压扁的巨人，这个侏儒却仍旧岿然不动。

我本想看到双方有哪一方会先表现出胆怯来，但却未能如愿：没有任何迹象表明隧蜂已知自己家里有遭到打劫之虞；而食客也没有流露出任何因会遭到严厉惩处而有的担心。打劫者与受害者双方只是互相对视了片刻而已。

巨大的宽宏大量的隧蜂只要自己愿意，就可以用其利爪把这个毁其家园的小强盗给开膛破肚了，可以用其大颚压碎它，用其螫针扎透它，但隧蜂压根儿就没这么干，任由那个小强盗血红着眼睛盯住自己的宅门，一动不动地待在旁边。隧蜂表现出这种愚蠢的宽厚到底是为什么呢？

隧蜂飞走了。小飞蝇立刻飞进洞去，像进自己家门似的大大方方。现在，它可以随意地在储藏室里挑选了，因为所有的储藏室都是敞开着的；它还趁机建造了自己的产卵室。在隧蜂归来之前，没有谁会打扰它。让爪子沾满花粉，胃囊中饱含糖汁，是件颇费时间的活计，而私闯民宅者要干坏事也必须有充裕的时间。但罪犯的计时器非常精确，能准确地计算出隧蜂在外面的时间。当隧蜂从野外返回时，小飞蝇已经逃走了。它飞落在离洞穴不远的地方，待在一个有利位置，准备瞅准机会再次打劫。

万一小飞蝇正在打劫时，被隧蜂突然撞见，会怎么样呢？出不了大事的。我看见一些大胆的小飞蝇跟随隧蜂钻入洞内，并待上一段时间，而隧蜂则正在调制花粉和蜜糖。当隧蜂掺兑甜面团时，小飞蝇尚无法享用，于是它便飞出洞外，在门口等待着。小飞蝇回到太阳地里，并无惧色，步履平稳，这就明显地表明它在隧蜂工作的洞穴深处并未遇到什么麻烦事。

如果小飞蝇太性急，太讨厌，围着糕点转个不停，后颈上准会挨上一巴掌，这是糕点主人会有的举动，但也就仅此而已。盗贼与被偷盗者之间没有严重的打斗。这一点，从侏儒步履平稳、安然无恙地从忙着干活儿的巨人的洞穴出来的样子就可以看得出来。

当隧蜂无论满载而归或一无所获地回到自己家中时，总要迟疑片刻；它迅速地贴着地面前后左右地飞上一阵。它的这种胡乱飞行让我首先想到的是，它在试图以这种凌乱的轨迹迷惑歹徒。它这么做确实是必要的，但它似乎并没有那么高的智商。

它所担心的并非敌人，而是寻找自家宅门时的困难，因为附近小土包一个又一个，相互重叠，昆虫小镇街小巷窄，再加上每天都有新的杂物清理出来，小镇面貌日日有变。它的犹豫不决明显可见，因为它经常摸错了门，闯到别人家中。一看到门口的细微差异，它立刻知道自己走错门了。

于是，它又重新开始努力地弯来绕去地探查，有时突然飞得稍远一点。最后终于摸到自家宅穴。它喜不自胜地钻了进去，但是，不管它钻得有多快，小飞蝇还是待在其宅门附近，脸冲着其门口，等待着隧蜂飞出来后好进去偷蜜。

当屋主又出了洞门时，小飞蝇则稍稍退后一点，正好留出让对方通过的地方，仅此而已。它干吗要多挪地方呀？二者相遇是如此相安无事，所以如果不知道一些其他情况的话，你是想不到这是窃贼与屋主间的狭路相逢。

小飞蝇对隧蜂的突然出现并没有惊慌失措，它只是稍加小心了点而已。同样，隧蜂也没在意这个打劫它的强盗，除非后者跟着它飞，纠缠它。这时，隧蜂一个急转弯就飞远了。

吃白食者此刻也处于两难境地。隧蜂回来时甜汁在其嗉囊中，花粉沾在爪钳里，甜汁盗贼吃不着，花粉尚未定型，是粉末状的，也进不了口。再者，这一点点花粉也不够塞牙缝的。为了集腋成裘制成圆面包，隧蜂要多次外出去采集花粉。必需之材料采集齐备之后，隧蜂便用大颚尖掺和搅拌，再用爪子将和好的面团制成小丸。如果小飞蝇把卵产在做小丸的材料上，经过这么一番揉捏后，那肯定是完蛋了。

所以，小飞蝇的卵是产在做好的面包上面的；因为面包的制作是在地下完成的，吃白食者就必须进入隧蜂的洞宅之中。小飞蝇贼胆包天，果真钻下去了，即使隧蜂身在洞中也全然不顾。失主要么是胆小怕事，要么是愚蠢的宽容，竟然任窃贼自行其是。

小飞蝇悉心窥探、私闯民宅的目的并不是想损人利己，不劳而获；它自己就可以在花朵上找到吃的，而且并不费事，反而比这么去偷去抢要省劲儿得多。我在想，它跑到隧蜂洞中也就是想简单地品尝一下食物，知道一下食物的质量如何，仅此而已。它的宏大的、唯一的要事就是建立自己的家庭。它窃取财富并非为了自己，而是为了自己的后代。

我们如果把花粉面包挖出来看看，将会发现这些花粉面包经常是被糟蹋成碎末状，白白地浪费了。散落在储藏室地板上的黄色粉末里，我们会看见有两三条尖嘴蛆虫蠕动着。那是双翅目昆虫的后代。有时与蛆虫在一起的还有真正的主人——隧蜂的幼虫，但却因吃不饱而羸弱不堪。蛆虫尽管不虐待隧蜂幼虫，但却抢食了后者最好的食物。隧蜂幼虫可怜兮兮，食不果腹，身体每况愈下，很快便一命呜呼了。其尸体变成了微小颗粒，与剩下的食物混在一起，成了蛆虫的口中之物。

可隧蜂妈妈在孩子遭难之时在干什么呢？它随时都有空去看看自己的宝宝的；它只要探头进洞，便可清楚地知晓孩子们的惨状。圆面包被糟蹋一地，蛆虫在钻来钻去，稍看一眼就会清楚是怎么回事了。那它非把窃贼子孙弄个肚破肠流不可！用大颚把它们咬碎，扔出洞外，简直是轻而易举的事。可是愚蠢的妈妈竟然没有想到这么做，反而任由鸠占鹊巢者逍遥法外。

随后，隧蜂妈妈干的事更加愚蠢。成蛹期来到之后，隧蜂妈妈竟然像封堵其他各室一样把被洗劫一空的储藏室用泥盖封堵严实。这最后的壁垒对于正在变形期的隧蜂幼虫来说是绝妙的防护装备，但是当小飞蝇来过之后，它这么一堵，那可是荒唐透顶了。隧蜂妈妈对这种荒唐之举却毫不犹豫，这纯粹是本能使然，它竟然还把这个空房给贴上封条。我之所以说是空房，是因为狡猾的蛆虫吃光了食物之后，立即抽身潜逃了，仿佛预见到日后的小飞蝇会遇到一道无法逾越的屏障似的。在隧蜂妈妈封门之前，它们就已经离开了储藏室。

吃白食者既卑鄙狡诈，又小心谨慎。所有的蛆虫都会放弃那些黏土小屋，因为这些小屋一旦堵上，那它们就会葬身其间。黏土小屋的内壁有波状防水涂层，以防返潮，小飞蝇似乎对这种小屋很满意，是其理想的栖身之地，然而蛆虫却并不喜欢。它们担心一旦变成小飞蝇，就会被困在其中，所以便匆匆离去，分散在升降井附近。

我挖到的小飞蝇确实都在小屋外面，从未在小屋里面见到过它们。我发现它们一个一个都挤在黏土里的一个窄小的窝儿内，那是它们还是蛆虫时移居到此后营建的。来年春天，出土期来临时，成虫只需从碎土中挤出去就能到达地面了，这一点儿也不困难。

吃白食者的这种迫不得已的搬迁还有另一个也是十分重要的原因。五月里，隧蜂要第二次生育。而双翅目的小飞蝇则只生育一次，其后代此时尚处于蛹的状态，只等来年变成为成虫。采蜜的隧蜂妈妈又开始在家乡小镇忙着采蜜；它直接利用春天建筑的竖井和小屋，这可大大地节约了时间！精心构筑的竖井房舍全都完好如初，只需稍加修缮便可交付使用。

如果生就喜欢干净的隧蜂在打扫屋子时发现一只蝇蛹，会怎么样呢？它会把这个碍事的玩意儿当作建筑废料给处理掉。它会把这玩意儿用大颚夹起，也许把它夹碎，搬到洞外，扔进废物堆中。蝇蛹被扔到洞外，任随风吹日晒，必死无疑。

我很钦佩蛆虫明智的预见，不求一时之欢快，而谋未来的安然无恙。有两种危险的情况在威胁着它：一是被堵在死牢中，即使变成飞蝇也无法飞出去；二是在隧蜂修缮宅子后清扫垃圾时把它一块儿扔到洞外，任随风吹雨打，抛尸野外。为了逃避这双重的灾难，在屋门封堵之前，在七月里隧蜂清扫洞宅之前，它便先行逃离险境。

我们现在来看一看吃白食者后来的情况。在整个六月里，当隧蜂休闲的时候，我对我那昆虫众多的昆虫小镇进行了全面的搜索，此处总共有五十来个洞穴。地下发生的惨案没有一件能逃过我的眼睛的。我们一共四个人，用手把洞里挖出的土过筛，让土从手指缝中慢慢地筛下去。一个人检查完了，另一个人再重新检查一遍，然后第三个人、第四个人再进行两次复检。检查的结果令人心酸。我们竟然没有发现一只隧蜂的虫蛹，一只也没有。这隧蜂密集的街区，居民全部丧生，被双翅目昆虫取而代之。后者呈蛹状，多得无以计数，我把它们收集起来，以便观察其生长过程。

昆虫的生活季节结束了，原先的蛆虫已经在蛹壳内缩小，变硬，而那些棕红色的圆筒却保持静止不动的状态。它们是一些具有潜在生命力的种子。七月的似火骄阳无法把它们从沉睡中烤醒。在这个隧蜂第二代出生期的月份中，好像上帝颁发了一道休战圣谕：吃白食者停工休整，隧蜂和平地劳作。如果敌对行动接二连三，夏天同春天时一样大开杀戒，那么受害太深的隧蜂也许就要灭种了。第二代隧蜂有这么大一段休养生息期，生态的平衡也就得以保持了。

四月里，当斑纹隧蜂在围墙内的小径上飞来飞去，寻找一个理想地点挖洞建巢时，吃白食者也在忙着化蛹成虫。啊！迫害者与受迫害者的历法是这么精确，这多么令人难以置信呀！隧蜂开始建巢之时，小飞蝇也已准备就绪：它那以饥饿之法消灭对方的故技又重新开始了。

如果这只是一个孤立的情况，我们就不用去注意它了：多一只隧蜂少一只隧蜂对生态平衡并不重要。可是，不然！以各种各样的方式进行杀戮抢掠已经在芸芸众生中横行无度了。从最低等的生物到最高等的生物，凡是生产者都受到非生产者的盘剥。以其特殊地位本应超然于这些灾难之外的人类本身，却是这类弱肉强食的残忍表现的最佳诠释者。人心中想："做生意就是弄别人的钱。"正如小飞蝇心里所想："干活就是弄隧蜂的蜜。"为了更好地抢掠，人类发起了战争这种大规模屠杀和绞刑这种小型的杀人手段。

人们每个星期日在村中小教堂里唱诵的那个崇高的梦想："荣耀归于至高无上的上帝，和平归于凡世人间的善良百姓！"❶ 我们将永远也看不到它会实现。如果战争关系到的只是人类本身，那么未来也许还会为我们保存和平，因为那些慷慨大度的人在致力于和平。但是，这灾祸在动物界也极其肆虐，而动物是冥顽不化的，是永远不会讲道理的。既然这种灾祸是普遍现象，那也许就是无法治愈的绝症了。未来的生活令人不寒而栗，将会如同今日之生活一样，是一场永无休止的屠杀。

于是，人们便挖空心思，终于想象出来一个巨人，这个巨人能把各个星球把玩于股掌之中。他是无坚不摧的力量的化身，他也是正义和权力的代表。他知晓我们在打仗，在杀戮，在放火，野蛮人在获得胜利；他知晓我们拥有炸药、炮弹、鱼雷艇、装甲车以及各种各样的高级杀人武器；他还知晓包括草民百姓在内的因贪婪而引起的可怕的竞争。那么，这位正义者，这位强有力的巨人，如果他用拇指按住地球的话，他会犹豫着不把地球按碎吗？

他不会犹豫的……但他会让事物顺其自然地发展下去。他心中也许会想："古代的信仰是有道理的。地球是一个长了虫的核桃，被邪恶这只蛀虫在啃咬。这是一种野蛮的雏形，是朝着更加宽容的命运发展的一个艰难阶段。我们随其自然吧，因为秩序和正义总是排在最后的。"

要点提示

可以说，地球是人类共同的家园，需要我们共同珍惜和爱护，只有人和自然和谐发展，我们的家园才能拥有更加光明的未来。

读后思考

1. 生物界的现象可以说千奇百怪，隧蜂的行为就表现异常，结合全文和你的理解，谈谈你对于它任由鸠占鹊巢者逍遥法外这种行为的感想。

2. 文中作者提到"这灾祸在动物界也极其肆虐，而动物是冥顽不化的，是永远不会讲道理的"，你认同这个观点吗？谈谈你的看法。

❶ 此处原文为拉丁文。

导读

隧蜂的家庭成员之间相处极为和睦，进出通道时常常相互谦让礼貌有加。令人惊讶的是，隧蜂的住宅竟然有一个特别的看门人——隧蜂外婆，它尽职地守护着大门，守护着全家人的安全。隧蜂守门人的出现令作者极为困惑，原先的胆小者为什么现在变得如此无所畏惧了呢？它们是吸取了之前灾难的教训开始提防危险了吗？

隧蜂门卫

初春时节由孤独的隧蜂单独挖好的住所，到夏季来临时便成了全家人的共同财产。地下有将近一打的蜂房，可从这些蜂房里出来的全是雌蜂。这是我饲养的那三种隧蜂的共同规律。它们每年繁殖两代。春天出生的一代全是雌蜂；而夏季出生的一代则有雌有雄，而且雌雄数量几乎相等。

隧蜂家庭成员的减少，并非因事故所致，而是由饥不择食的小飞蝇造成的。隧蜂全家有一打姐妹（只是姐妹），个个勤劳，人人都能无须交配而生儿育女。另外，隧蜂妈妈的住处绝不是一间破屋陋室：其住宅的主要部分是出入通道，清除一点瓦砾之后就可以进出。这就节省了对于隧蜂而言极其宝贵的时间。洞底的蜂房是一些黏土小屋，也几乎是完好无损的，如要加以利用，只需用细毛刷轻轻清理一下即可。

那么，在幸存的、有同等权利的雌蜂中，谁将继承这所住宅呢？根据死亡的概率，继承者应有六七只或更多一点。隧蜂妈妈的住宅将属于谁呢？它们之间根本不为这事争吵。妈妈的宅子被认为是共有财产，这是无可争议的。隧蜂姐妹们从同一个通道平静地钻进钻出，去忙各自的活计，从不你争我夺。

在井的底部，每个隧蜂姐妹都有自己的一小块领地，那是一些新近挖好的一个个蜂房，因为旧的蜂房已被占用，现在数量不够用的了。在这些属于私产的凹室里，每个隧蜂妈妈都在一旁干活儿，看守着自己的财产，严守自己的隐私。其他的地方全都是可以自由往来的。

隧蜂忙着干活儿时进进出出的景象煞是好看。一只采花粉的雌蜂从田野归来，毛茸茸的爪子上沾满了花粉。如果洞门无蜂进出，它便立刻钻进地下去。在它看来，在门口稍停片刻纯属浪费时间，因为活儿不等人。有时候，有好几只隧蜂间隔不久，相继而来。但是因为通道太狭窄，容不下两只隧蜂同时进出，特别是要避免因为相互摩擦而蹭掉各自身上的花粉。于是离洞口最近的就赶快钻入。其他的隧蜂则在门口按先后次序排好，不挤不拥，等着轮到自己时再进入。第一只一钻入地下，第二只便紧随其后，然后第三只、第四只，一只一只地快捷地跟着钻入地下。

有时候会遇到一只要进一只要出的情况。于是，要进去的便稍往后退，礼让要出的先出来。礼让是相互间的。我就看见过有一些隧蜂正要钻出地面，又返回去，让出通道给刚飞回来的隧蜂。通过大家的相互谦让，进进出出反而非常顺畅。

我们再仔细地观察，还有比这种进出的良好秩序更好的哩。当一只隧蜂在花间采集归来时，我看见一种关闭屋门的活门突然降了下去，让通道可以通行。当到来的隧蜂一钻进门里，活门又升回到原先的位置，几乎与地面持平，又关上了。有隧蜂出来，活门也同样操作。活门从后面推顶，往下降去，门就启开，隧蜂便可飞出。隧蜂一飞出来，门又重新关上。

这个在隧蜂每次飞进或飞出时在井坑圆柱体内像活塞似的或升或降，或开或闭的活门到底是什么东西？这是一只隧蜂，它成了宅子的看门人。它用自己的大脑袋在前厅上面形成一道无法逾越的障碍。如果宅子里有谁要进来或出去，它就拉动绳子，也就是说，它就退至通道的一处较宽、可以容下两只隧蜂的地方。对方通过之后，它便立即回到洞口，用脑袋把洞口堵住。它一动不动，用目光搜索着，只有在抓捕那些不知趣的家伙时它才会离开自己的岗位。

我们趁它飞出来抓捕的这一短暂时刻仔细观察一番。它看上去与其他现在正忙着采集花粉的隧蜂一模一样，不过，它已秃顶，衣服破旧，已无光泽。在其半脱毛的背部，漂亮的褐色与棕红相间的斑马纹腰带几乎已丧失殆尽。它的这身因长期干活而破损的衣服明白无误地告诉了我们一些情况。

在洞口站岗放哨看门守屋的这只隧蜂比其他的隧蜂年岁大。它是这个住宅的建造者，是现在正在忙着采集花粉的隧蜂姐妹们的妈妈，是现在还是幼虫的隧蜂们的外婆。三年前，当它还是个花季少女时，它单枪匹马地拼命干活儿，累得精疲力竭。现在，它的卵巢已经萎缩，它该休息了。不，"休息"一词在此使用不当。它还在干活儿，它在为这个家尽自己绵薄之力。它已经不能再生儿育女，便当上了看门人。它为自己家人开门关门，把陌生人拒之门外。

谨慎多疑的山羊羔从门缝望出去，对狼说道："让我看看你的爪子，不然我就不开门。"隧蜂外婆同样谨慎多疑，它也要对来者说道："让我瞧瞧你的隧蜂黄爪子，不然就不让你进来。"如果被认为并非自家人，谁也甭想进得洞来。

我们就来看看。一只蚂蚁路过洞穴附近。蚂蚁是个厚颜无耻的亡命徒，它很想知道为何有蜜的甜香味从洞底下飘上来。隧蜂看门人脖子一扭，意思是说："滚开，不然要你的命！"通常，这种威吓的动作就足够了。蚂蚁见状赶紧走开。如果它赖着不走，隧蜂看门人便会飞出洞来，向那大胆狂徒扑过去，推搡它，驱赶它。把它赶跑之后，隧蜂看门人便立刻回到哨位，继续站岗放哨。

现在我们来谈谈切叶蜂。切叶蜂不谙挖洞技巧，便学着同胞的样儿，使用一些别的蜂留下的旧通道。当春天的小飞蝇把隧蜂的地下通道掏得空空荡荡的时候，这通道对于切叶蜂来说就很合适了。切叶蜂在寻找一处可以堆放其用刺槐叶制作的羊皮袋似的住所时，经常绕着我的隧蜂小镇飞来飞去，寻寻觅觅。它觉得有一个洞穴挺合适的，但是，在它落地之前，它的嗡嗡声已经被隧蜂看门人察觉了，只见后者突然飞出，在其门口做了几个手势。这就够了，切叶蜂立刻就明白了，赶紧离去。

有时候，切叶蜂还有时间迅疾落下，将头探入井口。隧蜂看门人立即出现，脑袋稍稍抬起，把洞口堵住。随即出现一种不太严重的对峙。外来者很快便明白这个洞穴已有主儿了，不可冒犯，也就不再坚持，到别处寻觅住所去了。

我曾亲眼看到一个老窃贼——寄生切叶蜂的媚态尖腹蜂，被猛烈地推搡了一阵。这个冒失鬼原以为自己钻入的是切叶蜂的住所。它弄错了，它遇上了隧蜂看门人，受到了严厉惩戒。它赶忙溜之大吉。其他的那些或因忙中出错，或因野心勃勃而欲闯入隧蜂洞穴的昆虫也遭到了同样的下场。

在隧蜂外婆们之间，也是同样地互不相容。将近七月中旬，当隧蜂小镇热闹繁忙的时候，有两种隧蜂是很容易辨认的：年轻的隧蜂妈妈和隧蜂外婆。隧蜂妈妈数量更多，体轻身健，衣着鲜艳，不停地从田野到洞穴，从洞穴到田野地飞来飞去。而隧蜂外婆则面容枯槁，无精打采，懒散闲淡地从一个洞穴逛到另一个洞穴，让人看着好像是迷失了路径，摸不着自己的家门了。它们这么游来荡去的是怎么回事？我看见它们一个个都一副伤心痛苦状，由于可恶的小飞蝇春天干的好事，它们已无家可归了。很多洞穴全部被扫荡一空。夏季来临，隧蜂外婆孤身一人，只好离开自己那已成空房的家屋，去寻找一处有摇篮需看护，有岗要站的住宅。但是，这些幸福的家庭已经有了自己的守卫，亦即其创建者，它紧把着自己的权力，对于自己的无业的邻居十分冷漠。一个哨兵足矣；两个哨兵的话，哨位太小，容纳不下。

有时候我还能看到两位隧蜂外婆在争吵。当寻找职业的游荡者突然来到大门前的时候，合法的那位看守者并不离开自己的哨位，不像见到自己的孩子从田野回来那样，退回到过道里去。它绝不让出通道，并用爪子和大颚进行威胁。对方也不示弱，仍旧想要闯入。双方便推搡起来。争斗以外来者的失败而告终；失败者只好去别处找碴儿寻衅了。

这些小场景让我们从斑马纹隧蜂的习性中隐约看到某些极有意思的细节。春季筑巢做窝的隧蜂妈妈一旦工程完工，就不再走出家门。它要么隐于狭小肮脏的洞穴深处，一心一意地干些琐碎的家务活儿，要么懒洋洋地等待着孩子们的出世。夏日炎炎，当隧蜂小镇又一片繁忙热闹的景象时，外面采集的活儿用不着它去干，它只好在前厅入口处站岗放哨，只许自己外出劳作的孩子们进入，不许别有用心的歹徒有非分之想。没有隧蜂外婆的许可，谁也甭想入内。

没有任何迹象表明，这个警惕的门卫擅离职守过。我从未见过它离开家门，去花间大快朵颐❶，以恢复体力。它年事已高，而且其看家护院的活儿也不是很累，所以也许就用不着吃什么东西。或许孩子们采集归来时，会时不时地从自己的胃囊中吐出一点儿来给它。不管吃与不吃，反正是隧蜂外婆不再出门了。

但是，它却需要有天伦之乐。它们当中有不少已无家庭欢乐了。双翅目小飞蝇把它们的家洗劫一空。被洗劫者们只好撤弃那已空空荡荡的洞穴，衣衫褴褛忧心忡忡地在隧蜂小镇四处游荡。它们并不会走远，更经常的是待在原地一动不动。它们因而变得脾气暴躁，粗暴地对待他人，竭力赶走别人。它们就这样一天一天地变少，变衰，最后消亡。它们的下场是什么？小灰蜥蜴一直在窥伺着它们，拿它们饱了口福。

那些安居于自己领地中、看守着自己的孩子们劳作的制蜜作坊的隧蜂，始终保持着高度的警惕，一丝不苟。我同它们接触越多，就愈发地钦佩它们。凉爽的清晨，采集花粉的隧蜂们因找不到被太阳晒熟的花粉而闭门不出的时候，我就看见隧蜂门卫待在通道上端入口的自己的岗位上。它们一动不动地待在那儿，脑袋堵住入口，与地面持平，以防外来者侵入。如果我离得太近地观察它们，它们就稍稍后退，在暗处等着我这个不速之客离去。

上午八点至十二点，采集高峰时，我又来观察。由于采集女工们进进出出，一片繁忙，我就看见那扇门一会儿开一会儿关的，忙个不停。这时是隧蜂门卫最紧张最累的时刻。

午后，天气太热，花粉采集工们不再去田间野地里了。它们钻进住宅底部，油漆新建的蜂房，制作供虫卵所需的圆面包。隧蜂外婆始终留在上面，用自己那光秃秃的脑袋堵住大门。即使天气再热，门卫也不能午睡，因为它必须要保证全家人的安全。

夜幕降临或者更晚一些，我又回来观察。我凭借提灯的光亮又看到隧蜂门卫仍旧如白天一样地忠于职守。其他的隧蜂都休息了，而门卫却没有，它明显是担心夜间会出现危险，而这些危险只有它才了解。那么它最后会不会回到下一层的安静处去呢？有这种可能，因为这么长时间的全神贯注的看家护院非常累人，必须休息休息。

很明显，如此这般地守卫着洞穴就可以避免类似于五月那使家庭大量减员的灾祸的发生。让盗窃隧蜂面包的窃贼小飞蝇现在来试试看！它的冥顽不化，它的大胆妄为绝逃不过时刻高度警惕着的门卫的法眼，后者稍加威胁就能吓退来犯者，要是来犯者执意不走，那它非用大钳把来犯者夹碎不可。窃贼小飞蝇将不会来了，个中原委我们很清楚，因为到春回大地之前，它们都待在地下，处于蛹的状态。

但是，就算小飞蝇没了，可在蝇科这种低下层次中，还有其他一些攫取他

---

❶ 大快朵颐：痛痛快快地大吃一顿。

人财富者。这些家伙什么坏事都干得出来，无所不用其极。可是，七月里，我在各个洞穴附近查看时就一个都没有撞见。这帮混账东西真是暗中偷盗的高手！它们多么了解隧蜂门口有门卫在把守着啊！对于它们来说，今天是没有机会了，所以一只蝇科昆虫都未出现，春天的那种灾祸未再降临。

隧蜂外婆因年岁大而免除了做母亲的烦恼，专司大门守卫、保护全家老小安全之职，这告诉我们在本能起源中突然出现的一些事。隧蜂外婆向我们展示了一种突然而至的才能。而这种才能，无论是在它自己过去的行为举止中还是在它女儿们的一举一动中都没有任何东西使我们能够猜测出来的。

从前，当凶残的小飞蝇当着它的面闯入家中时，或者更经常的是，当小飞蝇待在入口处，与它面面相对时，愚蠢的隧蜂竟然一动不动，甚至连吓唬一下这个红眼强盗都没有，而它本可以轻易地就把这个小侏儒制服的。它这是被吓住了吗？不会的，因为它仍然像没事似的忙着自个儿的事；不会的，因为强者不会就这么被弱者吓倒的。这是因为它对大祸临头一无所知，这是因为它愚不可及。

可是今天，这个三个月前还愚昧无知的隧蜂无师自通地非常了解了危险之所在了。任何外来者，只要一出现，无论个儿大个儿小，无论属于哪一种目，一概拒之门外。如果肢体的威吓无济于事的话，隧蜂门卫就会跑出洞外，向赖着不走者扑过去。原先的胆小者现在无所畏惧了。

怎么会有这种一百八十度的大转弯呢？我倒是希望这是因为隧蜂吸取了春天灾难的教训，从今往后便开始提防危险了；我也很想赞扬它是受到经验教训的启迪转而学会担当门卫的重任。但是，我这种想法是错误的。如果说隧蜂是由于一点点的进步，终于学会了安排一个门卫来看家护院的话，那又怎么会对窃贼的担心时有时无呢？五月时节，它单枪匹马，的确无法长期把守大门：当务之急是要干家务活儿。但是，自它的家族遭受迫害时起，它至少应该了解这种寄生虫——小飞蝇，而且当后者每时每刻几乎都在自己的脚前爪下转悠时，甚至跑到自己的家中来时，它至少应该把窃贼赶走才对，但它并没有这么做。

所以，祖辈的深重苦难并没有给后代的平和性格留下任何本质的改变；而它亲身经历过的苦难与它七月里突然的警觉也毫不相干。动物与我们人一样，有自己的欢乐，也有自己的不幸。它疯狂地享受着欢乐，却很少去操心不幸之事，这不管怎么说，是动物享受生活的最佳方法。为了减轻苦难和保护家族，动物有本能的启迪，用不着凭什么经验或教训，隧蜂因此而知道设立一个门卫之职。

粮食准备充足之后，隧蜂便不再外出去采集花粉，也不再满载花粉而归，可这时候，隧蜂外婆仍一如既往地保持着警惕，坚守自己门卫的岗位。最后的准备工作就在地下洞穴中进行，那关系到一窝小隧蜂；各个蜂巢关闭了起来。直到所有的一切全部结束之前，洞口大门将始终严密地把守着。然后，隧蜂外婆和隧蜂妈妈将离开家屋。它们毕生忠于职守，将去往我不知道的什么地方默默地死去。

自九月起，第二代隧蜂便出现了，既有雌蜂，也有雄蜂。

导读

　　灰毛虫的藏身处十分隐蔽，作者一直想仔细观察砂泥蜂捕捉灰毛虫的过程，但是始终没有找到合适的机会。于是，作者从视觉、嗅觉和听觉的角度对昆虫的寻找探查过程进行了分析探究，然而并没有得出合理科学的结论。在进行砂泥蜂与灰毛虫平衡关系的描述中，表达了作者对生命的敬畏和关切之情。

灰毛虫

写作手法

　　作者将膜翅目昆虫猎取灰毛虫的过程比喻为做"外科手术"，表现了昆虫某些超乎人类的天赋，这令作者极为惊叹。

　　我在前面详尽地叙述了砂泥蜂捕捉毛虫的过程。我觉得我所观察到的情况有着重要的意义，即使我那座荒石园昆虫实验室不再为我提供任何东西，其实光是这一次的观察就足以弥补一切了。膜翅目昆虫为了制伏灰毛虫所采取的"外科手术"，简直达到了登峰造极的程度，我迄今为止尚未见到在本能方面胜过它们的。它们这种天生的本领真的令人刮目相看！这种本领难道不足以引起我们的深思吗？砂泥蜂宛如无意识的生理学家，具有多么巧妙的逻辑、多么准确稳健的本领啊！

　　谁要想看到这种奇迹，那绝不是在田野里悠闲地散散步就能碰巧遇到的，就算是真的出现了这种大好机会，你也来不及利用。我可是花了整整五个小时，而且始终坚守在那里，即便如此，也未能完成计划中的实验项目，因此，如果想很好地完成这种观察实验，我就必须在自己的家中，利用空闲来进行。

　　按照砂泥蜂的工作顺序来观察它的捕猎情况，首先就必须考虑一个问题：砂泥蜂这种膜翅目昆虫是如何发现灰毛虫在地下的藏身处的？

　　至少，仅靠眼睛从表面上去观察，没有任何迹象表明毛虫就藏在那儿。毛虫的藏身处可能是光秃秃的土地或者长着草的地方，可能是满是石头或泥土的地方，也可能是连成一片的土地或裂隙小缝。地面的这种种不同，对捕食者砂泥蜂来说，无关紧要，它搜索所有的地方，并不喜欢专门搜索某一处。不管它停在何处，搜索了多长时间，我都看不出那个地方有何与众不同，但是，恰恰在那儿一定会藏着一只灰毛虫。我前面的叙述已经指出了这一点，我曾经接连五次在砂泥蜂的指引下找到灰毛虫，砂泥蜂却因无力深挖下去而前功尽弃，十分沮丧。因此，我可以肯定，这绝不是视觉问题。

　　那么，到底是它的什么器官在起作用呢？是它的嗅觉吗？我们来看一下是什么情况。进行搜索的器官是触角，这一点已经证实。触角的末端弯成弓形，不断地颤动着，这只昆虫便用触角轻巧而快速地拍击土地。如果发现有缝隙，它便把颤动的细丝伸进缝隙中去探察；如果一簇禾本植物的根茎网似的在地面上蔓延，它便加紧抖动触角，以搜索根茎网里凹陷的地方。触角的末端彼此贴在一起，犹如两根有触觉的丝条、两根活动自如的手指，通过触摸了解情况。但是，光这么触摸是查不出地下到底有什么的，因为它要寻找的是灰毛虫，可是灰毛虫躲在地下好几寸深的洞穴里。

于是，我们会想到嗅觉器官。毫无疑问，昆虫的嗅觉器官十分发达。埋葬虫、扁甲虫、腐阎虫、皮蠹等"食尸者"昆虫，就是靠着自己的嗅觉急匆匆地赶往某只死鼹鼠的所在地。

如果说昆虫确实拥有较发达的嗅觉器官，那么就必须知道它的嗅觉器官究竟生在它身体的哪一部位。有许多人肯定地说，它的嗅觉器官是长在它的触角里。即使这种说法不无道理，我们仍很难理解，由角质的环一节一节连接而成的一根"茎"怎么会起到鼻子的作用呢？因为鼻子的构造与触角大不相同。鼻子与触角是两个毫无相同之处的器官，怎么会产生相同的感觉呢？譬如工具不同，它们的功用能一样吗？

再说，就我们所说的这种膜翅目昆虫而言，就我们所观察到的情况而言，我们就可以对上述说法提出异议。嗅觉器官是一种被动的器官，而不是主动的器官，它是在等到气味传来时接受，而不像触角之类的主动器官那样主动去感觉，主动去探察气味在哪儿散发。砂泥蜂的触角就是在不停地动着，它这是在探察，在主动地去感觉。那么它究竟在感觉什么呢？如果说它确实是在感觉气味，那么它完全可以一动不动，这要比它动个不停时的感觉效果强得多。

再说，如果没有气味，也就谈不上什么嗅觉了。我曾经拿灰毛虫做过实验，我让鼻子比我尖、嗅觉比我敏锐得多的年轻人也去闻灰毛虫，结果我们没一个人能闻到毛虫散发出什么气味。狗鼻子很灵，这是尽人皆知的。但是，狗用鼻子拱地进行探察时，是因为受到了块茎香气的吸引，即使透过厚厚的土层也能闻到这香味。我承认，狗的嗅觉确实比人的嗅觉灵敏，它可以闻得更远更广，它所接受的感觉更加强烈而且更加持久，但是，它是因散发的气味而产生感觉的，而这种气味在距离不算太远时，我们人类的鼻子也能感觉得到。

如果大家硬要坚持，我也可以认同砂泥蜂具有跟狗的嗅觉同样灵敏甚至更加灵敏的嗅觉，但这同样需要有气味散发出来才行，所以，我觉得人的鼻子凑上去都闻不到毛虫的气味，砂泥蜂又如何能够透过厚厚的土层闻得到呢？无论是人还是其他的动物，包括纤毛虫，如果感官具有同样的功能，那其感官就有同样的刺激体。在绝对黑暗的环境中，据我所知，人也好，其他动物也好，都无法看清东西。当然，动物的敏锐性一般来说是一样的，但感受力有差异，有的动物感受力强，有的就很弱；有的东西，某些动物可以感觉得到，有些动物就感觉不到。这一点是毋庸置疑的，而一般来说，昆虫的嗅觉感受力好像并不

理解感悟

作者在进行研究的过程中，并没有一味地盲从大众的观点，而是始终保持着自己独立的思考和深刻的见解，这正是一个优秀的学者所必备的基本素质。

写作手法

作者在阐述绝对黑暗环境中的视觉清晰度问题时，使用"据我所知"这一限定词，表现了说明文语言的严谨性。

是很强，它们并不是靠敏锐的嗅觉感受气味的。

再有，就是听觉问题了。靠听觉器官功能，昆虫也无法很好地探察猎物。昆虫的听觉器官长在何处？有人说是长在触角里。确实，昆虫那些敏锐的触角受到声音刺激时好像整体在颤动。用触角探察的砂泥蜂可能是由于从地下传来的轻微响动，比如猎物用大颚啃噬草根的声响、毛虫扭动身躯的声响，而知道猎物藏在何处。可是，这种声响真的极其微弱，想让它透过有吸音作用的土层传到外面来，简直不可思议！

而且，这所谓的声响，不仅极其微弱，而且可能根本没有。灰毛虫在夜间活动，而白日里，就蜷缩在洞穴中，一动不动。它也不啃噬任何东西，至少我按照砂泥蜂指引的方位挖到的灰毛虫没啃噬什么东西，再说，也没什么东西可以让它啃噬。它在一块没有树根的土层里一动不动地待着，安安静静，不发出一点儿声响。听觉也跟嗅觉一样，完全被排除了。

这么一来，问题又出现了，更加说不清道不明。砂泥蜂到底是怎么辨别出地下藏着的灰毛虫的方位的呢？毫无疑问，触角是给砂泥蜂引路的器官。但是，触角并不是起到嗅觉作用的器官呀，除非大家同意如下的看法：这些触角虽然既干又硬，其表面并无丝毫通常器官所需要的纤细结构，却能感觉出我们根本无法闻到的气味。如果真的如此，那就是在承认粗糙的工具也能制造出精美的作品来。触角因无声音可听，也就起不了听觉器官的作用。那么，触角到底在起什么作用呢？这个问题我现在不清楚，将来是否能搞清楚，我也不敢奢望。

一般来说，我们倾向于——也许只能如此——用我们知其然而不知其所以然的尺度去衡量世间万物；我们把自己的感知手段赋予动物，而根本就没有想到动物很可能拥有其他手段。而我们对它们的手段不可能具有明确的概念，因为我们与它们之间没有什么类似的地方。我们不知道它们的感知是怎么回事，如同我们双眼失明，对于颜色就一无所知一样。难道我们敢保证我们对物质全部掌握得一清二楚，没有什么不明白的地方吗？难道我们敢确定，对有生命的物质来说，感觉只是凭借光线、声音、气味、香气以及可触摸的特性显示出来的吗？物理学和化学尽管属于年轻的科学，但是它们已经向我们证明，我们所不了解的黑色中含有大量的物质，是可以提取的。一种新的官能，也许就存在于菊头蝠那迄今为止一直被视为怪诞的鼻子里，存在于砂泥蜂的触角里。它的触角为我们的观察研究，揭示了一个我们的肌体结构永远也不会让我们想到要去探索的世界。物质的某些特性，没有在人的身上产生能够让人感受到的作用，难道就不可能在具有与人不同官能的动物身上产生一种反应吗？

斯帕兰扎尼曾经在一个房间里顺着各个方向扯起许多条绳子，还堆上几堆荆棘，把房间变成了一座迷宫。然后，他把瞎眼蝙蝠放到这座迷宫里。这些瞎眼蝙蝠彼此认识，飞起来速度很快，在迷宫里飞来飞去，却不碰到他所设置的重重障碍。原因何在？是什么类似于我们人类的器官在引导着它们？有谁能告

佳句品析

作者透过被赋予人性的昆虫反观人类社会，认为不应该盲目地去认识或解读昆虫世界的一些现象，体现了作者对大自然的敬畏之情。

诉我这一奥秘？我也想弄清楚砂泥蜂是如何借助自己的触角准确无误地找到灰毛虫的藏身处的。请不要说这是其嗅觉使然。如果非要说是因为嗅觉，那么就得假定它的嗅觉灵敏得简直令人惊叹，同时得承认，它所拥有的器官好像根本就不是用来感知气味的。

如果砂泥蜂的行为只是一个孤立的事实，我也就不必在前面浪费笔墨大费周章了。不过，我们现在还是先来谈谈灰毛虫吧。我们有必要更加详尽地了解这种毛虫。我有四五只灰毛虫，是我在砂泥蜂为我引导到的洞穴深处用刀子挖到的。我原打算用它们做牺牲品逐一替换猎物，以便仔细地看清砂泥蜂施行外科手术的全过程。但是，我的计划落了空，于是我把它们放进短颈大口瓶里，瓶底铺了一层土，再用生菜心覆盖起来。白日里，我的囚徒们一直躲藏在土里，只到了晚上，它们才爬到土层上面来，一个个在生菜叶下啃噬着。到了八月，它们就全都躲在土里，各自忙着编织自己的茧了。那些茧表面很粗糙，呈椭圆形，大小如小鸽子蛋。八月底，蛾子孵出来了，我认出来，那是黄地老虎[1]。

可见，毛刺砂泥蜂是用黄地老虎的毛虫来喂养自己的幼虫，而且只在具有地下生活习性的类别中进行挑选。这些毛虫因为外表呈淡灰色，所以被通俗地称为灰毛虫。灰毛虫是农田作物和花园里的花草极怕的害虫。它们白天躲藏在地底下，夜晚爬到地面上，啃噬草本植物的根茎，无论是装饰性植物还是蔬菜瓜果，它们全都不放过。它们把花圃、菜地、农田糟蹋个够。如果发现一棵苗好端端地枯萎了，那你就轻轻地把它扯出来，你会发现它的根已经被咬断了。这帮贪婪、令人讨厌的灰毛虫夜晚从田间地头经过，用其大颚把秧苗毫不客气地咬断，所造成的破坏与鳃角金龟的幼虫造成的破坏不相上下。如果它在甜菜地里大量繁殖，那损失就更加不得了。而它的天敌正是砂泥蜂。砂泥蜂在自觉自愿地帮助我们消灭这祸害庄稼的可恶敌人。我把在春天积极寻找灰毛虫的砂泥蜂的事迹告诉了农民朋友，让他们知道这位农田卫士能够帮助我们发现灰毛虫的藏身之地，把它们消灭。园子里只要有一只砂泥蜂存在，那么，一畦生菜或一花坛的凤仙花就能逃脱被毁灭的危险。但是，我这种提醒并未引起农民的重视。他们并没有想过要消灭这种膜翅目昆虫，但是，他们也没有帮助它们大量繁殖，以便把灰毛虫消灭干净。他们只是任由这种可亲可爱的膜翅目昆虫自由地飞来飞去，从一条小径飞到另一条小径，任由它们在花园的各个角落里察看搜索，飞到东飞到西。

在绝大多数情况下，我们对昆虫无能为力。我们既无法在它们有害时把它们消灭干净，也不能在它们有益时对它们加以保护。人类能够挖凿运河，把大陆切割成一块一块，把两个海洋连接起来；人类能够开凿隧道，把阿尔卑斯山打通；人类能够有办法计算出太阳的重量，但是人类无法阻止一只可恶的害虫在人类还未尝鲜时就把红红的樱桃啃噬掉，人类无法阻止这可憎可厌的家伙毁

---

　❶ 黄地老虎：属夜蛾科，成虫往往昼伏夜出，常在黑夜活动，有较强的趋光性和趋化性。

灭自己的葡萄园！提坦被俾格米人打败了。力大无穷者却显得如此软弱无力，真是不可思议！

但现在，我们在昆虫世界里有一个机智聪颖的帮手，那可憎可恶的灰毛虫难以抗御的天敌——砂泥蜂。我们能否想点法子帮助我们这个帮手在田地里和园子里繁衍，大批地生长？看来是没什么法子可想的，因为让砂泥蜂大量繁殖的首要条件就是先大量繁殖灰毛虫，因为后者是砂泥蜂唯一的食物。而喂养砂泥蜂不是一件简单的事，因为它不像蜜蜂那样因群居生活而从不离开自己的窝巢，更不是爬在桑叶上的愚蠢的蚕和那笨拙的蛾子，拍拍翅膀，交配，产卵，然后死去。砂泥蜂迁徙无常，飞的速度快，有点我行我素，不受任何约束。

再说，那个首要的条件就让我们不敢存此幻想。我们想要繁殖帮我们寻找灰毛虫的砂泥蜂，就得任由灰毛虫大量繁殖，从而酿成巨大的灾害，我们也就陷入了恶性循环：为了益，求助于害。灰毛虫多了，砂泥蜂才能找到丰富的食物来喂养自己的幼虫，其家族才能兴旺；缺乏灰毛虫，砂泥蜂的后代必然会减少，直至绝种。昌盛与衰亡的循环往复，就是吞噬者与被吞噬者的比例平衡，这是一条永恒的自然规律。

理解感悟

大自然的生命都是平等的，不存在高低贵贱之分，大家共同构建着地球绿色蓬勃的生态系统，可以说缺一不可。

导读

作者常年致力于松毛虫的科学研究，运用生动形象的笔法向读者介绍了松毛虫卵的排列形态和特点，并详细地介绍了小毛虫的生长过程，对松毛虫建造的居所进行了说明描述。作者对松毛虫进行全方位的研究，感叹于松毛虫世界的真正平等，最后对松毛虫的特殊行进行列进行了细致而科学的研究。

松毛虫

这种毛虫已经拥有自己的一部史书，撰写者为雷沃米尔先生。但是，由于条件所限，这位大师所撰写的这部松毛虫的史书存在着无法避免的缺憾。他所研究的对象是通过驿车从千里之外的波尔多荆棘丛生的荒野运来的。这种昆虫离开了它原来的生活环境，它向这位历史学家所提供的生活习性等方面的情况就大打折扣。研究昆虫的习性，必须就地进行，在它生活的区域进行长期的观察，因为它只有在自己的生活环境中才能尽显其天性。

而雷沃米尔先生用来进行实验和研究的对象，来自法国的西南部，对巴黎的气候环境非常陌生，不习惯，使研究者难以了解到它的许多生动有趣的细节。雷沃米尔先生当时研究松毛虫就是这样的情况。后来，他对另一种外来的昆虫——蝉进行研究时，情况依然如此。不过，他从荆棘丛生的荒野中所收集到的昆虫窝巢却颇有研究价值。

我所处的环境却对我的研究十分有利。于是，我对松树上成行成串地爬行着的松毛虫重新进行了观察研究。我在自己那座荒石园昆虫实验地种了一些树，还特意种了不少荆棘，有几棵松树长得十分挺拔兀立，其中有阿勒普松和奥地利黑松。这些松树与荒野里的松树没有任何不同。松毛虫占领它们，在上面编织了自己的大袋囊。这些树的叶子全都被它们糟蹋得不成样子，仿佛遭了火灾，令人气愤不已。为了保护树叶，我每年冬天都得仔仔细细地检查，用一根分叉的长板条一点儿一点儿地翻看，彻底清除松毛虫的窝。

为了观察方便，我把三十来个松毛虫的窝安放在离我家大门几步远的松树上。如果这些窝不够用，附近的松树仍可向我提供必要的补充。

我首先观察的是松毛虫的卵，雷沃米尔的书中没有提到过它。八月上旬，我便站在松树前观察与我眼睛视线同一水平高度的松树树干，很快便发现，这儿那儿，在松针丛中，一些微微呈白色的小圆柱体把郁郁葱葱的青枝绿叶给弄得斑斑点点。那就是松毛虫蛾卵，一个圆柱体，就是一个松毛虫蛾母亲的卵群。

松树的松针成双成对地聚在一起。一对叶子的叶柄被如同手笼那样的圆柱形物体包裹着。该物体长三毫米，宽四五毫米，外表如丝一般地柔软光滑，白中略显橙黄色，覆盖着鳞片。鳞片像屋瓦似的叠盖着，排列虽然较为整齐，但不呈几何秩序，外观犹如榛树未曾开花的柔荑花序。

这些鳞片几近椭圆形，白色，半透明，底部略呈褐色，顶端则呈橙黄色。鳞片下端又短又尖，较为细小，散乱，顶端则较宽大，像是被截去一段似的紧紧地固定在松针上。无论风吹还是用刷子反复地刷，都无法让鳞片脱落。从下往上轻轻地扫拂这如同手笼似的圆柱体，那些鳞片就会像是受到反向摩擦的浓毛一样竖立起来，并一直保持这种竖立状；如果再朝相反方向摩擦，它们就立即恢复原状。另外，轻轻地触摸鳞片，会感受到如丝绒一般的柔软。它们一丝不乱地一片一片地互相贴附着，形成一个保护虫卵的保护层，一滴雨水、一颗露珠都无法渗进这个"瓦片"保护层。

这个保护层是如何形成的呢？原来是松毛虫蛾母亲蜕去身体的一部分来保护自己产下的卵。它用自己蜕下的皮壳为它的卵做成一个暖暖和和的被套。我们不妨在此引述雷沃米尔大师的一段话：

> 雌松毛虫蛾身体的尾部有一块发光片。我第一次发现时，它的形状与光泽就引起了我的注意。我拿一根大头针去触碰它，观察它的结构。大头针刚这么一触碰，便立即产生了一个令我颇为惊奇的小小的现象：我看见大量闪闪发亮的小碎片分离开来，四处散落，有的向上飘去，有的向两旁飞落，其中最坚固的那一片随着一些小片片轻轻地落在了地上。
>
> 我所称为小碎片的那些东西，全都是薄而又薄的薄片，有点像是蝴蝶翅膀上的鳞片，但却比后者要大得多。雌松毛虫蛾尾部那块引人注目的板片，其实是一个鳞片堆，是一个奇妙的鳞片堆。雌松毛虫蛾似乎是用这些鳞片来覆盖住自己的虫卵的。这是我自己的推断，因为它们并没有告诉我它们是不是用这些鳞片来覆盖自己的卵，也没有告诉我其尾部的这个鳞片堆是派什么用场的。不过，可以肯定的是，它们的这个鳞片堆绝不是毫无用处，也不只是个装饰，而是有其用途的。

是啊，大师，您说得很对。这么既厚实又整齐的鳞片堆是不会无端地长在昆虫的尾部的。任何事物的存在都必然有其存在的理由。您用大头针一触碰就飞落的这些鳞片应该是用来保护其蛾卵的。您的推测合情合理。

我用镊子轻轻一夹，真的夹到了一些有鳞片的浓毛。蛾卵显现出来，像一些白色釉质小珠子。它们紧紧地挤贴在一起，形成九个纵向列队。我数了数其中的一个列队，共有三十五粒蛾卵。这几排蛾卵几乎一模一样。圆柱体上卵的总数约在三百粒。一个松毛虫蛾母亲拥有一个多么大的家庭啊！

一个纵向列队的卵与相邻的两个纵向列队的卵精确无误地交叉贴靠着，不留一点儿空隙。看上去，犹如用珍珠制作的工艺品，小巧玲珑，巧夺天工，令人惊叹！不过，把它比为排列整齐的玉米更为确切。它就像一个缩微玉米棒，但其排列的几何图形更加优美。松毛虫蛾"穗子"上的颗粒略呈六角形，是虫卵相互挤压造成的。它们牢牢地黏合在一起，无法分隔开来。如果卵块遭受破坏，就会一片片、一块块地从松针上脱落下来。这些小块全都是由许多蛾卵组成，而松毛虫产卵时产下的珠状物便由一种如漆一样的黏性物质给黏结起来。保护性鳞片那宽阔的基部就固定在这片"漆"上。

天气晴朗，风和日丽时，观赏松毛虫蛾母亲制作这种如此齐整美观的杰作，观赏它刚刚产下卵，用一片片从尾部脱离的鳞片来为卵制作"屋顶"，真是非常有趣的事情。卵并不是呈纵列产下的，而是呈圆形、环状产下的，这一点显而易见。这些"环"叠合在一起，让卵粒交叉排列着。产卵是从下面，从接近松树复叶叶柄的底端开始的，在上面结束。最早产下的是最下面排列成圆环状的卵，最后产下的则是最上面那个圆环状的卵。鳞片全是纵向排列，而且被朝向树叶的那一端固定住。鳞片的安排布置不会有任何的差异。

让我们仔细地欣赏一番我们眼前的这座漂亮的"建筑物"吧。无论年老年少，无论有才无才，人人见了这个娇小玲珑的松毛虫蛾"穗子"，都会啧啧称赞。让我们印象最深的并非那像珐琅一般美丽的"珍珠"，而是它们那极其整齐划一、呈几何图形的组合排列。一只小小的松毛虫竟然也在遵循协调一致、和谐有序的规律。

如果米克罗墨加斯❶想到再一次地离开西里乌斯❷的世界，前来访问我们所居住的行星的话，他会在我们中间找到美吗？伏尔泰书中的描写，让我们看到米克罗墨加斯是如何做的：他把项圈上的一颗钻石取下，制成一个放大镜，用来观察一艘在他的大拇指上搁浅的三层战舰；他与全体水兵交谈；一片指甲碎片被弯成一个顶篷，把战舰遮盖起来，并且充作聋人的助听器；一根小小的牙签以它那细而长的尖尖触碰那艘战舰，让其一端翘起至一个图瓦兹❸，碰到巨人的嘴唇；这根小牙签充作受话器。从这场著名的交谈中，可以得出如下的结论：如果想要正确地评判事物、观察事物的新面貌，最要紧的是更换太阳。

这个叙利亚人很可能对我们的艺术之美毫无概念。在他眼里，我们雕塑艺

写作手法

通过打比方和列举数字的说明方法，表现了蛾卵的形态、排列的特点及数量之多。

理解感悟

世人无论年龄高低还是学识多寡，看到"都会啧啧称赞"，从侧面表现了松毛虫令人叹为观止的创造力，这都是大自然的造化之功。

---

❶ 米克罗墨加斯：伏尔泰笔下的人物形象。

❷ 西里乌斯：伏尔泰笔下的一个星球。

❸ 图瓦兹：使用于法国大革命前，是关于长度、面积和容积的计量单位。

术的杰作，包括出自菲狄亚斯 ❶ 的雕刻刀的杰作，只不过是大理石的或者青铜做的玩偶而已。我们的风景画被认为是滥用绿色的令人厌恶的蹩脚的画，我们的歌剧音乐被认为是浪费钱财制造噪声的音乐。

当然，《米洛斯岛的维纳斯》和《贝尔维德尔的阿波罗》是绝妙的上等雕塑。但是，要欣赏这些雕刻作品就需要具有特殊的眼光。米克罗墨加斯看到这些雕刻作品，对人类的身体之柔弱感到怜悯。在他看来，美是需要有别于我们那青蛙似的肌肉组织的其他东西。

相反，我们来让米克罗墨加斯看看那种有缺陷的风车。毕达哥拉斯 ❷ 是埃及贤哲们的语录传播者，他教给我们如何观看直角三角形的基本特征。他是一位好心的巨人，但对事物却一无所知，所以我们应该向他阐释风车的意义。等他的思想开窍之后，他就会完全像我们一样，发现那其中具有的真正的美，当然喽，这种真正的美并不是存在于外观上，而是存在于三种长度间永恒的关系中。然后，他便会完全同我们一样去赞赏使体积均衡的几何学。

因此，有一种严肃的美存在着，它属于理性范畴，它在各个阶层中都是相同的。它在所有太阳的照射下都是相同的，无论这太阳是单一的还是繁复的，是白色的还是红色的，是黄色的还是蓝色的。这种普通的美就是秩序。世间万物都被制作得恰到好处。这句话非常伟大。它的真实性随着对事物奥妙的探索而更加明显。这种秩序，这种普遍的平衡基础，是一种盲目的机制产生的无法避免的结果吗？它是否如柏拉图 ❸ 所说，进入了一个永恒的几何学家的规划之中？它是一个至高无上的美学家的美吗？而这样的美正是世间万物存在的理由。

花瓣的弯曲部分为什么那么整齐匀称？金龟子鞘翅的雕镂花纹为什么那么精巧雅致？这种精巧雅致与它自身的暴力行为中的粗野力量能够兼容吗？

凡此种种，都是一些并无多大必要的思考，都是因即将从那儿诞生的松毛虫的卷状物引发出来的。世界之谜当然可以在我们这座荒石园昆虫实验室里找到答案。所以，让米克罗墨加斯去考虑他的哲理问题吧，我们还是回到我们那平凡的观察上来。

松毛虫蛾在精巧地穿缀珍珠这一技艺方面存在着一些对手，其中包括纳斯特里虫蛾。这种虫蛾的毛虫因其"服装"的缘故，被人称为"号衣"。它的卵像手镯似的聚集在不同性质的树木的枝丫周围，尤其是苹果树和梨树。谁要是头一次见到这种极其美妙的工艺品，就会自然而然地联想到心灵手巧的穿缀珍珠的少女。我儿子小保尔每次看见这种小巧玲珑、惹人喜爱的"手镯"时，都会惊讶得双目圆睁，惊叹不已。

---

❶ 菲狄亚斯：古希腊著名建筑师和雕塑家。

❷ 毕达哥拉斯：古希腊著名数学家、哲学家。

❸ 柏拉图：古希腊伟大的哲学家，整个西方文化中最伟大的哲学家和思想家之一。

纳斯特里虫蛾的环饰较短，特别是它没有壳套，所以让人想到另一种圆柱体，这种圆柱体已经剥除了鳞片覆盖层。我们先别在它身上多费笔墨，还是来谈我们的松毛虫吧。

松毛虫蛾九月开始孵卵，有的稍早点儿，有的稍晚些，但时间相差不多。为了利于跟踪观察新生幼虫最开始的活动情况，我便在实验室的窗子上放了几根附有虫卵的树枝。树枝枝杈的下端浸在一杯水中，以使枝杈保持一段时间的新鲜。

八点。阳光照到窗子上之前，小毛虫便离开虫卵，我如果稍稍掀起正在孵化的圆柱体的鳞片，就会发现一些黑黑的脑袋正在轻轻地咬破并推开已经破碎的顶板。这些小东西慢慢地露出身子，形成一片。

卵孵化后，从外观上看去，有鳞片的圆柱体与它在住满着居民时似乎一样整齐、新鲜。只是在把小碎片稍微掀起来时，才会发现里面根本就没有小虫子了。虫卵仍旧排列整齐，好似一个个稍稍打开的、略带半透明的白色杯状物。它们现在缺少无边圆帽状的盖子。这个盖子已经被新生幼虫撕裂了。

这些细小微弱的创造物只有一毫米长。它们呈淡黄色，满身纤毛。其纤毛有短有长，短的呈黑色，长的则呈白色。它们脑袋黑黑亮亮的，直径是身长的两倍。下颚一开始就很有劲儿，能咬很硬的食物，与其大脑袋相得益彰。脑袋大，有硬颚，这就是松毛虫新生幼虫的主要特征。

它们一出生就开始吃食。幼小的毛虫在摇篮似的鳞片中间漫无目的地爬动一段时间之后，大部分都往摇篮里的松针上爬去。这些松针是它们出生的那个圆柱体的轴心，并且向外伸出去。另外一些小毛虫便向邻近的松针上爬。它们在松针上啃噬，形成一道道被叶脉所限定的细小凹陷的条纹。

三四条吃饱了的小毛虫，排成一条线，一起爬行，但很快便又分开，各逛各的。我们只要稍微地打扰它们一下，它们便会轻轻地晃动身体的上半部，它们的脑袋一蹿一蹿地轻轻晃动着，如同被一点儿一点儿放松的弹簧。

当阳光照到那扇喂养幼虫的窗户时，这个小小家庭的成员们在体力得到充分的恢复以后，便退往其出生的双叶基地，乱糟糟地聚集在一起，开始吐丝作茧。它们开始制作一个极其精细的气泡，这气泡倚靠在相邻的几个松针上。这是小虫子们的帐篷，似一张很稀疏的网，在毒日当空时，小虫们便在网下午休。下午，阳光从窗子上移开后，它们全都爬出隐蔽地，一边向四周分散开来，一边在半径仅大拇指那么大的范围内结队爬行，然后开始啃噬松针。

这样，虫卵在破裂之后不到一小时的时间里，松毛虫幼虫就变成了成串的爬行者和纺纱工。即使在恢复体力之后，它们还是怕光，我们很快便会发现，它们要等到日落之后才会前往叶丛中。

我们的纺纱工极其瘦弱，却十分勤劳，它们在二十四小时内所制作的丝球竟然大若榛子，而它们在两个星期里所制作的丝球则会大若苹果。这并不是它们过冬的居所，只不过是个临时的隐蔽之所。这个隐蔽之所不够坚实，建筑材料十分低劣。不过在气候宜人的季节里，这种建筑就够用了，无须更高的要求。松毛虫

写作手法

作者按照从整体到局部的说明顺序，从身长、颜色和体形特点等方面对松毛虫新生幼虫进行描写，表现了说明文语言的准确性，描写形象生动。

写作手法

作者在说明松毛虫勤劳的特点时，列举其在两个时间段制作的丝球大小，大若"榛子""苹果"，采用人们常见的事物，更直观且贴近生活，易于人们理解认知。

幼虫尽情地啃啮这座建筑物的小梁和小柱，以及包在丝墙里的松针。它们在小柱间拉起一条条线绳。这个居所条件不错，小虫子不用外出也食宿无忧，完全避免了可能遭遇的危险。对于这些幼小的松毛虫来说，这吊床也是它们的食物柜。

支撑的松针被啃噬到叶脉后就干枯了，很容易脱离枝杈。这时候，松毛虫小家庭举家搬迁，到别处去搭建新的帐篷。新的帐篷建好后，使用寿命与前一顶帐篷一样长。这些临时性建筑一再地修建，而且搭建的位置越来越高，以至原本这个被圈在下面树枝上的松毛虫家庭，最后迁移到树枝的顶部，甚至到达枝梢。

幼虫的毛系淡白色，非常密实，竖起来非常丑陋瘆人。几星期后，它们会进行第一次蜕皮。然后，它们会长出浓密而漂亮的毛来。在其背部表面，除前三个体节外，其他的体节都装饰着一幅由六块裸露的醋栗色小板拼成的镶嵌画，凸显于黑色的皮肤上。六块小板中，两块最大的在前面，两块在后面，几近点状的小板在这个四边形的两边各有一块，一个橙黄色的毛栅栏把这些小板块给围了起来。毛栅栏的毛呈辐射状，几乎倒伏着，腹部和胸侧的毛较长，呈淡白色。

在这件深红色细木镶嵌工艺品中央，矗立着两簇短小的纤毛。它们聚在一起，形成平展展的冠毛，像一个金色的点，在阳光下闪闪发亮。这时候，松毛虫已长大，长约两厘米，宽约四毫米。它已到中年，穿的就是上面所说的这套服装。

时近寒冬，已是十一月，该修建坚固御寒的住所了。松毛虫在松树的高处挑选一个松针密集而又适用的枝梢，开始编织丝网，把枝梢覆盖住。这张网使毗邻的松针向内弯曲，接近中轴，最终隐没在编织物中。这么一来，松毛虫便替自己圈起了一个半丝半叶的居所，可以御寒了。

到十二月初，居所大功告成，有两个拳头那么大，体积达到两升。居所呈卵形，下部延伸到一个包裹着支撑住所的树枝的鞘套里。

每至晚上七点到九点，如果天气不错，松毛虫就离开虫窝，爬到下面的枝杈上。这儿是居所的轴心，道路宽阔，枝杈有的有瓶颈那样粗。松毛虫在其间无秩序地爬上爬下，慢慢腾腾，一批松毛虫尚未散开，另一批松毛虫又与之聚集在一起，一幅乱糟糟的景象。这就是松毛虫共同体，枝杈挤在一起覆盖着它们。这个松毛虫共同体渐渐地又分散开来，毛虫们爬到邻近的枝杈上去，啃噬松针。每只松毛虫在爬行的路上都会不停地吐丝，宽阔的下行路在它们返回时便成了上行路。由于它们这么日复一日地在这条路上爬来爬去，使得这条路上覆盖着大量的构成连续鞘套的线。它们这么做，是为了加固建筑物，使之具有深厚的根基，并与固定不动的树杈连成一体。

该建筑群的上部包括凸成卵形的居室，下部包括柄和蒂，还包括围绕着支撑物并把它的抗力添到其他系杆的抗力中的鞘套。

每个未经松毛虫长期居住、没有变形的居室中央，都显露出一个不透明的白色大壳，由一个半透明的薄纱套围着。中央的大壳由密实的线织成，房间的隔板是一块厚厚的莫列顿双面起绒呢。大量未被触动的绿松针作为围墙隐没于其中，这堵松针围墙厚度可达两厘米。

在圆屋顶上有一些半开着的圆孔，数量不等，直径如普通铅笔杆儿一般。那是居室的屋门，松毛虫从那儿爬进爬出。这个白色大壳四周，有一些没有被啃噬的松针露出，直立着。每根松针梢都有一些丝线伸出，形成一道曲线，可作秋千用。这些丝线松弛地交织在一起，形成一张轻柔的帷幔，一道优美舒适的宽阔游廊。

那儿有宽阔的平台。白日里，松毛虫便爬到平台上晒太阳，小憩一会儿。它们相互挤靠着，脊椎弯成圆形。上面张着的网恍若华盖，既可减弱太阳的强光，又可防止睡觉的松毛虫在风摇动枝杈时跌落下去。

我们沿着经脉把这居室剪开来观察。首先给人留下深刻印象的是，被圈于其中的松针未被触动，仍然在茁壮地生长着。幼小的松毛虫在它们的临时住所里啃噬被丝套罩住的松针，直至其枯萎。而那圈松针围墙则是它们居室的房梁屋架，是不可触动的，一旦啃噬，致其干枯，北风一吹，房倒屋塌。松树上的纺织工们对这种危险心知肚明，不敢掉以轻心，即使饥肠辘辘，也不敢去锯梁毁屋。

上午十点，松毛虫爬出晚上居住的居室，来到灿烂阳光照射着的平台上。平台就在由松针梢支撑着的游廊下面。松针梢之间有一段距离的间隔。松毛虫每天上午都爬到平台上，互相挤在一起睡觉，互相焐着，舒适惬意，还不时地懒洋洋美滋滋地摇晃一下脑袋，以表示心满意足。晚上六七点钟，它们休息够了，开始在窝的四周爬来爬去活动身子。

这种景象令人十分着迷。只见一条条鲜艳的橙黄色斑纹在一大块白丝绸上蠕动，如波浪般此起彼伏。有的往上拱，有的往下爬，有的往左右散去，有的结成短短的队列成行成串地爬行。虫子们个个都显得庄重豪迈，在毫无秩序地爬动着，同时不停地把始终挂在嘴上的丝线粘在所经过的地方。

松毛虫把薄薄的一层丝与先前的那层丝黏合起来，以增加居室的厚度。邻近的绿色松针被丝网钩住，拉进建筑物内。尽管这些松针的尖端不受拘束，但从这一点辐射开来，扩大丝网，并把丝网连接成更大的曲线形。每天晚上，如果天气很好，你就会看到居室表面熙熙攘攘，一片繁忙，松毛虫一干就是两小时，只为让居室更加坚固。

松毛虫未雨绸缪，对严冬如此这般地防范，难道它们已预见冬季的难熬了吗？当然不是。尽管几个月的生活经验让它们懂得了点儿什么，那只不过是告诉它们家门口就有美味可口的食物，以及在平台上可以美滋滋地在阳光下休憩。而直到此时此刻为止，没有任何情况让它们预知冬季来临。寒风凛冽，冰刀霜剑，日子很不好过。但这些对冬天的苦日子一无所知的松毛虫竟然如此警惕，似乎对冬天将给它们带来什么样的灾难一清二楚。它们那股忙于加固居室的干劲儿，似乎在说："松树摇动它那积满霜的枝形大烛台时，我们在这儿你挨着我，我靠着你地睡着觉，真是舒服惬意啊！让我们加油干吧！"

为了密切跟踪观察松毛虫的生活习性，我在暖房里放了六个虫窝。每个虫窝由充作其轴心和屋架房梁的树杈固定在沙土上，有两件衣服下摆的长度加在一起那么高。幼虫像是分配口粮似的，接受一束小小的松树枝杈。这些细枝嫩叶被啃噬之后，会很快重新生长出来。我每天晚上都要提着灯笼去查看我的这些寄宿者，由此而获得了大量第一手资料。

松毛虫的晚餐通常一直要延长到深夜，直到吃得肚子圆鼓鼓的才返回自己的窝。然后，还要在自己居室的墙面上再纺织一会儿。等到全体松毛虫都返回居室，已经快到夜里一点了。

一方面，作为饲养者，我的任务是每天必须更换那些已经被啃噬到只剩最后一根针叶的细小枝杈；另一方面，作为博物学者，我要了解松毛虫的饮食变化。松毛虫对树林里的松树、海洋松树和阿勒普松树并不加以区别，它们在这些树上照爬不误，却从来不在其他针叶树上爬行。可是，所有被树脂的香气弄得十分芳香的树叶似乎对它们都挺合适的。

在我的荒石园昆虫实验室里，生长着各种松树替代品：冷杉、紫杉、侧柏、刺柏和其他柏树。尽管这些树也含有树脂的香气，但松毛虫们不去啃噬。只有一种针叶树——雪松例外。这些寄宿者在吃雪松树叶时，并没显露出丝毫厌恶的感觉。为什么雪松可以，其他的树就不能充作替代品呢？这一点我还不清楚。松毛虫的胃同人的胃一样谨小慎微，这其中必定有什么奥秘。

我们再来研究一下松毛虫居室的结构吧。我在虫窝中部打开一道缝隙。由于劈开的莫列顿双面起绒呢的天然抽缩，这道缝隙便在窝里的中部微微张开，宽约两指，上下两部分都缩成了纺锤体。此时正是白天，松毛虫都在圆屋顶上成堆成堆地打盹儿，其居室内空无一人，我可以放心地用剪刀剪裁，不会造成松毛虫死亡。

天黑了，松毛虫们依然没有警觉，帐篷上的裂口并未导致它们惊恐，它们仍旧在居室表面上爬来爬去。它们照样在忙乎着，像平时一样纺线。它们的行为方式没有发现一丝一毫的变化。有几条松毛虫在行进中倒是爬到了裂缝的边缘，但它们并不惊慌，并不着急，并无缝补裂缝的意思。它们只是犹豫着，看看如何越过面前的这个艰难的通道，好继续爬行闲逛。它们在自身长度所允许的范围之内，尽量地把丝线吐得远远的，固定住，以便勉勉强强地越过这道危险的障碍。

它们终于越过了深渊，然后继续沉着冷静地在缺口边上行进。这时，又有一些松毛虫爬了过来，像利用人行小桥似的利用已经搭在缺口上的丝线爬过缺口，并且还在上面留下了自己吐出的丝线。这么一来二去的，裂缝下面便多了一层薄纱，薄得几乎看不出来，刚刚够松毛虫在上面穿梭往来。同样的情况在随后的几个晚上重复发生着。渐渐地，这个裂缝便被一张薄薄的蜘蛛网一样的网封上了。

冬末时节，不再有什么事了。我用剪刀剪开的窗子仍然半开着，只是有张网封着。在这块有裂隙的织物上，未见一处织补过的地方，未见一片莫列顿双面起绒呢添加在两边裂片之间，屋顶仍旧未被整修完整。这要是在露天野地里，而不是在我的玻璃暖房中，那么，这帮愚蠢的纺织工很可能就被冻死在它们有裂缝的居室里了。

我重复做了两次这个实验，结果都一样，这就说明，松毛虫并未意识到带裂缝的居室有危险。它们似乎并没有意识到自己的劳动成果遭到了破坏。它们并没有把自己的丝节约下来用到修补自己的居室上，在那儿编织与室内其他墙壁一样坚固厚实的布料。

我又一次去打扰我的寄宿者们。但这一次我不是搞破坏，而是让它们受益。我很快就发现，住在冬季住所里的居民往往比住在由幼小的松毛虫编织的临时掩蔽所里的居民数量要多。我还发现，到了最后，这些虫窝体积大小不同，差别很大，最大的比五六个小的加在一起还要大。这种差异的原因何在？

松毛虫是各式各样的贪馋者所利用的一个有机物工厂。因此，它们一旦孵化，数量便会急骤减少。一口鲜美的食物使几十个幸存者留在了小球状物所形成的薄网周围。松毛虫家庭在这张网里度过秋高气爽的季节，很快就得考虑度过严冬所需的牢固的帐篷的问题了。这时候，家庭人丁兴旺是大有好处的，人多力量大，联合起来好办事。

我猜想，存在着一个容易合并几户人家的办法。它们把自己吐出的丝连成的丝带作为在树上爬动的向导。它们在沿着这条丝带返回时，在上面急速转弯。而这么一转可能就不再是在这同一条丝带上了，而在另一条与原来的那一条别无二致的丝带上，这另一条则是通向邻居家的路。迷路的松毛虫仍然傻乎乎地在上面爬着，并不知道自己已经是上了另一条道。

这突然而至的陌生者是否能受到邻家的盛情接待呢？这一点尚须观察。晚上，我把住满一窝住户的细枝杈剪下来，放在邻近虫窝所在的松树针叶上，而这松针粮食垛上同样被松毛虫占满，大大地超载了。于是，我把第一个虫窝驻扎所在的那簇青枝绿叶整个儿地插在第二个满是虫子的枝叶旁，让两簇枝叶的边沿稍微有点儿交叉。然后，我发现，原住户与外来者之间没有发生任何的争斗，各自相安无事，埋头吃食。吃饱归巢时，又都各自平平静静地往自己的窝里爬去，如同一直生活在一起的兄弟姐妹。睡觉前，大家忙着纺织，把被子弄厚实一些，然后爬进窝内。第二天，第三天，情况需要的话，我就继续这么做。这样一来，我就轻而易举地把第一个虫窝完全倒空，让里面的松毛虫全都进入了第二个窝。松毛虫真是宽厚仁爱的虫子，很愿意接纳新的居民。纺织工越多，出的活儿就越多，这真是一条十分正确的为人处世之道。而被送走的松毛虫，对自己的旧居并无依恋不舍的表示，它们到了别人家里，就像在自己的家里一样。它们根本就没有尝试要返回原先的窝里去。这绝不是回家的路途遥远所致，因为两处居所的距离不过是两件衣服下摆的长度之和。

松毛虫此时此刻尽管彼此和平共处，相安无事，但是它们也同其他昆虫一样，会因利害所致排斥异己。松毛虫蛾母亲将要离群索居，唯恐失去自己将在

阅读笔记

理解感悟

昆虫"会因利害所致排斥异己"，可以说这是生物的本性使然，也是生物进化规律所导致的必然结果。

上面产卵的松树针叶。雄蛾扑扇着翅膀，为争得它们所垂涎的雌蛾而争斗。这毕竟是它们在交尾期里经常发生的争斗，对于这些温厚宽容的虫子来说，已算是比较激烈的。

松毛虫几乎是无性的，这是它们相互间得以和睦相处的主要原因。可是，光凭这一点还不够。完美的和谐还需要在全体成员之间平均分配力量、才能、劳动本领等等。这些条件也许支配着其他的昆虫，而松毛虫则具备全部上述条件。所以，尽管同一个窝里可能生活着成百上千松毛虫，但它们在上述条件方面几乎是难分伯仲。所有的松毛虫力气相同，身材相同，服装相同，纺织本领相同，干劲儿相同，它们把自己丝壶里装着的东西全都吐出来，用于集体的福利事业。在干活儿的时候，人人卖力，个个争先，从不懒散拖沓。除了因完成自己的职责而感到满足外，没有别的什么可以刺激它们。在松毛虫的队伍里，没有能干与笨拙之分，没有强大与弱小之分，没有贪馋与克制之分，没有勤劳与懒惰之分，没有注意节约与大肆挥霍之分。这是一个真正平等的世界，可惜，这只是松毛虫的世界。

现在，我们再来说说松毛虫爬行时那有趣的行进行列。因为巴汝奇心怀叵测地把一只头羊扔进大海，弄得商人丹德诺的羊全都跟着这只头羊跳进了大海。按照拉伯雷的说法，这是因为绵羊是世界上最愚蠢、最荒谬的动物，天性让它们总是跟在头羊的后面盲目地走着。松毛虫则并非因为愚蠢荒谬，而是出于需要，比绵羊更加盲从，第一条松毛虫爬到哪儿，其他的松毛虫全都排成整整齐齐的行进行列，像朝觐者似的，整齐肃穆地往前爬去，中间绝不会出现空当。它们的行进行列犹如一条连绵不断的细带子，每一条松毛虫都与自己身前身后的两条松毛虫首尾相接。领头的松毛虫随心所欲地游游荡荡，爬出一条复杂多变的曲线来，其他的松毛虫则一丝不苟地沿着它那弯来绕去的线路爬行。可以说，古希腊前往厄琉息斯城朝拜得墨忒耳[1]神庙的朝觐者的宗教仪式行列，与之相比，也略逊一筹。不过，松毛虫只是在绷得紧紧的"钢丝绳"上走钢丝，它一边在前进，一边铺设钢丝轨道。领头的那条松毛虫在不断地吐丝，把丝固定在它随心所欲地弯来绕去的道路上。它留下的丝路细得很，即使用放大镜去细细观察，也只能是依稀可辨。

第二条松毛虫踏上这座独木桥时也在吐丝，从而使桥的厚度增加了一倍。第三条松毛虫又继续替桥加固加厚，就这么一个接一个地用它们的丝在这座桥上涂上胶质物。最后，这支松毛虫行进队伍过去之后，身后就留下了一条狭窄的带子，这带子晶莹白亮，在阳光下闪烁着。这是一项与大家息息相关的工程，每条松毛虫都为之献出了自己宝贵的丝。那么，它们为什么这么浪费自己的丝呢？我从它们前进的方式中悟出了两个理由。松毛虫是在夜间去啃噬松针的。它们在暗暗的黑夜里，爬出位于枝梢的居室，沿着裸露的树枝，一直下到

理解感悟

作者用了一系列排比来表现松毛虫队伍的平等与和谐，这种真正平等的世界是作者所羡慕的，此处的赞叹何尝不是作者对人类社会的美好憧憬呢？

写作手法

作者将松毛虫行进的队列与朝拜的觐见者行列进行对比，表现了松毛虫队伍的整齐和一丝不苟的状态。

---

❶ 得墨忒耳：古希腊神话中主管农业、谷物和丰收的女神，为奥林匹斯十二主神之一。

下一根尚未被啃噬的分枝。随着上一根被啃得干干净净，下一根的位置越来越低，松毛虫们就必须爬到那根尚未被触动的小树枝上，在绿叶丛中分散开来，分头啃噬。等到用餐完毕，夜晚更加寒冷了，它们该返回窝里去躲藏起来。沿着直线爬行，这段归程并不算长，还不足两臂相加的长度，但是，我们这些爬行者无法跨越。它们必须从一个十字路口下到另一个十字路口，从松针下到小枝杈，从小枝杈下到小枝，从小枝下到大枝，再从大枝经过一条同样是拐来拐去的小路，爬回自己的居室。这条归途漫长曲折，变化多端，靠视觉认路根本就不可行。松毛虫头部两侧有五个视觉点。在放大镜下面，它们都显得极其细小，难以辨认，所以这些视觉点是看不远的。再说，夜里黑漆漆的，它们的这种近视透镜又能起什么作用？

另外，松毛虫的嗅觉极其迟钝，靠嗅觉引路也是不可能的。我做实验时，有几条饥不择食的松毛虫就为我提供了佐证。这些饿了很久的松毛虫，经过一根小松树枝的时候，没有显露出丝毫贪馋和停步不前的迹象。是触觉在为它们提供信息，尽管饿得不行，只要自己的嘴唇没有偶然触到这个丰饶的"牧场"，就没有一条松毛虫止步不前。它们不会向嗅到的食物爬去，而只是在挡道的小枝上停留下来。

那么，视觉和嗅觉全都被排除了，还剩下什么在引导松毛虫回到自己的窝里去呢？那就只有它们沿路吐丝所织成的那条丝带了。在克里特岛的迷宫中，忒修斯❶要是没有得到阿里阿德涅给他的一团线绳的话，他是不可能走出那座迷宫的。松树上的那一大堆横七竖八、乱七八糟的松针同米诺斯迷宫❷一样错综复杂，无法爬出来，在黑夜里尤其如此。因此，松毛虫借助自己铺设的那一条细窄的丝路在松针丛中爬行而不致迷路。在归途中，每一只松毛虫都轻而易举地找到了自己的那条丝线，或者相邻的那条丝线。这条丝线与邻近的松毛虫群织成的一条条丝带交织在一起，形成一个扇形。这个分散开来的部落渐渐地集合在那条共同的丝带上，排成直线，呈仪式队列，而这条带子的起始点或者称之为终点，就是松毛虫的居室。这支松毛虫商队大啃大嚼了一顿后，沿着这条丝带返回一定不会迷路，一定可以顺利地回到家园。

白日里，哪怕是在寒冬腊月，每当天气晴和的时候，松毛虫甚至会长途跋涉，进行探险。它们从树上下到地上，结队行进五十来米。它们这并不是外出觅食，因为它们出生地的那棵松树上仍旧枝叶繁茂，未被吃光啃尽，已经被它们吃尽的那根小枝与整棵大松树比起来算不了什么。尽管黑夜尚未完全结束，但它们已开始停止了咀嚼。它们下到地上来，根本没有什么特殊的目的，只不过是进行一下有益健康的散步，看看周围有些什么新鲜玩意儿，也许还想查看

写作手法

作者用笔以平实易懂的语言向读者传达了深奥专业的科学知识，通俗易懂，极为简洁准确。

❶ 忒修斯：古希腊神话中的传奇英雄人物，雅典的开国元勋和国王。

❷ 米诺斯迷宫：源自克里特神话，据说是由米诺斯命令建造的一个富有神奇色彩的建筑，迷宫设计巧妙，很难走出来。

一下那块沙土地，因为它们以后将要在那块沙土地上换形变态。很显然，在它们这种大规模的活动中，起引导作用的仍旧是那条丝带。离家这么远，那丝带的作用就更不可小觑。所以，每只松毛虫都必须尽力地吐丝，为这丝绸之路尽自己的一分力量。每行进一步，每一个都要不遗余力地吐丝铺路，这已经成了一条不成文的规定。

如果这种结队行进的宗教仪式行列很长，那么这丝绸之路就很宽阔，容易找到。不过，在返回时找起来也要费点儿周折。因为，我已经说过了，行进中的松毛虫不是整个身子直直地翻转过来的，它们无法做一百八十度的转弯。所以，为了踏上原先的路，松毛虫就不得不像画鞋带似的行进着。领头的松毛虫随心所欲地决定这条丝带的弯曲程度和长短宽窄。它是在摸索之中前行，行动路线游移不定，所以弄得自己队伍里的松毛虫们不得不风餐露宿。但这也无大的妨碍，因为松毛虫们会聚集在一起，蜷缩成团，彼此紧紧地依偎着，一动不动。等到第二天，旭日东升，再去探路。寻找的过程有快有慢，但最终还是会很走运——它们弯弯曲曲地爬来爬去，往往突然间便碰到了那条来时的路。一旦领袖找到了回归的路径，众松毛虫便急匆匆地上路了，紧赶慢赶地返回家园。

另外，这些用来铺设路径的细丝用途十分明显。为了免遭寒冬劳作时必然会遇到的寒风霜雪的侵袭，松毛虫们会为自己建造过冬的隐蔽所。这时的松毛虫已经孤孤单单，丝囊中存货严重不足。于是，众松毛虫便积少成多，集腋成裘，成千上万只松毛虫通力合作，共同修建宽敞持久的大厦。

工程耗时费力。松毛虫们每晚都在对工程进行加固、扩大。每只松毛虫无论住得远住得近，都会凭借丝线的引导奔往干活儿的地点，从上下左右，从一簇或另一簇细枝赶来。丝线是这个群体的纽带，是使这个共同体成员团结一致、齐心协力所不可或缺的网络。

没有任何事情能够把领头的松毛虫与它的跟随者们分开。它排在仪式行列的最前头纯属偶然，它是这支爬行队伍的临时军官，是它们现任的总指挥。过一会儿，如果遇到意外情况，大家分散开来，然后再依不同次序重新排列成行时，担任总指挥的可能又变成另一只松毛虫了。

领头的松毛虫在行进时显得摇摆不定，犹豫不决，身子的前半部忽而伸向这边，忽而又伸向那边，似乎是在探测地形，寻找路径，也许是因为道不熟，缺少一根引导的丝线。而跟随在它身后的随从们，却是驯服而平静的，它们脚爪间的细带子让它们心里十分踏实，不像自己的总指挥那样因为缺少这根引导线的支持，心中没底而感到惶恐。

行进行列的长短千差万别。我曾见到过在地上操练的最美的行列长达十二米，有将近三百只松毛虫。它们排列成波浪形的带子，规矩而整齐。从二月起，我的暖房里便出现了许多大小不同的队列。我想试探一下，把它们的总指挥弄走，把丝线弄断，看看会出现什么样的后果。

弄走行进列的头领之后，倒也没有发生什么大的变化，第二条松毛虫立即成为总指挥了。如果没有出现什么麻烦的话，队伍的行进速度不会有任何改变。那第二条松毛虫一旦成为队长，便立即了解了引导者的职责，开始探索着领导众松毛虫往前爬去。

丝带断了也无关紧要。我把行进行列中央的一只松毛虫拿开，并轻手轻脚地截掉这只松毛虫所占有的那一截丝带，还把它剩下的最后一点儿丝线给抹掉。这样一来，一队行进行列一分为二，成了两支队伍，互不依赖，又各有各的队长。后面的这支队伍也可能会与前头的队伍会合，因为毕竟二者之间的间隔很短，那样的话，又恢复成一个长长的行进行列了。但往往一分为二后就不再合二为一了。这两支队伍各行其是，各走各的，随心所欲，越离越远。然而，两支队伍的松毛虫无论游荡到哪儿，迟早都会在截断处找到那条引路的带子，回到自己的居室中去。

我做了上述两个试验之后，又开始思考着再做一个有概括性的试验。我打算在把连接着道路并可能改变道路的丝带破坏之后，再让松毛虫画一个封闭的圆圈。松毛虫会像火车扳过道岔后那样继续向前吗？还是在圆圈上打转，永远也走不到目的地？

我首先想到的是，用镊子把行进行列的尾部的丝带夹住，不让它抖动或弯曲，然后把它放到队伍的前头。如果总指挥加入这个行列，那便大功告成，其他的松毛虫必然紧随其后，忠实地往前爬着。但是理论上容易达成，操作起来却十分困难，因为这根丝带极为纤细，稍微沾点儿沙粒，就会被沙粒压断。即使丝带不断，只要稍有振动，后面的松毛虫就会警惕起来，缩成一团，甚至舍弃这条丝带。

更加困难的是，领头的松毛虫拒不接受为它安排的那条丝带。它对被截断的、置于其前的这条带子满腹狐疑。它东看西看，扭来扭去，然后便溜到旁边去。我把它又弄了回来，逼它就范，但它拼命挣扎，缩成一团，一动不动。随即，整个行进行列全都受到了它的影响，无奈之下，我只得罢休。

1896 年一月的最后一天，将近晌午时分，我突然发现有一长列的松毛虫在窗台上，正向它们所喜爱的花盆盆沿爬去。松毛虫一只接一只地缓慢爬上那只大大的花盆。上了盆沿之后，它们便排成了整齐的行进行列。这时候，我又看见另外一些松毛虫也陆陆续续地爬过来了，形成了一支长长的大队伍。我在等待着这条细丝带闭合起来，也就是说，等着那个始终沿着盆沿边爬行的总指挥回到它在盆沿开始绕圈的起始点。一刻钟的工夫，这条环形路轨便铺设成功了。这么一来，这个连续不断的环形行进行列就不再有头领了。每只松毛虫前都有另外一只在爬行，在丝带的轨迹的引导下，紧跟着前面的同伴。这条轨迹是集体努力的战果。大家都规规矩矩地在铺设好的路上行走着，绝对服从并完全信赖原本应当为它们开路实则已被我巧妙地取消了的向导，因为每只松毛虫都既是头领又是随从。这条丝绸之路在逐渐加厚加宽，变成了一条窄带，起点与终点相会，没有任何的支线，因为稍有一点儿分支，我就立即用刷子把它

形象分析

作者在研究过程中通过众多实践探索来证明自己的想法，但在实际操作时往往困难颇多，可见研究工作的不易，也体现了作者严谨认真的工作态度。

刷去。花盆盆沿上的松毛虫就这么不停地转着圈，致使那条丝绸之路竟然成了一条两毫米宽的丝带，非常漂亮。我计算过，它们的平均速度为每分钟九厘米。行进途中，因气温由暖变凉或过分劳累而速度放慢。它们已经走了十个小时了，也该饿了。我把一大束松枝放在近旁，绿油油的，对它们而言简直就是一片天然牧场。但是，可怜的松毛虫们却并没有爬向牧场，而是仍旧老老实实地沿着那条已成形的丝绸之路绕着圈子。第二天，天一亮，我就去探望它们，但它们仍旧是那么排列着，只是一动不动了。太阳出来，气温上升，它们才摆脱麻木状态，活动起来，又像头一天那样沿着圆圈爬行。就这样，一连五天五夜，这支松毛虫队伍不吃不喝，只是偶尔歇息一会儿，始终坚持在那条道上。最后，疲劳倦怠使它们的队伍变得混乱了。有不少松毛虫因腿脚带伤，不肯前进，行进行列的断裂现象不断出现，形成了好几个截段，每个截段便出现了一个首领。各个首领都在东探西寻，像是要找出一条脱身之路。但是，直到夜幕降临，所有的松毛虫又恢复成了一个行进行列，无休止的画圆行动又开始了。直到第八天，有些松毛虫头领（因为其间又出现过截段）沿着头两天探路时留下的一些短小的丝路，从盆沿上爬下来。渐渐地，其他松毛虫也跟随其后爬下了花盆，全部回到了自己的居室。

现在，我们来粗略地计算一下，松毛虫在花盆盆沿上待的时间应该是七个二十四小时。扣除它们因疲劳或夜晚的寒冷所导致的休息时间，就算去掉一半，也走了八十四个小时。按其平均每分钟爬行九厘米计算，总行程应为四百五十三米，几乎有半公里路程。大花盆的周长为一米三五，那么，松毛虫在这个走不到头的圆圈里始终朝着一个方向转了大约三百三十六次。因此，我们可以看出，松毛虫得以脱身，纯属偶然。如果不是截段的某些头领另外探了一点儿不长的路径，它们就会一直这样走下去，至死方休。

读后思考

1. 作者在文中列举米克罗墨加斯的故事是为了表达什么观点呢？请结合相关内容进行概括说明。

2. 文章通过昆虫世界折射出社会人生，渗透着作者对人性的思考和生命的关爱，请结合松毛虫的相关描写，谈谈昆虫世界中的人性在生活中对你有什么借鉴价值。

导读

　　膜翅目昆虫身上凝聚着充分的母爱，为子孙后代倾注了全部心血。圣甲虫干活利索，速度极快，在搬运粪球时常常无所畏惧地前行，直到顺利到达目的地。有时，圣甲虫在运送粪球的途中也会碰到假意帮忙的打劫者，但这并不影响它虔诚地享受丰盛的宴席。如果说圣甲虫进餐的过程是精彩至极的话，那其消化的一幕更是妙不可言……

圣甲虫

　　做窝筑巢、维护家庭，表现的是种种本能特性中崇高的一种。鸟儿这灵巧的建筑师告诉了我们这一点；在本领方面更加多样化的昆虫也让我们见识了这一点。昆虫对我们说："母爱是本能的崇高灵感。"母爱旨在维护族类的长期繁衍，这是具有远胜于保护个体的更加利害相关的大事，因此母爱在唤醒迟钝的智力，使之高瞻远瞩。母爱远远高于神圣的源泉，不可思议的心智灵光便孕育其中，并会突然迸射而出，使我们顿悟一种避免失误的理性。母爱愈坚，本能愈优。

　　在这一方面值得我们关注的是膜翅目昆虫，它们身上凝聚着充分的母爱。它们所有的本能才干都倾注于为自己的子孙后代觅食谋屋。为了其复眼再也看不到而其母爱之预见性深深知晓的家族繁衍，它们是种种拥有天赋才能的行家里手。有的是棉织品和许多絮状物品的编织能手；有的是细叶片篓筐的能工巧匠；有的是泥瓦匠，建造泥土房间、砖石屋顶；有的是陶瓷行家，用黏土制作高档的尖底瓮、坛罐和大肚瓶；有的擅长挖掘，在湿热的地下建造神秘的地宫。它们掌握着成百上千种技艺，与我们人类所掌握的相仿，甚至有些还不为我们所知，而它们却在用于住房的建设。随即便得考虑将来的食物：一堆堆的蜜，一块块的花粉糕，精心制作的野味罐头……这类工程是专以保障家庭的未来为目的的，其中闪烁着在母爱的激励之下本能的种种最高表现。

　　昆虫学范围内的其他一些昆虫，母爱一般来说都很浮皮潦草、敷衍塞责。几乎大多数的昆虫，只是把卵产在合适的地方就不管了，任由幼虫冒着危险和死亡的风险去寻觅居所和食物。抚养如此马虎，才干有没有也就无所谓了。莱喀库斯把各种艺术统统从其共和国驱逐出去，他指责这些艺术是使人们萎靡不振、意志消沉的玩意儿。就这样，在被以斯巴达方式养育的昆虫中，这些本能的高级灵感也就被去除掉了。母亲从温柔甜蜜的育婴过程中摆脱出来，那么一切特性中最最优秀的智能特性也就逐渐减弱，直至泯灭，因为的确是对于动物也好对于人类也好，家庭是尽善尽美的源泉。

如果说对子孙后代关怀备至、体贴入微的膜翅目昆虫令我们赞叹不已，那么不顾后代死活、任其听天由命的其他昆虫相比之下就显得很不像话了。而所谓的其他昆虫则几乎是昆虫之全部，起码就我所知，在各地的动物志中，只见过第二个例子，这种昆虫为自己的家人准备食物和住所，比如采蜜的昆虫和埋野味篓的昆虫。

而奇怪的是，这类在细腻的母爱方面可与以花为食的蜂类相媲美的昆虫，竟然是以垃圾为对象，以净化被牲畜污染的草地为己任的食粪虫类。要想再找到不忘母亲职责又有丰富的母性本能的昆虫母亲，就必须离开芬芳四溢的花坛，转向大马路上被骡马拉下的粪堆。大自然中类似的两个极端比比皆是。对于大自然来说，我们的丑和美，我们的龌龊与干净算什么？大自然以污秽创造出鲜花；用一点点粪肥就能给我们创造出优质的麦粒。

各种食粪虫尽管成天与粪便打交道，但却享有一种美誉。它们的身材一般都小巧玲珑，穿戴庄重而且无可挑剔的光鲜，身子胖乎乎的，呈短壮体形，额头和胸廓上都佩戴着奇异饰物，因此在收藏家的标本盒里显得光彩照人，尤其是我国的那些品种，乌黑油亮，外加一些热带的品种，金光闪烁，黑紫油亮。

它们是畜群的挥之不去的客人，但它们身上可散发出一种苯甲酸的微微香气，可以净化一下羊圈里的空气。它们那田园诗般的习性令昆虫分类词典的编纂者们大为震惊，因此他们这些以前不怎么关心其痛痒的学者们，这一回却改变了看法，对它们进行简介时也用上了一些听起来好听顺耳的名字：梅丽贝、迪蒂尔、阿嫚达、科利冬、阿莱克西丝、莫普絮斯等。这些名字都是古代田园诗人们常用且叫响了的名字。维吉尔 ❶ 式的田园诗中的词汇用来赞颂食粪虫了。

一堆牛粪堆儿上，瞧那个你争我夺的劲头儿呀！从全球各地蜂拥到加利福尼亚的淘金者们也没有它们的那股狂热劲儿。在太阳太毒之前，它们成百成百地奔来，大大小小，形状各异，体形有长有短，品种齐全，全都乱糟糟地爬来滚去，意欲在这个大蛋糕上为自己分上一份儿。有的在露天干活儿，在表层搜刮；有的钻进厚实的牛粪堆里，挖出地道，寻找优质矿脉；有的开凿底层，立即把财宝埋进地里；那些个头儿小又无力气的则待在一旁捡拾其身强力壮的合作者们掉下的渣渣屑屑什么的。有几个新来的想必是饿得不行，在原地就吃上了，但大多数则是想大捞一把，藏于安全之处，以备不时之需。当你置身于百里香遍地的原野时，一点新鲜牛粪都见不到，但是当你来到这里，突然见到这么大堆大堆的宝物，会觉得这些真是天赐之物呀，只有有福分的才有这么幸运。因此，它们便把今天这宝贵财富小心谨慎地收藏起来。粪香四溢，方圆一公里都能闻到，食粪虫们闻讯纷纷赶来，抢夺、瓜分这些美味食品。有几个落在后面的又跑又飞地正忙

---

❶ 维吉尔：古罗马一位著名诗人。

着往前赶哩。

那个生怕到得太晚而向着粪堆一溜儿小跑的是哪一位？它那长长的爪子僵硬笨拙地捯着，仿佛其肚腹下面有一个机械在推动着似的；它的那对棕红色小触角大张开来，透着垂涎欲滴的焦急不安。它在拼命地赶，它赶到了，还撞倒了几位食客。它就是圣甲虫，一身墨黑，是食粪虫中个头儿最大又最有名气的一种。古埃及对它尊崇备至，把它视作长生不老的象征。它已入席，与其同桌的食友并肩战斗，其食友们正在用自己宽大的前爪心轻轻地拍打粪球，进行最后的加工，或者再往粪球上加上最后一层，然后抽身而去，回家安安心心地享用自己的劳动成果。我们来看一看那有名的粪球的一道道制作工序。

圣甲虫头部边缘是个帽子，宽大扁平，上有六个细尖齿，排成半圆。这就是它的挖掘和切割工具，是它的叉耙，可以用来撬起和抛撒无养分的植物纤维，把好东西耙在一起积聚起来。挑选食物就是这样进行的，因为对于这些精细的行家来说，什么好什么差它们是十分清楚的。如果圣甲虫是为自己寻找食物的，它们选个差不离儿就行了，但如果是为了自己的孩子考虑的，那它们则会严格挑选，一丝不苟。

为解决自己的食物问题，圣甲虫并不挑剔，粗略地选一选就行了。它用带齿的头盔拱一拱，挑一挑，去除不需要的，然后把其他的归拢一下就得了。两条前腿一起用力地忙乎。其前腿是扁平的，弯成弓形，上有粗壮的纹脉，外侧配备着五个硬齿。假如需要用力，推开障碍物，在粪堆中的最厚实的部分清出一条道来，圣甲虫便用肘力，也就是说用其带齿的前腿左扫右拨，再用齿耙用力一耙，便清出一个半圆形的空地来。场地清好之后，前腿还有另一种工作要做：把顶耙耙到的东西归拢在一起，弄到自己的肚腹下面的后四只爪子之间去。这后四只爪子生来就是为了做旋工工作的。这些足爪，尤其是那最后一对，又细又长，微微弯曲成弓形，顶端长有一个很锋利的尖爪。稍许看上一眼就会知道它们酷似圆规，在其弧形支脚之间，环成一种球形，可测量球面，加工球形。它们的功用确实是加工粪球的。

食物一耙一耙地被耙到肚腹下面的四条腿中间，后腿再稍一用力，就把粪球的雏形按腿部曲线给挤压成了。然后，这雏形粪球不时地被四条后腿形成的两副圆规摇动，挤压，逐渐变小变实，再由肚腹加工，粪球的形状臻于完善。如果粪球表面层太硬，有剥落的危险的话，如果某一部分纤维太多，无法旋的话，前腿就对不合适的地方进行再加工，它们用宽大的拍子轻轻拍打粪球，使得新添加的东西与原先的拍得很实地合二为一，并把那些不易粘贴的东西拍实在粪球上。

烈日当空，加工工作在紧张地进行着，你可以看到旋工的活儿干得多么利索，让你肃然起敬。那活计如此这般地飞快地进行着：一开始是个小弹丸，现在变成了一粒核桃，不一会儿就有苹果一般大小了。我曾见过食量大的圣甲虫竟然旋出一个拳头大小的粪球。这肯定得花好几天的工夫。

储备的食物制作完毕，现在就得撤出混乱的战场，把食物运到合适的地方。这时候圣甲虫最令人惊奇的习性开始展现出来了。圣甲虫迫不及待地上路了；它用两条长后腿搂住粪球，而后腿尖端利爪则插入球体中，当做旋转轴；它以中间的两条腿作为支撑，而以前腿带护臂甲的齿足作为杠杆，双足轮流着地按压，弓身，低头，翘臀，倒退着运送粪球。后腿是这部机器的主要部件，它们在不停地运作；它们一来一回，变换着足爪，以调整轴心，让负载物保持平衡，并在其一左一右地交替推动之下，把粪球往前滚动。这样一来，粪球表面各点都轮流地接触地面，使之不停地碾压，形状更加完美，而球面硬度因均匀地受压而趋于一致。

使劲儿呀！行了，它滚动了，它一定会被运到家的，当然少不了遇上困难。这个困难说来就来，但还不算严重：圣甲虫碰到了一个斜坡，沉重的粪球要顺着斜坡滚下去的，但是圣甲虫认准了自己的理儿，偏要横穿这条天然道，这可够大胆的，稍一失足，稍踩到一点碍事的沙子，就会失去平衡，就前功尽弃了。果不其然，它脚下一出溜，粪球便滚到沟里去了；圣甲虫被滑落的粪球一带，弄了个仰面朝天，手脚乱蹬乱踢的。它终于翻转身来，追赶粪球。它的机器更加卖力地工作起来。——该当心点儿了，傻蛋儿；沿着沟底走，既省力又保险；沟底路好走，特别平坦；你不用太用力，粪球就能滚动向前的。——可是圣甲虫就是不听，它偏要向着那个对它来说是不祥之物的斜坡。也许在登高处对它来说是合适的。对此我无话可说，因为就身居高处的优越性而言，圣甲虫的看法比我的看法更有远见。——可你至少该走这条道呀，那是个缓坡，你很容易就能从那儿爬到顶上的。——它根本就不听，如果有什么很陡的、无法攀登的斜坡，那个顽固的家伙就偏偏选中它。于是，西绪福斯的工作开始了。它小心翼翼地，一步一步地，艰难万分地往上滚动那巨大的粪球。它一直是倒退着在推动。我在寻思，它是运用何种稳定神功把这么个庞然大物稳定在斜坡上的。啊！稍一协调不好，它便白忙活半天了：粪球滚落下去，把它也连带着摔下去了。然后，它又开始往上爬，不一会儿又摔了下去。它随即又往上爬，这一次走得挺好，艰难路段总算通过了，原来是一个禾本植物的根在作怪，让它摔下去好几次，这一次它谨慎地绕开了这个该死的根。再使一把力就到顶了，但要小心再小心啊。坡陡道艰，稍有不慎便前功尽弃。你瞧，脚踩在光滑的卵石上，一滑，粪球和圣甲虫一起连滚带翻地又滑掉下去了。可圣甲虫又开始往上爬，仍旧坚忍不拔，没有什么能使它气馁的。十次、二十次地试着这老也爬不上去的攀登，最后，它或者是以顽强的意志战胜了千难万险，或者是经过更加缜密的思考，承认自己先前所做的无谓的努力，它选择了平坦的路径，终于如愿以偿，完成了任务。

圣甲虫并非总是单独地运送那珍贵的粪球，它经常要找一位同伴相帮，或者说得更确切一些，是同伴主动跑来帮忙。一般情况下是这么干的：一个圣甲虫制成粪球之后，便爬出纷乱熙攘的群体，倒退着推动自己的战利品离开工地，最晚赶来的那些圣甲虫有一只在它的身旁，刚开始制作自己的粪球，不久，它突然放下手中的活计，奔向滚动着的粪球，助那个幸运的拥有者一臂之力，后者似乎很乐意接受这种帮助。这之后，这两个同伴便联手干起活儿来。它俩争先恐后地努力把粪球往安全的地方运去。在工地上是否果真有过协议，双方默许平分这块蛋糕？在一只揉制粪球时，另一只是否在挖掘富矿脉以提取原料，添加到共同的财富上去呢？我从未看到这种合作，我一直看到的只是每只圣甲虫都独自地在开采地点忙乎着自己的活计。因此，后来者是没有任何既定权益的。

那么，是不是异性间的一种合作，是一对圣甲虫在忙着成家立业？有一段时间，我确实这么想过。两只圣甲虫，一前一后，激情满怀地在一起推动着那沉重的粪球，这让我想起了以前有人手摇风琴唱着的歌曲：

> 为了布置家什，咱们怎么办呀？——我们一起推酒桶，你在前来我在后。

通过解剖，我便丢掉了这种恩爱夫妻的场景。圣甲虫从外表上看去是分不出雌雄来的。因此我把两只一起运送粪球的圣甲虫拿来解剖，发现它们往往是同一性别的。

既无家庭共同体，也无劳动共同体。那么这种表面上的合伙存在的理由是什么呢？理由很简单，纯粹是想打劫。那个热心的同伴假借着帮一把手，其实是心怀叵测，一有机会便抢走粪球。把粪粒制成球既累人又要有耐心；如果能抢个现成，或者至少强行入席，那可就合算得多了。如果主人没有警惕，帮忙者就可抢了粪球逃之夭夭；如果主人的警惕性很高，那就以自己也出了一分力为由而二人同席。这一手怎么都可获益，因此抢掠就成了收效最好的一种手段。有的圣甲虫就阴险狡猾地这么去干了，正如我刚才所说的那样：它们兴冲冲地去帮一位同伴，其实后者根本用不着它们帮忙，而且它们装着好心好意，实际上心里暗藏杀机。还有一些圣甲虫，也许更加大胆，更加相信自己的实力，干脆直奔主题，强行抢走他人的粪球。

这种抢劫行径无处不在。一只圣甲虫独自推动着自己通过努力劳动所获得的合法收益安静地离去了。另外一只，也不知是从哪里冒出来的，飞来抢夺，身子重重地落下，把被烟熏了似的翅膀收在鞘翅下面，然后挥起带锯齿的臂甲扇倒粪球的主人，后者正在忙着推动粪球，根本就无招架之力。当受袭者拼命挣扎，重新站稳脚跟时，攻击者已经立于粪球高处，那是击退对手的最有利的位置。它把臂甲收回胸前，准备迎敌，以防不测。失窃者围着粪球转来转去，寻找有利的出击点；盗窃者则立于城堡顶上不停地转动，始终面对着失窃者。如果失窃者立起身来攀登，盗窃者便朝前者的背部猛地一击。如果进攻者不改变策略来收回失物的话，那防守者因占据城堡高处，必将一次次地挫败对手的进攻。这时，进攻者企图把城堡及其守卫一并推翻。粪球底部受到摇晃，开始缓缓滚动起来，盗窃者也随着滚动，但它想尽办法始终立于粪球顶上。它做到

理解感悟

交代了"热心的同伴"假装帮忙的原因，写出了晚到的圣甲虫的狡诈和阴险，它们唯一的目的就是抢掠。

了，但并非始终如此。它在不停地急速跟着转动，使自己保持平衡。万一脚下一滑，优势没了，那就只好与对手短兵相接，双方身体对身体，胸部对胸部，你顶我撞。它们的爪子绞在一起，节肢缠绕，角盔相撞，发出金属锉磨的尖厉之声。然后，把对手掀翻，挣脱开来的那一位便匆忙爬上粪球顶端，抢占有利地形。围困又开始了，忽而抢掠者被包围，忽而被抢者受包围，这全由肉搏时的胜败来决定。抢劫者无疑贼胆包天且敢于冒险，往往总是占据上风。因此，被抢劫者经过两次失败之后，便失去斗志，明智地回到粪堆去重新制作一个粪球。而那个抢劫得手者非常害怕已解除的险情会重新出现，便把抢掠来的粪球，赶忙往自己觉得保险的地方推去。有时候，我还看见有第二个抢劫者突然飞临，抢掠前一个窃贼的赃物。说心里话，我对它并不反感。

我徒劳无益地在寻思，那个把"财产即赃物"这个大胆的谬语狂言运用到圣甲虫的习俗中的普鲁东是何许人也？那个把"武力胜过权力"的野蛮法则在食粪虫中加以发扬光大的外交家是谁？由于手头缺少资料，我无法追本溯源地探清这些习以为常的抢劫行径，无法搞明白这种为了抢夺粪团而滥用武力的缘由，我所能肯定的只是抢劫骗取是圣甲虫的一种惯用伎俩。这些运送粪球的昆虫相互间你抢我夺，毫无顾忌，我还真没有见过其他昆虫这么厚颜无耻地干过。干脆，我把这种昆虫心理方面的问题留给未来的观察者们去探索吧，我还是回过头来谈谈那两个合伙运送粪球的家伙。

尽管用词不甚贴切，我还是称那两个合作者为合伙运送者。它们中一个是强行入伙，而另一个则也许是无可奈何地接受的，生怕会遇到更大的不测。它俩的相逢倒还算和气。合伙者到来之时，物主正一门心思在干自己的活儿；新来者似乎怀着最大的善意，立即投入工作。二人一推一拉，相互配合。物主占着主导位置，担当主角：它从粪球后面往前推，后腿朝上脑袋冲下。那个帮手则在前面，姿势与前者相反，脑袋朝上，带齿的双臂按在粪球上，长长的后腿撑着地。它俩一前一后把粪球夹在当中，粪球就这么滚动着。

它俩的配合并非总是很协调的，尤其是因为帮手背对路径，而物主的视线又被粪球遮挡住了。因此，事故频仍，摔个大马趴是常有的事，好在它们也泰然处之，摔倒了立即爬起来，仍旧是各就各位，各司其职。即使是在平地上，这种运输方式也是事倍功半的，因为二人的配合无法天衣无缝，其实即使只有粪球后面的一只圣甲虫干，也照样会干得很快，而且干得更利索。那个帮手虽然差点儿弄得无法运送，但在表现出自己的善良意愿之后，决定稍事休息，当然，它是不会放弃它已视作是自己的财产的那个宝贝粪球。摸过的粪球就是自己的粪球。但它也不会掉以轻心贸然从事的，否则对方会把它给晾在那儿。

它把腿收回到肚腹下面，身子贴在（可以说是嵌在）粪球上，与之浑然一体。粪球和这个贴在其表面的帮手在合法主人的推动下一起往前滚动着。粪球在它的身下，随着粪球的滚动，它忽而在上，忽而在下，忽而在左，忽而在右，它毫不在乎。它就是要帮忙帮到底，而且是默默无闻的。这种帮手真少见，让别人用车推着自己，还要得一份儿酬劳！这时，前方遇到一个大斜坡，它只好帮一把手了。行到陡坡上时，它当上了排头兵，只见它用自己那带齿的双臂猛拽住笨重的大粪球，而其同伴，那个物主则在下方拼命抵住，一点点地往上顶着。我看见这两个合伙者，就这样一个在上方拽着，一个在下方顶扛着，配合十分默契地往坡上爬着，如果没有它们的通力合作，光靠一只圣甲虫是怎么也无法把粪球推上去的。但是，并非所有的圣甲虫在这一艰难时刻都会表现出同样热情的。有一些圣甲虫在攀爬斜坡这种必须通力合作才行的时刻，似乎根本没有看见有困难要克服似的。当倒霉的西绪福斯在拼了小命试图越过障碍时，另一位则高高在上，稳坐钓鱼台，与粪球一起滚下，一起滚上。

我们假定那只圣甲虫很幸运，找到了一个忠实的合伙者，或者更好一些，假定它在途中没有碰上不请自来的同类。那么，一切就绪，可以进行下一步了。地窖已挖好，是一个在松土地上挖的洞，通常是在沙地上挖，洞不深，有拳头般大小，有一条细道与外界相通，细道大小正好够让粪球进入。粮食一入地窖，圣甲虫便躲在家里，用藏于角落里的杂物把地窖入口堵住。大门一关，外面根本看不出这里下面有个宴会厅。大功告成，它高兴万分；宴会厅里的景象登峰造极！餐桌上摆满了奢华食物；天花板遮挡住当空烈日，只让一丝温馨湿润的热气透进来；心平气静，环境幽暗，外面蟋蟀的阵阵合唱声，这一切都有助于肠胃功能的发挥。我神思恍惚，突然觉得自己在俯身于地窖门口，只觉得有海洋女神该拉忒亚的歌剧中的那段著名唱段隐约传来："啊！周围的一切都在忙忙碌碌时，无所事事是多么美妙。"

谁敢去打扰这样的一个在宴席上怡然自得的家伙呀？但是，想探个究竟的欲望是什么都干得出来的，而这种胆量，我就有过。我把我私闯民宅的情况记录在此。我看到光一个粪球几乎就把宴会厅塞满了；这奢华的食物下抵地板上顶天花板。一条狭小的通道把粪球与墙体隔开。食者就在通道上用餐，顶多是两位，经常是独自一人，肚子贴在餐桌上，背顶着墙壁。座位一旦选好，就不再挪动了，然后便放开嘴吃起来，没有一点小的争吵，那样会少吃上一口的；也不挑挑拣拣的，否则就会浪费食物。一切都得按先后次序，一丝不苟地穿肠过肚。看到它们如此虔诚尽心地围着粪球在吃，你会以为它们意识到了自己是在完成大地净化的工作，它们知道自己投身的是那种以粪肥培育鲜花的精细化学工程，鲜花让人赏心悦目，圣甲虫的鞘翅能点缀春意盎然的草坪。马牛羊尽管消化系统很完美，但它们的排泄物中仍留有未消化的残留东西，而圣甲虫则把它们留下的那些残留物质加以利用，为此，圣甲虫就必须具备一套完整的工具。果然，通过解剖我惊叹地发现它的肠道出奇地长，盘来绕去，使得进入的食物可以慢慢地被吸收，直至最后一个可以利用的颗粒被消化掉为止。因此，食草动物未能吸收的东西，食粪虫类昆虫的高效蒸馏器却可从中提取一些财富，而这些财富经过稍加处理，就变

写作手法

环境描写，表现了圣甲虫宴会厅的温馨和美妙热闹场面，衬托出圣甲虫在大功告成之后的愉悦欣喜之情。

写作手法

拟人化的描写，将圣甲虫在宴会上就餐的场景描绘出来，表现了它们一丝不苟享用美食的画面。

成了圣甲虫的墨黑的铠甲和其他食粪虫类昆虫的金黄色的和赤红色的胸甲。

不过，这种令人赞叹不已的垃圾处理工作得在最短的时间内完成，这是环境卫生的要求所限定的。而圣甲虫就具有这种也许其他昆虫所没有的很强的消化能力。一旦食物进入地窖里，圣甲虫便日夜不停地吃着，直到把食物消灭干净为止。当你有了一定的实践经验，把圣甲虫关在笼子里养是很容易的。我就是采用了这种办法获得了这些资料，这对著名的圣甲虫的高效消化功能的了解大有裨益。

整个粪球就这么一点一点地依次通过消化道，然后，圣甲虫隐士便爬出地面，寻找机遇，找到后，便再做粪球，一切就又重新开始了。

有一天，天气很热，闷热无风，这种氛围很适合我喂养的圣甲虫们大快朵颐。于是，我手里拿着表，守在一个露天进食者的面前仔细观察着，从早上八点一直盯到晚上八点。这只圣甲虫似乎遇上了一块颇对胃口的食物，整整十二个小时，它都没停止过咀嚼，始终待在餐桌前的同一个地点一动不动地吃个没完。晚上八点钟时，我最后看了它一次。只见它的胃口始终未减，那样子像刚开始吃时一样地起劲儿。这宴席还持续了一段时间，直到整个食物被全部消灭干净为止。第二天，那只圣甲虫确实没再在那儿了，头一天被大嚼个没完的那块食物只剩下点渣渣末末了。

时针转了一圈还要多，这么长的一幕就是进餐，狼吞虎咽，精彩至极，但是，那消化的一幕则更是妙不可言。圣甲虫前头不停地吃，后头则不断地排泄，那已不再含营养成分的排泄物连成一条黑色细线，如同鞋匠的细蜡绳。它是边吃边排泄，足见其消化之神速。刚一开始咀嚼，它那拔丝机便运转起来，直到最后几口吃完之后，这机器才停止运转。那根细蜡绳从头到尾没有出现断头，始终挂在排泄口上，下面的则已盘成一堆，只要没有干透，则可以轻易展开来成为一条细长绳。

排泄的过程如同秒表一般精确。每隔一分钟，更精确地说是四十五秒，一小节排泄物便出来了，细绳则增长三四毫米。等细绳长到一定程度，我便把它截断，放在刻度尺上量量其长度。我测量的结果，十二小时后细绳的总长度为两米八八。晚上八点，我是提着提灯最后一次去察看的，这之后，圣甲虫又继续消夜，所以进餐与制绳工作又持续了一段时间，最后圣甲虫拉成的那根没有断头的细长绳总长约为三米。

知道了绳长及其直径，排泄物的体积很容易便能测算出来。而要测出圣甲虫的精确体积，同样也不难，只要把它放入有水的量筒，查看一下水位线即可。实现所获得的数据并非没有意义：这些数据告诉我们，圣甲虫一次连续十二个小时的进食竟消化掉几乎与自己的体积相等的食物。多么好的胃呀，而且消化能力又是这么强，消化速度又这么快！一开始咀嚼，排泄物便立即被消化成细绳状，不停地拉长，直到进餐结束。在这台也许从不失业的蒸馏器里（除非加工的原料出现短缺），原料一进入，立即由胃囊进行加工，吸收殆尽，然后排出。这使我不由得想到，这么一座如此高效地清除垃圾的实验室在环境卫生方面是可以起点作用的。

写作手法

作者在描述圣甲虫的排泄过程时，用列举数字的手法详细描述了排泄过程的频率和排泄物的长度，可见观察之细致严谨。

导读

圣甲虫的梨形粪球带有十分艺术性的曲线，这不禁令人赞叹，为了进行更细致的观察，作者决定亲自发掘并进行深入研究。圣甲虫妈妈为幼虫制作的梨形粪球兼顾美观和实用性，不仅非常漂亮，而且味道可口，同时可以有效保持食物干燥，使卵可以顺畅地呼吸新鲜空气并吸收热量。圣甲虫不仅是伟大的母亲，还是个伟大的建筑师和美学家。

圣甲虫的梨形粪球

一个年轻的牧羊人负责替我抽空观察圣甲虫的活动情况。六月下旬的一个星期日，他兴冲冲地跑来告诉我说，他觉得此刻是研究圣甲虫的好机会，说他突然看见圣甲虫从地下爬出来，他便在它爬出来的地方翻找，在不很深的地方就发现了一个奇怪的东西，便给我带了来。

那玩意儿确实挺奇怪的，彻底地推翻了我原先以为了解的那点情况。从形状上看，它就像个小小的梨子，大概熟过了头，色泽不新鲜了，变成了紫褐色。这个稀奇古怪的玩意儿，这个似乎在车工车间车出来的漂亮玩具，会是什么呢？是人工塑造而成的？是一个仿梨子制品供孩子玩的？我确实是这么以为的。孩子们围了过来，目不转睛地盯着这个漂亮玩意儿，都想拿走放进自己的玩具盒里。这玩意儿形状比玛瑙弹子更漂亮，比象牙球和杨木陀螺更让人喜爱。实际上，这玩意儿的材质并不显得上乘，但摸上去很硬实，且带有十分艺术性的曲线。这没有关系，反正在深入了解它之前，我是不会把这个从地下找到的小梨给孩子们当玩具的。

它真的是圣甲虫的杰作吗？它里面会有一个卵、一条幼虫？牧羊青年肯定地对我说有。他说他在挖的时候不小心把一只同样的小梨给弄碎了，里面就有一个白色的卵，像一个麦粒那么大。我不太相信他说的，因为他给我拿来的小梨与我所期待的粪球相去甚远。

剖开这个令人生疑的玩意儿，看看它里面有什么东西，这也许是冒失的：若真如牧羊青年认定的那样里面有虫卵，我这么把它剖开也许会影响里面胚胎的存活。再说，我在想，梨形与所有已知的情况是矛盾的，很可能是偶然造成的。谁知道日后会不会再遇上偶然的情况给我提供同样的东西呢？所以最好保持它的原样，静观情况的发展，特别是应去现场看个究竟。

第二天天一亮，牧羊青年已在那儿放羊了。我爬上山坡见到了他。山坡上的树木最近被砍光了，夏季的毒日头晒得人后脖子疼，好在还得两三个小时之后太阳才晒得到我们。清晨，凉风习习，羊群在牧羊犬的看管下静静在吃草，因此我和牧羊青年便一起搜寻起来。

很快就找到了一个圣甲虫的洞穴，上面新堆成一个鼹鼠丘，一眼就可认出来。我的同伴用力地挖起来。我把我的小铲子给了他，我那把小铲子又轻巧又结实，我每次外出都没忘记带上它，因为我见土就想挖一挖，怎么也改不了。我躺在地上，目不转睛，好仔细查看被挖开的洞穴内部的安排布置。牧羊青年用小铲子挖着，用没拿铲子的手把浮土弄掉。

我们成功了：一个洞穴打开了，只见那湿热的半张开的地洞里一只完美的梨形粪球待在那儿。是呀，说真格的，第一次看到圣甲虫妈妈的杰作那印象之深刻，永远也无法抹去。即使我是挖掘古埃及的圣骨的考古学家，当我挖到某个法老的地下墓穴中的雕琢成绿宝石的圣虫，我也不会比这次更加激动的。啊！突然金光四射发现真理的快乐呀，什么快乐可与你相媲美呢！牧羊青年也高兴万分；他见我笑自己也笑，他看见我幸福欢快自己也喜形于色。

偶然的事不会重现，一件事不会一模一样地再现，一句古老的格言就是这么告诉我们的。我这已是第二次看到这种奇特的梨形粪球了。这种形状是正常的，不是例外？圣甲虫在地上滚动的那个类似这种球体的球体是否并不存在？我们继续挖下去，再看看究竟是怎么回事。我们又找到了第二个洞穴。同第一个一样，里面也有一个梨形粪球。这两个玩意儿一模一样，简直像是一个模子里倒出来的。有一个细节颇有价值：在第二个洞里，在梨形粪球旁边，圣甲虫妈妈怜爱地紧搂着梨形粪球，想必是专心一意地在对它进行最后的加工，然后自己就永远地离开这个洞穴。一切疑惑都驱散了：我认识这个雕塑工，我了解它的杰作。

在上午剩下的时间里，我便只是对已知的这些情况进行充分的求证：在毒日头把我晒得受不了只好离开挖掘现场之前，我已拥有一打形状相同大小几乎一样的梨形粪球。有许多次我都发现有圣甲虫妈妈在洞穴深处的车间里。

最后，先提一下后来我所了解到的情况。在六月末到九月份的整个大热天里，我几乎每天都到圣甲虫经常出没的地方去探查，我用小铲子挖开一个个洞穴，获得了一些超乎我所能期盼得到的资料。我从笼子里的饲养中又获得了另一些资料，这些资料真的也很宝贵，但却无法与在田野里的自由空间中所获得的资料相比拟。不管怎么说，我挖掘过少说也不下一百来个洞穴，而且始终都次次见到那种梨形粪球，但却从来没有，一次都没有见到过圆圆的粪球，一次也没见到过书本上告诉我们的那种浑圆形状的粪球。

这个错误我以前也犯过，因为我非常相信大师们的金口玉言。以前，我在安格尔高原的研究没有任何结果，我在实验室进行饲养也可悲地以失败而告终，但我又一心想给青年读者们一个圣甲虫如何筑巢做窝的看法，所以就接受了传统的浑圆的粪球的荒谬说法，而且还通过类比推理，用别的食粪虫的一点情况试着勾勒圣甲虫卵的外形，导致了不可饶恕的错误的出现。

现在，我们来详述一下这个真实的故事，并用我亲眼所见并且一见再见的事实作为依据。圣甲虫的地下窝巢在地面上一看便知，因为洞外有一堆浮土，似一个鼹鼠丘，是圣甲虫妈妈把洞中挖出的土推到洞外堆积而成的，以便留出一个洞来。这个鼹鼠丘下开着一个大约一分米的不太深的洞，有一条或直或曲的水平通道从洞底通到可能有拳头般大小的宽敞大厅。这就是地下室，虫卵被食物包裹着，在离地面几寸的地下，由酷热的太阳烘烤慢慢孵化；这也是圣甲虫妈妈的宽敞的车间，它可以在里面灵活自如地把未来的宝宝的面包揉制、加工成为梨形。

这个粪球面包躺倒时长轴线是水平方向的。其形状以及大小让人想到圣诞节时期的小梨子，色泽鲜艳，香气扑鼻，提前成熟，让孩子们爱不释手。梨形粪球的大小基本差不太多。最大个儿的长四十五毫米，宽三十五毫米；最小个儿的长三十五毫米，宽二十八毫米。

梨形粪球的表面虽不像仿大理石那么光滑，但却非常规则匀称，是经过很小的红土颗粒仔细打磨过的。它原是十分松软的，宛如可塑性黏土，因为是刚做好的，但很快便因风干的缘故外层结起一层硬皮，用手指捏都捏不碎，比木头都硬。这层硬皮是一个保护层，使得隐于其中者避免与外界接触，可以极其安静地消受自己的食物。但是，如果连中间也都风干了，那就非常危险了。我们以后将有机会来谈被迫面对太硬面包的幼虫的可怜处境。

圣甲虫面包铺加工的是什么样的面团呢？马牛骡是它的供货者吗？绝对不是。不过，我以前一直以为是的，而且每个看见它在一大堆普通牛粪中拼命收集为己所用的人，也都会这么以为的。它通常就在那儿揉制粪球，然后弄到沙土地下的某个隐蔽所去消受一番。

如果那种沾满草梗的粗糙面包只是为了自己吃的话，那没有什么问题，但如果是给它们的小宝宝们准备的，那就不行了。它必须去进行精加工，使之营养丰富且易于消化。它需要的是绵羊留下的美味，而不是干瘪的牛拉下的一地黑橄榄；绵羊留下的美味是在其不太干的肠子中逐渐形成、加工制作的单层硬饼干。这才是圣甲虫所要的材料、专门用于加工的面团。那不是马的那种无脂肪的粗纤维材料，而是腻滑而有黏性的均匀的物质，饱含着富于营养的汁液。这种材料因其黏性和腻滑而极为适于加工成为梨形艺术品，而且它又柔软可口，很适合新生儿的嫩弱的胃。在这么一个小小的梨形体中，幼虫将可以获得充足的营养。

这就是梨形食品为何如此之小的原因所在。它那么小，以致使我在看到圣甲虫妈妈正在制作梨形粪球之前，一直怀疑这新玩意儿究竟是什么尤物。我一

写作手法

用圣诞节的梨子来类比圣甲虫梨形粪球，可见其外形特点鲜明，同时通过列举数字的手法，准确地概括出个体大小和特点。

理解感悟

圣甲虫妈妈对小宝宝们的食物精挑细选，可见其对幼虫们的照顾无微不至，极为细心。

直都没能从这么小的梨形粪球中看出那是圣甲虫幼虫的食粮，因为圣甲虫既贪馋且个头儿也挺大。

在这个形状独特新颖的大面包团里，虫卵在什么地方呀？大家自然而然地就会认为它在那圆圆的梨肚子的中心。这中心点是最安全的地方，不受外面的一切干扰，而且是恒温的。再者，新生幼虫无论从哪儿下口都能遇到厚厚的食物层，不会咬上几口就没有了。因为在它的周围全都是一样的，它也就用不着去挑选了；它随便把自己那嫩牙咬到哪儿，都会无忧无虑地津津有味地继续吃下去。

这种看法似乎非常有道理，以致我也跟着上当了。在我用小刀的刀锋一层一层地往梨肚子中心剥去，深信在中心点会找到虫卵时，却大出我意料，那儿根本就没有虫卵。梨肚子中心非但不是空的，而且是实实的。那儿也是一堆质地均匀的食物。

我的推断看上去似乎很合理，换了任何一位观察者也会与我持同样看法的，但是圣甲虫却有自己的主张。我们有我们的逻辑，而且还颇引以为豪；但圣甲虫也有自己的逻辑，而且在这一点上还远胜于我们。圣甲虫颇有远见，能预见会发生什么事情，所以便把卵下到别处去了。

到底下到哪儿去了呢？下到梨形粪球最细薄的部分，在最顶端的梨颈那儿。把梨颈纵向剖开，但须加倍小心，别弄坏了里面的东西。那儿挖有一洞，四壁光洁锃亮。这就是胚胎所在的圣龛，这就是孵化室。相对于圣甲虫妈妈的个头儿来说，虫卵算是挺大的了，它呈长椭圆形，白乎乎的，长约十毫米，宽有五毫米多。它同四壁之间有一层薄薄的间隔，与四壁都不紧贴，只是梨颈顶端的壁后，虫卵的头顶粘在上面而已。梨形粪球通常是水平躺放着的，除了头顶粘着的那一点外，幼虫实际上是悬浮在空中，睡在这张最有弹性最热乎的空气床上的。

现在，我们已清楚明白了。让我们来看看圣甲虫这么干的原因何在。让我们了解一下为什么粪球是梨形，这在昆虫的制作工艺中可是一种很奇特的形状。让我们来看看虫卵放在那么个奇怪的地方究竟有什么好处。我知道，探究事情的原委和来龙去脉是非常繁难艰辛的。你可能会像是踏入流沙里去似的，因为那是个神秘的领域，变化多端，一不小心就会陷下去无法自拔的。难道因为危险就放弃这种探索吗？为什么要放弃呀？

我们的科学与我们手段之贫乏相比更显得其伟大辉煌，但是面对无穷的未知时又显得如此可悲。它对于绝对的真理都知道些什么？它一无所知。世界只有在我们认识了它之后才使我们感兴趣。认识不了，一切都变得枯燥乏味，混沌虚无。一大堆事实并非科学，那只不过是一篇索然寡味的目录而已。必须解读这篇目录，用心灵之火去使之化解开来；必须发挥思想和理想之光的作用；必须诠释。

让我们去攀登这个高峰，以解释圣甲虫的所作所为吧。也许我们可以把我们的逻辑运用到圣甲虫身上去。不管怎么说，看到理性对我们的支配与本能对动物的支配如此绝妙地一致，是非常有趣的。

圣甲虫处于幼虫状态时有一个巨大的危险在威胁着它，那就是食物变干燥。幼虫生活其间的地下洞穴的天花板是一层约一分米厚的土层。这极薄的一层土又如何能挡得住能把土烤焦的大热天的酷热呢？那酷热都能把砖坯烧硬了。所以幼虫的居室温度高极了，当我把手伸进去时，都感到有股子热气在往外冒。

食物至少得存放三四个星期，所以很有可能在卵孵化之前变干，甚至变得无法为幼虫食用。当幼虫那嫩牙咬不着原本是松软的面包而咬着硬得如石头般的硬皮时，可怜的幼虫将会饿死，而且确实有因饥饿而死亡的。我就发现过有不少八月烈日的牺牲者，它们早已把松软的食物吃了一个大洞，后来因啃不动剩下的太硬的食物而死于吃出的那个大洞中。粪球剩下的是一个厚厚的壳，像一只没有口的球形锅子，可怜的幼虫在锅里被烤干瘪了。

在那个干硬得像石头似的厚壳中，幼虫即使变成了成虫也一样会饿死，因为它冲不破围城，逃不出来。关于幼虫的彻底解放我稍后还要论述，在此就不再就这一点多加赘述了。我们就只关心一下幼虫的悲惨处境吧。

我们说了，食物变干燥对于幼虫来说是致命的。我们见到的在厚壳中干死的幼虫就证明了这一点，下面要做的实验会更加明确地证实这一点。在七月份那筑巢做窝的季节里，我在一些硬纸盒或杉木盒里放了一打当天早上从产地挖到的梨形粪球。这些被密封起来的盒子被放在我实验室的暗处，那儿的气温与外面的气温一样。结果，没有一只盒子见到成果：要么是卵干瘪了，要么是幼虫孵化出来后很快就死去了。相反，在一些白铁盒或玻璃笼中，情况十分不错，全部存活。

这种差别原因何在？其实很简单，在七月份的高温天气里，硬纸板或杉木板隔热效果差，水分很快就会蒸发掉，所以梨形粪球变干，幼虫便饿死了。而白铁盒或玻璃笼则相反，隔热效果好，水分不易蒸发，食物能保持松软，所以幼虫如同在出生地的洞穴中一样很好地成长。

圣甲虫有两种方法避免食物干燥。首先，它用它那宽臂的铠甲使劲地压紧压实梨形粪球的外层，弄成一层比中心更均匀更密实的保护性外皮。如果我把一个用这种方法制作的食品罐头捏碎，那层外皮通常会一下子脱落，露出中心的内核来。这让我联想到一只核桃的核儿和仁儿来。圣甲虫妈妈在按压时只涉及几毫米的表层，所以便出现了一个外壳。它并没往深处按压，这样中间的那个大内核也就分出来了。夏季最炎热的时候，为了让食物保鲜，家庭主妇会把面包放在密封的坛子里，而圣甲虫妈妈的做法与此有异曲同工之妙，它通过按压，制成外壳，以保护里面的孩子们的食粮。

圣甲虫的所作所为远胜于此：它变成了一位几何学家，能够解决最小值的

理解感悟

两类盒子的对比实验，验证了作者之前的猜想，可见其敏锐的洞察力，以及长期积累的研究经验。

难题。在其他所有的条件完全相同的情况下，蒸发显然与蒸发面的大小成正比。因此，为了减少水分的丧失，就必须让食物的面积尽量地小；但又必须让这个最小的面积包含最大数量的营养物质，以便让幼虫吃饱吃好。那么，什么样的形状才能达到面积最小而体积又能达到要求呢？按几何学的回答，那就是球形。

圣甲虫因此便把幼虫的食粮加工成为球形，而梨颈暂时地忽略一边；这种球形并非是在强加给圣甲虫一个必需的外形而盲目的机械条件下造成的结果；也不是在地上滚动而突然获得的成果。我们已经看见了，为了更方便更快捷地把收集到的食物弄到别处去食用，圣甲虫把食物加工成球形，但又没有挪动它的位置。总之，我们已经承认这个球形在滚动之前就已经做成了。

同样，我们马上也可以确定，为幼虫准备的梨形则是在洞底深处制作而成的。它没有滚动过，它甚至都没有挪过窝儿。圣甲虫完全按照所需要的外形对它进行了加工，犹如泥塑艺人用拇指捏泥人一样。

圣甲虫利用自己配备的工具也能制作出曲形不如梨形柔和的其他一些形状出来。譬如，它就能制作较粗糙的圆柱体，那是粪金龟通常制作的香肠面包；它也能草率从事，让没有固定形状的粪块是什么样就什么样。如果草率从事，活儿就干得更快，它也就有更多的闲暇尽享阳光下的欢乐了。但是不然，圣甲虫专门选择制作梨形粪球，而这种形状要做得精确是十分不容易的。它制作这种繁难的梨形粪球，就像是它深知蒸发的规律以及几何学的规律似的。

现在剩下的是搞清楚梨颈的事了。它的功能、作用究竟是什么？答案显然是：有很大的作用。孵化室就在梨颈部位，卵就在其中。而所有的胚胎，无论是植物的还是动物的，都需要空气这个生命的原动力。为了让激发生机的空气这种助燃剂渗透进去，鸟的蛋壳上满是气孔。圣甲虫的梨形粪球就类似于鸡蛋。

为了避免过快地干燥，梨形粪球的外壳被压实成一层很硬的外皮；它的营养核，也就是蛋黄、卵黄，是藏于外皮内的松软的球；它的透气室就是顶端的那个小屋，亦即梨颈上的那个小窝窝，里面的空气把胚胎团团围住。为了呼气吸气，有哪儿能比孵化室更好呢？那儿位于尖角上，沐浴在空气中，气体可以透过薄薄的壁自由地渗进渗出。

空气和高温是最重要的条件，所以食粪虫中没有谁敢等闲视之。我们以后会有机会看到，食粪虫的食物块形状各异；除梨形外，根据制作者的种属不同，还有圆柱形、鸟蛋形、球形、尖顶形等；但是，虽说是形状各不相同，首要的一点却是永远不变的：卵待在紧靠表面的一间孵化室里，这是呼吸新鲜空气和吸热的最佳方法。在这种精巧艺术方面，圣甲虫制作的梨形粪球独占鳌头。

我前面刚提到过，圣甲虫这位一流的揉制工在揉制粪球时所表现出的逻辑性可与我们人类的相媲美。就我们现在所知，我所做的实验就证明了这一点。但还有更好的证明。我们把下面这个问题让我们的科学加以阐释吧。胚胎是被包围在一大块食物中的，而因为干燥，这大块食物会很快变得无法食用。如何加工这种食物块才好呢？为了容易地呼吸到新鲜空气和吸收热量，把卵产在哪儿好呢？

　　所提问题中的第一个问题已经回答过了。我们从所获知识中得知，蒸发是与蒸发表面的面积大小成正比的，所以食物应做成球状，因为球状体包含的物质最多而表面面积又最小。至于虫卵，既然需要一个保护套加以保护，免得有任何伤害性的接触，就必须把它放置在一个薄的圆柱形套子里，再让套子立在球体上方。

　　这样，必需的条件就得以满足了；制作成球状的食物可以保持新鲜了；由一个圆柱形薄套保护着的卵可以通畅地呼吸新鲜空气和吸收热量。这必需的条件虽然满足了，但那形状却太难看。讲实用就顾不上美了。

　　一个艺术家把我们推理得来的粗糙作品进行了加工。它把圆柱形修改成半椭圆形，显得优美雅致得多；它又在这个球体上加工出一个精巧的曲面，与球体仍连接在一起，这就变成了一个梨形，变成了一个带颈的葫芦。这样一来，这就是一件艺术品了，非常漂亮。

　　圣甲虫所做的正是美学要求我们做的。它是不是也有一种审美观？它知道自己制作的梨形很美吗？它肯定是看不出梨形之美的，它是在地下漆黑一片中制作的。但是它摸得出来。尽管它的触觉不值得一提，而且身披粗糙的角质外壳，但不管怎么说，对自己精心揉制出来的外形轮廓是不会没有感觉的！

理解感悟

　　作者以优美的笔法描绘了圣甲虫作品的优美雅致，圣甲虫的自然创造竟然符合人类的美学规律，不禁令人惊叹。

读后思考

　　1. 文中提到"偶然的事不会重现，一件事不会一模一样地再现"，你是如何理解这句话的，请结合文段相关内容进行分析。

　　2. 作者在文中提到自己由于相信所谓大师们的金口玉言，所以在进行相关研究时并未取得实质性进展，并导致了一系列不可饶恕的错误出现。你认为作者的说法是否有道理呢？谈谈自己的看法。

🖱导读

圣甲虫就像一个真正的雕塑家，精心制作着有着慈母爱的梨形粪球，这件艺术品上有着其艺术家的鲜明印记，令人惊叹不已。然而亲眼观看梨形粪球的加工制作并非易事，这让作者颇费了一番心思，他难以想象圣甲虫竟然能用如此笨拙的工具制造出如此精致的产物……

圣甲虫的造型术

写作手法

前文写到梨形粪球不是通过滚动制作而成的，同时也不是猛烈撞击的产物，将其同首饰匠的首饰进行类比，表现了粪球的精致。

圣甲虫是如何制作那有着慈母爱的梨形粪球的？首先可以肯定的是，这绝不是在地上通过滚动制作而成的，因为从各个方面看它的形状都是无法向前滚动的。就算那梨形葫芦的肚子可以滚动，但是那个椭圆形凸出来的梨颈里面可是个孵化室呀！这个精巧的杰作也不可能是猛烈撞击的结果。它如同首饰匠的首饰一样，是不可能让铁匠放在铁砧上锤打的。我同意其他的一些已经提及的十分明显的原因，但愿梨形粪球的形状将永远把我们从那种认为卵是被放在一个摇来晃去的粪球里的陈旧看法中摆脱出来。

为了自己的杰作，圣甲虫这个雕塑家与真正的雕塑家们一样，关起门来潜心制作。它藏在自己的洞穴中，专心一意地加工被它运入洞中的粪料。对待粪料的方法上有两种情况。一种是在粪堆里按照我们已知的那种办法选取优质食料，就地揉制成小球，搓成圆形后再滚动它。如果只是为解决自己的口粮问题，它肯定就这么做了。如果它认为粪球体积过大，又不适宜就地挖洞，它便滚动着这个大家伙上路。它毫无目的地走着，直到找到一个合适的地点为止。路途中，粪球不会越滚越圆，但表面那一层会稍稍变硬，沾上一些泥土和细沙粒。这层沾上土和沙的表层是其跋涉之远近的真实记录。这一点很重要，我们一会儿会用得上的。

还有一种情况是，在它从中选取粪料的粪堆附近就很适合挖洞。那地方没什么石头，很容易挖洞。这样就无须长途跋涉，也就用不着滚动粪球了。绵羊提供的松软蛋糕被收集起来，原样储存，放进车间，需要时再切成小块加工。

这种情况通常并不多见，因为地面粗糙，石头太多，轻易就可以挖洞的地点零零星星，圣甲虫不得不身负重荷四处寻觅。不过，我的笼子里铺的一层土是过过筛子的，挖洞就极其容易，每一处都可以挖洞造巢。因此，圣甲虫妈妈为产卵而劳作时，只要把附近的粪块弄到地下去就行了，用不着先把粪块弄成什么固定的形状。

这种无须事先揉成粪球再运输储存的方法，无论是在野地里还是在我的笼子中，其最后的结果都非常令人惊讶。头一天，我看见一块没有形状的粪料消失在地下；第二天或第三天，我查看了它的车间，发现艺术家正面对着自己的杰作哩。当初不成形的粪块，被一块块抱进洞中的碎块，已经变成了形状完美、无可挑剔的梨形粪球了。

这件艺术品身上有着其艺术家的印记，立于洞底的那一部位沾着少许泥土，其余部位都很光滑明亮。在圣甲虫制作梨形粪球时，由于粪球自身的重量，由于圣甲虫的轻轻拍打，仍很松软的梨形粪球接触地面的那一面就沾上了点儿泥土，而其他的大部分面积则保持了圣甲虫精心加工所给予它的精细完美。

这些仔细观察到的细节的结论是显而易见的：梨形粪球不是旋转制作而成的，它不是圣甲虫在宽敞车间的地上经过滚动获得的，如果是那样的话，它就应该全身都沾上了泥土才对。另外，它那凸起的颈部也排除了这种制作方法的可能性。它甚至都没有从一头翻转到另一头，它朝上的一面一点儿泥土都没沾，这就是有力的证据。圣甲虫没有移动也没有翻转，就在它所在的地方原地对梨形粪球进行了加工制作；它用那宽臂轻轻地拍打梨形粪球，正如我们在露天地里所看见的那样。

现在我们回过头来说说田野里的通常情况。这时候，粪球是从远处运来拖进洞穴里去的，整个表面全都沾满了泥土。圣甲虫将如何处理这只粪球？粪球上已经显现出未来梨形粪球的肚子了。我如果只想求得答案而不考虑曾经使用过的方法的话，这答案是很容易得到的：只要在洞中连同其小粪球一起抓住圣甲虫妈妈，把它和小粪球全都弄到我的实验室里，仔细观察，研究进展情况就可以了，而这种事我干过许多次。

我用一只短颈大口瓶装满筛过的湿润的土，并把土夯实到需要的程度。然后，我把圣甲虫妈妈及其紧搂住的宝贝粪球放在我制造的土层表面。我把大口瓶放在半明半暗的地方之后，等待着。我的耐心并未受到太久的考验。圣甲虫因卵巢的活计所迫，便重新开始了被我打断了的工作。

在某些情况下，我看见圣甲虫一直待在地面上，把粪球打碎敲破，弄得粪渣满地皆是。这根本不是因为圣甲虫被捉住，成了俘虏后的绝望之举——恍惚之中把宝贝粪球给毁坏掉。它那是明智的合乎卫生的举动。对在一些疯狂的争抢者中间匆忙弄到的粪球进行仔细检查往往是必要的，因为在强盗们中间，就在收获地点进行翻检并不总是很合适的。粪球有可能裹进一些小蟋蟀、蜉金龟什么的，因为忙着拼抢而顾不上仔细挑拣。

这些无意间闯入其间的入侵者非常自在地待在粪球里，将来会与合法的消费者争食未来的梨形粪球的。必须把这帮馋虫从粪球中清除出去。因此，圣甲虫妈妈便把粪球打碎，变成碎屑，仔细搜查。然后，再重新把粪渣聚拢，粪球又做好了，这时表面已无泥土了。于是圣甲虫把它拖入地下，把它加工制作成为除支撑那一面以外无泥土的梨形粪球。

但更常见的是，粪球被圣甲虫妈妈原样埋入地下，如同我从洞中把它挖出来时那样，外层很粗糙，这是因为圣甲虫妈妈把它从收集点一路滚动至理想的加工点所造成的。在这种情况下，我在大口瓶底看见的是已成为梨形的粪球，外壳很粗糙，表面嵌满了沿途沾上的泥土和沙子，足见梨形粪球并不要求从里到外进行全面的加工改造，而是通过简单的按压，拉出梨颈就成了。

在绝大多数情况下，一切都是这样正常发展的。我在田野里挖出来的梨形粪球几乎全都有一层硬痂，程度不同地都不很光滑。如果没有发现这硬痂是因长途运输所造成的，那便会以为这沾满泥土和沙子的外壳是圣甲虫在地下制作时滚动粪球所致。我所看到的那几个罕见的光滑粪球，特别是在我的笼子里挖出的那几个极其干净光洁的粪球，彻底纠正了这一错误。这几个梨形粪球告诉我们，用就近收集的并且未成形便储存起来的粪料加工成梨形粪球必须彻底地塑造，而且根本就不是用滚动加工的方法；这几个梨形粪球还告诉我们，那些表层粗糙的梨形粪球并不是在车间里滚动时沾上泥土造成的，而纯粹是它们在地面进行了长途跋涉所致。

亲眼观看梨形粪球的加工制作并非易事：那个在黑暗中干活儿的艺术家稍被光线照到，就坚决罢工停手。它需要漆黑一片才能进行雕塑，我则必须有光亮才能看到它。这两个条件不可能同时得到满足。不过，我们不妨试一试，断断续续地抓住那不能完全展露的真实情况。我采用了下面这个办法。

我还是用了先前的那只短颈大口瓶。我在瓶底铺了一层几指厚的土。为了弄一个我必需的四壁透明的车间，我在土层上支起一个三脚架，有一分米高，我在三脚架上放置了一块与大口瓶瓶口直径相同的枞木盖板。这样装置好的玻璃壁板房就是圣甲虫干活儿时宽敞的地下室。枞木板边缘被切开一个小口，刚够圣甲虫及其粪球通过。最后，在枞木盖板上堆上一层尽可能厚的土。

在堆土时，盖板上的土有一部分会滑落，从所开缺口处漏到房间里去，形成一道宽宽的斜坡。这是我计划好的。当圣甲虫发现连接口之后便借助这一斜坡，下到我为之准备好的透明屋中去。当然，这个透明屋必须全黑之后它才会去。因此，我便用硬纸板做了一个上面封住口的套，把短颈大口瓶罩上。这样一来，那间房间就全黑了，符合了圣甲虫的要求。我只要猛地拿起套来，我所要的光亮也就有了。

万事俱备，我便开始寻找带着自己的粪球宝宝刚退隐进天然洞穴中的圣甲虫妈妈。正如我所希望的，一个上午就全安排妥当了。我把那位圣甲虫妈妈及其粪球宝宝放在上层土的表面上，并在大口瓶上罩上了纸套，然后便耐心地等待着。只要卵没安置好，圣甲虫妈妈便会执着地完成自己的工作，它将会为自己挖一个新的洞穴，并随时一点一点地把粪球往洞中拖。它将会穿过上面那层不太厚的土；它将碰到枞木板盖的阻碍，这是与它多次在露天泥地里挖洞时遇到的阻挡去路的碎石一样的障碍；它将会探寻受阻的原因，并发现了那个缺口，于是它从这个小口爬到下面的小屋，小屋对它来说很宽敞，可以自由爬动，如同我刚才让它搬家前它所住的地下室一样。我就是这么推断的。但这一切都需要时间去验证，而我觉得最好是一直等到第二天，以满足自己那急不可耐的好奇心。

到时候了，看看去。头一天我把实验室的门敞开着，因为门锁的一点点响动就会惊动我的那个疑心很重的劳作者，它会马上停下手中的活儿。为了减小动静，我进实验室前换上了一双软底拖鞋。我猛地一下掀去纸套。太好了！我的推断一点儿没错儿。

圣甲虫正待在玻璃车间里，我看见它正在忙活着，宽爪正放在梨形粪球的雏形上。但是，这突然的一亮，把它惊住了，一动不动的，仿佛僵住了似的。这种情况延续了几秒钟的工夫。然后，它转过身去，笨拙地往斜坡上爬，想进到地道黑暗的高处。我看了一眼它干的活儿，记下了其作品的形状、姿态、方位，然后又把纸套给套上，让里面全黑下来。如果想再做这种实验，就不能让这种突然袭击持续得太久。

我突然而短暂的窥探向我们透露了这项神秘工程的初步信息。一开始完全呈圆球形的粪球现在出现了一个大鼓包，像个不太深的火山口。这件活计让我想起某些史前时期的瓦罐——只是这件活计的比例要小得多——圆肚，边口厚实，颈部有一圈小槽勒着，这个梨形粪球的雏形道出了圣甲虫的制作工艺，这工艺与不懂得陶车技术的第四纪人类的工艺完全一样。

这种可塑的粪球一侧被勾勒出一圈，挖出了一圈沟槽，那就是梨形粪球的颈部。这个粪球雏形还被拉伸出来一个又圆又钝的凸起，这凸起部分的中心部位被挤压过，粪料被挤压到周边去了，因而形成一个边缘不规则的火山口。这样，初步的活计就算结束了。

傍晚时分，我又突然悄无声息地再次探访。早上被惊扰的圣甲虫妈妈已经恢复常态，回到了自己的车间。现在又突然一片光明，它又一次受到惊吓，慌忙逃窜，奔到上面躲藏起来。被我用亮光三番五次地折腾的可怜的圣甲虫妈妈逃到上面躲了起来，但却是满怀遗憾，极不甘心的。

它的活计有所进展。火山口变深了，厚实的边口消失了，变得细薄，收拢起来，伸长为梨颈。但是，粪球并没挪动过。它的姿态、方位完全是我先前记下的那样。接地的那一面仍旧在下面，仍在同一个点上；朝上的一面仍旧朝上；已成为梨颈的火山口依然在我的右边。由此可见，我原先的推断是完全正确的：粪球没有滚动；仅仅是挤压，然后揉制加工。

第二天，我进行了第三次探访。昨天还是半开着的袋状梨颈现已闭合了。卵产下了，工程也完工了，只需再进行一番全面磨光、修饰即可。我惊扰它时，圣甲虫妈妈想必正在做这种磨光、修饰工作，因为它极其注意粪球几何形

理解感悟

作者为了得到理想的观察结果，可谓准备充分，可见其严谨的工作作风，同时也反映了圣甲虫妈妈的警惕性极高。

理解感悟

对于作者的多次探访，圣甲虫妈妈的工作显然受到了极大干扰，作者推测它"满怀遗憾，极不甘心"表现了圣甲虫对工作的执着精神。

状的完美。

工程中最繁难的部分我给错过了。我大致看清楚了卵的孵化室是怎么建成的：围绕着初始阶段的火山口的凸出物经爪子的按压后变小变薄了，然后伸长为在开口处逐渐收拢缩小的口袋。到这时为止的活计还是可以给出满意的解答的。但是，当我想到圣甲虫那些僵硬的工具，那让人联想到木偶动作的宽大锯齿状铠甲的生硬笨拙的动作时，卵将在其中孵化的那间小屋怎么建得那么漂亮完美，我就解释不清楚了。

用这种挖矿石倒挺合适的粗糙工具，圣甲虫是怎么建成那育婴室、那内部极其光洁的产卵房的？那锯齿极大、如同采石用的锯子的爪子，在从那个口袋的狭窄口子伸进去时，是不是变得与刷子一般柔软了？为什么不可能呢？我们早就介绍过这种情况了，而圣甲虫的情况则又证明了这一点：工具在能工巧匠的手里什么都能干。圣甲虫用自己配备的随便什么工具都能发挥其专家的才能。它如同富兰克林所说的那种模范工人，能把刨子当锯子，能把锯子当刨子，怎么使唤都行。圣甲虫就用它刨土的那把大锯齿耙作抹刀和刷子用，把幼虫诞生的小屋抹得溜光。

最后，还有一个有关这个孵化室的细节。在梨颈的顶端，有一处总是显得与众不同：有几根纤维竖立在那儿，可梨颈的其他地方全都细心地抹光溜儿了。那儿是塞子，圣甲虫妈妈一产完卵便用这个塞子把那狭小的开口塞上；而这个塞子结构松散，说明没有被拍打按压，而其他地方全都被仔细拍压过了，一点突出的纤维都没有。

为什么其他地方圣甲虫都用爪子拍压实了，而唯独顶端这儿偏偏来个例外呢？因为圣甲虫卵用其后端靠在这个塞子上，如果它受到挤压，被往后推去，这个塞子就会把此压力传导给胚胎，使胚胎有死去的危险。圣甲虫妈妈了解这一危险，便用一个没有被拍压过的塞子封住口子，这样孵化室内的空气更加流通，而虫卵也避免了因受到挤压所引起的震荡的危害。

导读

作者认为西班牙蜣螂是除圣甲虫之外最美最大的一种，它喜静不喜动，天生胆小且步子缓慢不灵活。蜣螂的住宅坚固而耐用，收集和存放粮食的地宫则宽敞而精美，雌性蜣螂面包师就是在这里制作各种形状的美味面包的。卵产下后，蜣螂妈妈就待在小窝中陪伴幼虫，宁可自己挨饿也不让子女缺少吃喝……

西班牙蜣螂

为了虫卵，昆虫由本能所做的正是人通过经验和研究所得的理性让昆虫去做的，这一点可不是微不足道的哲学道理所产生的结果。因此，受到科学之严谨的启迪，我凡事都要谨慎对待之。我这并不是要给科学一副令人憎恶的面孔，因为我相信人们能够不使用一些粗俗的词汇也可以讲出一些绝妙的事情来。清晰明白是耍笔杆子的人的高尚手段。我要尽可能地做到这一点。因此，使我停笔思考的那种谨慎是属于另一个范畴的。

我在问自己，我这是不是受到一种幻想的欺骗。我心中在想："圣甲虫和其他一些甲虫是粪球制作工匠。那是它们的行当，不知它们是从哪儿学的这门手艺，也许是机体结构导致的，特别是因为它们有长长的爪子，而且有的爪子还稍微弯曲。如果它们在为卵而忙碌的话，那它们在地下继续发挥自己那制作粪球的特长又有什么可大惊小怪的呢？"

如果先不谈那些很难讲细致讲清楚的梨颈和蛋形粪球突出的一端的话，剩下的就是最大的食物团，也就是昆虫在洞外制作的食物球团；还剩下的是圣甲虫在太阳地里把玩的而并不做他用的小粪球。

那么，这种在夏季酷热时被认为是最有效地防止干燥的球形物是作什么用的呢？就物理学而言，粪球及其相似形状粪蛋的这种特性是毋庸置疑的，但是，这两种形状同已克服的困难只有一种偶然的联系。机体结构导致其在田野里制作粪球的这种昆虫在地下仍在制作粪球。如果说幼虫直到最后都有软嫩的食物放在嘴边而悠然自得的话，那我们也别因此就对其母之本能大加赞扬。

为了最终说服自己，我得找一只仪表堂堂的食粪虫，它在日常生活中根本就不懂得粪球制作工艺，但产卵时刻到来时，它又会一反常态，把收集到的材料制作成粪球。我家附近有这样的食粪虫吗？有。它甚至是除圣甲虫之外最美最大的一种，那就是西班牙蜣螂，它前胸截成一个陡坡，头上也长着一个怪

要点提示

作者创作时并不刻意进行藻饰、矫揉造作，而是力求自然清晰地讲述，这体现了作者严谨求实的科学态度。

写作手法

运用设问的修辞手法，以突出强调这一特殊的食粪虫——西班牙蜣螂，从而转入下文的描写。

角，极其引人注目。

西班牙蜣螂身子矮胖，缩成一团，又圆又厚，行动迟缓，肯定对圣甲虫的体操技能一窍不通。它的爪子极短，稍有一点动静，爪子就缩回肚腹下面，与粪球制作工们的长腿简直无法相比。只要看看它那五短身材、笨拙的样子，就很容易猜想得到它是根本不喜欢推着一个大粪球去长途跋涉的。

西班牙蜣螂确实是喜静不喜动。一旦找够了食物，夜间或者日暮黄昏时分，它就在粪堆下挖洞。挖的是个粗糙的洞，能放得下一个大苹果。然后，它三下两下地一扒拉，粪料便成了屋顶，或者至少挡在其门口；体积颇大的食物没有一个准形状地落入洞中，这也正是它贪馋好吃的明证。只要宝贝食物没有吃完，西班牙蜣螂就不再回到地面，一门心思地大快朵颐。直到饭尽粮绝，这种隐居生活才会结束。于是，晚间，它就又开始寻觅、收获、挖洞，另建一个临时居所。

有了这种无须事先准备就可吞食垃圾的本领，很明显眼下西班牙蜣螂根本就不去了解揉捏粪球的工艺。再者，它爪子短小，笨拙，似乎根本干不了这种工艺活儿。

五月里，最迟六月份，产卵期到了。西班牙蜣螂已习惯了用最肮脏的粪料填饱自己的肚子，这下要考虑自己的子女了，这就让它犯难了。如同圣甲虫一样，这时候它也必须弄到绵羊的软软的排泄物做成一个软面包。而且还得同圣甲虫一样，这个软面包必须营养丰富，就地整个儿地埋入地下，地面上不留任何残渣碎末，因为必须勤俭节约，一点也不能浪费。

只见它没有远行，没有运送，没有任何的准备工作，那个软面包就被划拉到洞里去，就在它自己的栖身之地。为了自己的孩子们，它在重复做着原先为自己所做的事情。至于地洞，足有一个鼹鼠洞大，是个宽大的洞穴，离地有二十厘米左右深。我发现它比西班牙蜣螂大快朵颐时住的那种临时住宅要宽敞得多，精致得多。

不过，我们还是让西班牙蜣螂自由地干活儿吧。偶然发现的情况所提供的资料可能是不全面的，是片断的，内在关系也不明显。笼中的喂养就非常利于观察，而且蜣螂也十分配合。我们还是先看看它是怎么储存食物的吧。

在黄昏那朦胧的光线下，我看见它出现在洞门口。它是从地下深处爬上来收集食物的。它没花什么工夫就找到了：洞口附近就有很多食物，是我放的，而且我还精心地常常更换。它天生胆小，一有动静就随时准备缩回去，所以它步子很缓慢，不灵活。它用头盔划拉、翻找，用前爪拖拽，很小的一抱食物就给弄出来了，但却被拖散开来，掉成碎末。蜣螂把食物倒退着拖着，消失在地下。不到两分钟的工夫，它又爬到地面上来了。它仍旧小心翼翼地，用伸展开的触角探查周围，然后才跨出门槛。

粪堆与它之间相隔两三寸。闯到粪堆那儿，对它来说可是一件了不得的大事。它宁愿食物正好位于其洞宅门旁，构成其住宅的屋顶。这样它就用不着出门，免得提心吊胆的。我却另有打算。为观察方便起见，我把食物放在门口，但离洞口并不远。慢慢地，胆小的蟋蟀心里踏实了，来到露天地里，到了我的面前，但我还是尽可能不让它发现。它又没完没了地在一趟一趟地搬运食物了，但它搬运的总是一些不成形的碎块、碎屑，就像是用小镊子夹住的那样。

我对它储存食物的方法已经颇有了解，所以任由它自己继续这么干了大半夜。天亮时，地面上什么都没有了，蟋蟀也就没再出来。只一夜工夫，足够的宝藏便堆积起来了。我们先等上一段时间，让它有余暇把自己的收获随其心愿地整理存放好。在这个周末之前，我在笼子里翻挖，把我曾看见它存放一部分粮食的那个洞挖开来。

如同在野外的洞中一样，那是个屋顶不平的宽敞大厅，屋顶低矮，但地面几乎是平坦的。在大厅一角，有一个圆洞张开着，像是一个瓶口。那是太平门，通向一条地道，往上直达地面。在这个新土上挖成的住宅四壁都被精心压紧、压实，我挖掘时虽有震动，但却没有坍塌。看得出来，蟋蟀为了未来，施展了全身本领，费尽了全部挖掘工的力气，建造了坚固耐用的住宅。如果说那个只是为了在其中填饱肚子的陋室是匆匆挖成的，既无样式又不坚固的话，那么现在的这座房屋则是面积大建筑又精美的地宫。

我怀疑是雌雄蟋蟀同心协力地完成了这项大的工程，至少，我经常看到一对蟋蟀待在用于产卵的地洞里。这宽敞豪华的屋子想必曾经是举办婚礼的彩厅，婚礼就是在这个大拱顶下举行的；而新郎想必帮着盖了这座大厅，以此来表达自己那不一般的爱情。我还猜想新郎也帮着新娘收集和存放粮食。在我看来，新郎是那么强壮，也一抱一抱地把粮食运往地宫。两人齐心协力，这份儿细致的活计就干得快了。但是，一旦屋内存粮已满，新郎就悄悄地退去，回返地面，去别处安身立命，让蟋蟀妈妈独自完成母亲的职责。雄蟋蟀在这个家里的责任也就完成了。

在这个我们看见有那么多小粒粮食运入的地宫中能发现什么呢？一大堆乱七八糟的散乱颗粒吗？绝对不是的。我在里面发现的始终都是一个个整块的大圆面包，占满了整个屋子，只在四周留下一条狭小的过道，只能容得下蟋蟀妈妈来回走动。

这块巨大的面包没有固定的形状。我见到过蛋形的，形状大小如火鸡蛋；我也见到过扁平椭圆形的，状如一个普通的洋葱头；我还见到过几乎浑圆的，如同荷兰奶酪一般；我也曾见到过朝上的一面圆圆的，微微鼓起，就像是普罗旺斯的乡村面包，或者更像是复活节食用的蒙古包状的烤饼。不管是什么形状的，表面都很光滑，曲线也很均匀。

这下子我明白了：蟋蟀妈妈把先后搬进洞的无数散碎食物聚集起来，揉成

写作手法
　作者以细腻的文笔，运用人格化的描写，展现了雌雄蟋蟀共同建造地宫的场景，充满情趣。

写作手法
　运用排比的修辞手法，列举各式各样的粪球的形状，形象而生动，便于读者理解。

一整块，然后，它把这一整块食物搅拌、混合、压实成颗粒均匀的食物。我多次看到这位女面包师站在那个大面包上；与之相比，圣甲虫做的那个小粪球简直是小巫见大巫了。在这个有时有一厘米宽的粪球凸面上，西班牙蜣螂走动着，跛着步，它轻轻地拍打着这个大面包，让它变得瓷实、均匀。我只能偷偷地瞥上一眼这个滑稽场景，因为一看见有人，女面包师便顺着弯曲的斜坡滑下来，藏在面包下面。

为了深入观察，研究细枝末节，就必须要点花招儿。这并不困难。也许是因为长期与圣甲虫打交道使我在研究方法上变得更加机灵了；也许是因为西班牙蜣螂心并不太细，更能忍受狭窄囚室的烦闷，所以我得以毫无阻碍、随心所欲地观察筑巢各个阶段的情况。我使用了两种方法，每种方法都告诉了我某些特殊的东西。

在笼子里有了雌蜣螂做成的几个大面包之后，我便把蜣螂妈妈与这几个大面包一起搬出来，放到我的实验室里去。容器分两种，按我的愿望让它们或明或暗。如果我希望容器里面光亮，我就用大口玻璃瓶，直径差不多与蜣螂洞一般大小，也就是十二厘米左右。每只瓶子底部铺了一层薄薄的新沙，薄得蜣螂无法钻进去，但却足以让它不致在玻璃瓶底上滑来滑去，而且还让它以为那是与我刚让它搬离的地方一样的沙地。我把蜣螂妈妈及其大面包放在了这层沙子上。

无须指出，即使在光线极其微弱的情况下，蜣螂也会因受到惊吓而不会做什么的。它需要完全无光亮，于是我便用一个硬纸板盒把大口瓶给罩起来了。我只要小心翼翼地稍稍掀起一点这个硬纸板盒，就可以在我认为合适的时间随时借着室内的弱光，偷窥女囚正在干什么，甚至能观察上好一段时间。大家都看到了，这个方法比我当时想观察圣甲虫制作梨形粪球时所使用的方法简便得多。西班牙蜣螂性格更温驯一些，适合使用这种方法，换作圣甲虫可能就行不通了。因此，我在实验室的大桌子上放了一打这样可明可暗的容器。谁要是见到这一溜瓶子，可能会误以为灰纸盒套下面盖着的是异邦的食品调料哩。

如果要全不透光的，我就用花盆，往里面堆上新沙子。花盆下面弄成一个窝，用硬纸板搭个屋顶，挡住上面的沙子，蜣螂妈妈和它的大面包就放在窝里。或者干脆我就把它和它的大面包放在沙子上面，它会自己挖洞做窝，把面包藏进去，如同平常一样。无论采用哪种方法，都得用一块玻璃片盖住，免得让俘虏逃逸。我期待着这些不同的不透亮的容器能为我澄清一个棘手的问题，这个问题我以后会阐明的。

这些用不透亮的纸盒罩住的大口瓶能告诉我们一些什么呢？能告诉我们许多东西，非常有趣的东西。它们让我们知道，这个大面包尽管形状多变，但它始终是有规则的，它的曲线并非是因为滚动导致的。我们在检查天然洞穴时已经很清楚，这么大的一个圆球几乎占满了整个屋子，所以是无法滚动的。再者，蜣螂也没有足够的力气推动这么大的一个粪球。

不时地查看大口瓶都会得到同一个结论。我看见蜣螂妈妈立于面包上，这儿摸摸那儿敲敲，轻轻地拍打，抹平突出的地方，把粪球修整得臻于完美；我还从未见到过它试图把那个大家伙翻转过来。这就十分清楚了：圆面包并非滚动而成的。

蜣螂妈妈的勤奋与耐心细致让我想到我以前从未想到的一个问题：制作的时间之长。为什么要对这块大东西翻来覆去地修修补补？为什么在吃它之前要等待那么长时间？确实，要经过一个星期甚至更长的时间之后，蜣螂将面包打磨，变得光鲜之后才决心享用它。

当面包师把面团和好搅匀之后，它就把这些面团拢成一堆，放到和面槽的一个角落里。在体积大的块团内，面粉发酵的温度调节得更好。蜣螂深谙制作面包的这一诀窍。它把收集到的食物堆在一起，精心揉制，做成粗坯，再让它有时间进行内部发酵，让粪团味道变美，并让它有一定的硬度，以利于日后的加工。只要这道化学程序没有完成，女面包师及其小伙计就会等待。对蜣螂来说，这个等待时间很长，至少得一个星期。

发酵成功了。小伙计把大面团分成小面团，女面包师也在这么干。它用头盔上的大刀和前爪上的锯齿在面团上切开一个圆槽口，并切下一小块规则的面团来。这切割动作干净利落，一刀成形，无须再修修补补，完全符合要求。

现在就要加工小面团了。于是，蜣螂便用它那似乎并不适合这种工作的短小爪子尽量地抱住小面团，使用其唯一可以使用的挤压方法把小面团加以挤压。它非常认真执着地在尚未定型的粪球上移动着，上上下下，左转右绕，有板有眼地这儿压几下那儿压几下，然后又耐心细致地加以修饰。如此这般地干了二十四个小时之后，凹凸不平的粪团就变成了如梨子般大小的完美的球形面包了。在它那拥挤狭小的车间的一角，矮胖的艺术家几乎待在原地不能动弹地完成了自己的杰作，而且一次也没挪动过那个面团。经过耐心细致的长时间的工作，它终于制成了那个十分浑圆的球形，而这是它那笨拙的工具以及狭小的空间让人觉得根本不可能完成的事。

它还得花较长的时间去仔细完善、抹光那个球形，用爪子温情地、翻来覆去地抹，直到把一点点凸处都抹掉为止。看上去它那细心的涂抹永无止境似的。但是，将近第二天的傍晚时分，它认为这个圆球已经合适了。蜣螂妈妈爬上这座建筑物的圆顶，一直在压挤，在上面压出一个不怎么深的火山口来。它把卵产在这个小盆里了。

然后，它用极其粗糙的工具，以极大的谨慎与惊人的细致，把火山口边缘聚拢，做成一个拱顶，盖在卵的上方。蜣螂妈妈慢慢地转动，把粪料一点点地耙拢，推向高处，把顶封上。这是各个工序中最棘手的活儿。稍稍压重一些，扒拉得不到位，都可能危及薄薄的天花板下的虫卵。封顶的工作不时地要停一停。蜣螂妈妈低着头，一动不动，似乎在屏息聆听，看看洞内有何异常。

看来安然无恙，于是，耐心的女工又开始干了起来：从两侧一点点往屋顶

理解感悟

经过几十个小时的精心制作，球形面包终于完成了，用如此笨拙的工具在如此狭小的空间完成浑圆的球形，让作者不禁惊叹，体现了蜣螂母亲制作技巧的高超。

把粪料，屋顶逐渐变尖、变长，一个顶端很小的蛋形就这样代替了球形。在多少有点凹凸的蛋形下面的就是虫卵的孵化室。这项细致的活计还得花上二十四小时。加工粪球，在粪球上挖出小盆，在盆内产卵，把圆盆封顶盖住虫卵，这些工序加在一起需要四十八小时，有时还要更长的时间。

蜣螂妈妈又回到了那个切去一块的大面包旁。它又切下了一小块，用同样的操作法把它变成一个蛋形粪球，在又一个小盆中产下卵。余下的粪球面包还可以做第三个，甚至还常常可以做第四个蛋形粪球。蜣螂妈妈在洞穴只堆积了唯一的一个粪料堆，据我所见，顶多也就够做四个蛋形粪球的。

卵产下后，蜣螂妈妈便待在自己的那小窝里，里面差不多满满当当地放着三四只摇篮，一个个紧挨在一起，尖的一头冲上。它现在要干什么呢？想必是要出去转转。这么久没有进食，得恢复一下体力了吧？谁要是这么想那就大错特错了。它仍旧待在窝里，自从它下到洞中，它什么都没有吃过，也绝对没有去碰那个大面包；大面包已经分成了几等份，将是它的子女们的食粮。在疼爱子女方面，西班牙蜣螂克制自己的精神确实非常感人，宁可自己挨饿也绝不让子女缺少吃喝。

它这么忍受饥饿还有第二个原因：守护在摇篮边上。自六月底开始，地洞就难以弄成了，因为雷雨大风以及行人的踩踏，洞都消失了。我所看到的几个洞穴里，蜣螂妈妈总是在一堆粪球边上打盹儿；每个粪球里都有一条已发育完全的胖嘟嘟的幼虫在大吃大喝着。

我用那些装满新沙子的花盆做的不透亮容器里的情况证实了我从田野上所看到的情况。蜣螂妈妈们于五月上旬连同食物被埋进沙里，它们就再没有在玻璃罩下的地面上露过面。产完卵后，它们便在洞中隐居，它们同它们的那些粪球一起度过闷热的伏天，毫无疑问，它们是在守护那些摇篮，我把大口玻璃瓶盖子揭开时看到的就是这种情况。

直到九月份头几场秋雨过后，它们才爬到外面来。而这时候，新一代已经完全成形了。在地下的蜣螂妈妈很高兴地看到子女们长大了，这在昆虫界是极少有的天伦之乐。它听见自己的孩子们刮擦着茧子要破茧而出；它看见它如此精心加工的保险箱被打破；如果地面的湿气没能让囚室变得软一些的话，它也许会走上前去帮一把那些精疲力竭还出不来的孩子。妈妈及其孩子们一起离开地洞，一起上来迎接秋高气爽，这时节，太阳暖洋洋的，路上绵羊的天赐美食比比皆是。

导读

与膜翅目雄性昆虫疏于照顾家庭不同，食粪虫家族往往夫妻相助，共同完成安家置业的任务。作为这个家族中的典型代表，舒氏西绪福斯蜣螂无疑是优秀的父亲。它们一直乐此不疲地努力工作，夫妻共同制作美味的粪球蛋糕，不畏旅途中的艰难险阻……舒氏西绪福斯蜣螂夫妻间的忠贞和默契令人感动，它们就这样年复一年地重复着这种简单而快乐的生活。

舒氏西绪福斯蜣螂
与蜣螂父亲的本能

似乎只有在高等动物中，雄性才必须尽自己那为人夫为人父的义务。鸟类在这方面表现得非常出众，毛皮动物也做得毫不逊色。然而，在较低等的动物中，一家之父就表现淡漠，没有什么责任意识了。昆虫中的雄性对生儿育女热情高涨，但是一旦情欲得到满足，就热情锐减，断绝夫妇或情人的关系，抛妻别子，远离家庭，对幼小的孩子是否能生存下去不闻不问。只有少数昆虫不在此列。

在娇弱的幼虫需要长期抚育的那类昆虫中，这种父性观念的淡薄是人所不齿的。但是，这些昆虫父亲们却振振有词地说，自己的孩子天生皮实，只要生活在条件适宜的环境之中，即使形单影只，孤苦伶仃，也照样能够健康成长。就以粉蝶为例，它只要把卵产在甘蓝的叶子上，就足以使之繁衍生息，绝不了后。因此，做父亲的，又何必去费心劳神呢？而昆虫母亲是具有植物学本能的，它不需要昆虫父亲的帮助。母亲在产卵期间反而会觉得昆虫父亲很讨厌，宁可让它去别处寻花问柳，也不愿让它在自己身边纠缠，把生儿育女的大事给搅和乱了。

大多数昆虫都在实行这种粗放式的育儿法。大人要做的只是事先准备好幼儿一经孵出即可生活的安全而又有充足食粮的居所，或者选定幼儿日后能够自己找到可口食物的理想之地。而这种工作并不需要昆虫父亲去做，昆虫母亲自己就能承担。夫妻完婚之后，昆虫父亲便成了游手好闲之徒，再熬上几天，便一命呜呼了。

但是，昆虫父亲们也并不全都是这么冷酷无情的。有一些种类的昆虫，也是要为自己的家庭准备好一份财产，为自己的孩子准备好食宿条件的。这类昆虫中，尤以膜翅目昆虫表现得突出。它们是能工巧匠，是制作贮藏室、瓮坛以

写作手法

作者借昆虫父亲们之口，表达了其父性淡薄的原因，人格化的语言描写极富感染力。

及为幼虫盛蜜的囊袋的行家里手，在修建堆放野味肉食和幼虫食物的洞穴方面，简直是技术一流，登峰造极。

然而，这样一项意义重大的工程，多数又都是昆虫母亲们完成的。昆虫母亲全身心地投入这项工作中去，日夜操劳，精疲力竭，而昆虫父亲却是在工地上溜达，晒晒太阳，看着自己的妻子忙碌，甚至还找机会与邻家女子勾勾搭搭，所以更有理由不去干活儿了。

昆虫父亲为什么这么游手好闲，不跑上前去帮上一把呢？这可是讨好妻子的好机会呀！可它就不这么做。我真不懂，它为什么就不能学学燕子丈夫呢？燕子夫妻俩真是夫唱妇随，共同劳动，甜甜蜜蜜。夫妻双双一起叼草，衔泥筑窝，争相为雏燕喂食。可昆虫丈夫却不学这个样儿，它也许以妻子比自己强作为托词。可是这种托词真的难称其为理由：扯一片小圆叶，把多绒植株上的绒毛刮耙干净，从污泥地上弄一小块胶结物，这并非什么难事。它完全能够同自己的妻子相互帮衬，至少可以替它打打下手，帮能干的妻子递块砖送片瓦。可它就是不干，纯粹是个好吃懒做的混账丈夫。

奇怪的是，灵巧的昆虫中最具有天赋才能的膜翅目昆虫竟然不知道有属于父亲应做的工作。幼虫的需要本应该促进练就一身本领的父亲发挥自己卓越的才能，但它能力低下得连蛾蝶都不如。我们很有把握地预见到它的天赋才能，却未见它发挥出来。

膜翅目雄性昆虫没有表现出父性的雄风来，这就更加使得我们对那些很善于摆弄粪球的昆虫刮目相看了。各种食粪虫都会夫妻相助，共同完成安家置业的任务。这种家庭风尚真的是应该大加推崇，大加颂扬。在众多昆虫家庭中，都是妻子独当一面，所以食粪虫家庭这种夫妻协作的高尚风气真的令人感慨。

让我们来看看舒氏西绪福斯蜣螂。它是推滚粪球的昆虫中个头儿最小但热情最高的。它手脚麻利，摔起跤来让人替它捏一把汗，但它总是跌倒了又爬起来，继续奋勇地滚动着大粪球。它那种奋不顾身的顽强拼搏的劲头儿简直无与伦比。为了让大家记住这位"体操名将"的动作，拉特雷伊把它命名为"西绪福斯"。西绪福斯乃古代冥府中的一个名人。这个不幸的人以顽强的毅力服着苦役，拼死拼活，吭哧吭哧地把一块大岩石往山上推去。每当他快要推到山顶时，那大石头便突然从他手中滑脱，滚下山去，他不得不又从山下往山上推，但他怎么也推不到山顶，因为每次大石头在接近山头时都会滚落下来。他就这么推呀推，周而复始，永无尽头。可怜的西绪福斯啊，你就这样一直推吧，只有当大石头推到山顶，稳稳地停住，你的苦役才宣告终止。

我很喜欢这个神话。它讲述的几乎就是我们人世间一些人的事。他们并非刁民，经受得住今生来世的艰难困苦，而且具有良好的品质，他们顽强拼搏，坚忍不拔，为他人的幸福贡献自己的力量。他们也有一个罪过，必须以身相赎，那就是"穷"。就拿我本人来说吧，半个世纪以来，我一直在那漫漫斜坡上攀爬着，留下了多少件被路面石块棱角划破且染有血迹的破衣片；我耗尽了心血，熬干了骨髓，把自己的全部体能都毫不吝惜地奉献出来，只求能把我要推的那个重负推上山顶，让它稳稳当当地立在上面，而这重负就是维持我一家老小生命的面包。可是谁知道，这个大圆面包刚刚在山上放好，就见它晃动起来，转瞬间，它就疾速地向山下滚落，堕入深谷。从头再来，西绪福斯，从头推起，一直推到这块大石头最后一次滚落下来，砸碎你的脑壳，让你最终获得解脱。

而博物学家所喂养的西绪福斯则压根儿并不知晓世间尚有如此辛酸苦痛之事。它只知道快快活活地往前推着，无论什么斜面陡坡，它都不屑一顾，只是一心一意地向前推动，时而为自己准备点儿食粮，时而又为自己的孩子们储备食物。我们这一带很少能见得到这种昆虫，要不是有一个助手帮了一把，我可能永远都捉不到一只活的来满足我制图所需。我想顺便提一下我的这位助手，他以后还会出现在我的描绘之中。

这位助手就是我的儿子小保尔，他当年只有七岁。我每次外出捕捉昆虫时，他都像个小跟屁虫似的跟在我的身后，简直可以说与我形影不离，所以他知道的东西之多，完全不像是个七岁的小男孩。他了解蝉、蝗虫、蟋蟀和食粪虫的秘密。而他见到食粪虫时特别快乐。二十步开外，有一个个不大的土堆儿，他的眼睛很尖，能立刻看出其中哪一堆是昆虫出没真正的地洞口；他的耳朵也尖，远处一点点蝗虫的唧唧声，他都能立即听出来，而我竖起耳朵也听不见。他就是我的眼睛和耳朵，而我则是他的参谋，给他出出主意。每当我告诉他如何去捉昆虫的时候，他总是神情专注，认认真真地听着，两只蓝眼睛探询似的盯着我。

为了开发他的智力，让他那想探知一切的天真的好奇心得到很好的发展，我送给我的小保尔一只鸟笼，圣甲虫在笼子里为他制作梨形粪球；他还在园子里拥有一块方头巾那么大的土地，地里种着几棵花生，已经发芽，他时不时地把它们挖出来，看看它们的胚根是不是长长了；另外，他还有一片森林植物园，里面长着到衣服下摆那么高的四棵橡树，树上还长着乳头似的滋养橡栗。这比学习枯燥乏味的法语语法有趣得多，而且，会促进法语语法的学习，是一种很好的休闲益智活动。我的小保尔，咱们就在乡村里待着吧，置身于迷迭香和野草莓丛中，尽可能地学习这些活生生的知识，这样，我们的身体和智力都会得到很好的发育。在这里，我们一定会比在故纸堆中和死板的教科书里更能发现什么是美、什么是真。

那一天，我们摆脱了学校的黑板，真是大喜的日子。一大清早我们便匆匆忙忙地起了床，准备去进行一次计划好的远足。因为起得太早，没有做早餐，我们就空着肚子出发了。但我那个旧背囊中已经装了干粮——苹果和面包。时值四月末，眼看就到五月了，通常西绪福斯蜣螂已经出现了。于是，我们来到山脚下，在被畜群踩踏过的稀疏草地上搜寻一番，我们得用手把羊粪蛋一个个地掰开。羊粪蛋虽然已经被太阳晒过，但干壳里面还是湿软的。西绪福斯蜣螂虫肯定躲在那湿软的内层里。我们会看见它蜷缩在里面，一动不动，静待牧人傍晚放牧可能带来的新鲜羊粪蛋。

我把发现的这种秘密都讲给小保尔听了，现在该他亲手实践了。他热情高涨地掰着羊粪蛋，还事先闻闻看那羊粪蛋是否符合藏虫的标准。他很快就大有所获，比我预先估计的收获大得多。现在，我已经拥有六对西绪福斯蜣螂虫，这真是一大笔财富啊，我以前连想都没有想到过。

喂养它们用不着鸟笼。一个金属网的钟形罩足矣，里面再铺上一层沙子做底，再在沙层面上放一些它们喜爱的食物。它们的个头儿小极了，顶多有樱桃核儿那么大！尽管个头儿很小，但它们的模样很有特色，身材短粗，尾部缩成子弹头形，腿很长，像蜘蛛腿似的伸展开来，两条后腿尤其出奇，呈弧形，非常适合把小粪球紧紧地抱住。

一到五月，交尾期开始。它们就在拼命美餐过的畜粪蛋糕之间找块平一点儿的地方交尾。很快，就得动手建家立业了。夫妻以同样的热情一块儿兴高采烈地为自己的孩子准备面包。它们揉好面团，运回家中，放入烤炉。它们用前爪上的小刀用力一划，便将一块大小合适的粪面团切了下来，准备加工。然后，夫妻二人齐心协力地对小粪面团轻轻地拍打，用力地按压，最后做成如大豌豆粒一般大小的小粪丸。这种小粪丸在被移动之前，甚至在原地晃动之前，就已经被加工成一个球体了，这是适合长期保存的食品的最佳外形，足见它们在几何学方面还是十分精通的。

小粪球制成之后，必须尽快地滚动，使表面形成一层包皮，以防止湿软食物的水分过快地蒸发掉。这只蜣螂，一看其粗壮的身材便能认出它是蜣螂母亲，它立刻爬到这部球形车子的正座上去，用它的两条后腿支在地上，两条前腿搭在粪球上，倒退着把小粪球向自己这边拉拽。蜣螂父亲则在后边推，其姿势与蜣螂母亲正好相反，是头朝下，这正是圣甲虫所使用的双人运粪球法，只不过二者的目的却不尽相同。圣甲虫赶的是大型粪球车，运载的是为日后偶然与老相好相逢时所摆的地下酒宴的食物；而西绪福斯蜣螂赶的是小粪球车，运的是为自己的幼虫所必需的食粮。

现在，这对西绪福斯蜣螂出发了。它们并无确定的目的地，而且，无论遇上什么样坑坑洼洼的路面，它们都得往前推。因为是倒退着行进，它们不可能避开任何障碍。再说，障碍本身就是一种显示自己大无畏精神的机会，它们大概也并不想要绕开。它们决心爬上那个金属钟形罩，以证明自己坚忍不拔的意志。

这是一种十分艰巨的攀登，可以说根本无法成功。只见蜣螂母亲用后爪钩住金属网眼，用前爪使劲儿地又拉又拽，而蜣螂父亲脚下没有支撑物，就干脆顺势爬上粪球，用爪尖抠住球体，几乎把自己给嵌进其中。但它们的这种顽强拼搏并未奏效。很快，这粪球与其镶嵌物合成的大球块便滚落下来。蜣螂母亲在高处张望着，十分惊讶，但它随即便出溜下来，重新攀住粪球，再次开始那无法成功的攀登。夫妻二人一而再再而三地这么试着，最后，还是放弃了这个登山计划。

即使是在平地上赶车，也并非易事。只要途中偶然遇到一颗石头子儿，货物就会被颠得倾斜，随即车辕翻转，六脚朝天，一阵踢蹬。夫妻二人并不气馁，立即爬起，各就各位，又开始赶起车来，而且仍旧那么开心，那么快活。它们心里甚至在想，越这么摔越好，粪球这么摔来掼去，反而更加瓷实，何乐而不为？这种热情高涨、推拉拖拽式的运输一连持续了好几个小时。

最后，蜣螂母亲看到粪球已经制作得完美无缺了，便抽身离去，要物色一处理想的地点。蜣螂父亲则翘起两条后腿，紧紧搂抱住财宝，生怕遭人打劫。见妻子久久未归，它有点不耐烦，便用后腿抱住粪球迅速翻转，动作娴熟，十分得意。毋庸置疑，它心里一定在想："这个暄腾溜圆的大面包是我这个一家之长动手制成的，是我为儿女们准备的。"这可以说是他勤劳勇敢的证书。

这时候，蜣螂母亲已经完成了选址工作，还挖了一个小坑。这仅仅是计划中的洞穴的奠基工程。粪球被推拉到坑边上。蜣螂父亲警惕地守卫着，抓住粪球不放；而蜣螂母亲则用爪子和头罩又挖又拱。不大一会儿，小坑已经够大了，能够放下小半个粪球。这时候，夫妻二人把粪球视为圣物，时刻接触着它，用背顶着它，感觉得到它在自己身后不停颤动着，证明没有其他食客在啃噬它，这才开始继续向下挖去。它们担心，在洞穴完工之前，圣物就这么放着很不安全。确实，腻虫、蝇子都不在少数，它们肯定会跑来攫取蜣螂的劳动果实。小心无大错，细心看管为上，切莫掉以轻心。

小粪球在往洞穴里滑落，已经有大半个身子落进盆形的坑里了。蜣螂母亲在下方抱住它往下拽；蜣螂父亲则趴在粪球上面，不让它滚动，从而减少了震动，防备塌方的危险。一切进行得很顺利。挖掘工作在继续，粪球在继续往下落。夫妻二人仍旧那么谨慎小心。一个在拖拽，另一个在控制下落运动，并清除可能阻碍粪球下落的障碍物。一番努力之后，粪球同这两位辛勤劳作的矿工一起在地下消失了。等了好半天，也未见它们俩出来，只能再等上半天左右的时间，看看会是什么情况。

只要我们坚持不懈，专心致志地观察，就会见到结果的。丈夫终于独自出了洞穴。它走到离洞穴不远处，蜷缩在沙土里歇息着。妻子仍留在洞中忙自己的事情，而丈夫此刻是一点忙也帮不上。妻子因大事缠身，无法离开洞穴，通常要到第二天才会走出洞来。最后，妻子终于出现了。丈夫从打盹儿的隐蔽处出来，迎向妻子。夫妻重逢之后，又回到食物堆旁，先把自己的肚子喂饱，再切下一小块原料，二人再次通力合作，共同加工，共同装运，共同贮藏，就这么周而复始，一趟趟地跑着、干着。

它们夫妻间的这种忠贞，这种默契，令我非常感动。我并不敢肯定地说，这种夫妻之间的忠贞不贰已经成为西绪福斯蜣螂的行为准则。在这种夫妻关系之中，总会有一些朝三暮四的雄性，一旦身在粪堆大蛋糕的杂处环境中，就会把曾经与自己同甘共苦、风雨同舟的结发妻子忘到了脑后，转而去效忠于一只萍水相逢的雌性蜣螂；也有的会结为临时夫妻，做完一个小粪球之后，便分道扬镳，各奔前程了。不过，这种情况并不多见，所以我仍旧坚持自己的看法：西绪福斯蜣螂的夫妻生活、家庭习俗是纯美的。

在介绍洞穴中的情况之前，我们还是先回顾一下西绪福斯蜣螂的生活习性。蜣螂父亲与蜣螂母亲同样卖力地为自己的孩子准备食物，共同运输，一起挖洞或担任警戒。作为父亲的蜣螂还帮忙把母亲推出来的泥土清理到洞口外边，集种种优秀品质于一身的父亲可以说在很大程度上做到了忠实于自己的妻子。

现在让我们来观察一下它们建造的洞穴吧。洞穴既浅又窄，刚够蜣螂母亲围着自己的杰作挪开身子。一看便知，这样一个小小洞穴，蜣螂父亲是根本进不去的。工作间已经造好，它就该抽身退去，让继续修饰粪球的妻子自由行动。我们在前面已经看到了，它确实比自己的妻子先爬到洞外好长时间。

洞穴里容纳的只有那一件杰作。那的确是一件小巧玲珑的作品，由于体积小，在表面光洁度和曲线方面，都要比圣甲虫所制作的梨形粪球强得多。这种微小的球体，直径通常在十二至十八毫米之间。食粪虫在这儿创造出了最精致的作品。

然而，这种外观甚美的状态并不能维持多久。很快，光洁的表面便有了污痕，一条黑乎乎的多节状附着物，围着它粘了一圈，不久，原先那光洁优美的景象便消失殆尽。我一开始并没有弄明白为何会出现这么一圈有碍观瞻的结瘤，还以为上面长了什么隐花植物或链球状菌类，因为它们看上去是结了一层黑色的、疙里疙瘩的硬皮。后来我才顿有所悟，原来那是蜣螂幼虫干的好事。

其实，这是一种常见现象。幼虫躬身呈钩状，后背如同一只大口袋，状似驼背。这种姿势说明它们是急性排便者。它们像金龟子的幼虫一样，利用立即喷射出的含有粪汁的胶结物来堵塞偶然出现在蛋形小屋内壁上的坑洼洞眼。这种"水泥材料"就储存在它们自己的大口袋里，随用随取，十分方便。另外，幼虫能实际运用一门成虫所不懂的艺术，即粉条加工术。

各种食粪虫的幼虫都会利用自己消化后的残余作为灰泥，来涂抹居室内壁。内壁面积很大，足够幼虫安放废弃物，从而免去了临时开窗倒垃圾的烦恼。不过，西绪福斯蜣螂的幼虫另有一招，或者出于活动空间狭小，或者出于其他什么我尚不知晓的原因，反正它们在按规定涂抹之后便把所有的剩余排泄物都排到了居室外。

当小居室内的隔间里的隐居者开始长大的时候，我们便可以近距离地观察它们的梨形小屋了。说不定什么时候，你会发现梨形粪球表面的某一个点变湿变软变薄了；接着，一股墨绿色的物质喷射出来，四下散开，歪七扭八地附着在粪球表面。又一片污迹出现了。等干了之后，污迹变成了黑色。

这到底是怎么回事？原来，幼虫在外壳的内壁上开了一个临时性的通风口。通风口外一侧暂时保留着一层薄薄的窗纱。幼虫通过这个通风口把没甩掉的剩余物抛出去。它这是在透过墙壁撒尿排便呀。这种想凿开就凿开的天窗对幼虫不会构成任何危险，不会危及幼虫的安全，因为它几乎是随开随封的。幼虫采用的是封闭作业法，过后只要用抹子在内口喷射物上的根基部位抹一下就可以了。口子就被这么迅速地堵上，小小梨形粪球的鼓肚上即使开多少天窗也无伤大雅，食品一样可以保持新鲜，干燥的空气根本无法进入居室内。

西绪福斯蜣螂虫大概也很明白，再过些日子，就该是盛夏酷暑季节了，这种体积非常之小，深度又谈不上的梨形居室将会遇到很大的灾难。它们动手很早，四五月份便忙碌开来，这时的气候条件很适宜。七月上旬，在酷热到来前夕，幼虫们便纷纷摧毁自己隐居室的外墙，破墙而出，开始去寻找畜粪堆，那里是它们在盛夏季节的食宿场所。炎热的夏季过去之后，随之而来的是秋高气爽的日子里那短暂的尽情欢乐的时光，然后它们不得不忍受在地下僵直地待着的日月。等到熬过冬日，春暖花开，大地复苏，忙碌的日子又开始了，制作粪球、推运粪球那热火朝天的热闹场面又展现在人们的面前。

写作手法

作者以简笔概括性地描述了西绪福斯蜣螂各个季节的主要活动情况，生命就是如此平凡地往复着。

还有一个关于西绪福斯蜣螂虫的观察结果值得在此写上一笔。我的金属网钟形罩里的六对夫妻，一共为我提供了五十七个粪球，每个里面都有隐居者。

照这个数字计算下来，每对夫妻平均要生出九个左右的孩子，这个数量很大，圣甲虫远远达不到这一指标。为什么西绪福斯蜣螂的生育能力这么强？出生率这么高？我认为，这与蜣螂父亲和蜣螂母亲共同劳动或携手共建家园大有关系。独自一人承受不了的家务劳动，夫妻双方共同承担起来，就不会觉得那么不堪重负了。

读后思考

作为神话人物的西绪福斯受罚的方式既是出于他的激情，同时又带给他困苦，舒氏西绪福斯蜣螂在行为和精神上都与这一人物有诸多相同之处，请结合文章相关内容写一写两者的异同点。

导读

月形蜣螂喜欢潮湿的牧场，月形蜣螂父亲胆小怕光，对家庭却勤劳忠实且富有奉献精神，与蜣螂母亲共同维持了家族的兴旺发达；野牛宽胸蜣螂的身体结构同金龟子类似，技能方面接近粪金龟，它们常为虫卵变态修建极其精致的居所，然而幼虫的成熟时间竟然长达一年之久……

月形蜣螂与野牛宽胸蜣螂

月形蜣螂的身体较西班牙蜣螂小，对气候是否温和的要求也没有后者那么高。月形蜣螂前额有角，前胸中央有双重小圆齿状的骶岬，肩部有戈戟矛头和新月形深槽口。普罗旺斯的气候条件和食物奇缺的百里香常绿灌木丛并不适合它们生存，它们需要的是比较湿润的生存环境，最好还有牧场。这种地方牛羊成群，牛的硬粪饼可以为它们提供丰富的食物。

写作手法
细节描写，将月形蜣螂的体形特征生动地描绘出来，便于读者了解认知。

为了实验的需要，我不得不求助于身在图尔农的女儿阿格拉艾，她给我送来了不少从外地弄到的昆虫，把我那个做实验用的笼子都住满了。我的女儿真的热情很高，竟然敢用小阳伞顶端撬起一摊摊牛粪，再用她那纤细的手指把牧场里那些圆面包状牛粪饼弄碎，为我的实验提供必需的实验对象。我想以科学的名义在此对这个勇敢的女孩表示感谢。

我现在已有六对月形蜣螂夫妇了。我把它们安置在一个鸟笼里。我邻居家的一头母牛为它们提供了充足的牛粪饼。笼中远离故乡的蜣螂们没有表现出思乡厌食，它们在牛粪饼这个神秘的隐蔽所中勤奋地忙碌着。

六月中旬，我第一次对它们加以观察研究。我用刀把泥土一点儿一点儿地切成薄片，剖露出来的东西令我兴奋至极。每对月形蜣螂都在沙土地里为自己建造了一个漂亮的厅堂。无论是埃及圣甲虫还是西班牙蜣螂，都没有向我展示过如此宽敞、拱顶跨度如此大的厅堂。它的直径长过十五厘米，天花板却很扁平，尖顶只有五六厘米。

写作手法
通过排比和比喻的修辞手法将卵形物的形态特征形象而生动地表现出来。

内部的陈设与住宅的夸张外形相得益彰，可与加马奇的婚房相媲美。巴掌大小的圆面包，不太厚，轮廓变化不定。我发现了一些卵形物，样子像肾脏那样弯曲着，像手指那样叉开着，像猫舌头似的伸长着。这些小东西全都是我们那地下面包铺里的小伙计心血来潮时的产物。我发现，永恒不变的基本点是：在我那金属网罩的各个面包铺里，夫妻二人始终守在一个面团堆旁。这个面团堆被按正常制作法拌和揉搓软了之后，正在发酵备用。

它们的家庭生活维持了这么久，证明了什么呢？证明了蜣螂父亲参加了挖掘地下洞穴，一趟一趟地收集食物，把小粪饼揉捏成一个大面包等劳动。游手好闲、好吃懒做的家伙是不会久留在这种地方的，它会回到地面上去寻欢作乐。因此，可以说，月形蜣螂父亲是一个十分勤劳忠实的合作者，它协助妻子干活的时间很可能还会延长。

由于我的干扰，它们的家庭生活受到了极大的影响。但是，我深信这对坚贞不渝的夫妇会重整旗鼓、重建家园的。一个月后，到了七月中旬，我进行了第二次探察，只见食物贮藏室已经更新，与先前的一样宽敞。另外，房间的天花板和房间内壁已用牛粪制的莫列顿双面起绒呢装填起来了。夫妻俩都在里面，它们要等到抚育儿女的工作完了之后才分手。做父亲的在家庭生活中的慈爱和柔情方面表现得有所欠缺，也许是胆小造成的，因此，随着光线透进围墙遭到破坏的住宅里来，父亲便企图到走廊里去避一避，而做母亲的则一动不动地待在她所钟爱的小球上。这些小球如同西班牙蜣螂的卵形"李子干"，但个头儿要略微小一些。

我在同一个小房间里清点了一下，那里有七八个卵形"李子干"，比西班牙蜣螂的要多得多。它们一个挨着一个，其乳头状突起的顶端朝上竖着。厅堂虽说很宽敞，但毕竟也塞得满满当当的，只勉强地留下一点儿空间，供两个监护者使用。这就像一个装满了鸟蛋的鸟巢，几无空隙。

蜣螂的这些小球究竟是些什么呀？是另一种卵。在这种卵中，蛋白的和卵黄的营养团被一种"食品罐头"代替。食粪虫与鸟类不同，它们不是通过生物构造的单一的神秘作用在营养团中汲取供给幼虫晚期发育所必需的东西，而是展现技巧，并且使用极其奇妙的方法供给幼虫食物。幼虫在没有其他援助的情况之下发育成成虫形态。食粪虫不经受孵化的长期疲劳，而是依靠太阳来为自己孵卵。它们不会为一口食物而操心劳神，它们事先便准备好了这些食物，而且一次性分配完毕。它们从不离开自己的窝，而是时刻监护着。父亲和母亲的警惕性都非常高，它们都是非常警觉的守护者，只是在家庭成员适合外出的时候，它们才会离开自己的寓所。

月形蜣螂父亲很善于用爪子当菜刀把牛粪饼切成小块，按幼虫所需的量分开，那么它会不会把分开的一小份揉捏成小圆球？它具有堵塞裂隙、修补缺口、黏接裂痕、弄干净小球并除去有害的赘生物的技艺吗？它会像西班牙蜣螂洞穴中孤独的母亲那样，把自己全部的关怀与爱毫不吝惜地给予自己的幼虫吗？它会同自己的妻子一起，一门心思地抚育子女吗？

为了寻求这些问题的答案，我便把一对月形蜣螂放进一只用纸盒子罩住的短颈大口瓶里。我在光亮处或是黑暗处都能观察到瓶中的情况。雄蜣螂一遇到惊扰，便像雌蜣螂一样爬到小球上。但是，当蜣螂母亲用爪子的扁平部分磨光

写作手法

通过作比较的说明方法，表现了食粪虫和鸟类在抚育后代方面的不同方式。

理解感悟

文中有很多大段落排比疑问句式，从不同角度表现了作者在进行观察时的思考和探究过程，全方位多角度深入挖掘，表现了作者对真理的不懈追求。

小球，对小球进行听诊，一再地做它那细心的抚育工作时，蜣螂父亲则是更加小心翼翼，一见亮光，立即溜下小球，爬到土堆里的一个隐蔽的角落躲藏起来，显得十分胆小、不专注。这种时候，我就无法观察到它在干什么，因为它总是非常迅速地躲开亮光。

虽然这位父亲不肯向我展示其种种才能，但是，它出现在卵球顶上就把其才能全表现出来了。对一个游手好闲者来说，待在那上面是很不舒服的，所以它保持那种姿势并非没有缘故。它是在像它的妻子一样监护自己的宝贝，它在修补损坏的地方，它在通过卵壳内壁细听幼虫的发育生长状况。我所见到的它的点滴情况都在告诉我：父亲在与母亲争相照看婴儿，照料家庭，直到家庭最后解体为止。

父亲的这种奉献精神促使这个种族在数量上日益增加。在只有母亲居住的西班牙蜣螂庄园里，最多只有四只幼虫，两三只较常见，一只的情况也有。而在父母亲共住的月形蜣螂的庄园里，幼虫多达八只，比前者的数量多了一倍。从这一点来看，勤劳忠贞的月形蜣螂对家庭所起的作用非同小可。

但是，除了上面这一点外，家族的兴旺发达还必须有一个条件。没有这个条件，光凭夫妻二人的共同努力是不够的。首先，要保持家庭的兴旺发达，就必须拥有养儿育女所必需的东西。月形蜣螂与一般的食粪虫不一样，它们是在另一种环境中生产劳动的。它们居住的地区使它们能够获得牛粪圆面包。这种面包比羊粪小面包大得多，可以说是一个取之不尽、用之不竭的大粮仓，足以满足其子孙后代繁衍兴旺之所需。而且，它们的住所比较宽敞，为人丁兴旺创造了条件。而西班牙蜣螂的住所与之相比，就是小巫见大巫了。

另外一种向我揭示父亲本能的食粪虫，也是外地的昆虫。它是从我国南部蒙彼利埃来到我这儿的。它叫野牛宽胸蜣螂，或者按照另一些人的说法，叫作巴斯蜣螂。我不想区分这两个名称谁优谁劣，我只记住了"野牛"这个词，因为它听上去形象而动听。

从前，我在阿雅克肖的郊外结识了它。那是在春暖花开的季节里，在藏红花和仙客来花丛之间，在爱神木掩映下的绚丽多彩、百花盛开的环境之中。我很高兴这种昆虫前来我的荒石园昆虫实验园地，我想再一次观赏它。它使我回想起我青春年少时在那贝壳俯拾皆是的美丽海边上的兴奋和激动。当年，我并没有想到日后会来歌颂赞美这种昆虫。自青春年少时在海边遇见它之后，这还是我第一次与它重逢。我的兴奋之情不言而喻，我想向它请教一些我尚不知晓的知识。

野牛宽胸蜣螂矮壮，腿短，像厚实的矩形，它身强力壮一看便知。它的头上长着两只短小的触角，像阉割过的小牛头上的月牙形角。它的前胸伸展着，状如变钝的船头。左右各有一个漂亮的浅窝伴随着那钝船头。它那副外貌，那副雄赳赳气昂昂的雄性打扮，接近金龟子。实际上，昆虫学家在分类时也是把它列在紧随粪金龟之后。它的技艺与系统分类学所给予它的地位相符合吗？它都有些什么专长呀？

我同别人一样钦佩分类学家。他们研究死昆虫的口、足爪、触角，有时还做出很好的对比，并且善于把外形毫不相同、习性却完全一致的金龟子、西绪福斯蜣螂归于一个族群里。但是，这种研究方法忽略了生命的高级表现形式，而去探索昆虫尸体的细枝末节，从而在昆虫的真正才能方面把我们引入歧途。野牛宽胸蜣螂就在提醒我们，这种危险确实存在着。它在身体结构方面确实同金龟子很相近，但在技能方面更像粪金龟。它像粪金龟那样在圆柱形模型中挤压灌肠形大面包，它也像粪金龟一样在竭力地尽它作为父亲的本能。

六月中旬前后，我开始探究我所拥有的唯一的一对野牛宽胸蜣螂。在绵羊留下的一堆羊粪蛋下面，有一条垂直通道微微敞开着。这条通道的入口有一根手指那么粗，深度有衣服下摆那么长，自由畅通。它的形状犹如一口水井，底部有五条支路呈辐射状延伸，每一条支路都有一个类似粪金龟的猪血香肠的圆柱形面包占据着。这个略呈圆形的食物，表面有节，是从位于底端的孵卵室里挖掘出来的。孵卵室是个圆形小屋，涂着一层半流质，渗出了液体。卵呈椭圆形，白色，全都一般大小，与食粪虫的卵一模一样。

总而言之，野牛宽胸蜣螂那粗俗的劳动成果，几乎与粪金龟的劳动产品如出一辙。我对此颇为失望，我原指望它的劳动产品应该高级一点儿。

我纯属偶然地在里面一个交叉路口发现了一对野牛宽胸蜣螂。那儿敞开着五个有猪血香肠的凹陷点。由于光线的射入，它们都停住了手脚，不再干活儿。在我进行挖掘之前，这对忠实的夫妻、配合默契的伙伴，在里面干什么呢？它们是在监视那五间小屋，在压实最后一个粮食圆柱体，在用带来的新材料增加这根圆柱体的长度。材料从上面弄到下面，从一个盖住井口的物体上取下来。它们也许准备建造第六个小居室，并且像其他居室一样，在为这新的居室置办家具。

我经过仔细探查发现，从井底爬到地面那堆满粮食仓库的活动正在紧张繁忙地进行着。卵上的一只虫子正在有条不紊地压紧夯实装着材料的袋子，而另一只虫子则用爪子抱着袋子从地面往洞穴中下降。

实际上，这整个水井似的通道从上到下都是空的。另外，为了防止因爬上爬下、来来往往而造成坍塌，通道的内壁都经过涂抹，使土不致散落。这个覆盖内壁的涂层是用那种制作猪血香肠的材料制作的，厚度超过一毫米。深层均匀平滑，耗费的材料和精力不多，但效果非常不错。它把内壁的泥土固定在原处，不致散落，即使挖下较大的一块碎片，碎片也不会变形。阿尔卑斯山的小村庄里，房屋南墙上都涂抹上了牛粪，经太阳一晒，逐渐变成干硬的牛粪饼，冬季里可用它们做燃料生火取暖做饭。野牛宽胸蜣螂知道牧人们的这种巧妙办法，也常习用之，但它们的目的则与牧人们不尽相同：它们用牛粪涂抹住所，防止坍塌。

我出于好奇，欲探个究竟，所以把这对野牛宽胸蜣螂的财宝给掠夺了，于

写作手法

作者描写说明生动形象，常借助多种修辞手法来表现事物的特点，准确而富有观感。

写作手法

写出内壁的制作材料、厚度、形态特点，这些都是为了防止坍塌而设置的，不致散落、碎片不会变形体现了野牛宽胸蜣螂高超的建筑技巧。

是，它们只好又从头干起。七月中旬，它们又提供给我三个猪血香肠，我现在一共有八个了。这时候，我发现我的那对囚徒夫妇死了：一个死在地面上，另一个死在地面下。是意外造成的死亡吗？或者更确切地说，在各类长寿的金龟子和其他昆虫里，野牛宽胸蜣螂是个例外，是短命的？金龟子和蜣螂在第二个春天里可以见到自己的后代，甚至会举行第二次婚礼。

我倾向于认为，这是在向昆虫界总的规律的一种回归，不愿照管家庭者的生命必然是短暂的。我仔细地检查过，笼子里并未发生什么令人不快的事情。如果我的判断无误，那么，为什么老当益壮的野牛宽胸蜣螂一旦建立起家庭，就也会像其他无所作为的昆虫一样立即死掉呢？这又是一个我没有找到答案的谜。

八月，当猪血香肠的中段已被啃噬得差不多了，只剩下一个破破烂烂的空盒罩时，幼虫便会向猪血香肠的下端缩去，并在下端用一道球形围墙把自己同洞穴的其他部分隔离开。一种有砂浆的袋子供给它修筑这道围墙所必需的材料。

劳动的产物同一粒大樱桃的大小相同，是个形状优美的小圆球。这是粪质建筑的杰作，与牛粪蜣螂所展示的杰作不相上下。一些轻柔的小结节形成同心圆，一圈一圈的，像屋顶上的瓦片似的交替覆盖着。每个小结节大概都是对其镘刀涂抹一下后的回应，镘刀每涂抹一次，就把上面的砂浆抹在应抹的地方。

如果一个不知就里的人猛地一看，还会错以为那是一件用果实核雕刻的艺术品呢。其上有一种粗糙的果皮，更可以以假乱真，令人深信不疑。这层果皮实际上是围着中央那个小巧玲珑的猪血香肠的皮壳。如青果皮与果核相脱离一样，这层皮壳是可以轻易地揭掉的。去皮之后，我们就会惊奇地发现，那不很雅致的外壳里面竟然是一个很美的核。

这就是野牛宽胸蜣螂为虫卵身体变态所修建的居所。幼虫待在居所里，在麻木的状态中度过冬季。我希望春天一到就能看到其成虫。让我大为惊诧的是，其幼虫状态竟然一直延续至七月末。蛹的出现需要一年左右的时间。

我确实对这么缓慢的成熟过程感到惊奇。这是自由的田野的规律吗？我看是的。因为在笼子里的囚禁状态中，我并未发现任何引起这种延迟成熟的事情。因此，我在确信无误之后，便把自己进行巧妙实验的结果记录下来。野牛宽胸蜣螂在它那又漂亮又坚固的小匣子里，死气沉沉、麻木、无生气，花了十二个月的时间使自己成熟，变成蛹，而其他食粪虫的幼虫只用了几星期的时间就让身体变态成熟了。是什么原因造成这种"长寿"的呢？这我也没弄清楚。

粪质外壳直到九月仍然坚硬得很，但一到九月，骤雨猛袭，外壳泡软，隐居者从里往外撞击拱动，外壳便破碎了。于是，成年昆虫便爬到地面上来，以便在秋末那温和的气候条件下欢快地生活。天气转凉时，它便回到地下那个冬季营地，然后待到春暖花开时节再度出现，生命周而复始。

导读

米诺多蒂菲的名字响亮又悦耳，其本能、习性和身体构造极具特色，令人着迷。米诺多蒂菲夫妇常常齐心协力，潜心修建巢穴，相互间信守着海誓山盟，夫妻关系和睦。雌性米诺多蒂菲是熟练的挖掘工，也是技艺高超的面包师；雄性米诺多蒂菲就像一名小工，随时准备为妻子的挖掘工作和制作面包提供服务……

米诺多蒂菲

为了给本章要介绍的这个昆虫命名，专业分类学家采用了两个吓人的名字：一个是米诺多，就是弥诺斯的那头在克里特岛地下迷宫中以人肉为食的公牛的名字；另一个是蒂菲，即巨人族中的一位，系大地之子，试图登天的那位的名字。凭借弥诺斯之女阿里阿德涅给的一团线，阿德尼安·忒修斯捉住了米诺多，将它杀死，安然无恙地走出地下迷宫，从而使得自己祖国的百姓永远摆脱了被这半人半兽的怪物吞食的厄运。蒂菲则在自己垒起的高山之巅遭到雷劈，跌进埃特拉火山口里。

他依然在火山口中。他的气息化作了火山的烟雾。他如果一咳嗽，便会引起火山喷发出岩浆来；他如果想换个肩膀扛着，让另一个肩膀歇上一歇，便会让西西里岛不得安宁：他会引发西西里岛的地震。

在昆虫的故事里找到一种对这类古老神话的回忆倒并不让人觉得扫兴。这些神话人物的名字听起来既响亮又悦耳，它们并不会引起与实况真情相悖的矛盾，而那些按照构词法硬造出来的名称反而总会名实不符。如果用一些朦胧近似的名字把神话与历史联系起来，这种名字才是最符合人意的。米诺多蒂菲就是这种情况。

因此，人们称一种体形较大、与地下打洞的昆虫血缘极其相近的黑色鞘翅目昆虫为米诺多蒂菲。它是一种平和无害的昆虫，但它的角可比弥诺斯的公牛要厉害。在我们的那些披着甲胄的昆虫中，谁都没有它的武器那么咄咄逼人。雄性米诺多蒂菲胸前有三根一束的平行前伸的锋利长矛。假如它体大如公牛的话，即使忒修斯本人在野外遇上了它，也是不敢迎战它那支可怕的三叉戟的。

寓言中的蒂菲野心勃勃，想通过把连根拔起的群山垒成一根立柱，去洗劫诸神的仙境。博物学家们的蒂菲则不会登天，只会下地，能把地钻得很深很深。蒂菲用肩膀一扛，把一个省弄得震颤起来；我们的昆虫蒂菲则用脊背去拱，把泥土拱松动，让小土堆震颤不已，如同被埋在火山中的蒂菲一动，埃特拉火山就轰隆作响似的。

我们将要描述的就是这种昆虫。

但是，讲这个故事有什么用处呢？这么深入细致地去研究又有什么意义呢？这我知道，这种研究不会让一粒胡椒身价百倍，不会让一堆烂白菜成为无价之宝，也不会造成装备一支舰队、让决心拼个你死我活的人们相互对峙的那样的一些严重后果。我们的这种昆虫并不期盼这么多的荣耀。它只是通过自己那些千变万化的表现来展示自己的生活；它能够帮助我们多少弄懂一点所有的书中的最晦涩的那本书——我们人类自身的书。

它很容易弄到，饲养也不费钱，观察起来也挺有意思，所以它比其他的那些高级动物更能满足我们的好奇心。再说，与我们成为近邻的那些高级动物研究起来很单调乏味，而它则不然，它的本能、习性和身体构造都颇具特点，是我们闻所未闻的，所以它能向我们揭示一个新的世界，仿佛我们是在与另一个星球的生物举行研讨会。这就是我高度评价这种昆虫并坚持不懈地与之建立联系的原因之所在。

米诺多蒂菲喜爱露天沙土地，因为羊群去牧场必经那里，一路上总要不停地拉下羊粪蛋的。那是它日常的美食。如果没有羊粪蛋，它也能退而求其次，找点很容易收集的兔子的细小粪便来凑合。一般来说，兔子总是躲到百里香丛中去拉屎撒尿，因为它十分胆小，怕暴露目标，受到袭击。

大约在三月份的头几天，就可以碰见米诺多蒂菲夫妇齐心协力，潜心修窝筑巢。此前一直分居于各自的浅洞穴中的雌雄米诺多蒂菲，现在开始要共同生活较长的一段时间。

夫妻双方在那么多的同类中间还能相互认出对方来吗？它俩之间存在着海誓山盟吗？如果说婚姻破裂的机会十分罕见的话，那么对于雌性来说甚至这种破裂的机会根本就不存在，因为做母亲的很久以来就不再离开其住处了。相反，对做父亲的来说，婚姻破裂的机会却很多，因为其职责所在，必须经常外出。如同我们马上就会看到的那样，雄性一辈子都得为储备粮食奔忙，是天生的垃圾搬运工。它独自一人白天按时把妻子洞中挖出来的土运走；夜晚它又独自在自家宅子周围搜寻，寻找为自己的孩子们做大面包的小粪球。

有时候，各家住宅比邻而建。收集粮食的丈夫归来时会不会摸错了门，闯进他人家中去呢？在它外出寻食时，会不会在路上碰见一位待字闺中的散步女子，于是便忘了前妻的恩爱，准备离婚呢？这个问题值得研究。我已尽力在用下面这个方法解决这一问题了。

有两对夫妇正在挖土建巢时被我挖了出来。我用针尖在它们鞘翅下部边缘做了无法抹去的记号，所以我能把它们区分开来。我随手把这四位分别放在一块有两拃深的沙土场地上。这样的土质一夜工夫就能挖出一口井来。在它们急需粮食的情况下，我就给它们弄一把羊粪放进去。我用一只瓦钵翻扣在场地上，既可防止它们逃逸又可遮阳，让它们安安静静地去沉思默想。

第二天，非常满意的答案出来了。场地上只有两个洞穴，两对夫妇如原先一样重新相聚在一起，都各自找到了自己的结发妻子。次日，我又做了第二次实验，然后又做了第三次实验，结果都一样：用针尖做了记号的一对在一个洞穴中，没做记号的另一对则在通道尽头的另一个洞穴里。

我又重复做了五次实验，它们每天都得重新开始组建家庭。现在，事情变糟了。有时，接受试验的四只中每只各居一屋，有时在同一个洞穴中住着两只雄性，或者两只雌性，有时一个雌性接待另一雌性或雄性，但组合方式与一开始完全不同。我过分地重复实验了，这以后就乱了套了。我每天这么折腾都把这些挖掘工弄烦了。一个摇摇欲坠的宅子老是在重建，终于把合法夫妻给拆散了。既然房屋每天倒塌，正常的夫妻生活也就过不下去了。

不过这并无多大关系，反正一开始的那三次实验已足以证明，尽管那两对夫妇一次一次地受到惊吓，但似乎并没有破坏它们维护夫妇关系的那微妙的纽带，夫妇关系仍有着一定的抗拒力。夫妇双方在我精心制造的一系列混乱之中仍旧能够认出对方来。它们相互间信守着山盟海誓，这在朝三暮四的昆虫界确实是一种难能可贵的高尚品质。

我们人类是根据话语、音色、音调相互识别的，而它们则是哑巴，没有任何方法呼唤。剩下的只能是嗅觉。米诺多蒂菲寻找自己的妻子的情况让我想起了我家的爱犬汤姆。汤姆在发情期间，鼻子朝上，嗅闻由风送来的空气，然后跳过围墙，急忙奔向远方传来的具有魔力的召唤。我由此还想起了大孔雀蝶，它们从好几公里以外飞来向刚出茧的正值婚嫁的雌蝶表示敬意。

但是，这种对比尚有许多不尽如人意之处。大孔雀蝶在受到妙龄雌蝶召唤时尚不认识这位美人儿，而对长途跋涉前去朝圣一窍不通的米诺多蒂菲则完全相反，它稍微转上一圈便径直奔向它已经常与之接触的女人了；它通过对方身体中散发出的与别人不同的气味，通过某种除了它这个情郎而外别人闻不出来的某些独特气味把它的女人辨别出来了。

这些带有气味的散发物是由什么成分构成的呢？米诺多蒂菲尚未告诉我。这很遗憾，它本会告诉一些有关其嗅觉之神功的有趣的故事的。

那么，这对夫妻在家中是怎么分工的呢？要想知道这一点那可不是件容易的事，不是用小刀尖挑出来看看就行了的事。谁要是想参观在洞中挖掘的这种昆虫的话，就得动用镐头，那可是很累的活儿。这种昆虫的宅子可不像圣甲虫、螳螂和其他一些昆虫的屋子，用小铲子轻轻一铲，毫不费力地就挖开了。米诺多蒂菲住在一口深井中，只有用一把结实的铁铲，连续挖上好几个小时才能挖到底。只要太阳稍许毒一点，干完这个活儿你一定会累趴下的。

唉！我年岁大了，可怜的关节都生锈了！明知地下有个有趣的问题可以探

形象分析

作者年老体衰，却一直孜孜不倦地进行科学研究，探索热情丝毫未减，可见其对昆虫研究工作的极端热爱。

究一番，可就是力不从心，挖不动了！但是，我热情未减，仍旧如当年挖掘条蜂喜爱的海绵性山坡时一样的热情似火。我对研究工作的喜爱并未减退，不过力气上差些。幸好我有一个帮手。他就是我的儿子保尔，他身轻体健，臂膀有力，帮了我的大忙了。我动脑，他动手。

家中的其他人，包括孩子们的妈妈，都非常地积极，平常总帮我们一把。坑越挖越深，必须隔着老远仔细观察铲子挖上来的那些东西，查找点滴资料，这时候人多眼睛就亮。一个人没看见的，另一个人就会瞅见。双目失明的贝尔依靠一个目光敏锐的忠实仆人对蜜蜂进行研究。我比这位伟大的瑞士博物学家条件可强得多了。我的眼睛虽然已经老花，但视力还是挺好的，何况我的家人的眼睛都很好，他们都在帮助我。我还能继续进行研究，他们是功不可没的，我非常感激他们。

一大清早，我们就到了现场。我们找到了一个洞穴，还有一个挺大的土堆，土堆呈圆柱形，是一下子推上来的一整块土。挪开土块，便现出一口很深很深的井。我用途中捡拾的一根很长很直溜儿的灯芯草秆儿试探着往井下伸去，越伸越深。最后，在一米五左右的深处，那根灯芯草秆儿就不再往下去了。我们探到了，我们探到米诺多蒂菲的卧房了。

我们用小铲子小心翼翼地剥落卧房外面的土，于是便看到了屋里的主人，先挖出来的是雄性米诺多蒂菲，再稍许往下挖一点就挖到了雌性米诺多蒂菲了。夫妻俩被取出来之后，露出一个颜色很深的圆点：那是粮食柱的末端。现在小心又小心，轻轻地挖。我们沿着洞底边缘把中间的那块土与其周围的土切割开来，然后用小铲子兜底儿把那块土整个儿地铲起来，既要小心谨慎又得干净利落。铲起来了！我们弄到了米诺多蒂菲夫妇及其卧房了。我们挖了一个上午，累得精疲力竭，总算弄到了这笔财富。保尔背上直冒热气，可见他花了多大的力气。

一米五这个深度不是也不可能是一成不变的，许多因素都会使深度改变，比如昆虫钻过的地方的湿度和土质如何啦，根据或多或少地接近产卵期，昆虫干活的热情的大小和时间是否充裕啦。我看见过有一些洞穴还要稍许深一些；我也见到过另有一些洞穴还没达到一米深。不管是什么情况，为了生儿育女，米诺多蒂菲都必须有一个很深很深的住所，而据我所知，没有任何一种昆虫挖掘工挖过这么深的洞穴。我们马上就会寻思是什么样的迫切需要在逼使羊粪蛋的收集者居住在那么深的地方的。

在离开现场之前，我们先记下一个事实，确证这一事实以后会很有价值的。雌性米诺多蒂菲是住在洞穴底部的，而其丈夫则待在其上方不远处，它俩都被吓得一动也不敢动，现在尚无法确知它俩在干什么。

这一细节在我翻挖的各个洞穴中都一再地被发现，它似乎说明这对伙伴各自有一个固定的位置。

写作手法

通过一系列动作描写，展现了挖掘工作的详细过程，可见众人的谨慎小心。

写作手法

在谈及米诺多蒂菲是昆虫中挖掘住所最深的观点时，作者用到"而据我所知"进行限定，体现了说明文用语的严谨、科学。

更擅长养儿育女的米诺多蒂菲妈妈住在下层。它独自在挖掘，因为它精通垂直挖掘的技术，这种挖法事半功倍，可以挖得很深。它是个能工巧匠，始终不停对着坑道工作面挖掘着。它的丈夫只是一名小工，待在它的身后，用它的角背篓随时清理浮土。这之后，能工巧匠变成了女面包师，把为孩子们准备的糕点揉制成圆柱形；而米诺多蒂菲爸爸则为它打下手，为妈妈从外面运进来面食原料。如同在所有的和睦家庭中一样，女主内男主外。这可能就是为什么在管形宅子中它俩所居的住处始终不变的缘故。将来我们会知晓这种猜测是否与事实相符。

现在，让我们在家里从容地、舒服地观察我们好不容易挖掘出来的洞穴中间的那整块土。这块土中有一个呈香肠状的食品罐头，长短粗细几乎像拇指一般。里面装着的食品颜色很深，压得很瓷实，分好多层，可以辨别出其中有已被压碎了的羊粪蛋。有时候，面包揉得很细，从头到尾全都十分地均匀；更多的时候这圆柱形面团像一种牛皮糖，里面有一些疙疙瘩瘩的。根据女面包师的忙闲情况，它所揉制的面包看上去千差万别，有时间就做得讲究，没时间则敷衍了事。

食品罐头紧紧地嵌在洞穴的那个死胡同里，那儿的墙壁比井里其他地方的更光滑、更平整。用小刀尖轻易地就把它与周围土层剥离开来，就像剥树皮似的。我就这样弄到了这个不沾一点泥土的食品罐头。

这项工作已做完，我们现在来了解一下卵的情况，因为这只罐头肯定是为幼虫准备的。由于我从前了解到粪金龟是把自己的卵就产在"血肠"底部食物中间的一个特别的窝窝儿里的，所以我期待着在"香肠"底部的一个密室里找到粪金龟的近亲米诺多蒂菲的卵。我判断错了。我要找的卵并不在我所猜想的地方，也不在"香肠"的上部，反正食品罐头里哪儿都没有。

我又在食品罐头外面寻找，终于找到了。卵就在罐头食品柱的下面的沙土里，完全没有妈妈们精心安排的保护。那儿没有一间新生儿细嫩肌肤所要求的墙壁光滑的小房间，而只有一个并非精心建造而是妈妈胡乱扒拉起来的粗糙的废墟堆。幼虫将在这个离食物有一段距离的硬床上孵化。为了吃到食物，幼虫必须扒拉沙土，穿过这个有几毫米厚的沙土天花板。

我既已挖出了那连带着食品罐头的整块土，又有我自制的器具，我就可以观察这段香肠是如何制成的了。

米诺多蒂菲爸爸爬出洞外，选好一个粪球，其长度大于井口直径。它把粪球往井口挪去，要么倒退着用前爪拖拽，要么用头盔轻轻顶着一下一下地往前推。推到井口边时，它是不是猛一使劲儿，一下子把粪球推进洞里去呢？绝对不是，它有自己的计划，不让粪球重重地摔落下去。

它爬进井口，前足搂紧粪球，小心地把一头塞进井内。到了离井底一定距离的地方，它只需把粪球稍微倾斜一点，粪球就可以两头顶着井壁，因为其轴心很宽。这样就构成了一块临时的楼板，可以承重两三个粪球。这就是米诺多

写作手法
人格化的描写，展现了米诺多蒂菲在制作食物时的情景，极具趣味性和生活气息。

理解感悟
雄性米诺多蒂菲运送粪球极其娴熟且有技巧，可见其充满智慧，同时表现了作者观察认真严谨、细致入微。

蒂菲爸爸的加工车间，它可以在此干活儿而又不影响在下面工作着的自己的妻子。这是一座磨坊，制作面包的粗面粉就要在这儿进行加工。

这个磨坊工爸爸装备精良。你瞧它的那支三叉戟。十分坚挺的前胸上戳着一束三根的锋利长矛，两边的两根长，而中间的那根短，三根的矛头全都直指前方。这件兵器有何用途呢？我起先以为只不过是雄性的一件饰物，如同粪金龟族中其他许多族类都佩戴着的一样，只是形状各异而已。可米诺多蒂菲的这个可不是饰物，而是它的一件劳动工具。

那三根矛尖并不整齐，形成了一个凹弧，里面可以装载一个粪球。在那块没铺得太好、摇来晃去的楼板上，米诺多蒂菲爸爸得用四只后爪支撑着井壁才能保持平衡。那它将如何把那个滑动的粪球固定住，并把它压碎呢？我们来看看它是怎么干的吧。

它稍稍弯下身子，把三叉戟插入粪球，这样一来粪球便卡在新月形的工具中固定不动了。米诺多蒂菲爸爸的前爪是空着的，因此它便可以用其前臂上的锯齿状臂铠去锯粪球，把它切成一小块一小块的，从楼板缝隙处掉下去，落在米诺多蒂菲妈妈的身旁。

从磨坊工那儿掉下去的是粗粉，没有过过筛子，里面还掺杂着没太磨细的碎块。尽管这面粉磨得不细，但仍给正在精心制作面包的女面包师帮了大忙，使它得以简化工序，一下子就可以把好粉次粉分离开来。当楼上的粪球，包括楼板全被磨碎之后，有角的磨坊工匠便回到了地面，寻找新的粪料，然后再从容不迫地重新开始研磨。

作坊中的女面包师也没有闲着。它把自己身旁纷纷散落的面粉捡拾起来，进一步碾细，进行精加工，再进行分类，软一些的用作面包心，硬一些的用作面包皮。它转过来绕过去的，用自己那扁平的胳膊轻轻地拍打着原料；然后，它把原料一层层地摊开，再用脚踩瓷实，宛如葡萄酒酿制工在榨葡萄汁一般。踩瓷实之后的大面饼便于储存。经过将近十天的共同努力，夫妇二人终于制作成功了长圆柱形的大面包。丈夫供应面粉，妻子揉制加工。

现在应该概括一下米诺多蒂菲的种种品德了。当严冬过去之后，雄性米诺多蒂菲便开始寻觅配偶，找到之后便与之安居地下，从此，它便对自己的妻子忠贞不渝，尽管它要经常外出，而且也会碰上可能让它移情别恋的女性，但它始终不忘发妻。它以一种没有什么可以使之减退的热情帮助自己的那位在孩子们独立之前绝不出门的挖掘女工。整整一个多月，它用它那叉口背篓把挖出的土运往洞外，始终任劳任怨，永不被那艰难的攀登所吓倒。它把轻松的耙土工作留给妻子做，自己则干着最重最累的活儿，把土从一条狭窄、高深、垂直的坑道往上推出洞外。

随后，这位运土小工又变成了粮食寻觅者，到处去收集粮食，为孩子们准备吃的东西。为了减轻妻子剥皮、分拣、装料的工作，它又当上了磨面工。在

写作手法

作者将雌性米诺多蒂菲人格化，运用一系列动作描写表现了其制作食物的详细过程，文笔细腻且富有趣味性。

离洞底一定的距离处，它在研碎被太阳晒干晒硬了的粮食，加工成粗粉、细粉；面粉不停地纷纷散落在女面包师的面包房内。最后，它精疲力竭地离开了家，在洞外露天地里凄然地死去。它英勇不屈地尽了自己作为父亲的职责；它为了自己的家人过得幸福而做出了无私的奉献。

而米诺多蒂菲妈妈也一心扑在这个家上，从未出过大门。古人把这种贞洁女子称之为 domi mansit❶。它把一个个面团揉成圆柱形，把一只只卵分别产于一个个面团里，从此便守护着自己这些宝贝，直到孩子们长大，能独立离去为止。当金风送爽时节到来时，模范妈妈终于又回到地面上来，孩子们簇拥着它。孩子们自由自在地四散而去，到羊群常吃草的地方去捡拾粪球，大快朵颐。这时候，一心为了孩子们的慈母已无事可做，溘然长逝。

是的，在父亲们对自己的孩子普遍的漠不关心的昆虫中间，米诺多蒂菲是个例外，它对自己的孩子们倾注了全部的心血。它总是想到自己的家人，从未想到自己。它原可尽享美好的时光，原可与同伴们一起欢宴，原可与女邻居们调情嬉耍，但它却并未这样，而是埋头于地下的劳作，拼死拼活地为自己的家人留下一份产业。当它足僵爪硬、奄奄一息时，它可以无愧地自己告慰自己："我尽了做父亲的职责，我为家人尽力了。"

理解感悟

母爱可以说是人类最纯洁、最无私、最珍贵的情感，在我们成长的过程中无不享受着母亲给予的幸福和快乐，人类社会是这样，自然界的昆虫也是如此。

 读后思考

1.作者在对米诺多蒂菲夫妻关系进行测试实验时，前三次实验已经证明了维护夫妇关系的微妙纽带没有被破坏，为什么后来又重复做了五次实验呢？

2.分类学家仅仅根据米诺多蒂菲的体形特点，就用神话故事中野心勃勃的人物名将其命名，这种做法作者认可吗？请结合相关描写分析这种昆虫的特点。

❶ domi mansit：意为"模范的妈妈"，为普罗旺斯的俗语。

导读

作者向往外面的大千世界却不能成行，徜徉于荒石园中的生活令他感到惬意无比。他对这个昆虫小村镇了如指掌，熟悉这里的一草一木。作者详细地介绍了潘帕斯大草原的法那斯米隆，它制作的产品符合几何学标准，精美无比，富有实用性，令作者不禁慨叹其具有非凡的远见卓识。

南美潘帕斯草原的食粪虫

跑遍全球，穿越五洲四海，从南极到北极，观察生命在各种气候条件下的无穷无尽的变化情况，对于善于考察研究的人来说这肯定是最美好的运气。鲁滨逊的漂流让我欢喜兴奋，我年轻的时候就怀着他那种美妙的幻想。然而，紧随着周游世界那美丽梦幻而来的却是郁闷和蛰居的现实。印度的热带丛林、巴西的原始森林、南美大兀鹰喜爱的安第斯山脉的高峰峻岭，全都缩作一块作为探察场的荒石园了。

但上苍保佑，让我并不为此而抱怨不已。思想上的收获并非一定要长途跋涉。让·雅克❶在他那金丝雀生活的海绿树丛中采集植物；贝尔纳丹·德·圣皮埃尔❷偶然地在其窗边长出来的一株草莓上发现了一个世界；萨维埃·德·梅斯特尔❸把一张扶手椅当作马车在自己的房间里作了一次最著名的旅行。

这种旅行方式是我力所能及的，只是没有马车，因为在荆棘丛中驾车太难了。我在荒石园周围上百次地一段一段地绕行；我在一家又一家人家驻足，耐心地询问，每隔那么一长段时间，我就能获得零零星星的答案。

我对最小的昆虫小村镇都非常熟悉。我在这个小村镇里了解了螳螂栖息的各种细枝；我熟悉了苍白的意大利蟋蟀在宁静的夏夜轻轻鸣唱的所有荆棘丛；我认识了披着黄蜂这个棉花小袋编织工耙平的棉絮的所有小草；我踏遍了被切叶蜂这个树叶的剪裁工出没的所有丁香矮树丛。

写作手法

运用排比的修辞手法，列举众人利用身边事物观察的事例，表明思想上的收获并非一定要长途跋涉的观点。

写作手法

作者对昆虫小村镇非常熟悉，对小村镇中的动植物生活了如指掌，可见其观察极其细致，对研究工作极其热爱。

❶ 让·雅克：让·雅克·卢梭，法国著名作家，代表作有《爱弥儿》《忏悔录》《论人类不平等的起源和基础》等。

❷ 贝尔纳丹·德·圣皮埃尔：法国著名作家。

❸ 萨维埃·德·梅斯特尔：法国著名作家。

如果说荒石园的角角落落的踏勘还不够的话，我就跑得远一些，能获得更多的贡品。我绕过旁边的藩篱，在大约一百米的地方，我同埃及圣甲虫、天牛、粪金龟、蚺蝣、螽斯、蟋蟀、绿蚱蜢等有了接触，总之我与一大群昆虫部落进行了接触，要想了解它们的进化史，那得耗尽一个人整整的一生。当然，我同自己的近邻接触就足够了，非常够了，用不着长途跋涉跑到很远很远的地方去。

再说，跑遍世界，把注意力分散在那么多的研究对象上，这不是在观察研究。四处旅行的昆虫学家可以把自己所得之许许多多的标本钉在标本盒里，这是专业词汇分类学家和昆虫采集者的乐趣，但是收集详尽的资料则是另一码事。他们是科学上的流浪的犹太人，没有时间驻足停留。当他们为了研究这样那样的事实时，就可能要长时间地停在一地，然而，下一站又在催促着他们上路。我们就不要让他们在这种状况下勉为其难了。就让他们在软木板上钉吧，就让他们用塔菲亚酒的短颈大口瓶去浸泡吧，就让他们把需要耐心观察、需时费力的活儿留给深居简出的人吧。

这就是为什么除了专业分类词汇学家列出的枯燥乏味的昆虫体貌特征而外，昆虫的历史极其贫乏的原因之所在。异国的昆虫数量繁多，无以数计，它们的习性我们几乎始终一无所知。但是我们可以把我们眼前所见到的情景与别处发生的情况加以比较；看一看同一种昆虫在不同的气候条件下，其基本本能是如何变化的，这会是非常有好处的。

这时候，无法远行的遗憾重又涌上心头，使我比以往任何时候都更加地感到无奈，除非我在《一千零一夜》的那张魔毯上找到一个座位，飞到我所想去的地方。啊！神奇的飞毯啊，你要比萨维埃·德·梅斯特尔的马车合适得多。但愿我能在你上面有一个角落可坐，怀揣着一张往返机票！

我果然找到了这个角落。这个意想不到的好运是基督教会学校的修士、布宜诺斯艾利斯市萨尔中学的朱迪利安教友带给我的。他虚怀若谷，受其恩泽者理应对他表示的感激会让他很不高兴。我在此只想说，按照我的要求，他的双眼代替了我的眼睛。他寻找、发现、观察，然后把他的笔记以及发现的材料寄来给我。我用通信的方式同他一起寻找、发现、观察。

我成功了，多亏了这么卓绝的合作者，我在那张魔毯上找到了座位。我现在到了阿根廷共和国的潘帕斯大草原，渴望着把塞里昂的食粪虫的本领与其另一个半球的竞争者的本领做一番比较。

开端极好！萍水相逢竟然让我首先得到了法那斯米隆那漂亮的昆虫，全身黑中透蓝。

雄性法那斯米隆前胸有个凹下的半月形，肩部有锋利的翼端，额上竖着一个可与西班牙蜣螂媲美的扁角，角的末端呈三叉形。雌性则以普通的褶皱代替了这漂亮的装饰。雄性与雌性的头罩前部都有一个双头尖，肯定是一个挖掘工具，也是用于切割的解剖刀。这种昆虫短粗、壮实、呈四边形，让人联想到蒙彼利埃周围非常罕见的一种昆虫——奥氏宽胸螳螂。

如果形状相似则本领也必然相似的话，那我们就该毫不迟疑地把如同奥氏宽胸螳螂制作的那件又粗又短的香肠面包归之于法那斯米隆。唉！每当牵涉本能的问题时，昆虫的体形结构就会造成误导。这种脊背正方、爪子短小的食粪虫在制作葫芦时技艺超群。连圣甲虫都制作不了这么像模像样，尤其是个头儿又这么大的葫芦。

这种粗壮短小的昆虫制作的产品之精美让人拍案叫绝。这种葫芦制作得如此符合几何学标准，简直无可挑剔：葫芦颈并不细长，然而却把优雅与力量结合在一起。它似乎是以印第安人的某种葫芦作为模型制作的，特别是因为它的细颈半开，鼓凸部分刻有漂亮的格子纹饰，那是这种昆虫的跗骨的印迹。它好像是用藤柳条嵌护着的一只铁壶，大小可以达到甚至超过一只鸡蛋。

这真是一件极其奇特而稀有的珍品，尤其是这竟然是出自一个外形笨拙、粗短的工人之手。不，这再一次说明工具不能造就艺术家，人和虫都是这么个理儿。引导制作工匠完成杰作的有比工具更重要的东西：我说的是"头脑"——昆虫的才智。

法那斯米隆对困难嗤之以鼻。不仅如此，它还对我们的分类学不屑一顾。一说食粪虫，就解释为牛粪的狂热追慕者。可法那斯米隆之重视牛粪既非为自己食用也不是为了自己的孩子们享用。我们常常会看见它待在家禽、狗、猫的尸骨架下，因为它需要尸体的脓血。我所绘出的那只葫芦就是立在一只猫头鹰的尸体下面的。

这种把埋葬虫的胃口与圣甲虫的才能相结合的昆虫，谁愿意怎么看就怎么看吧。我嘛，我不想去解释这种现象，因为昆虫的一些癖好让我困惑不解，它们的这些癖好似乎谁也无法仅仅根据其外貌就能判断得出来的。

我知道在我家附近就有一种食粪虫，它也是尸体残余的唯一的享用者。它就是粪金龟，是光顾死鼹鼠和死兔子的常客。但是，这种侏儒殡葬工并不因此就鄙视粪便，它像其他的金龟子一样照旧大吃不误。也许它有着双重饮食标准：奶油球形蛋糕是供给成虫的，而略微发臭的有浓重口味腐肉则是喂给幼虫的。

类似情况在别的昆虫的别的口味方面也同样存在。捕食性膜翅目昆虫汲取花冠底部的蜜，但它喂自己的孩子时却用的是野味的肉。同一个胃，先吃野味肉，后汲取糖汁。这种消化用的胃囊在发育过程中必须发生变化吗？！不管怎么说，这种胃同我们人的胃一样，年轻时喜食的东西到了晚年就对此鄙夷厌恶了。

让我们更加深入地观察研究一下法那斯米隆的杰作。我弄到的那些葫芦全都干透了，硬得几乎跟石头一样，颜色也变成浅咖啡色了。我用放大镜仔细观察，里外都没有发现一丁点儿木质碎屑，这种木质碎屑是牧草的一个证明。这么说，这怪异的食粪虫没有利用牛屎饼，也没有利用任何类似的粪料。它是用其他材料制作自己的产品的。是什么材料呢？一开始挺难弄清楚。

我把葫芦放在耳边摇动，有轻微的响声，就像是一个干果壳里面有一个果仁在自由滚动时发出的声响一样。葫芦里是不是有一只因干燥而抽缩了的幼虫呀？我起先一直是这么认为的，但我弄错了。那里面有比这更好的东西，可让我长了见识。

我小心翼翼地用刀尖挑破葫芦。在一个同质的均匀内壁（我的三个标本中最大的一个的内壁竟厚达两厘米）中，嵌着一个圆圆的核，满满当当地充填在内壁孔洞里，但却与内壁毫不粘贴，所以可以自由地晃动，因此我摇动时就听见了响声。

就颜色与外形而言，内核与外壳并无差异。但是，把内核砸碎，仔细检查碎屑，我就从中发现一些碎骨、绒毛絮、皮肤片、细肉块，它们全都淹没在类似巧克力的土质糊状物中。

我把这种糊状物在放大镜下面进行了筛选，去除了尸体的残碎物之后，放在红红的木炭上烤，它立即变得黑黑的了，表层覆盖着一层鼓胀的光亮物，并散发出一股呛人的烟，很容易闻出那是烧焦的动物骨肉的气味。这个核全部浸透了腐尸的脓血。

我对外壳进行同样处理后，它也同样变黑了，但黑的程度没有核那么深。它几乎不怎么冒烟。它的外层也没有覆盖一层乌黑发亮的鼓胀物。它一点也没含有与内核所含有的那些腐尸的碎片相同的东西。内核与外壳经烧烤之后，其残余物都变成了一种细细的红黏土。

通过这粗略的观察分析，我们得知法那斯米隆是如何进行烹饪的。供给幼虫的食品是一种酥馅饼……肉馅是用它头罩上的两把解剖刀和前爪的齿状大刀把尸体上能剔出来的所有东西全都剔出来做成的，有下脚毛、绒毛、捣碎的骨头、细条的肉和皮等。一开始，这种烤野味的作料拌稠的馅呈浸透腐尸肉汁的细黏土冻状，现在变得硬如砖头。最后，酥馅饼的糊状外表变成了黏土硬壳。

这位糕点师傅对其糕点进行了包装，用圆花饰、流苏、甜瓜筋囊加以美化。法那斯米隆对这种厨艺美学并非外行。它把酥馅饼的外壳做成葫芦状，并饰以指纹状的饰纹。

这种无法食用的外壳在肉汁中浸泡的时间太短，可想而知，并不受法那斯米隆的青睐。等幼虫的胃变得皮实了，可以消受粗糙的食物时，它会刮点内壁上的东西充饥，这一点倒是有可能的。但是，从整体来看，直到幼虫长大能出走之前，这个葫芦一直完好无损。它不仅开始时是保护馅饼新鲜的保护神，而且始终都是隐居其间的幼虫的保险箱。

在糊状物的上面，紧挨着葫芦的颈部，被修整成一个黏土内壁的小圆屋，这是整个内壁的延伸部分。一块用同样材料的挺厚的地板把它与粮食隔开。这就是孵化室，卵就产在那儿，我在那儿发现了卵，可惜已经干了。幼虫在这个

阅读笔记

_____

_____

_____

_____

_____

写作手法

将法那斯米隆给幼虫制作食物比喻为糕点师傅制作糕点，体现了其制作手法的高超和食物外观的精美。

孵化室里孵化出来，事先得打开一扇隔在孵化室和粮食之间的活动门，才能爬到那个可食的粪球处。

幼虫诞生在一个高出那块食物并与之并不相通的小保险匣里。新生幼虫必须及时地自己钻开那食品罐头盒盖。后来，当幼虫待在那罐头食品上面时，我的确发现地板上钻了一个刚好能让它钻过去的孔。

这块美味的牛肉片，裹着厚厚的一层陶质覆盖层，致使这份食物根据缓慢孵化的需要，长时间地保持新鲜。怎么达到这一目的？我仍搞不清楚。卵在其同样是黏土质的小屋里安全无虞地待着，完好无损；到这时为止，一切都尽善尽美。法那斯米隆深谙构筑防御工事的奥秘，深知食物过早地发干的危险。现在剩下的是胚胎呼吸的需求问题了。

为了解决这个呼吸问题，法那斯米隆也是匠心独运、智慧超群的。葫芦颈部沿着轴线打通了一条顶多只能插入一根细麦管的通道。这个闸口在内部开在孵化室顶部最高处，在外部则开在葫芦柄的末端，呈喇叭形半张开着。这就是通风管道，它极其狭窄而且又有灰尘阻而不塞，因此便防止了外来的入侵者。我敢说这是简单但绝妙的杰作。我说得有错吗？如果说这样的一个建筑是偶然的结果的话，那么必须承认盲目的偶然却具有一种非凡的远见卓识。

这种迟钝的昆虫是如何才建好这项极其繁难、极其复杂的工程的呢？我在以一个旁观者的目光观察这南美潘帕斯草原的昆虫时，只有上述这个工程结构在指引着我。从这个工程结构可以不出大错地推断出这个建筑工所使用的方法。因此，我就这样对它工作的情况进行了设想。

它先是遇上了一具小昆虫尸体，尸体的渗液使下面的黏土变软。于是，它根据软黏土的大小或多或少地收集起来。收集多少并没有明确的规定。如果这种软黏土非常之多，收集者就大加消费，粮仓也就更加地牢固。这样一来，制成的葫芦就特别大，大得超过鸡蛋的体积，还有一个两厘米厚的外壳。但是，这么一大堆的材料远远超出模型工的能力，所以加工得很不好，外观上看上去，一眼就看出是一项十分艰苦笨拙的劳动所创造出来的成果。如果软黏土很稀少，它便严格节省着使用，这样它动作也就自然得多，弄出来的葫芦反而匀称齐整。

那黏土可能先是通过前爪的按压和头罩的劳作变成球形，然后在上面挖出一个很宽很厚的盆形。蜣螂和圣甲虫就是如此做的，它们在圆粪球的顶部挖出一个小盆，在对蛋形或梨形粪球最后打磨之前，把卵产在小盆里。

在这第一项劳作中，法那斯米隆只是一个陶瓷工。不管尸体渗液浸润黏土有多么不充分，只要具有可塑性，任何黏土对它来说都是可以加工运作的。

现在，它变成了肉类加工者了。它用它那带锯齿的大刀从腐尸上切、锯下一些细碎小块来；它又撕又拽，把它认为最适合幼虫口味的部分弄下来。然

理解感悟

作者详细地描述了用于胚胎呼吸的"通风管道"的形态特点，简单绝妙的作品令作者赞叹法那斯米隆的远见卓识。

要点提示

作者分别指出软黏土的多少对制造成品的影响：一个笨拙而粗糙，一个匀称而齐整。可见材料稀少会令法那斯米隆更加小心谨慎地进行制作。

后，它把这些碎片统统聚集起来，再把它们同脓血最多的黏土搅和在一块。这一切搅拌得非常均匀，就地制成了一只圆粪球，无须滚动，如同其他食粪虫制作自己的小粪球一样。补充说一句，这只粪球是按照幼虫的需要量制作的，它的体积几乎始终不变，无论最后那个葫芦有多大。

现在酥馅饼做好了。它被放进大张开口的黏土盆里存好。它没被挤压过，以后可以自由转动，不会与其外壳有一点粘连。这时候，陶瓷制作的活儿又开始了。

昆虫用力挤压黏土盆的厚厚的边缘，为肉食制好模套，最后使肉食的顶端被一层薄薄的内壁包裹住，而其他部分则由一层厚厚的内壁包住。顶端的内壁上，留有一个环形软垫；这儿的内壁的厚度与日后在顶端钻洞进粮仓的幼虫的弱小程度成正比。随后，这个环形软垫也进行压模，变成一个半圆形的窟窿，卵就产在其中。

通过挤压黏土盆的边缘，使之慢慢封口，变成孵化室，制作葫芦的工序就宣告结束了。这道工序尤其需要高超的技艺。在做葫芦柄的同时，必须一边紧压粪料，一边沿着轴线留出通道作为通风口。

我觉得建造这个通风闸口极其困难，因为计算稍微有点偏差，这个狭窄的口子就会立刻被堵住。我们最优秀的陶瓷工中最最心灵手巧的工匠如果缺少一根针的帮助也是干不成这件活儿的。它把针先垫在里边，完工之后，就把这根针抽出来。这种昆虫是一种用关节连接着的机械木偶，在它自己都没有想到的情况之下，就挖出了一条穿过大葫芦柄的通道。如果它想到了，也许就挖不成了。

葫芦制作完后，就得对它粉饰加工了。这是一件费时费工的粉饰活儿，要使曲线完美流畅，并在软黏土上留下印记，如同史前的陶瓷工用拇指尖印在其大肚双耳坛上的印记一样。

这件活计完工了。它将爬到另一具尸体下面重新开工，因为一个洞穴只有一个葫芦，多了不行，如同圣甲虫制作它的梨形小粪球一样。

写作手法

葫芦制作完成后的粉饰工作费时费工，作者用陶瓷工在大肚双耳坛上印制印记进行类比，表明此工序的复杂和重要。

📇导读

人们常说："昆虫天生是无父无母的孤儿。"食粪虫却是个例外，它们往往能够尽享天年，成为长寿元老。食粪虫是大自然优秀的清洁工，它们的工作对环境卫生意义重大，而粪金龟是其中最英勇卓绝的卫士。另外，粪金龟享有挖土工的美名，但是它在建造普通住宅和子孙住宅时，用的心思和精力却有差异。

粪金龟和公共卫生

食粪虫以成虫的形态完成一年的轮回，在来年春季的欢乐节日里由自己的子女们围在膝前，而且家里添丁进口，成员翻了一两番，这在昆虫的世界里肯定是无出其右的。蜜蜂这种本能方面的贵族，一旦蜜罐装满也就随即死去；另一位贵族——蝴蝶，虽非本能方面的贵族但却是服饰华美的贵族，当它把自己那成团的卵固定在得天独厚之地时也随即离开人间；浑身披着铠甲的步甲虫在把自己的子孙后代撒放在乱石下之后，随即也就命归黄泉了。

其他昆虫也是如此，除了那些群居的昆虫。群居昆虫的母亲能够独自或在仆从陪伴下幸存下来。规律是带普遍性的：昆虫天生是无父无母的孤儿。可我们要讲的这种情况却是一种意想不到的反常现象：卑贱的滚粪球工却逃过了那种扼杀高贵者的残酷规律。食粪虫尽享天年，成了长寿元老，而且鉴于其所做的贡献，它也确实当之无愧。

有一种公共卫生要求在最短的时间里把任何腐烂的东西全部清除干净。巴黎至今尚未解决它那可怕的垃圾问题，这迟早是这座巨大城市的生死攸关的问题。大家在寻思，这城市之光会不会有这么一天被土壤中饱含的腐烂物质散发出的臭气给熏得熄灭了。聚集着数百万人口的大都市虽拥有无尽的财力与智力但也无法解决的问题，一个小小的村庄却无须花钱无须操心费力就给解决了。

大自然对乡村的清洁卫生倾注关怀，但对城市的舒适度却漠然置之，虽说还谈不上是充满敌意。大自然为乡间田野创造了两类清洁工，没有什么能使之厌烦倦怠、疲劳懒散的。第一类是苍蝇、葬尸虫、皮蠹、食尸虫类、阎虫科，它们专司尸体解剖。它们把尸体分割切碎，在自己的胃里把碎尸烂肉消化之后再还以生命。

一只鼹鼠被耕作的农具划破肚皮，它的业已发紫的脏腑把田间小径弄污；

一条栖息在草地上的游蛇被行人踩死，这个蠢货还以为自己是除了祸害，干了好事；一只尚未长毛的雏鸟从窝里摔下，落在托着其窝的大树下面，可怜巴巴地摔成了肉酱。成千上万的这种残尸碎肉无处不在，如果不及时地加以清理，其臭气将成为很大的公害。但我们也不必害怕：这种尸体一旦在某处出现，小收尸工们便立即赶到。它们随即对尸体进行处理，掏空内脏，吃得只剩下骨头，或者至少要把尸体弄得如同一具干尸。用不了二十四小时，死去的鼹鼠、游蛇、雏鸟等便没了踪影，环境卫生保持住了。

第二类清洁工也同样是热情饱满的。城市里为了清洁卫生而在厕所里用氨水消毒，其味极其难闻，农村里的厕所就用不着洒氨水。农民在需要独自一人待着时，一堵矮墙、一道藩篱、一丛荆棘即可避人耳目。无须赘言，你一定会知道此人在那里干什么。当你被一簇簇长生草、厚厚的苔藓以及其他一些美丽的东西装点的陈砖旧瓦所吸引，走近一堵好似为葡萄培土的矮墙边时，哇呀！在这如此美丽的隐蔽处跟前，那是一大摊什么玩意儿呀！你赶紧逃之夭夭，苔藓、长生草、青苔等都不再吸引你了。你第二天再去原地看一看，那摊东西不见了，那块地方变得干净了：食粪虫来过这里。

防止屡屡出现的有碍观瞻的东西被人看到，对于这些勇士们来说，只是它们职责中最微不足道的了；它们肩负的是一项更崇高的使命。科学向我们证实，人类最可怕的种种灾祸都能在微生物中找到根源；微生物与霉菌相近，属于植物界中极边缘的生物。在流行病暴发期间，这些可怕的病原菌在动物的排泄物中迅速大量地繁殖。它们污染着空气和水这两种生命的第一要素；它们散布在我们的衣物、食物上，把疾病传播开来。凡是被这些病原菌污染了的东西统统都要用火烧掉，用消毒剂杀菌，用土深埋掉。

为保险起见，绝不要让垃圾积存在地面上。垃圾是否无害？垃圾是否危险？虽然说不准，但最好还是把垃圾消除掉。早在微生物让我们明白这种警惕是多么必要之前，古代的贤哲似乎就已经明白了这一点。东方民族比我们更容易受到传染病的危害，他们早已在这一方面掌握了一些明确的规律。摩西[1] 应该是古埃及这方面科学的传播者，当自己的人民在阿拉伯沙漠中流浪的时候，他已经在法典中制定了处理的方法。他说道："你为了解决自己的内急，你就走出营地，带上一根尖头棍子，在沙地上挖个坑，然后再用挖出的沙土把你的污秽物掩埋起来。"

这种处理方法简单之中透着重大意义。可以相信，如果在大规模朝觐克尔白天房期间，伊斯兰教采取这种措施以及其他一些类似措施的话，麦加就不会每年都成为霍乱的发源地，欧洲也就不用在红海两岸设防以防堵瘟疫的蔓延。

普罗旺斯农民也像自己祖先中的一支阿拉伯人一样不注意卫生，根本不考

理解感悟

食粪虫并非大自然简单的清洁工，更重要的是它可以同时清除有害的微生物，可以说对人类有着重要的价值。

---

[1] 摩西：《圣经》中犹太人的民族领袖，据《圣经》记载，摩西曾率领被奴役的以色列人逃离古埃及，令其摆脱了被奴役的悲惨命运。

虑这方面的险情。幸好，摩西训诫的忠实执行者——食粪虫在为此而辛勤劳作。消灭、掩埋带菌物质的全都是它。以色列人一有内急要解决，便腰里别着一根尖头棍跑出营地，而食粪虫也随即赶到，还带着比以色列人的尖头棍更高级的挖掘工具。解手的人一走，它便立即挖出一个井坑，把污秽物深埋掉，不再产生危害。

这帮掩埋工所搞的服务工作对于野外的环境卫生意义十分重大；而我们，这种净化工作的主要受益者，反而对这些小勇士有点鄙夷不屑，还用粗言恶语对待它们。做好事，不为人理解，反遭恶名，被石头砸死，被人用脚踩死。看来这已成了一定之规了。蟾蜍、刺猬、猫头鹰、蝙蝠以及其他一些为我们服务的动物就是明证，它们不企求我们什么，只是希望我们多少有点宽容心。

那些垃圾污物肆无忌惮地暴露在太阳地里，而保护我们免受其害的，在我们这一带，最英勇卓绝的卫士就是粪金龟。这并不是因为它们比其他的埋粪工更加勤快，而是因为它们有一副好的身子骨，能干苦活儿累活儿。再者，当需要稍稍恢复一下体力时，它们则喜欢对我们最恶心的污秽物下手。

我们附近有四种粪金龟在从事这项工作。有两种（突变粪金龟和野生粪金龟）比较罕见，我们也就不专门去观察、研究它们了；相反，另外两种（粪生粪金龟和伪善粪金龟）却十分常见。后两种粪金龟背部墨黑，胸前都穿着华美的衣服。看到专事淘粪的工人竟穿得如此漂亮，我不禁惊讶无语。粪生粪金龟面部下方像紫水晶般闪亮，而伪善粪金龟的面部下方则闪烁着黄铜的光芒。我笼子里喂养着的就是这两种粪金龟。

我们先来看看它们作为掩埋工都有哪些能耐。笼中一共有十二只粪金龟，是两种混在一起。笼子里原先大量放置食物，这一次我事先把所剩的吃食全部清除掉了。我想估算一下一只粪金龟一次能掩埋多少东西。日落时分，我把刚在我家门前拉了一摊的骡子的粪便放进笼子里去给那十二个囚徒。那摊粪便不算少，足可装上一篮子。

第二天早晨，那摊骡粪全都被埋于地下了。地上几乎一点也没有了，顶多有点碎渣渣什么的。我因此可以大致估算出：按每只粪金龟都干了同样的工作量，那它们每人掩埋了大约有一立方分米的粪便。想到它们那瘦小的身材，又要挖洞又要运物，真叫人感叹：这可真像泰坦❶干的活儿呀。而且，这还仅仅用了一个夜晚而已。

它们存粮这么丰富，是不是就守着财富待在地下不出来了？绝不是这样的！现在正是大好时光。黄昏来临，宁静温馨。现在正是精神振奋、心情舒畅的时刻，正是去远处大路上寻物觅宝之时，因为路上正有牛羊群放牧归去。我

---

❶ 泰坦：出自古希腊神话，奥林匹斯众神统治前的世界主宰，盖亚和乌拉诺斯所生的孩子，一共有十二位泰坦神。

的住客们离开了地窖，返身回到地上。我听见它们簌簌地在爬栅栏，冒失地撞到壁板上，黄昏时的这番热闹气氛我预料到了。我白天已经收集了与头一天一样丰盛的食物，正好拿来喂给它们。到了夜里，这些食物又都不见了踪影。第二天，地面上又干干净净的了。只要夜色美好，只要我总有足够的东西满足这帮贪得无厌的敛财奴，那么这种情况就永远会继续下去。

尽管其食物异常丰富，粪金龟在日落时分还是会离开已储存的食物，在太阳的余晖中嬉戏，并去寻找新的开发工地。对于它来说，好像已得到的并不算什么，只有将要得到的才有价值。那么，每晚黄昏那美好时刻它所更新的粮食仓库，到底用来干什么呢？很明显，粪金龟一夜之间是无法消费完这么丰盛的食物的。它储存的食物多得已不知如何处理；它只知积攒，却不完全利用；而且，它还总也不满足于自己那装满粮食的仓库，每晚还在拼死拼活地忙着往仓库里运送。

它随处建造粮仓，每天随便遇上哪座仓库便在那里吃上一顿，吃不了的就几乎全部剩在那儿。从我笼子里喂养的粪金龟来看，它们那种掩埋工的本能要比作为消费者的食欲来得迫切。笼子里的地面在增高，我则不得不随时把它弄平。如果我把土堆挖开，我就会发现坑井中堆满了粪便，厚厚的，原封未动。原先的泥土已经变成了粪和土的结块，难以分开，如果我要继续观察而不致搞错，就得大加清理才行。

要想把结块中的粪便分离出来，总免不了有误差，不是分出来的多了，就是分出来的少了，与精确的量难以一致，但在我的观察中，有一点是明白无误的：粪金龟是热情似火的掩埋工，它们往地下运送的食物远远超过它们日常之所需。这样的一种掩埋工作是由一大群出力多少不一的合作者的劳动大军完成的，所以很显然，土壤的净化在很大的程度上得以实现，而且因为有这么一支辅助性的劳动大军在做出贡献，所以公共卫生的保持也才能有望，这是值得庆幸的。

此外，植物以及因植物的连锁反应而连带的一大批生物也得益于这种掩埋工作。粪金龟埋到地下并于第二天抛弃的那些东西并未丢失，远未丧失其利用价值。世界的结算中什么也不会丢失的，清单的总数是永恒的。粪金龟埋起来的小块软粪便将会使周围的一簇禾本植物枝繁叶茂。一只绵羊路过这儿，把这丛青草吃掉。羊长肥，人也就有美味羊腿可以享受了。粪金龟的辛勤劳动给我们带来了一份美味肉块。

九十月份，当头几场秋雨浸透土壤，圣甲虫得以打破出生的牢笼时，粪生粪金龟和伪善粪金龟开始建造自家住宅，这住宅建造得很简陋，有辱这些享有挖土工美称的勇士们。如果单纯是挖掘一个避难所以防冬季的严寒的话，粪金龟倒也不负其挖土工之美名：在井的深度、工程之完美和速度方面，没有谁可与之相提并论。在沙土地和不难挖掘的土地上，我曾发现一些坑洞，洞深竟达一米。还有的能挖得更深，我因为没有耐心，再说工具也不凑手，也就没有去挖挖看究竟深有几许。这就是粪金龟，熟练的挖井工，无人可及的打洞者。如果天寒地冻，它会下到不用担心霜冻的地层。

但是，建造子孙住宅就是另一码事了。美好季节转瞬即逝；如果要给每个卵配备一个这样的地堡，那时间是来不及的。要挖掘一个深洞，粪金龟就必须把冬天来临之前的空闲时间全部用上，别无他法。要使避难所更加安全，它就得把心思全用在造房建屋上，暂时不能去干别的事情。可在产卵期间，这么辛勤的劳作是不可能的。时间过得很快。它得在四五个星期内给很多的子女准备住的吃的，这就无法长时间地去挖深井了。

粪金龟为其幼虫挖的地洞并不比西班牙蜣螂和圣甲虫挖的深多少，尽管季节有所不同。就我在野地里所发现的所有地洞来看，也就是三分米左右，尽管那儿土很好挖，挖多深都没问题。

这种简陋的住处状如一段香肠或猪血腊肠，长度不超过两分米。这段香肠几乎都是不规则的，有时弯曲，有时又多少有些凹凸不平。这种不完美的情况是石头地的高低起伏所导致的，粪金龟是直线和垂直的挖掘工，但无法总是按照自己的艺术标准去挖掘。于是，与地道紧贴在一起的粮食也就很忠实地再现了其模具的不规则性。香肠底部是圆的，如同地洞底部一样。这圆圆的底部就是孵化室，这圆形的孵化室可以放下一颗小榛子。因胚胎的需要，室的侧壁挺薄，空气能很容易地透进。在孵化室内，我看到有一种泛绿的黏液在闪亮，那是疏松多孔的粪核的半流质状物质，是粪金龟妈妈吐出来喂给新生幼儿的头一口食物。

卵就睡在这个圆圆的小窝里，与四周无任何接触。卵是白色的，呈加长的椭圆形，与成虫的体积相比较，卵的体积够大的了。粪生粪金龟的卵长有七八毫米，宽有四毫米多，比粪金龟卵的体积要稍小一点。

导读

作者在研究大头黑步甲装死的情况时，发现它装死的时间一次比一次长。他认为当灾祸构成威胁的时候大头黑步甲常常会采取装死的伎俩以欺骗敌人，但有几种特殊情况例外。随后作者又分别观察研究了烟黑吉丁、粪金龟、闪光吉丁等昆虫，发现它们装死的时间很短，不久便恢复了活力……

昆虫的装死行为

我研究昆虫装死的行为时，第一个被我选中的是那个凶狠的剖腹杀手——大头黑步甲。让这种大头黑步甲动弹不了非常容易：我用手捏住它一会儿，再把它在手指间翻动几次就可以了。还有更加有效的办法：我捏住它，然后把手一松，让它跌落在桌子上，在不太高的高度下，让它摔这么几次，让它感到碰撞的震动，如果有必要的话，就多让它摔几次，然后，让它背朝下，仰躺在桌子上。

大头黑步甲经这么一折腾，便一动不动，如死一般。它的爪子蜷缩在肚腹上，两条触须软塌塌地交叉在一起，两个钳子都张开着。在它的旁边放上一只表，这样，实验的起始与结束时间就可以准确地记录下来。这之后，只有等待，而且还得静下心来，耐心地等待着，因为它静止不动的时间是非常长的，让人等得心烦，没有耐心是成功不了的。

大头黑步甲的静止状态保持得很长，有时竟然长达五十分钟，一般情况之下，也得有二十分钟左右。如果不让它受到外界的影响，比如，这种实验正好是在盛夏酷暑时进行，我就把它用玻璃罩扣住，避开了大热天里的常客——苍蝇的骚扰，那么，它的静卧状态就是真正的完全的静止状态：无论是跗骨、触须还是触角，全都毫不颤动，看上去，它就像是僵死在桌子上了似的。

最后，这只看似死了的大头黑步甲复活了。前爪跗节开始在微微颤动，随即，所有的跗骨全都颤动起来，触须、触角也跟着在慢慢地摇来摆去。这就证明它确实是复活了。腿脚随后也跟着乱划乱踢起来。它的身体在腰带紧束住的地方稍稍弓起；接着重心落在头和背上；然后，它猛一用力，身子便翻转过来了。此刻，它便迈开小碎步，跑动起来，仿佛知道此处危险重重，必须逃离险区。假如我又把它抓住，它便立刻又装起死来。

我趁此机会又做了一次实验。刚刚复苏的大头黑步甲又一次静止不动了，依旧是背朝下地仰躺着。这一次，它装死的时间要比第一次来得长。当它再次苏醒时，我又进行了第三次同样的实验。随后，我又对它进行了第四次、第五次实验，一点喘息的机会都不留给它。它静卧的时间在逐渐地延长。根据我所记录下来的，它静卧的时间分别为十七分钟、二十分钟、二十五分钟、三十三分钟、五十分钟。

我做了许多次类似的实验，虽然结果不完全相同，但基本上有着一个共同点：昆虫连续假死时，每一次的持续时间都不相同，长短不一。这个结果使我们得知，在通常情况下，如果实验连续多次进行的话，大头黑步甲会让自己假死的时间一次比一次长。这是不是说明它一次比一次更适应这种假死状态呢？这是不是说明它变得越来越狡猾，企图让敌人最后终于丧失耐心？对此我一时尚无法做出定论，因为我对它的探究还很不够。要想确定它真的是在要手腕，真的是在作假蒙人，蒙混过关，就必须采取一种非常聪明的试探方法，揭穿这个骗子的骗人招数。

接受实验的大头黑步甲躺在桌子上。它能感觉得出自己身子下面压着的是一块坚硬的物体，想要向下挖掘，根本就不可能。挖掘一个地下隐蔽室，对于大头黑步甲来说简直是小菜一碟，因为它掌握着快捷强劲的挖掘工具。然而，自己身下却是一块硬东西，毫无挖掘的可能，所以它无可奈何，只能忍气吞声静静地躺在那儿，一动不动，必要的话，它甚至可以坚持一小时。如果躺在沙土地上的话，它立即就能感觉得到下面是松松散散的沙粒。在这种情况之下，它还会傻乎乎静静地躺着，不想法尽快逃之夭夭？难道它连扭动腰身都不想？没有一点往沙土地里钻的意思？

我真的希望它会有所转变，产生逃跑的念头。但是，最后，我知道自己的想法错了。无论我把它放在木头上、玻璃上、沙土上，还是松软的泥土地上，它都不改变自己的战略战术。在一片对它来说挖掘起来极其容易的地面上，它照样是静卧着不动弹，同在坚硬物体上躺着时一模一样。

大头黑步甲对不同材质物体表面采取了同样态度，并不厚此薄彼，坚持一视同仁，这一点对我们的疑惑不解稍微地敞开了一点门缝。接下来所发生的事情令这扇门大大地敞开了。接受实验的大头黑步甲躺在我的桌子上，离我很近，可以说就在我的眼皮子底下。我发现它的触角在半遮挡着它的视觉，但它那两只贼亮的眼睛看见了我，它在盯着我，在观察着我。面对着我这么个庞然大物，这个昆虫的视觉会有什么样的感应呢？

我们就认为这个正盯着我的昆虫把我看作是欲加害于它的敌人吧。这样的话，只要我待在它的面前，这个生性多疑的昆虫就会一动不动地躺着。如果它突然又恢复活动了，那它肯定是认为已经把我耗得差不多了，让我已经完全失去了耐心。那么，我还是先躲到一边去。既然它面前的这个庞然大物已经离开了，它也就用不着再装死，再耍这种花招也没什么意义了，所以，它就会立刻翻转身子，急急忙忙地溜之大吉。

我走出十步开外，到了大房间的另一头，隐蔽好，不弄出任何的动静。但是，我的这番谨慎小心的心思全都白费了，我的那只昆虫仍旧待在原地，没有一点动静，就这么静静待了好长好长的时间，跟我在它的近旁待的时间一样长。

它真够狡猾的，想必它是发觉我仍旧待在这间房间里了，只是待在房间的另一头罢了。这也许是它的嗅觉在告诉它我并没有离去。一计不成，我就另生一计。我把它用钟形罩给扣住，不让讨厌的苍蝇去骚扰它，然后，我便走出房间，到花园里去了。房间的门窗全都紧闭着，屋外的声音传不进去，屋内也没有什么会惊扰它的，总之，一切会令它感到惊恐的东西，全都远离了它。在这么安静而不受骚扰的环境中，它会有什么反应呢？

实验的结果是，假死的时间与平时完全一样，既未增加也未减少。二十分钟过去了的时候，我进屋里去查看了一下，四十分钟过去的时候，我又进屋去查看了一番，但是，情况没有发生任何变化，它仍旧是仰面朝天，一动不动地原地躺着。

这之后，我又用几只虫子做了相同的实验，但其结果都很明确地证明，它们在装死的过程中，并没有任何令它感到危险的东西存在，在它们的周围，既没有声音，又没有人或其他昆虫。在这种情况下，它们仍然一动不动，那想必并不是在欺骗自己的敌人。这一点得到肯定之后，我便推测其中必然另有原因。

那它究竟为何采取这种特殊伎俩来保护自己呢？一个弱者、一个得不到保护的不惹是生非的人，在必要之时，为了生存而采取一些诡计，这是可以理解的；但它可是一个浑身甲胄、崇尚武力的家伙，为什么要采取这种弱者的手段？对此我感到很难理解。在它所出没的势力范围内，它是打遍天下无敌手的。强悍的圣甲虫和蛇金龟，都是生性温厚的昆虫，它们非但不会去骚扰它、欺侮它，相反，倒是它食品储存室里源源不断的猎物。

我又开始怀疑，是不是鸟儿对它构成了威胁？可是，它同步甲虫的体质相同，身体里浸透着一股刺鼻恶心的气味，鸟类闻了是绝不敢把它吞到肚子里去的。再说，它白天都躲藏在洞穴里，根本就不到洞外来，谁也见不到它，谁也不会打它的歪主意。而到了天黑之后，它才爬出洞外，可夜里鸟归林，河边已无鸟儿的踪影了，它也就根本不存在有被鸟类一口啄到之虑。

这么一个对蛇金龟，有时也对圣甲虫进行残杀的刽子手，这么一个并没有谁敢碰它的可恶而凶残的家伙，它怎么就一遇风吹草动便立刻装死呢？我百思不得其解。

我在这同一片河边地带，发现了同时在此居住的抛光金龟，也叫光滑黑步甲的昆虫，它给了我启迪。前面所说的大头黑步甲是个巨人，相比之下，现在所提到的同是这片河边的主人的抛光金龟就是个侏儒了。它们体形相同，同样是乌黑贼亮，同样是身披甲胄，同样是以打家劫舍为生。但是，相比之下算是侏儒的抛光金龟，不仅远不如其巨人同类的火力强，而且它并不懂得装死这个诡计。你无论怎么折腾它，即使把它背朝下放在桌子上，它也会立即翻转过来，拔腿就跑。我每次试它，也只能看到它背朝下静止不动个几秒钟而已。只有一次，我实在是把它折腾得够呛，它总算是假装死去地待了一刻钟。

这侏儒与巨人的情况怎么这么不同？巨人只要一被弄得仰面朝天，它就静止不动了，非要装死一个钟头之后才翻身逃走。强大的巨人采取的是懦夫的做法，而弱小的侏儒则是采取立即逃跑的做法，二者反差这么大，其原因究竟在哪里呢？

于是，我便试试危险情况会对它产生什么样的影响。当大头黑步甲背朝下腹朝上一动不动地静躺着的时候，我在想，让什么敌人出现在它的面前好呢？可我又想不出它的天敌是什么，只好找一种让它感到是个来犯者的昆虫。于是，我便想到嗡嗡叫的苍蝇了。

大热天里做实验，苍蝇嗡嗡地飞来飞去，真是让人心里很烦。如果我不给大头黑步甲罩上钟形罩，我也不在它的身边守着，那么，讨厌的苍蝇肯定会飞落在我实验对象的身上，这样，苍蝇就会帮上忙了，可以替我打探一下装死的大头黑步甲的虚实了。

当苍蝇落在大头黑步甲身上，刚刚用自己的细爪挠了挠装死的大头黑步甲几下，它的跗节便有了微微颤动的反应，仿佛因直流电疗的轻微振荡而颤抖一样。如果这个不速之客只是路过，稍作停留，随即离去的话，那么，这细微的颤动反应很快便会消失；如果这位不速之客赖着不走，特别是又在浸着唾液和溢流食物汁的嘴边活动的话，那么，受到折腾的大头黑步甲就会立即蹬蹬腿，翻转身子，逃之夭夭。

它也许觉得，在这么个不起眼的对手面前耍花招实在没有必要，有伤自尊。它又重新翻转身子离去，是因为它明白眼前的这个骚扰者对自己并不会构成什么威胁。看来，我们得另请高明，让一个力量强大、身材魁梧、让其望而生畏的讨厌的昆虫来试探一下大头黑步甲了。正好，我喂养着一只天牛，爪子和大颚都十分厉害。天牛这种带角的昆虫，我知道它是性情平和的，但大头黑步甲并不了解这个情况，因为在它所出没的河边地带，从来就没有出现过天牛这种大个儿昆虫。说实在的，看上去，这长角的天牛真的会让这蛮横的虫类望而生畏，退避三舍。对陌生者本来就存有的一种恐惧感，一定会让情况复杂起来的。

我用一根稻草秆把天牛引到大头黑步甲旁边。天牛刚把爪子放到静静仰卧着的那个家伙的身上，它的跗节便立即颤动起来。如果天牛非但不把爪子挪开，而且还老在它的身上摸来挠去，甚至转而变成一种侵犯的姿态，那么，如死一般躺着的大头黑步甲便一下子翻转身子，仓皇地溜走。这情景，与双翅目昆虫骚扰它时一模一样。危险就在眼前，再加上对陌生者所怀有的恐惧感，它当然会立即抛弃装死的骗术，逃命要紧。

我又做了一种实验，结果也颇让我感到欣慰。大头黑步甲仰躺在桌子上装死，我便用一件硬器物轻轻敲击桌腿，让桌子产生微微的颤动。但不能猛敲，免得桌子发生摇晃。我注意掌握力量的大小，让桌面产生的颤动仿佛是一种弹性物体所产生的颤动一样。用力过大，会惊动大头黑步甲的，它就不会保持其僵死状态了。我每轻敲一下，它的跗节便蜷缩着颤动一会儿。

最后，我们再来看看光线对它所产生的影响。到目前为止，我的实验对象都是待在我书房那弱光环境中接受我的实验的，并未接触到直射进来的太阳光。此刻，我书房的窗台已经洒满阳光。我要是把我的实验对象移到阳光充足的窗台上去，让这个静卧着一动不动的昆虫接触一下强光，它会有何反应呢？我刚往窗台移动，效果立即产生：大头黑步甲腾地翻转身子，拼命奔逃了。

现在，真相大白了。吃尽苦头、被折腾得够呛的大头黑步甲，已经把自己的秘密吐露出来了。当苍蝇戏弄它，舔它沾有黏液的嘴唇，把它当作一具尸体，想吸尽所有可口的汁液的时候；当它眼前出现了那个让它望而生畏的天牛，爪子已经伸到它的腹部，像是要占有一个猎物的时候；当桌子发生轻微的震颤，它以为是大地传来的震颤，断定有敌人在自己的洞穴附近挖掘，将要来袭的时候；当强烈的阳光照射到它的身上，对自己的敌人十分有利，而对喜欢昏黑的它不利，以为自己的安全受到威胁的时候，它就会立即做出反应，抛弃装死的骗术，立即逃命。但是，当一种灾祸只是对它构成威胁的时候，它通常采取它那装死的惯技，以骗过敌人。所以说，装死是它的看家本领。

在我以上所提及的那种危在旦夕的时刻，我的实验对象是在战栗，而不是继续在装死。在这类危险之下，它已经是方寸大乱了，慌不择路地拼命逃遁。它那一贯的伎俩已经不见了踪影，确切地说，它根本就无计可施了。所以说，它的静止不动，并不是装出来的，而是它的一种真实状态，是它复杂的神经紧张反应造成它一时间陷于动弹不得的状态之中。随便一种情况都会让它极度地紧张起来，随便一种情况都可以让它解除这种僵直状态，特别是受到阳光的照射。阳光是促发它活力的无与伦比的强烈刺激。

我觉得，在受到震动后长时间保持静止状态的方面，可以与大头黑步甲相提并论的是吉丁中的一种，即烟黑吉丁。这种昆虫个头儿不小，浑身黑亮，胸甲上有白粉，喜欢在刺李树、杏树和山楂树上待着。在某些情况之下，你有可能发现它把爪子紧紧地收拢起来，触角奄拉着，仿佛僵死了一般，而且可以保持一个多小时这种状态。而在其他的情况下，它总是一遇危险便迅速逃走。从表面上看，是气候因素在起作用，但我却并没明白气候到底暗暗地发生了什么变化。在这种情况之下，一般来说，我只发现它僵直状态只是保持一两分钟而已。

烟黑吉丁在光线暗淡的地方一动不动，可我一把它移到充满阳光的窗台上，它就立刻恢复了活力。在强烈的阳光下只待几秒钟，它便把自己的一对鞘翅裂开，作为杠杆，骨碌一下，就爬了起来，立刻就想飞走。好在我眼疾手快，一把便摁住了它，没让它逃掉。这是一见到强光就惊喜、晒着太阳就狂热的昆虫，一到午后炎热的时候，它便趴在刺李树上晒太阳，如痴如醉，快活极了。

看见它如此喜欢酷热，我立刻便产生一种想法：如果在它装死的时候，立刻给它降温，那它又会做出何种反应呢？我猜想它会延长其静止状态。但这种方法使不得，因为一旦降温，有越冬能力的昆虫可能会被冻得麻木，随即会进入冬眠状态。

我现在需要的不是烟黑吉丁的冬眠，而是要它保持充沛的活力。所以，我要让它处于徐缓的、有节制的降温状态，要让它像在相似的气候条件下一样，依然具备它平时那样的生命行为方式。于是，我动用了一种很合适的保冷材料——井水。我家的那口水井，夏季里，水温要比外面气温低十二度，清凉清凉的。

我用惊扰的方法，把一只烟黑吉丁折腾得处于僵缩状态，然后，让它背朝下躺在一只小的大口瓶底上，再用盖子把瓶口盖紧盖严，放进一个装满冷水的小木桶里。为了使桶里的水保持其低温，我不断地往桶里加井水。在加入新的井水时，我小心翼翼地先把原来桶内的井水一点一点地去掉。动作必须轻而又轻，否则便会惊动瓶子里的昆虫。

结果十分理想，我并没白费心思。那只烟黑吉丁在水中的瓶子里待了五小时，都没有动弹一下。五小时可不算短，而且，如果我再这么实验下去，它可能还会坚持很长时间的。但是，五小时已经很不错了，很能说明问题了，绝不要以为它这是在耍花招。毫无疑问，它此时此刻并不是在故意装死，而是进入了一种昏昏沉沉的麻木状态，因为我一开始把它折腾得只好以装死来对付，后来嘛，降温的方法又给它造成一种超乎寻常的延长休眠状态的条件。

我对大头黑步甲也采取了这种井水降温法，但它的表现却不如烟黑吉丁，在低温下保持休眠状态的时间没有超过五十分钟。五十分钟不算稀奇，以往没有用降温法时，我也发现过大头黑步甲静卧过这么长时间。

现在，我可以下结论说，吉丁类昆虫喜欢灼热的阳光，而大头黑步甲是夜游者，是地下居民。因此，在进行"冷水处理"时，烟黑吉丁与大头黑步甲的感受就不尽相同。温度降低之后，怕冷的昆虫会惊魂不定，而习惯于地下阴凉

理解感悟

作者在进行观察研究时，要综合考虑多方因素，这些都是得出正确结论的基础，可见作者研究态度的严谨客观。

理解感悟

在进行研究时，结论往往同昆虫的不同生活习性有关，不能针对某个实验结果而推及其他昆虫，对比性研究表现了作者严谨的科学态度。

环境的昆虫则不以为意。

我继续沿着降温的这一思路进行了一些实验，但并未发现什么新的情况。我所看到的是，不同的昆虫在低温下保持休眠状态的时间之长短，取决于它们是追求阳光者还是喜欢阴暗者。现在，我再换一种方法来试试看。

我往大口瓶里滴上几滴乙醚，让它挥发，然后，把同一天捉到的一只粪金龟和一只烟黑吉丁放进瓶里。不多一会儿，这两只实验品便不动弹了，它们被乙醚给麻痹了，进入了休眠状态。我赶紧把它们取了出来，背朝下地放在正常的空气之中。

它俩的姿态与受到撞击和惊扰后的姿态一模一样。烟黑吉丁的六只足爪，很规则地收缩在胸前；粪金龟的足爪则是摊开来的，不成规则地又开着。它们是死是活，一时还说不清楚。

写作手法

通过对比的手法，写出了烟黑吉丁和粪金龟受到惊扰后的姿态，可谓同中有异。

其实，它们并没有死。两分钟后，粪金龟的跗节便开始在抖动，口须在震颤，触角在缓缓地晃动。接着，前爪活动起来。又过了将近一刻钟，其他爪子也都乱摇动开来。因碰撞震动而采取静止状态的昆虫，很快就恢复了动态。

但烟黑吉丁却如死一般地躺着，好长时间也不见它动弹。一开始，我真的以为它死了。半夜里，它恢复了常态，我是第二天才看到它已经像平时一样地在活动了。我在乙醚尚未充分发挥效力的时候，便及时地停止了这种实验，所以没有给烟黑吉丁造成致命的伤害。不过，乙醚在它身上所起的作用要比在粪金龟身上所起的作用严重得多。由此可见，对碰撞震动和降低温度比较敏感的昆虫，同样对乙醚所产生的作用也很敏感。

敏感性上的这种微妙的差异，说明了为什么我用同样的撞击和手捏方法使两种昆虫处于静止不动状态之后，它们的表现会有这么大的区别。烟黑吉丁静卧姿态保持了近一个小时，而粪金龟则只待了两分钟就在摇晃自己的足爪了。直到今天为止，我也只是在少有的情况之下，才见到粪金龟能坚持两分钟的静卧姿态。

烟黑吉丁体形大，且有坚硬的外壳在保护身体，它的外壳硬得连大头针和缝衣针都扎不透。既然如此，为什么它那么爱装死，而无坚硬外壳保护的小粪金龟却无须装死来保护自身呢？这种情况，在不少的昆虫身上也都是存在的。各种昆虫当中，有些会长时间地一动不动，有的却坚持不了一会儿，仅仅依照接受实验的昆虫的外形、习性来预先判断其实验结果，是完全不可能的。譬如，烟黑吉丁一动不动的时间保持得很长，那么，就可以断定与它同属的昆虫，因其类别相同，就一定同烟黑吉丁的表现是一样的吗？我碰巧捉到了闪光吉丁和九星吉丁。我在对闪光吉丁做实验时，它硬是不听我的指挥。我把它背朝下地按住，它就拼命地抓我的手，抓住我捏着它的手指，只要让它的背一着地，它就立即翻过身来。而九星吉丁却不用费劲儿就能让它静卧着不动了，只是它装死的时间也太短了！顶多也就是四五分钟而已！

　　我在附近山间碎石下经常可以发现一种墨纹甲虫，身子很短小，且有一股怪味。它能持续一个多小时一动不动，可以与大头黑步甲相提并论了。不过，必须指出，在大多数情况之下，它只坚持几分钟的僵死状态，然后便立即恢复常态。昆虫能长时间地坚持一动不动，是不是它们喜欢暗黑的习性造成的？完全不是，我们看一看与墨纹甲虫同属一类的双星蛇纹甲虫就十分清楚了。双星蛇纹甲虫后背滚圆滚圆的，仰身翻倒后，立即便翻过身来。还有一种拟步行虫，脊背扁平，身体肥实，鞘翅因无中缝而无法帮它翻身，因此，静止不动，装死一两分钟之后，便在原地仰卧着拼命踢蹬、挣扎。

　　鞘翅目昆虫因腿短，迈不了大步，逃命时速度不快，因此，它应该比其他昆虫更需要以装死来欺骗敌人，但实际上并非如此。我逐一地观察研究了叶甲虫、高背甲虫、食尸虫、克雷昂甲虫、碗背甲虫、金匠花金龟、重步甲、瓢虫等一系列昆虫，它们全都是静止几分钟，甚至几秒钟，便立即恢复了活力。还有不少种类的昆虫，根本就不采取装死这一招。总之，没有任何的昆虫指南可以让我们事先就能断定，某种昆虫喜欢装死，某种昆虫不太愿意装死，某种昆虫干脆就拒绝装死。如果不经过实验就先下断言，那纯粹是一种主观臆测。

导读

昆虫是否对有限的生命有预感？它们是否会思考生命终止这个问题？带着这些问题作者对一些家禽和鸟类进行实验，发现它们会保持一段时间麻木的状态。作者对昆虫进行研究，对蝎子的"自杀"行为进行深入观察，最后得出结论——蝎子根本就不知道什么叫自杀，那无非是其因恐惧而引发的昏厥状态……

昆虫的"自杀"行为

人们不会去模仿自己根本就不认识的人，也不会假扮成自己所不了解的人，这一点是显而易见的。所以说，要想装死，就必须对死亡多少有点了解。

昆虫，或者更确切地说，动物，它们对有限的生命会有预感吗？它们会在自己那极其简单的脑子里思考生命终止这一可怕的问题吗？这种对生命的最后时刻所感到的惊恐不安，既是人所感到的最大痛苦，也是人之所以伟大的一个证明。命运卑微的动物就不存在这种不安。它们与意识模糊的小孩子一样，只享受现在，不考虑未来。它们摆脱了"人生苦短"的忧虑，生活在一种蒙昧无知的甜美宁静之中。

少年时期，中学时代，我也是个淘气包。我常常与几个同学，放学之后，在回家的路上，到河边去摸那种很小的花鳅。鱼儿被我们抓到之后，拼命地挣扎，没有装死的样子。我们也常去抓鸟，鸟被抓到之后，吓得浑身哆嗦，但也没见它装死。可有一次，看到火鸡（我们附近养火鸡的人家很多），我便突发奇想：我要折腾折腾火鸡。圣诞将至，它将成为大家节日的盘中餐了。我便把家中的一只火鸡的脑袋别在它的翅膀下面，一边用手摁住它，不让它动弹，一边从上往下慢慢地摇晃它两三分钟。奇怪的结果出现了，我的实验对象变成了一个没有生气的东西，它侧着身子倒在地上，任由我摆弄。如果它那时而膨胀起来，时而瘪了下去的羽毛没有在显露出它仍然在呼吸着的话，我还真的以为它已经死了。它确实像只死鸟。它把自己那变得冰凉、足趾蜷缩起来的爪子缩到肚腹下面，看起来十分可怜。圣诞节，平安夜，尚有几天才到，它就这么死了，那可就太早了点。但是，我白担心了。它醒了，站立起来，只是身子有点儿摇晃，站立不稳，而且尾巴耷拉着，没精打采。但这种状况并未持续多久，不一会儿，它又恢复常态，欢蹦乱跳起来。

这种迷迷糊糊、昏昏沉沉、麻木迟钝的状态介于熟睡与死亡之间，持续的时间有长有短。我又多次用火鸡做过实验，每一次都出现这种适当间隔的静止状态，有时持续半小时，有时则只持续几分钟。同研究昆虫一样，要想弄清楚原因，并非易事。后来，我又用珠鸡做了相同的实验，做得非常成功。它那迷迷糊糊、昏昏沉沉、麻木迟钝的状态持续了很长时间，以至我当时都有点儿忐忑不安了。它的羽毛不像火鸡那样，没有起伏，没有一点儿生命的迹象，我真的以为它已经憋死了。我用脚轻轻地挪动了它一下，但是它一点儿反应也没有。我又挪动了它一下，只见它把脑袋从翅膀底下伸出来，站立住，平衡了一下身体，立刻连飞带跳地逃走了。它那麻木状态维持了半个小时。

我后来又对母鸡、鸭子、鸽子、雏鸟、翠鸟进行了实验。母鸡、鸭子、鸽子麻木状态保持得较短，只有两分钟左右；雏鸟和翠鸟则更加顽固，半睡半醒状态只持续了几秒钟。

我们还是关注我们的昆虫吧。昆虫从静止状态恢复到活动状态，呈现出十分值得注意的特点。我们曾用乙醚对实验对象进行实验，它们确实被麻醉了，一动不动。它们并不是在耍花招，这一点毫无疑问。它们真的处于死亡的边缘。如果我不及时地把它们从散发着乙醚气味的大口瓶里弄出来，那么它们永远不会从麻木状态中苏醒过来，最后必死无疑。

它们身上究竟是什么在预示着它们的生命状态恢复了呢？那就是：它们脚上的跗节在微微颤动，触角在摇晃摆动。这就像人类一样，从酣睡中醒转来时，伸伸胳膊腿儿，打打哈欠，揉揉眼睛。昆虫也是先摇动自己的那些细小的趾肢节和最灵活的器官，以示其知觉恢复。

如果昆虫真的在耍花招、施诡计的话，它又有什么必要去做这些细致的苏醒准备动作呢？危险一旦消除，或者被认为已经消除，它为什么不迅速站立起来尽快逃脱，何必慢腾腾地做那些很不合适的假动作呢？难道它会狡猾到在最小的细节上也要假装复活不成！绝对不是这么一回事。这种看法是毫无道理的。脚上跗节的颤动，触角的晃动，都明显地说明存在着一种真正的、生命即将消失的昏沉迷糊的状态，这种状态与乙醚麻醉所造成的后果相似，只是程度较轻而已。脚上跗节的颤动表明，被我折腾得动弹不了的实验对象，并不是民间传说或流行的理论所坚持的那样昆虫在装死，它确确实实被施行了催眠术。

经敲击物体引起的震动的影响，或者突然遭受惊吓，昆虫便会陷入一种迷迷糊糊、昏昏沉沉的麻木状态。这种状态就像鸟儿把头埋在翅膀下面，原地晃晃悠悠地站立一会儿一样。对于我们人类来说，突然看见恐怖的事情，我们会惊呆，茫然不知所措，有时甚至因此丧命。作为高等动物的人尚且如此，那么，反应极其敏锐的昆虫在遇到可怕事物的震慑惊吓时怎能承受得住，怎能不暂时就范呢？如果惊恐程度不太严重，昆虫在片刻的痉挛之后很快就会恢复常态，惊恐症状也就随之得以缓解；如果惊恐程度很严重，它就会突然进入催眠状态，很长时间僵直不动。

昆虫根本就不知道死亡是怎么回事，它又怎么会装死呢？当然是不可能的。昆虫同样也不知道自杀是怎么回事，根本不知道自杀是用来立刻终止其痛苦的一种手段。据我所知，我还没见到过有什么动物自动剥夺自己生命的名副其实的实例。富于情感的昆虫，有时会任凭苦恼去折磨自己，直至神形憔悴，这种事倒是有的；但是，用匕首刺死自己，用小刀割断自己的喉咙这种事，我从未见到过。

说到这儿，我倒是想起蝎子自杀的事来。对于蝎子是否会自杀，众说纷纭，有人认为确有其事，有人则持否定态度。有人说，蝎子被一圈火围住之后，会用带毒的螫针扎自己，直到自杀成功为止。这故事究竟有多少真实的成分？我们亲自来做个实验看看。

我所住的环境为我提供了便利的条件。我在几只大泥瓦罐里铺上一层沙土，再放上几片碎瓦片，养了一群怪模怪样的昆虫。我一直在企盼着它们为我提供一些有关昆虫习性方面的事实，但它们却不肯满足我的愿望。我养的是南方的那种大白蝎，一共有十二对。附近小山上阳光充足的沙质土地带，有许多扁平的石条，每块石条下面都居住着一只孤零零的蝎子。这种可憎可恶的丑陋家伙无处不在，多得不得了。这种大白蝎子恶名在外。

它的毒针到底有多厉害，我未亲身经历过，所以也说不清楚。可是，我的书房里就关着这群可怕的囚徒，我总得与它接触。需要去察看它们时，必然会有危险，所以我加倍小心，注意避开它们的锋芒。既然我自己没有亲自尝过它们的厉害，我便只好向别人求教。我让曾经被蝎子螫过的人谈谈他们被螫的体验。这些人主要是打柴的樵夫，他们长年在山上砍柴，难免一不注意就会被蝎子螫上一下的。其中有一位曾经告诉我说："我吃完午饭，靠在柴捆上打了个盹儿。突然，一阵钻心剧痛把我给疼醒了。那滋味就好像被烧红了的钢针扎了一下。我赶紧伸手去摸，一把摁住了一个乱爬乱动的家伙。是只蝎子！它钻进了我的裤腿，在我小腿肚子下边一点螫了我一下。这只丑陋不堪的小怪物，足有人手指头那么长。喏，这么长，先生，这么长。"

这位老实忠厚的樵夫边说边比画着，还把自己那根长长的食指伸出来。我并不觉得手指长的蝎子有什么可惊奇的，因为我在野外捕捉昆虫时碰到的蝎子，比手指长的有的是。

"我还想继续干活儿，"那位忠厚的樵夫继续对我说道，"可我浑身直冒冷汗，眼瞅着那条腿渐渐地肿起来，肿得有这么粗，先生，这么粗。"

他比画。然后，他又张开双手，在小腿周围比画出一只小水桶那么粗的圈圈来。

"真的，有这么粗，先生，这么粗。我一步三挪，使出吃奶的劲儿，忍着剧痛才回到家里，其实也只有四分之一里那么点路而已。小腿越肿越厉害，还在往上肿。第二天，已经肿到这么老高的地方了。"

他用手指了指，告诉我已经肿到小腿窝那儿了。

"真的，先生，整整三天，我下不了床，站不起来。我咬着牙关，拼命忍着把肿腿抬到一把椅子上。敷了好几次碱末，总算把肿给消了下去，喏，才恢复到现在这个样子。先生，您看。"

说完自己被蜇的经历之后，他又跟我讲述了另一个樵夫的故事。那人也被蝎子蜇了小腿下部。那个樵夫走出老远去砍柴，被蜇之后没有了力气，在回家途中走着走着便倒在了路边。后来，被几个过路人发现了，于是抱头的抱头，抱腰的抱腰，抱腿的抱腿，总算把他送到了家里。"他们就像在抬死尸一样，先生。真的，就像抬死尸一样！"

这位讲述者以乡下人的风格叙述着，说话时比画个没完，我并不觉得他夸张。人要是被蝎子蜇了，那种疼痛确实难以描述。而蝎子要是被自己的同类蜇一下，那它很快就会支持不住。对此，我有很大的发言权，因为我亲自做过多次观察研究。

我从我的"动物园"里取出两只强壮的大蝎子，把它们俩同时放进一个铺有沙土的大口瓶里。然后，我拿一根稻草秆儿去撩拨它们，激怒它们，并让它们往后倒退，最后，这两个受到骚扰的怒火中烧的大家伙一见面，就打斗起来。这怒火是我挑起来的，但看上去它们俩都把这挑衅的罪责算到了对方的头上。双方都把自己的防御武器——呈月牙儿形的钳子举起，钳口大张，顶着对方，不让对方靠近自己；两条蝎子尾巴突然你一下我一下地伸出，从背部上方向前刺去；毒囊不断地撞在一起，一小滴如清水般的毒汁挂在螯针的硬尖上。

格斗的时间并不长。其中一个被另一个的毒针刺中，没过两三分钟，它便站立不住，摇摇晃晃，倒在了地上。得胜者毫不客气，走上前去，平静如常地开始撕咬战败者的头胸前端，也就是撕咬我们以为是蝎子头看到的实际是肚腹前端的地方。它一口一口慢慢地撕咬着，时间拖得很长。一连四五天，战胜者一直没有停止过啃噬自己的同类。它要把战败者吃掉，其理由有一点是可以谅解的：这个行为对战胜者来说是正大光明的。

我从观察中掌握了真实的情况：蝎子的毒螯针能够使自己的同类即刻毙命。现在，我想谈一谈蝎子的自杀问题，也就是有人说过的那种自杀法。如果按人们所说，蝎子被一圈火炭围住，它便会用螯针蜇自己，最后以自愿死亡来结束这种失常的状态。如果真的是这样，那么这种做法对这种野性十足的昆虫来说应该是很理想的。现在，还是让我们来看一看吧。

我用烧红的木炭围成一个圆圈，把我养的那只个头儿最大的蝎子置于圈中。风助火势，木炭越烧越旺，滚滚热浪向圈中的蝎子袭去，只见它一个劲儿地倒退着在火圈内打转。稍不注意，身体便被火苗灼一下，它便左一闪右一躲，突然加快倒退，不顾方位地瞎冲瞎奔，免不了身体又不时地遭到火灼。它每次想逃出重围，都会被狠狠地烧一下。它变得狂躁不安。往前冲，被烧一下；往后退，又挨火灼一下，它进也不是退也不是，既绝望又愤怒。只见它怒气冲冲地挥舞着自己的长枪，再反卷成钩子，然后伸直平放于地上，接着便把长枪举起。它的动作迅疾而又章法不乱，简直令我眼花缭乱，惊叹不已。

现在，它该给自己一枪了，以便摆脱这进退维谷的境地。谁知道，它竟突然一阵抽搐，然后便一动不动地直直平躺在了地上。等了一会儿，仍不见它有所动作。它真的死了？也许在它那让人眼花缭乱的狂舞中，有一剑刺中了自己，而我没有看到。如果它真的是用自己的短剑刺中了自己的身体，以自杀术寻求解脱，那么它肯定死了。

但是，我心中总存有疑惑。于是，我用镊子把看上去已经死了的蝎子夹起来，放在一层清凉的沙子上面。一小时后，这个看上去已无生命迹象的蝎子突然复活了，与放进火圈前一样活泼，虎虎有生气。我又用第二只、第三只蝎子做了同样的实验。结果同第一只蝎子的情况完全一样：因绝望而发狂，突然间一动不动，像遭了雷击似的瘫软地平躺在地上；放到清凉的沙子上时，又都突然地生机勃发了。

由此可以断定，持蝎子会自杀这一看法的人，一定是被它那突然失去生命力的假象蒙骗了。他们看见蝎子身陷火墙的高温之中，绝望之下变得疯狂至极，浑身抽搐，猝然倒地，便以为它经过垂死挣扎，终于自杀身亡了。他们过早地得出一个错误的结论，以致让蝎子在火墙中活活地烤焦了。如果他们不是那么轻信表面现象，早点儿把蝎子从火墙内取出，置于清凉的沙子上，那么他们大概早就发现表面上看似死去的蝎子会恢复生命活力，就会得出结论说，蝎子根本就不知道什么叫自杀。

可以说，除了高级动物——人类，任何具有生命的生物都不具有自愿结束生命、视死如归的精神力量。我们人类，自以为具有很大的勇气和魄力从生活的苦难中自行解脱，把这种解脱视为人的崇高特质，视为一种可以进入沉思境界的优势，好像这是人优于其他动物的一种标志。然而，我们一旦真的把这种精神付诸行动，实际上则是一种懦弱的表现。

谁若是想走上自杀这条道路，最好想一想中国一位伟大的哲人——孔子在两千五百年前所说的话。这位中国哲人有一天在树林中遇到一个陌生男子，见他正往树杈上扔绳子做套准备上吊，便赶紧向那陌生人说了几句话。伟大的哲人说："哀莫大于心死。哀皆可补，唯心死不能。勿以万事于子皆无可救，试以历多世而无争之理自服。此理为：活则无绝望之事。人能自至，哀达至乐，自至难达至福。子其鼓勇若自今日起知生之所值。子其善用寸阴。"❶

---

❶ 经查，未找到对应言论，疑为作者归纳而成。

这种中国式的哲思深入浅出，浅显易懂，但其寓意却十分深邃。它让人想起一位寓言作家的另一种哲学。寓言家写道：

> 若我被人致伤致残，
> 缺腿断臂，患痛风，
> 只要我仍活着，
> 我便心满意足矣。

的确，中国的伟大哲人和这位寓言家说得都很有道理。生命是一种严肃的东西，不能因遇到点艰难困苦就心烦意乱，轻易地就把生命抛弃。我们不应把生命视为一种享乐、一种磨难，而应该把它视为一种义务，一种只要一息尚存就必须全力以赴地去尽的义务。

让生命的最后一刻提前到来者，是懦夫，是蠢货。我们有权凭着自己的意愿决定坠入死亡深渊的方式，但这并不意味着我们有权轻生遁世。相反，这种自由意志的权利恰恰向我们提供了动物毫无所知的向前看的本领。

只有我们才知晓生命的欢乐会怎样结束；只有我们才能预见自己末日的到来，只有我们才对死者表示缅怀，怀有崇敬之情。凡此种种，都是一些重大的事情，这是其他动物所想不到的。当伪劣的科学在高谈阔论，拼命让我们相信一只可怜的昆虫会耍花招装死的时候，我们要求这种科学更贴近事物本身去进行观察研究，切莫把昆虫因恐惧而引发的昏厥状态误以为是它能装出自己根本并不知晓的状态。

只有我们人类才能够清醒地认识到一种结局，只有我们人类才具有想见到人世彼岸的卓越本能。地位卑微的昆虫们也在发表着自己的意见："你们应有信心。本能从来不会违背自己的诺言。"

读后思考

作者在描述昆虫装死的行为之前，介绍了对火鸡以及其他鸟类的实验过程，他这样写的目的是什么呢？叙述这些是否多余呢？谈谈你的看法。

导读

　　物质分解问题引起了作者的浓厚兴趣，于是在荒石园昆虫实验室开始了研究。他发现自然界的清洁工种类众多，作为昆虫界高级净化器的绿蝇是其中的典型代表，作者惊奇地发现绿蝇常将卵产在动物尸体上的阴暗隐蔽处，其幼虫的口腔能够分泌具有溶解作用的特殊液体，这种液体会破坏肉中的谷蛋白和熟蛋白，将食物液化，然后像喝汤一样将食物喝下去……

绿　蝇

　　我一生中曾经怀有几个愿望，其中之一是希望在自家附近拥有一个水塘。这个水塘要能避开冒失唐突的过路人的视线，周围还要长着一些灯芯草，水面上还得漂浮着浮萍、荷叶。空闲时，我可以坐在池塘边、柳荫下，思考水中的生活。那是一种原始的生活，比我们现在所过的生活更单纯，在它的温馨与野蛮中尚带着几分淳朴。

　　我可以观察研究软体动物生活的天堂，可以观赏嬉戏的豉甲、划水的尺蝽、跳水的龙虱和逆风行进的仰泳蝽。仰泳蝽仰躺在水面上，摇动着它那长长的桨划水，而它那两条短小的前腿则收缩于胸前，等着猎物出现，准备抓捕。我可以研究正在产卵的扁卷螺，在它那模模糊糊的黏液里凝聚着生命之火，宛如朦朦胧胧的星云中聚集着恒星一般。我可以观察新的生命在蛋壳里旋转，勾画出螺纹，也许那就是未来哪个贝壳的轮廓。如果扁卷螺略通几何学的话，它也许能够勾画出如地球围绕太阳运转的轨道。

　　经常跑到池塘边小憩，可以产生很多想法。可是，命运不让我如愿，池塘终成泡影。我尝试着用四大块玻璃做成一个小池塘，可是心有余而力不足，这个我梦寐以求的水族馆未能建成。

　　春天来临，美国山楂树开花了，蟋蟀齐鸣。这时节，我脑海里又不断地浮现出我的第二个愿望。我走在路上，看见了一只死鼹鼠和一条被石头砸死的蛇。二者的死都是人为的。鼹鼠正在掘土刨坑、驱除害虫，正巧有一农夫在翻地，他的铁锹一下子挖到了它，把它拦腰斩断，扔到一边。而那条游蛇是被融融春意唤醒的。它来到阳光下，蜕去旧衣，换上新衣。正在这时，它被人发现了。此人便说："啊！你个可恶的东西，我要为民除害。"他边说边用石头把它的脑袋砸了个稀巴烂。这条保护庄稼、在消灭害虫的激烈战斗中帮助过我们的无辜的蛇，就这么一命呜呼了。

这两个动物的尸体已经腐烂。人们经过它们的身旁时扭头便走。只有观察家停下脚步，捡起了这两具尸体瞧了瞧，只见一群活物在其上爬来拱去，这些生命力旺盛的昆虫正在啃噬着它们。我又把它们放回原处，"殡葬工"会继续处理这两具尸体的，它们会非常负责地完成自己的殡葬任务。

我的脑海中一直浮现着一个愿望：了解清楚这些清除腐尸的清洁工的习俗，看着它们不停地分解尸体，观察它们把死亡物质迅速加工后收到生命的宝库中去。

理解感悟

法布尔饶有兴趣地探讨昆虫的美丽人生，其作品将科学和文学融合，在观察昆虫时也不忘与人类社会进行呼应，有着强烈的人文关怀和生命意识。

我的这个愿望也许让人觉得荒诞，认为我不干正事，却关注腐尸烂肉和食尸虫等令人作呕的昆虫。请大家切勿作如是想。我们的好奇心所牵挂的最主要的事，一个是起始，一个是终结。物质是如何聚集的，如何获得生命的？生命终止时，物质又是如何分解的？如果我拥有一个小池塘，那些带有光滑螺纹的扁卷螺就可以为我的第一个问题提供宝贵的资料了；而那只腐烂的鼹鼠将会解答我的第二个问题，它将会向我显示熔炉的功能，一切都将在熔炉里熔化，然后重新开始。

我现在可以实现我的第二个愿望了。我有场地，有我的荒石园昆虫实验室。没有人会跑到我这儿来打扰我、嘲讽我，我的研究也得罪不了什么人。到目前为止，一切都很顺利，只是有一点小小的麻烦，因为我养了一些猫，它们会到处乱窜，如果它们发现了我的观察物，就会前来捣乱、破坏，把它们叼得到处都是。为了防止那些猫的骚扰，我想到了一个办法：建造了一个空中楼阁，四条腿的动物上不去，只有专攻腐烂物者才能飞抵那儿。

形象分析

作者为进行观察精心制作道具，想尽办法寻找实验对象，可见其考虑周全，准备充分，这些都是获得准确实验结果的前提条件。

我把三根芦苇绑在一起，做成三脚架，放在荒石园中不同的地方，每个三脚架上吊有一只陶罐，里面装满沙子，离地面一米高，在罐子底部钻一个小孔，如果下雨，雨水就可以从小孔中流出。我把动物尸体放在罐子里。我选中的尸体是游蛇、蜥蜴、蟾蜍，因为它们皮肤光滑无毛，我可以很容易地监视入侵者的一举一动。不过，毛皮动物、禽类和爬行动物的尸体，我有时也要选用。我以两个苏❶作为酬劳，让邻居家的孩子为我提供货源。一到春天、夏天，他们便常常满心欢喜地跑到我这里来，有时用小棍挑着一条死蛇，有时用甘蓝菜叶包着一条蜥蜴。他们还向我提供用捕鼠器捕捉到的褐色家鼠、渴死的小鸡、被园丁打死的鼹鼠、被车轧死的小猫、被毒草毒死的兔子。这是一桩买家和卖家都十分满意的交易，以前村子里不曾有过，将来恐怕也不会有。四月很快过去了，罐子里的昆虫越聚越多。首先到访的是小蚂蚁。为了远离蚂蚁这不速之客，我把罐子吊在空中，可是蚂蚁对我的这番图谋嗤之以鼻。一只死动物刚放进罐子里还没两个小时，尚未发出尸臭，它们不知怎么就赶来了。这帮贪婪的家伙沿着三脚架的支架攀缘而上，爬进罐内，开始解剖尸体。如果此肉正合它们的胃口，那它们就会在

---

❶ 苏：原法国的辅助货币，现已不再流通。

沙罐里安营扎寨，挖一个临时蚁穴，以逍遥自在地处理这丰富的食物。

这一季节，正是蚂蚁工作最繁忙的时节。它们总是第一个发现动物尸体。并且总是等到死尸被啃噬得只剩下被太阳晒得都发白了的一点骨头时才最后一个撤离。这帮流动大军离沙罐很远，怎么会知道那看不见的高高的三脚架顶上有吃的东西呢？而那帮真正的肢解尸体者则必须等到尸体腐烂，发出强烈的气味，才会得知方向。这就说明，蚂蚁的嗅觉比其他昆虫要灵敏得多，在臭气开始扩散之前，它们就已经嗅到尸体的所在地了。

当尸体搁置两天，被太阳烤熟烤烂了之后，臭气就散发出来了。这时候，啃尸族也就纷纷地赶了来。只见皮蠹、腐阎虫、扁尸虫、埋葬虫、苍蝇、隐翅虫等一窝蜂地向尸体冲上去，啃噬它，消耗它，几乎把它吃个精光。如果光是蚂蚁在打扫战场的话，它们只能一点一点地搬，打扫卫生的工作要拖得很久。但上述的那帮昆虫干起活儿来雷厉风行，很快就能完成清扫任务。有些使用化学溶剂的昆虫，效率更高。

最值得一提的当然是苍蝇这类昆虫，它们简直就是高级净化器。苍蝇的种类繁多，如果时间允许的话，这些骁勇善战的勇士每一位都值得我们去仔细观察，大书一笔。但这会让读者们感到厌烦的。我们只需了解几种苍蝇的习性，便可知其他种类的苍蝇的习性了。在此，我只把自己的观察研究范围局限在绿蝇和麻蝇身上。

绿蝇浑身上下一片闪亮，是大家都司空见惯的双翅目昆虫。它那通常呈金绿色的金属般的光泽，可以与最漂亮的鞘翅目昆虫如金匠花金龟、吉丁、叶甲虫等一比高低。当我们看到如此华丽的服装竟然穿在清理腐烂物的清洁工身上时，总不免会觉得十分惊诧。经常光顾我那些吊着的沙罐的是三种绿蝇：叉叶绿蝇、食尸绿蝇和居佩绿蝇。叉叶绿蝇和食尸绿蝇呈金绿色，为数不多，而居佩绿蝇闪着铜色光亮。这三种绿蝇眼睛都是红红的，眼圈则是银色的。

个头儿最大的是食尸绿蝇，但干起活儿来最内行的当属叉叶绿蝇。四月二十三日，我正巧碰见一只叉叶绿蝇产卵。它落在一只羊的脖颈椎里，把卵产在那儿。它一动不动地在那里待了一个小时，把卵全部产了进去。我隐约看见了它那双红眼睛和白面孔。我小心翼翼地把它产下的卵全部收集起来。

我本想数一下究竟有多少个卵粒，但此刻它们聚在一起，密密麻麻，难以计数。因此只能把这个大家庭养于一个大口瓶中，等它们在沙土地里变成蛹之后再数。我发现了一百五十七只蛹，这肯定只是一小部分，因为我后来又对叉叶绿蝇以及其他的绿绳做过观察，发现它们总是分好几次产下一包一包的卵，这真可以组建一个大兵团了。

我之所以说绿蝇分好几次产卵，是因为我观察到以下的一些情景，它们可以做证。我把一只经多日暴晒有些发软的死鼩鼠平放在沙土上。它的肚皮边缘有一处鼓胀起来，形成一个窟窿。绿蝇和其他双翅目昆虫从来不在裸露的表面产卵，因为脆弱的胚芽经受不住暴晒，所以必须把卵产在阴暗隐蔽的地方。

在目前的情况下，唯一的入口就是死鼹鼠肚腹下的那个褶皱。今天，只有在那个地方才有产卵者产卵。一共有八只绿蝇。只见绿蝇或单个或几个地潜入这个理想的窟窿下面。爬进窟窿的绿蝇在里面需要待上一段时间，在外面的绿蝇则须等待。等待者十分焦急，一次次地飞到洞口去张望产房里的情况，看看是否已经产下了小宝宝。产妇终于出来了，停在死鼹鼠身上歇息，等着下一轮再进入产房继续产卵。新的绿蝇进了产房，它们也得在里面待上一段时间，然后才把床位让给下一批产妇，自己则去外面晒晒太阳，养精蓄锐。整个上午，只见它们就这么进进出出，忙个不停。

由此得知，绿蝇产卵是分几次进行的，中间有几次休息的时间。当绿蝇感到已成熟的卵尚未进入输卵管时，它就会待在太阳底下，不时地飞起来转上一圈，然后落在死鼹鼠身上凑凑合合地吃点儿喝点儿。当成熟的卵进入输卵管时，它便会尽快地找到合适的产房生下宝宝，卸去重负。因此，整个产卵过程需要持续两天。

我谨慎小心地把身下有绿蝇在产卵的死鼹鼠掀起来，看见绿蝇正在产卵，十分忙碌。它们用输卵管的尖端迟疑地摸索着，想尽量把卵排在卵堆最深处。当红眼产妇神情严肃地生产时，有不少蚂蚁在它的周围忙着打劫，许多蚂蚁在离开时嘴里都叼着一粒蝇卵。我还看见一些胆大包天的抢掠者竟然爬到输卵管下面去抢掠。产妇并不理睬，任由它们胡作非为，大概它心里有数，自己肚子里有的是卵，抢走那么一点算不了什么，何必大动肝火。

确实，幸免于难的卵已足以保证绿蝇产妇组建一个兴旺发达的大家庭。过了几天，我又回到那座妇产医院，掀起那具死鼹鼠看了看。在那具尸体下面恶臭的脓血里，许多只小虫子蠕动着。蛆虫的尖脑袋冒出了尖，晃动一下，立即又缩进浪谷里去。这里真的像波浪滚滚的海洋。掀起死鼹鼠的腰间部位之后，那景象让人恶心发毛。但是，必须经受住考验，否则以后见到更可怕的情景就难以支持住了。

我们现在见到的产房是一条死蛇组建的。它盘成一个旋涡，占满了整个罐子的底部。只见不少的绿蝇纷纷飞来，而且，还有一些在继续飞来，壮大这支产妇大军。产房里不见你争我夺地抢床位的现象，产妇们都自顾自地在生产。死蛇那一圈圈盘旋所造成的缝隙是最最理想的产卵处所，那里可以避开毒日头的暴晒。金色的苍蝇排列得像一根链条似的，相互间紧挨着。它们尽量把输卵管往缝隙里插，连翅膀被揉皱翘到头上也在所不惜，生产是头等大事，哪儿还顾得上这种打扮上的小事？它们一个个静声静气，红红的眼睛看着外面，所排成的链条时而会出现几处断裂，那是因为有几个产妇离开了自己的产床，飞到死蛇产房旁边散步，等待下一批卵子成熟进入输卵管之后再回到断裂处，再次产卵。

尽管链条常常出现断裂，但是生产速度并没有慢下来。仅仅一上午，那螺旋状的缝隙中就布满了一层密密麻麻的卵。可以把这些卵成块地剥离下来，上面一尘不染。我用纸做了个小铲子，铲下来一大堆白色的卵，把它们放进玻璃管、试管和大口瓶里，然后放上一些必要的食物。

卵的长度约一毫米，呈圆柱形，表面十分光滑，两头略圆，二十四小时内便可孵出。这时候，我脑子里想到了一个很重要的问题：绿蝇的幼虫将如何进食？我知道应该喂它们一些什么，可我都不清楚它们怎么食用。它们的吃法——从这个词的严格意义上来说，那能叫吃吗？我心存此怀疑是不无道理的。

我们来观察一番那些个头儿较大的绿蝇幼虫。它们是蝇类的普通幼虫，头部尖尖的，尾部呈截断状，整体看上去呈长锥形。尾部的皮肤表面有两个棕红色的点，那是气门。被称为头部的那个部位，其实只是肠道的入口，也可称为幼虫的前部，那里有两个黑色的爪钩，装在半透明的套子里，时而微微向外凸出，时而缩回套子里。它们是不是可以被视为大颚呢？绝对不行，因为这两个爪钩并不像真正的爪钩那样是上下对生的，它们是平行地长着的，永远不会相合。

那么，这两个爪钩到底是干什么用的呢？它们是幼虫的行走器官，是移动爪钩。它们可以起到支撑的作用，在反复地一伸一缩的过程中，幼虫就能往前爬去，幼虫就是靠着这个看似咀嚼器的器官在行走的。幼虫的喉头犹如一根登山用的拐杖。我把幼虫放在一块肉上，用放大镜仔细观察，便发现它在散步，忽而抬起，忽而低下，并不断地用爪钩捣肉。当它停下来时，后部静止不动，前部则保持弯曲，以探测空间，那尖尖的脑袋在探索着，前进，后退，将那黑色的爪钩一伸一缩，如同活塞在不停地运作着。我观察得十分认真仔细，却并未发现它的"嘴"沾到过一点儿撕扯下来的肉，也没看见它吞过肉。爪钩不停地敲打着那块肉，但未从肉上咬下过一口。

然而，蛆虫却在长大变胖。那它到底是怎么吸取食物的呢？它并没有嚼食呀！它虽然没有吃，但是它应该是喝了。它的食谱是肉汁。肉是固体物质，自己不会液化，那就得运用某种特殊的烹调方法把它变成可以吸食的液体。我们得想办法揭开蛆虫的这一秘密。

我弄来一块如核桃一般大小的肉块，用吸水纸把水分吸干，把它放在一个封闭的玻璃试管里。在这小块肉上，我还放了几小坨卵，那是从沙罐里那条死蛇缝隙中采集的，卵的数目在两百粒左右。然后，我把玻璃试管口用棉花球塞上，将试管竖起，放在实验室一处避光的角落里。我又弄了一只玻璃试管，也如法炮制，只是里面没有放蝇卵，我把它放在前一个试管旁边，以做参照。

蝇卵孵化后只两三天，结果让我十分惊讶。那块用吸水纸吸干了的小肉块已经变湿了，甚至在幼虫爬过的玻璃管管壁上都留下了水迹，幼虫蠕动着经过的地方都出现了水汽。而作为参照物的那个试管仍旧是干的，这就说明幼虫蠕动时经过的地方留下的液体并不是从那块肉里渗出来的。

另外，幼虫仍在不停地工作着，结果更加证实了这一点。那小块肉简直像是放在火炉旁边的冰块似的，一点一点地融化，很快，那肉便变成了液体。它已经不能被称为肉了，而是李比希 [1] 提取液。如果我把试管的棉花球弄掉，把试管倒置，里面的汁液会流得一滴也不剩。

　　这绝不是肉质腐烂所导致的溶解，因为作为参照物的试管里的那块同样大小的肉块，除了颜色和气味变了之外，看上去仍和原来的一样。原先是一整块，现在仍旧是一整块。而那块经过绿蝇幼虫加工的肉块，却已像是融化的黄油似的稀稀的了。我们所见到的就是绿蝇幼虫的化学功能，我想，研究胃液作用的生理学家见了也会自叹弗如。

　　这之后，我又用煮熟的鸡蛋蛋白做了实验，获得了更强有力的证据。我把蛋白切成榛子一般大小，经过绿蝇幼虫加工之后，蛋白溶解成为无色的液体，我若不是做实验，知道那是什么，真的会以为那液体就是水。液体的流动性强，幼虫在液体中失去了依托，便溺死其中了。它们是因为尾部被淹没而窒息的。幼虫尾部有张开的呼吸孔，如果泡在密度较大的液体中，呼吸孔会浮在液体表面，但是，在流动性很强的液体中，呼吸孔就无法浮于表面了。我同时放了一支试管在一旁作为参照，试管里只是没有放绿蝇幼虫，结果，这支没有幼虫的试管里的熟蛋白块仍旧一如先前，硬度也没有变，如果不被霉菌侵蚀的话，它会变得更加坚硬。

　　其他的装有四元化合物——谷蛋白、血纤维蛋白、酪蛋白和鹰嘴豆豆球蛋白的那些试管里，也发生了类似的变化，只是程度上有所不同而已。幼虫吸食了这些物质里的蛋白质，长得胖胖的，只要能避免淹死，那就万事大吉，它们就能健康地成长。生活在死尸上的幼虫也不见得比它们长得更好。再说，试管里的幼虫即使掉进液体中，也不必惊慌失措，因为试管里的物质仅仅处于半液化状态。其实，那并不是真正的液体，而是糊状流质。

　　即使食物达到了这种不完全的液化状态，绿蝇幼虫仍不满意，它们仍然希望把食物变成液体。它们无法吃固体食物，所以喜欢流质，喜欢把头埋到流质里吸食，仿佛喝汤似的。那种起着相当于高级动物的胃液作用的溶液，无疑来自它们的口腔。如同活塞似的不停地运作的爪钩连续不断地排出微量的溶液，但凡爪钩接触到的地方，都留下了微量的蛋白酶，致使被接触处很快地渗出水来。既然消化总的来说就是在液化，那么我们可以明确地说，绿蝇幼虫是先消化食物再进食的。

　　我从这种看似令人恶心的实验中得到了乐趣。我想，意大利学者斯帕兰扎尼发现生肉块在那沾了小嘴乌鸦胃液的海绵作用下变成了流质时，势必与我此时此刻的感受是一样的。这位意大利学者发现了消化的秘密，并成功地在试管里完成了胃液作用的实验，而当时胃液的作用尚不为人所知。我这个远方的信徒也见到了使这位意大利学者惊讶不已的现象，不过，实验物却是人们无法想象得到的。

----

　　[1] 李比希：德国化学家，由于创立了有机化学，被称为"有机化学之父"，被誉为最伟大的化学教育家之一。因发现氮对植物营养的重要性，还被称为"肥料工业之父"。

绿蝇幼虫代替了小嘴乌鸦，它们腐蚀了肉块，破坏了肉块中的谷蛋白和熟蛋白，使之变成了液体。我们的胃是在隐蔽状态下工作的，而绿蝇幼虫是在体外，在光天化日之下完成其功效的。它先消化，然后才把消化物像喝汤似的喝下去。

看见这些绿蝇幼虫把头埋进这种汤里去，我就在寻思，它们真的不会咀嚼吗？或者不会以更直接的方式进食吗？为什么它们的皮肤罕见地光滑，难道皮肤能够吸收食物吗？我在拿金龟子和其他食粪虫做实验时，发现它们的卵在明显地变大，因此自然而然地认为那是因为它们吸入了孵化室里的油腻空气。我认为，绿绳幼虫能够依靠自己全身的皮肤吸收食物，除了"嘴巴"在吸食像汤似的液体，它们的皮肤也在帮助吸收和过滤，这也许就是它们必须先把食物变成液体的原因所在。

我再举一例来证明幼虫事先将食物液化这一事实。如果把鼹鼠、蛇或其他动物的尸体放在露天的沙罐里，上面套上金属网罩，以防双翅目昆虫侵入，那么尸体便会被烈日曝晒，变干，变硬，而不会像预想的那样使尸体下面的沙土润湿。尸体都会渗出液体的，任何一具尸体都像一块吸足了水分的海绵似的，尽管水分的渗出极其缓慢，但都会被干燥的空气和热气所蒸发掉，因此，尸体下面的沙土能够保持干燥，或者说保持基本的干燥。尸体因此变成了木乃伊，变得如同一张皮了。

相反，如果沙罐不用金属网罩住，任由双翅目昆虫自由进出，情况马上就会大不相同。三四天的工夫，尸体下面就会出现脓液，而且沙土地浸湿了一大片，这是液化的开始。

我又用一条较大的蛇做了实验，这条蛇长约一米五，有粗瓶颈那么粗。由于体积过大，超过了沙罐的容量，我便把它盘成双层螺旋状。当这个美味佳肴被完全分解时，沙罐简直成了一片沼泽地，无数只绿蝇幼虫和更强大的液化器——麻蝇幼虫在这片沼泽地里蠕动着。

沙罐里的沙土被浸湿之后，泥泞不堪，仿佛经受了一场大雨。液体从沙罐底部那个盖着一个扁卵石的预留小孔里滴下来。这是蒸馏器在运作，那条死蛇正在这个尸体蒸馏器中蒸馏。一到两个星期之后，液体将会消失，被沙土吸干，黏糊糊的沙土地上只会剩下一些鳞片和骨头。

总之，绿蝇幼虫可以说是世界上的一种力量，它为了最大限度地将死者的遗骸归还给生命，便将尸体蒸馏，分解为一种提取液，让大地吸收，变成沃土。

写作手法

作者提及斯帕兰扎尼胃液作用的实验，将绿蝇幼虫消化食物与之进行对比，指出这两种消化行为的异同，便于读者理解认知。

写作手法

作者详细地描述了幼虫消化死蛇尸体的过程，"仿佛经受了一场大雨"表现了液化的程度，一两个星期的时间，死蛇便被消化干净，可见处理速度之快。

读后思考

作者在文中分别描述了绿蝇在鼹鼠身上、在蛇身上产卵的场景，这两个场景描写有哪些异同点呢？请结合相关文字描写进行分析。

⊟导读

　　麻蝇喜欢吃各种动物的尸体。麻蝇产卵数量极多，幼虫外形与绿蝇区别明显，具有出色的"液化装置"。麻蝇幼虫没有视觉器官的专门神经网络，却对光线极其敏感。幼虫身体发育完全后，便钻入泥土变成蛹，尽管成虫出壳的过程十分艰苦，但是它到达地面经过短暂的梳妆打扮后，便完全成熟了，随后加入同伴的工作中。

麻　蝇

写作手法

　　开篇对麻蝇的外形进行了形象生动的描写，拟人化的描写表现了麻蝇作为食肉蝇的凶残之态。

　　这里所见的昆虫在服饰上虽然有差异，但是在生活习性上没有大的不同，都是同尸体打交道，都同样具有迅速使肉体液化的功能。麻蝇是一种黑灰色的双翅目昆虫，个头儿比绿蝇要大，背部有褐色条纹，腹部有银光点。它的眼睛血红血红的，目露凶光，虎视眈眈地要去肢解尸体。它是一种食肉蝇，专业术语称为"麻蝇"，俗称"肉灰蝇"。

　　无论这两种称谓如何正确，我们可千万不要望文生义，误以为麻蝇会经常光顾我们的住处，特别是在秋季，会大胆地在没放好的肉上下蛆。不是这样的。干这种可恶勾当的罪魁祸首是肉蓝蝇。肉蓝蝇体态比较肥胖，呈深蓝色。它们飞到玻璃窗上嗡嗡地鸣响，狡诈地把食品柜给团团围住，寻找机会，趁人不备对食品柜里的肉食下毒手。

写作手法

　　将麻蝇与绿蝇的行动场所进行对比，麻蝇竟然会闯入民宅干坏事，可见麻蝇更加胆大妄为。

　　麻蝇往往会与绿蝇携手，合伙干坏事。绿蝇从不闯入我们的住所冒险，而是在大太阳底下工作。麻蝇则不像绿蝇那么胆小，如果在外面找不到食物充饥，它也会冒险闯入民宅，干点儿坏事。不过，它干完坏事便立即逃之夭夭，因为它感到在民宅里很不自在。露天实验场的一个分支机构——我的这间实验室，已经变得有点儿像储肉间了。麻蝇有时会飞到这儿来。如果我在窗台上放一块肉，它便会飞落在上面，享用一番，然后心满意足地飞离。架子上放置的大口瓶、茶杯、玻璃杯等，也是它光顾的对象。

　　因为研究的需要，我收集了一堆在地下蜂巢里窒息而死的胡蜂幼虫。麻蝇悄无声息地飞了来，发现了这一大堆死了的胡蜂幼虫，非常高兴。这种美食也许是其家人从未有幸品尝过的，于是，它把自己的一部分家庭成员安置在这堆胡蜂幼虫尸体上面。我拿来一个煮熟的鸡蛋，掰下几块蛋白喂绿蝇的幼虫，剩下的大部分则放在一个玻璃杯的杯子底部。麻蝇占据了这些剩下的鸡蛋，在上面繁殖。其实，它并不在意这是一种新东西，只要是蛋白质一类的食物，它都觉得可口，所有一切，即使是死蚕，甚至芸豆和鹰嘴豆的豆泥，它都觉得很对自己的胃口。

不过，它感到最对自己胃口的还是死尸。从毛皮动物到禽鸟，从爬行动物到鱼类，凡是死尸它都喜欢吃。麻蝇有绿蝇陪伴，对我那些沙罐情有独钟，它来得很勤，每天都飞来探望那条死蛇，用吸管吸一点儿尝一尝，看看是否熟透可食。它来了又飞走了，飞走了又回来，来来回回好几趟，不紧不慢，不慌不忙，最后才开始干活儿。不过，访客太多，熙熙攘攘，观察起它们的行为举止来十分不便，所以，我就在我工作台前的窗台上放上一块肉，这样既不碍手碍脚，又便于观察。食尸麻蝇和红尾粪麻蝇是常来光顾这块腐肉的双翅目昆虫。红尾粪麻蝇腹部末端有一个红点。而食尸麻蝇则要比红尾粪麻蝇略为强壮，数量上也占有优势，在沙罐里的工作大部分都是由它承担的，而且它几乎总是独自飞到窗台上的那个诱饵上。

它会突然飞来，一开始还小心翼翼地，有点儿害怕，但不一会儿便胆大起来，即使我走过去，它也不飞走，看来它迷上这块肉了。它工作起来速度飞快，将腹部末端对着那块肉蹭两下，便大功告成了。一群蠕动着的蛆虫产了下来，迅速地四散开，我都来不及拿起放大镜精确地统计一下它们到底有多少。我估摸了一下，有十二三只。可是它们都爬到哪里去了？

它们似乎刚着地便钻到了那块肉里，几乎一转眼就不见了踪影。不过，它们还都是一些新生婴儿，那块肉还是有着一定的阻力的，它们不可能这么快就钻进去了呀？那么，它们到底是跑哪儿去了呢？我突然发现，那块肉的褶皱间有一些麻蝇幼虫，它们都是单独行动，正在用嘴拱。我不能把它们一个个地夹起来数一数，那会伤及它们的。我只能用眼睛查看了一下，它们有十二三只，是我几乎还没来得及注意就一下子产下来的。

麻蝇产下的是一些活的幼虫，而不是通常所见的卵。它们的这些幼虫，我们人类早已熟悉了。我们早已知晓，麻蝇从不生蛋，而是生孩子，因为它们要干的活儿实在太快，任务非常紧急，孵卵又太费时间！对于专门加工死尸的它们来说，一天就是一天，必须妥善地加以利用，分秒必争，不可浪费。而绿蝇是产卵的，它们的卵最快也得二十四小时才能孵出幼虫。麻蝇则节省了这个时间，从自己的子宫里迅速地输出一批劳动力，这些初生幼虫一落地便开始了繁忙的劳作。

这支劳动小分队人员并不算多，这是无可争辩的事实，不过，它们的数量还可以增加不知多少倍。学者雷沃米尔对麻蝇那台奇妙的生育机器曾经做过如下的描述：那是一条螺旋形的带子，涡纹如天鹅绒一般地柔软，其间藏有密密麻麻的幼虫。每一只幼虫都由一层膜包裹着，它们一个挨着一个地紧紧挤靠着，如同一张羊毛皮。这位很有耐心的学者对这个军团成员的数量作过统计，据说高达两万只！他是做过解剖的，这个数字又不能不信，但是真的是令人瞠目结舌。

可是，麻蝇怎么会有时间安置这么一大家子呢？而且，它得分期分批地一包一包地安置，如同它刚才在我窗台的那块肉上所做的那样。在排空子宫之前，它得找许多死狗、死猫、死鼠、死蛇啊！它能找到那么多吗？野外有不少死去的动物尸体，但是也不会有那么多呀。不过，它并不在乎是什么样的动物尸体，什么样的动物尸体都可以，它也会去找那些不太起眼的尸体。如果猎获物很丰富，它明天，后天，甚至随后的几天，都会飞来的。在繁殖的季节里，它会不断地将一包包的幼虫安置在各个地方，直至把自己腹中的胎儿全部安排妥当。可是，如果这些幼虫今后都做产妇，那个繁殖速度该多么吓人啊！麻蝇一年之中会繁殖几代。它像是被催逼着似的不停地生，生，生！应该对它叫停才是。

我们现在先来了解一下这种麻蝇的幼虫的情况。幼虫十分健壮，体型较大，特别是其尾部，很容易与绿蝇幼虫区别开来。它的尾部是平切的，有一个切得很深的槽，槽的底部有两个用来呼吸的孔，两个带琥珀色唇的气门。气门边缘有十多条呈放射状的月牙饰纹，肉乎乎的，棱角分明，像一顶冠冕，幼虫可以随意地通过收缩和松弛肉质月牙饰纹使冠冕关闭或打开，这样一来，当气门没于糊状物中的时候，就能有所保护，不致被堵塞住。当幼虫被液体淹没时，这顶带月牙边的帽子就会闭合起来，如同一朵花把花瓣收拢起来一样，液体就无法渗入气门了。

随着幼虫露出液体表面，尾部也重新露了出来。当它刚好与液体表面持平时，冠冕就重新打开，看似一朵小花，花冠上带着白色的月牙边，中间有两根鲜红鲜红的雄蕊。当幼虫一个一个紧紧地挤靠着把头埋进臭气熏天的汤液中时，看上去就像一片白露洲。当你一心一意地观察着这些冠冕，看着它们不停地一开一合，还发出极其微弱的扑扑声，你会不知不觉地忘记了那臭味，看着它们就像是看着一片娇美的海葵。麻蝇的幼虫自有其丰韵。

毫无疑问，如果事物都有其一定之规的话，那么一只为防止溺毙而采取严密的防范措施的幼虫想必经常出没于沼泽地。它的尾部戴上帽子并非为了美观，为了张开时好看。它身上这个带有放射状条纹的机件是在对我们说，它从事的工作具有相当大的危险性，在死尸堆里干活儿有送命的危险。这个道理很简单，我们前面已经说过了，绿蝇幼虫靠熟蛋白生存，而熟蛋白又极对它的胃口，但熟蛋白在胃蛋白酶的作用下会变成糊状，变得很稀，幼虫很容易被溺毙。它尾部那个与稀汤般的食物持平的气门没有任何防护，如果在液体中失去了依托，幼虫必死无疑。

麻蝇幼虫的液化装置非常出色，它们未曾经历过上述危险，即使生活在尸液的沼泽中。它们身上那鼓出来的尾部起着浮子的作用，能使气门保持在液面之上。如果需要潜入更深的地方觅食，尾部的"海葵"就会闭合起来，保持气

写作手法

详细地描写了麻蝇幼虫尾部的特点，多处运用比喻的修辞手法，形象而生动。

理解感悟

作者在认真观察幼虫的冠冕时竟然忘记其臭味，一方面表现了冠冕的形态极其优美，另一方面表现了作者沉浸观察时的忘我态度。

门不受堵塞。麻蝇幼虫拥有潜水装备，因为它们是无与伦比的液化装置，随时都得为潜入水下做好准备。

我找了片干燥的地方，把它们放在一块纸板上以便于观察。我刚把它们放到纸板上，它们便立刻活跃起来，蠕动着，到处乱爬，粉红色的气门打开，口器抬起落下，起着支撑作用。纸板就放在离窗户三步远的工作台上。这时候，柔和的自然光照进屋里，所有的幼虫都动作起来，背向窗户爬动着，而且爬得挺快，像急匆匆地忙着逃命似的。

我把纸板转了个一百八十度，但未碰幼虫。这么一来，幼虫们又面朝着窗户了。只见它们立刻停止爬动，迟疑片刻，转了个弯儿，又向背光的方向爬去。没等它们爬出纸板，我又把纸板转了个一百八十度，它们又一次掉转身子，往回爬去。我反复地转动纸板，每次都看见它们转过身子，背朝窗户爬去。它们这么执着，我转动纸板迷惑它们的计谋总不能得逞。

纸板的长度只有三拃，活动空间不大。于是，我考虑给它们一个更大的空间，看看结果如何。我把它们放在屋里地板砖上，用小镊子夹住，让它们头冲窗户。可是，只要我把镊子松开，还它们自由，它们便立刻转过头来，躲开阳光，快速地向背光处爬去。它们爬过屋里的地板砖，再爬六步远就碰到墙壁了。这时候，它们有的向左爬，有的向右转，似乎每一个都觉得离那讨厌的光线充足的窗户太近。

毫无疑问，它们害怕光亮，在逃避光亮。我用一块布帘把窗户遮严，挡住光线，然后把幼虫放在纸板上，再使它们的头冲着窗户，它们并未改变方向，照样向窗户爬去。等我突然把布帘揭开，它们就立刻掉转身子，背向窗户逃走了。

对于一个生来就生活在阴暗的地方、生活在死尸身下的蛆虫来说，躲避光亮是很自然的反应。奇怪的是对光的感知这件事本身，因为蛆虫是瞎子，在它那尖尖的所谓头部的身体前部，没有任何感光器官的痕迹，身体上其他部位也未见感光器官的痕迹，浑身上下的皮肤完全一致，光滑苍白。

这种瞎眼幼虫没有任何视觉器官的专门神经网络，却对光线极其敏感。它全身的皮肤像一层视网膜，当然，这种视网膜是看不见东西的，却能辨别明暗。蛆虫在灼热的阳光直射之下会表现得极度不安，这就说明它能感知冷热明暗。比如我们人类，我们的皮肤比蛆虫的皮肤粗糙多了，但是我们不用眼睛仍然可以分辨出日晒与阴凉。

但是，我那些实验对象，仅仅是接受了从我的工作室窗口射进来的阳光。对这柔和的阳光，它们都感到极度不安，十分惶恐，慌不择路地逃跑，唯恐避之不及。从这一点来看，这个问题似乎比较复杂。

这些逃亡者究竟感觉到了什么呢？它们是不是被化学辐射刺痛了？是不是受到了其他什么已知或未知的射线的刺激？或许阳光中还隐藏着许多我们尚不知晓的秘密。如果用光学仪器对幼虫进行观察，也许能获知一些宝贵资料。如

写作手法

作者通过一系列动作描写展现了幼虫面对阳光时的反应，说明幼虫对阳光的畏惧。

果我手头有进行这种观察研究的设备，我会很高兴对这个问题做进一步的探究。但是，我现在并没有这种设备，当然以前未曾拥有过，将来肯定也不会有的，我不相信自己会有这种财力。话虽如此，但我还是想在我那微薄收入允许的条件下做进一步的研究。

麻蝇幼虫身体发育完全之后，便要钻到泥土里去，在地下变成蛹。它之所以钻入地下，无疑是想在变形时能避开地面上的喧闹，求得安静。此外，它还有一个目的，在地下可以不受光线的干扰。蛆虫在蜷缩进"小桶"里去时，尽可能离群索居，避开喧嚣。

一般情况下，即使土质松软，幼虫钻入地下的深度也很少超过一掌宽，因为它要考虑到自己变成成虫之后，翅膀十分纤弱，破土而出较为困难。在不深不浅的地方，幼虫可以适当地将自己封闭起来。在它周围起阻挡光线作用的泥土厚度并不均匀，最厚的地方大约有一分米。有了这层屏障，隐居者像生活在世外桃源，悠然自得，舒适安宁。如果我们故意把它这个保护屏弄薄，那会出现什么情况呢？

我取了一根两头开口的玻璃管，长约一米，直径二点五厘米。这根玻璃管是我给我的孩子做化学小实验时用的，我曾经让氢气燃烧时的火焰在管子里歌唱。我用软木塞把这根长玻璃管的一头塞住，然后往管子里灌入用筛子筛过的很细的干沙子，再把二十只用肉块喂养的麻蝇幼虫放入管子里的沙土地上。我把管子竖着吊在我的工作室一个角落里。随后，我又用同样的方法在一个一拃宽的大口瓶里装上很细的干沙子和麻蝇幼虫。等到这两个容器里的幼虫长得很强壮时，你只要不加干涉，它们就会钻入沙土地里适合它们的深度处。

最后，幼虫在沙土地里面变成了蛹。这时候，我就该去检查这两个容器了。大口瓶里的情况与我在野地里所观察到的情况相同，幼虫隐藏在大约一分米深处，那里是它们安静的居所，上方有它们穿过的土层保护它们，大口瓶里装满的细沙正好在它们周围形成了一个厚厚的保护层。

但是，长玻璃管里的情况就不同了。躲藏得最浅的也有半米深，其他的幼虫则藏得更深，有许多甚至都钻到了管子底部，碰到了软木塞这个无法穿越的障碍。很显然，如果管子再长一些，这些钻到管子底部的幼虫肯定还会往下钻的。没有一只幼虫居住在它们通常所处的深度，而是全都钻到了这根沙柱的下端，直到钻不动为止。由于惊恐，它们才向极深的地方逃去。

它们在逃避什么呢？当然是光线。它们所穿越的土层在它们上方形成的保护层，已经超过了它们必需的厚度，但是，它们对四周的环境仍然感觉不够踏实。因为，顺着中心轴往下面钻去，四周只有十二毫米的保护层，这么薄的一层沙土当然让它们心里有些不安了，因此，它们只得继续向下方钻，希望能够在更深处找到一个更加安全的隐蔽所，直到力气使完，遇到了障碍，才不得不停止前进。

在这柔和的光线里，到底是哪些辐射能对生性喜欢黑暗的幼虫产生影响呢？这肯定不光是光辐射的问题，因为一块用塞实的泥土做成一厘米多厚的屏障是完全不透光的，应该还有其他已知或未知的辐射，这种辐射能够穿透普通辐射所无法穿透的屏障，使幼虫感到烦躁不安，感到与外界相距太近，所以它们才会继续往玻璃管子下面钻，寻找一个更加安全的庇护所。我因手头没什么仪器设备，只能根据自己的观察做出这些推测。

麻蝇的幼虫钻到泥土一米深处，如果器皿更深一些的话，它们会继续往下钻。这是因为我所采用的玻璃管细长所致，如果不是这种试管，由着幼虫凭自己的智慧去寻觅隐蔽所，它是绝不会钻得这么深的，往下钻一掌宽的深度就足够了，甚至一掌宽的深度都嫌过深。幼虫在变形之后还得回到地面上来，那是要它们付出巨大劳动的。因为它们在往外钻的时候，边挖边出现塌方的情况，刚挖了一点儿，马上就会又被填上，所以，它们要做不少的无用功。有时候，它们还得在没有撬棍、没有镐头的情况下，在相当于凝灰岩的洞穴里，也就是说，在被雨水浇过之后凝结成硬块的土里，替自己挖出一个通往地面的竖井。

往地下钻的时候，幼虫依靠的是爪钩，而准备钻出地面时，它已成为双翅目昆虫，没有任何挖掘工具。而且，它刚出壳时身上软塌塌的，十分柔弱。它是怎么钻出地面的呢？我们来观察一下装满沙土的那根玻璃管底部的蛹就明白了。了解了麻蝇破土而出的方法，我们就能得知绿蝇和其他蝇类是如何出洞的了，因为它们所采用的方法完全相同。

在蛹壳里时，即将诞生的双翅目昆虫首先得凭借自己那个生在双眼之间的鼓包，使头部的体积扩大两三倍，把包裹在身体外面的那层壳撑裂。头部的这个鼓包会搏动，随着充血和消退的不断交替，鼓包一起一伏，一鼓一瘪，如同水压机的活塞在吸压泵筒的前部一样。

头部钻出蛹壳以后，这个畸形的脑积水患者即使一动不动，它额头上这个囊袋也依然运作着。细致的工作在蛹壳中已经完成了，它的紧身衣已经脱去。在这个过程中，这个囊袋一直工作着。它这个脑袋根本就不像一只苍蝇的脑袋，而是如同一顶大得出奇的怪模怪样的帽子，底部鼓胀起来，形成两顶无边红圆帽，那就是它的眼睛。头部顶端中央裂开，冒出一个鼓包来，把两个半球分别挤往头部左右两侧。依靠鼓包的压力，幼虫变成了苍蝇，打通了小酒桶似的蛹壳底部。这种方法确实非常新颖独特。

那么，小酒桶被打穿了之后，为什么那囊袋，也就是气囊，还长时间地鼓胀着呢？我从观察中发现，那是个杂物袋，昆虫暂时把血液储存在其中，以减小身体的体积，也便于把紧身衣脱去，然后摆脱那个细得如细颈瓶似的蛹壳。苍蝇在其整个羽化的过程中尽可能把大量的液体挤压出来，注入外面的那个气囊之中，随着外面的鼓包膨胀起来，直至变形，苍蝇的身体就变小了。这个出壳过程十分艰苦，时间拖得很长，需要两小时或更长的时间。

这个脑积水患者让自己头部的那个鼓包不停地鼓起来瘪下去。被这个鼓包顶起来的沙土顺着它的身体往下流去。这时候，它的腿只是起辅助作用。当活塞推动时，它便把腿向后绷紧，一动不动地支撑着；当沙土从它身体周边往下流时，它便用自己的腿把沙土压实，并快速地把这些沙土往下推，然后，腿又绷得紧紧的，一动不动，作为支撑，等待下一次沙土流下来。头部每向上前进多少，就会有多少沙土流下来填补身后的空地。前额每鼓胀一次，苍蝇就前进一点儿。在沙土干燥、易于流动的情况下，进展比较顺利，只需十五分钟，苍蝇就能向上推进十点五厘米。

浑身尘土的苍蝇一旦到达地面，立即着手梳妆打扮。它最后一次鼓起前额，用前足的跗节把鼓包仔仔细细地轻轻刷干净，在收起这个鼓包把它变成一个不再裂开的额头之前，必须把它彻底地掸干净，否则会有沙砾落到脑袋里去，危及生命安全。另外，它还把翅膀刷了一遍又一遍，翅膀上面的那个小提琴月牙儿缺口已经消失，翅膀变长了，伸开了。这样打扮一番之后，苍蝇便静止不动地待在沙土表面，它已经完全成熟。我让它自由地飞走了，飞到沙罐里的那条死蛇身上，与它的同伴们聚在一起，共同工作。

读后思考

苍蝇在生命的每个阶段都会经历一次完全的变态发育，如从卵到幼虫，再到蛹，再到完全成熟的成虫，每个阶段的形态都完全不同。请结合文章的相关描写，概括总结苍蝇生命周期不同阶段的发育特点。

导读

从鸟类凭借视觉和气候来指引方向的角度入手，作者阐述了自己对于动物返回家园能力的思考，并以蜂的触角为研究对象加以验证。接着，作者重点对红蚂蚁进行测试，发现蚂蚁并不是靠视觉或者味觉来识别返家的路，推测记忆力在其行动中有重要的决定性作用。最后，为了验证自己的想法，又将蛛蜂作为观察对象……

红蚂蚁

如果把鸽子运到几百里远的地方，它会自己返回鸽舍；燕子从它在美洲的居住地飞越大海，重新回到自己的旧巢。在这么漫长的旅途中，它们依靠什么来寻找方向呢？是依靠视觉吗？《动物的智慧》一书的作者睿智的观察家图斯内尔，对自然状态下动物的了解可谓独到，他认为是视觉和气象在指引信鸽寻找方向。他在书中写道："法国的这种鸟凭借自己的经验获知，严寒源自北方，炎热来自南方，干燥生于东方，潮湿出自西方。它具有足够的气象知识，可以为自己辨别方位，指导飞行。放在用盖子盖住的篮子里的鸽子，被从布鲁塞尔运到法国南部的图卢兹，它们是绝对不可能用自己的眼睛把自己所经过的地方记录下来的，但是，没有人能够阻止它们根据对大气热度的印象，感觉到自己正向南方走去。等到达图卢兹之后，它便知道自己的鸽舍在北方，应往北边温度较低的地方飞去，于是，它们一直朝这个方向飞，直到飞抵空域的平均温度是它所居住的区域的温度时，才会停止飞翔。如果它未能立刻找到自己家门的话，那就说明它不是飞得偏左就是飞得偏右了。这时候，它只需往东边或往西边寻找一番，花上几小时，就可以把飞行路线上的偏差纠正过来。"

如果位置的移动是北南方向，那么这个解释就非常诱人，但这个解释不适用于在等温线上东西方向的移动。另外，这种解释存在着一大缺点：无法推广。猫穿过第一次见到的大街小巷组成的迷宫，从城市的一端跑到另一端，回到自己的家中，这就不能归于视觉的作用，也不能说是气候变化的影响。同样，我的石蜂也不是凭着视觉的指引，特别是当它们在密林中被我放出来时，它们飞得不太高，离地面只有两三米，不可能看清这个地方的全貌，以便在脑海中绘出图来。它们被放飞之后只是稍加犹豫，在我身边绕了几圈，便朝北边飞去。尽管密林深处树木繁茂、枝叶交错；尽管丘陵高、连绵不断，但它们沿着离地面不高的斜坡往上飞，越过一切障碍，视觉指示它们避开了种种障碍，却未告诉它们应往哪个方向飞。至于气候，也起不了作用，因为在这么短的几公里内，气候是没有什么变化的。即使它们的方位感很强，可是它们的巢穴所在地与放飞地点的气候完全一样，冷热干湿的变化不大，所以它们对往何处飞去并无把握。我在想，一定有一种神秘的东西在指引着它们，它们肯定具有我们人类所不具有的特别感觉。达尔文的权威无人藐视，他也持有这一观点。想了解动物是不是能感应地电，想了解动物是不是受到紧贴于身的一根磁针的影响，这不就是在承认动物具有一种对磁性的感觉吗？我们人类有这样的感官官能吗？当然，我说的是物理学上的磁力，而不是麦斯麦或卡廖斯特罗所说的磁力。

这种未知的感官官能是否存在于膜翅目昆虫身上，并以某个特殊的器官来感知呢？我们立刻便会想到它的触角。当我们对昆虫的习性不甚了解时，总是把它的怪异行为归于它的触角，认为它的触角上一定存在着什么我们所不了解的特殊东西。可是，我完全有理由对触角具有指示方向的能力表示怀疑。当毛刺砂泥蜂寻觅昆虫时，它的确是用自己的触角不断地拍打地面，如同用手指轻弹地面。但这种仿佛在引导昆虫捕猎的探测丝大概并不可能用来指引昆虫的飞行方向。为了搞清这个问题，我做了一些实验。

我把几只高墙石蜂的触角尽量齐根剪去，然后把它们弄到别处去放飞，可是它们像其他石蜂一样，很容易就回到自己的巢里了。我还以同样的方法拿我们这一地区最大的节腹泥蜂（栎棘节腹泥蜂）做了实验。这种捕食象虫的泥蜂同样很容易就回到了自己的居所。因此，我把触角具有指示方向官能这种假设抛弃了，那么，昆虫的这种感觉官能究竟存在于什么地方呢？我并不知道。

我所知道的，而且是通过实验清楚地知道的，就是没有触角的石蜂回到自己的蜂房之后并不恢复工作，它们只是一味地在自己所建造的建筑物前飞来飞去，在石头上歇息，在蜂房的石井栏边停一停。它们仿佛在那儿悲苦地沉思默想，久久地凝视着那尚未完工的建筑物。它们离开了又回来，把周边所有的不速之客通通赶走，但它们再也不会去远送蜜浆或灰泥了。第二天，我没有再见到它们，不知它们去了哪里，工人没有了工具，哪儿还有心思干活儿？石蜂在垒屋砌窝时总是用触角不停地拍打着、探测着，仿佛依靠自己的触角才能把活儿干得精细完美，触角就是它们的精密仪器，如同建筑工人的圆规、角尺、水准仪和铅绳。

我一直在用雌性昆虫做实验，它们出于母性对窝的建造更加忠实卖力。如果用雄蜂做实验，把它们弄到别的地方，会出现什么情况呢？我原本对这些情郎并不看好。它们有这么几天工夫围着蜂房乱哄哄地飞来飞去，等雌蜂从蜂房出来后你争我夺、争风吃醋，然后，你就再也见不着它们的踪影了，它们根本不会过问房屋居室建到了什么程度。我在想，对于雄蜂来说，留在出生的蜂房或去别处安家，没有什么大不了的，只要能在那儿找到妻子或情人就可以了！可是，我想错了，错怪了它们，雄蜂回到蜂房里来了。考虑到雄蜂身体弱小，我没有把它们弄到很远的地方去放飞，只让它们飞了一公里左右的路程。尽管路途不算遥远，但对于雄蜂来说，这仍然是从陌生地起飞的一次远程旅行，因为我还从未见过雄蜂飞过这么长的距离。

有两种壁蜂——三叉壁蜂和拉特雷伊壁蜂，同样飞到我的荒石园昆虫实验室的蜂房里来了。它们在石蜂留下的洞穴里建房搭窝，来得最多的是三叉壁蜂。这是探究这种定向感觉在多大程度上遍布于膜翅目昆虫的大好机会。的确，三叉壁蜂无论雌雄，都知道返回窝里。我进行了一些短距离的实验，用的蜂不多，实验的结果与其他实验的结果相同，因此，我对自己的结论完全信赖。总之，加上以往所做的实验，我得出的结论是，有四种昆虫能够返回自己的窝里，它们是棚檐石蜂、高墙石蜂、三叉壁蜂和节腹泥蜂。我可否就此将我的这一结论推而广之，认为昆虫确实具有这种从陌生的地方返回自己的家园的能力呢？我还不敢这么说，因为据我所知，下面一种相反的结果就很能说明问题。

在我的荒石园昆虫实验室里，有许多实验品，这其中首推红蚂蚁。这种红蚂蚁犹如捕捉奴隶的亚马逊人——她们不善于哺育儿女，不会寻找食物，即使食物就在身边也不会去拿，必须依靠仆人伺候她们进食，帮她们料理家务。红蚂蚁就是这样，专门去偷别人的孩子来伺候自己的家族。它们抢掠邻居家不同种类的蚂蚁，把其他蚂蚁的蛹掠到自己的蚁穴里来，不久，蛹破壳而出，就成了红蚂蚁家中拼命干活儿的奴仆。

炎热的夏季来到时，我经常看见这些"亚马逊人"从它们的营地出发，开始远征。这支远征队伍竟长达五六米。如果沿途未遇见什么引起它们注意的事情，它们的队形就会始终保持不变。但是，如果突然发现了蚂蚁窝，前排打头的红蚂蚁就会立刻停下脚步，变成散兵队形，乱哄哄地围成一团打转。这时候，后面的红蚂蚁便聚到这个蚁团中来，越聚越多。一些侦察尖兵被派出去打探，如果发现情况搞错了，它们便恢复原来的队形，继续前进。它们穿过园中小路，消失在草地中，但一会儿又在稍远点儿的地方出现了，然后钻进枯枝败叶堆里，再大模大样地钻出来，就这样一直寻寻觅觅。最后，红蚂蚁终于发现了一个黑蚂蚁窝，就立即急不可耐地闯入黑蚂蚁蛹穴，不一会儿，它们携带着各自的战利品纷纷爬出来。有时候，在这座地下城市的城门口，它们会遇上黑蚂蚁守卫，此时一方要尽力守护自己的财产，另一方则势在必得，双方混战一场，场面颇为惊心动魄。由于敌我双方力量悬殊，胜利者当然是红蚂蚁。这帮强盗，一个个用大颚咬住黑蚂蚁的蛹，急急忙忙地往回家的路上赶。不了解奴隶制的读者，可能对这种"亚马逊人"的抢掠故事感到有趣，我却不想多谈这种事，因为这个故事有些偏离我想要讲述的昆虫返回窝巢的主题。

抢掠蚁蛹的红蚂蚁运输距离之远近，取决于附近有没有黑蚂蚁，有时候，十几步外就有黑蚂蚁穴，有时候则必须跑到五十步甚至一百步开外去寻找。我只看到过一次红蚂蚁远征到园子以外的地方，它们爬上园子那四米高的围墙，翻过墙去，一直爬到远处的麦田里，至于要走什么样的路，这支征服大军并不在意——荒芜的不毛之地、绿油油的草坪、枯枝败叶堆、砖石建筑、杂草丛等，它们都可以爬过去，并不挑挑拣拣，有所偏好。

然而，返回的路是不可改变的，必须按原路返回，无论原路多么弯弯曲曲，多么高低不平，多么崎岖难行。由于捕猎的或然性，红蚂蚁出发时往往要经过十分复杂难行的路途，即便如此，它们在获得战利品返家时仍会走原路，即使路上艰险万分，它们也始终不渝，绝对不会改变路线。

如果它们去时经过的是厚厚的枯叶堆，那么这条路对它们来说就相当于遍布深渊的地带，稍有不慎，便会掉进去。而要从凹处爬上来，爬到摇摇晃晃的枯枝桥上，然后走出这纵横交错的迷宫，红蚂蚁必定会累得精疲力竭，浑身散架。即使这样，它们仍旧死心塌地地沿着原路返回。如果想偷点儿懒，旁边就是一条好走的道，十分平坦，而且离原路只一步之遥，可它们就是看不到这仅仅一步之隔的平坦大道。

有一天，我发现它们又出发去抢掠了，它们在池塘砌起的护栏内侧排着长队往前挺进。头一天，我已经把池塘里的两栖动物换成了金鱼。突然，一阵强劲的北风吹来，从侧面狠狠地吹向蚁群，把好几排兵丁刮到了池塘里。金鱼一见，立刻加速游了过来，张开那对于红蚂蚁来说深如巷道的大嘴，把落水者全都吞进了肚子里。天有不测风云，雄关漫道，红蚂蚁大队尚未越过天堑便伤亡惨重。我心想，它们归来时应走另一条道，何必非要经过这致命的悬崖峭壁呢？但情况并非如我所料。大颚咬着黑蚂蚁蛹的长长队伍仍然沿原路返回，尽管明知这条路崎岖艰难，有致命的危险。这对金鱼来说倒是再好不过了，它们得到了从天而降的双份吗哪❶：蚂蚁和它们的猎物。这支不可理喻的顽固的红蚂蚁大队，宁愿损兵折将，也不要沿原路返回。

这帮"亚马逊人"之所以这么固执，看来是因为它们有时出外抢掠的路途较远，如果不沿原路返回，很可能迷路，回不了家。毛虫从窝里出来，爬到另一根树枝上去寻找更合适、可口的树叶时，会在自己走过的路上留下丝线，然后沿着这条丝线回到自己的家中。这就是远行时会遇到迷路危险的昆虫所能使用的最基本的方法：一条丝线把它们带回家。比起毛虫极其简单幼稚的寻路方法，我们对于依靠感官定向的石蜂以及其他一些昆虫的了解就非常少。

红蚂蚁这种抢掠者虽然也属于膜翅目，可它们出外返家的办法少得可怜，这从它们只知沿原路返回这一点就可以看出来。它们是不是在某种程度上仿效毛虫的办法呢？当然，它们沿途并不会留下指路的丝，因为它们身上并没有这样的器官。那么，它们会不会一路上散发出某种气味，譬如甲酸味之类的，以便通过嗅觉引导方向？许多人持有这种看法。

据说，蚂蚁就是通过嗅觉来辨明方向的，而它的嗅觉器官就在它那始终动

---

❶ 吗哪：出自《圣经》，是上帝赐给以色列人的神奇食物。

个不停的触角上。我对这种看法持怀疑态度。首先，我并不相信嗅觉器官会存在于触角上，理由我已经提到过了；再者，我希望通过实验来证明红蚂蚁并不是依靠嗅觉来辨别方向的。

时间很紧张，我没工夫一连几个下午去观察我的那些"亚马逊人"，而且，即使浪费了这么多时间去跟踪观察，往往也无功而返。可我有一个小助手，她没有我那么忙，她名叫路易丝，是我的小孙女，我每每跟她讲述蚂蚁的故事时，她都很感兴趣，而且刨根问底。我把任务交代给她时，她非常高兴，对小小年纪就能为科学做出贡献感到十分自豪。于是，天气晴朗时，她便满园子跑，寻找红蚂蚁，监视红蚂蚁，仔细辨认它们列队前去打劫黑蚂蚁窝的路径。她已不是第一次充当我的小助手了，她那认真负责的态度让我非常放心。有一天，我正在记笔记，只听见有人嘭嘭嘭地敲我的书房门。

"是我，路易丝。快来，爷爷，红蚂蚁爬到黑蚂蚁窝里去了，快来呀！"

我连忙打开房门，问她："你看清楚它们走的路了吗？"

"看清楚了，我还做了记号呢。"

"做了记号？怎么做的？"

"像小拇指❶那样做的呗，我把小白石子撒在红蚂蚁走过的路上。"

我赶忙跟着她跑到园子里去。没错，我这位六岁的小助手说得没错。她事先准备好了一些小白石子。看到红蚂蚁大队人马浩浩荡荡地列队走出兵营，她便跟随其后，在它们行经的路上隔一段撒上点儿小白石子。这帮亚马逊强盗打劫抢掠之后，便开始沿着小白石子所标示的那条路返回，打劫地点与它们的家相距百米。这样一来，我便有时间进行事先利用空闲所策划的实验了。

我抄起一把大扫帚，把红蚂蚁的行军路线扫得干干净净，扫出的路面有一米宽。路面上的浮土全都扫尽后，我再撒上点儿别的粉状材料。如果原先的浮土上留有红蚂蚁的气味的话，现在，浮土扫尽，粉状材料已经更换，红蚂蚁肯定会被弄得晕头转向，辨别不清方向。我把这条路的出口处分割成彼此相距几步远的四个路段。

现在，红蚂蚁大队来到第一个切割开来的地方，它们明显在犹豫。有的在往后退去，然后又返回来，接着又往后退去；有的则在切割开的部分的正面徘徊；有的就在侧面散开，似乎想要绕开这个陌生的地方。蚁队的先头部队一开始是聚集在一起的，结成一个直径几十厘米的蚁团，接着就散开来，宽度有三四米。这时候，后续部队也拥上前来，在这障碍物前越聚越多，它们挤在一起，乱哄哄一片，茫然不知所措，最后，有几只胆大的红蚂蚁毅然决定冒险走上那条被扫过的路，其他的红蚂蚁随后跟了上来；与此同时，有少数红蚂蚁则绕了个弯，也走上了原先的那条路。在下面的那几个切割路段，它们同样这么犹豫，但最终或直接

理解感悟

作者采取多种措施布置实验环境，扫尽浮土后再撒上粉状材料，可见准备极为充分，又将路的出口分割成彼此独立的路段，这一切都是为了更准确地得出科学的结论。

写作手法

用排比手法，写出了红蚂蚁大队来到被切割路段的不同表现，虽然表现各异但都停止不前，似乎前期的干扰已经产生作用。

❶ 小拇指：《格林童话》中的人物形象，他被遗弃后凭借扔掉的小石子找到了回家的路。

或从侧面绕道，它们也都走上了来时的那条路。我虽然设下了圈套，清扫了道路，分段切割，但红蚂蚁最终还是沿着有小白石子标示的那条原路返回去了。

这个实验似乎说明红蚂蚁的嗅觉确实在起作用。凡是在被切割的路段，红蚂蚁四次都同样表现得犹豫不决，但它们最后还是踏着原路，回到了家中。这也许是因为我清扫得还不够干净彻底，一些有味道的浮土仍然残留在原来的那条路上。绕过扫干净的地方走的红蚂蚁，有可能是受到扫到一旁的浮土的气味指引。因此，我还不能急着下结论，在表示赞成或反对嗅觉作用以前，我必须在更好的条件下再进行实验，必须把它们留在一切材料上的气味全部清除干净。

几天后，我认真细致地制订了新的计划。小路易丝又帮我去观察。很快，她就跑回来向我报告：红蚂蚁出洞了。我并不感到惊讶，因为时值六月，下午天气闷热难耐，很可能大雨将要来临，这样的天气下，红蚂蚁绝少待在窝里。我仍旧把小白石子撒在红蚂蚁走过的路上，撒在我选定的最有利于实现我计划的地方。我把园子浇水用的一根帆布管子接到池塘的一个接水口上，把阀门打开。红蚂蚁经过的路径被从管子里汹涌喷射出来的水冲断了，缺口有一步宽。我就这么猛冲了一刻钟的工夫。当红蚂蚁抢掠归来，走近这儿时，我减缓了水流的速度，减小了水层的厚度，免得让它们过于费劲。如果这帮强盗必须经由原路返回的话，那么它们就必须越过这一巨大的障碍。

红蚂蚁的先头部队在这个大缺口前犹豫了很长时间，后面的红蚂蚁有足够的时间赶上前来，与排头兵们聚集在一起。只见它们最后利用露出水面的卵石，走进了急流。然后，脚下的路基没有了，那些最大胆、最勇敢的便被流水席卷而去，但它们的大颚仍旧紧紧地咬着自己的猎物，就这样随波逐流，最后被冲到突出的地方，又到了河岸边，重新找可以涉水渡河的地方。地上有几根麦秸被冲得东一根西一根，这便是蚂蚁需要爬上的摇晃的独木桥。有一些橄榄树的枯枝，被咬着猎物的来客们当作了木筏。有一部分最勇敢的红蚂蚁，靠着自己的胆量，也靠着好运气，没有利用任何渡河工具便涉水而过，爬上了对岸。我看到有些红蚂蚁被水流卷带到此岸或彼岸两三步远的地方，看上去它们非常焦急，不知如何是好。尽管这支溃散部队处在一片混乱惶恐之中，尽管它们遭受了灭顶之灾，但我没发现一只红蚂蚁把嘴里的猎物丢弃，它们宁死也不丢掉战利品。总而言之，它们总算渡过难关，勉勉强强战胜了激流险滩，而且是沿着规定的路线渡过去的。

在这之前，湍急的水流已经把路段清洗干净，而且，在它们忙于渡河的时候，仍不断地有新的水流流过。因此，我觉得，经过我这么一折腾，路上留下的气味应该散尽，这个问题可以排除在外了。如果这条路上有丁酸气味，我们的嗅觉也嗅不出来，至少在我所说的条件下感觉不出来。现在，我用一种更加强烈而且我们可以嗅得出来的气味替换，看看会出现什么情况。

我来到第三个出口处，在红蚂蚁必经之路上，用了一些薄荷叶把地面擦拭了一番。这些薄荷叶是我刚从花坛里摘的，很新鲜，味很浓。在路的稍远处，我又将薄荷叶铺在地上。红蚂蚁抢掠归来，经过用薄荷叶擦拭过的地方时没有显出担心、犹豫，而来到被薄荷叶覆盖的地段时，也只是稍加犹豫，便毅然决然地走了过去。

经过这两次实验——用水冲刷路面的实验和用薄荷叶改变气味的实验，我觉得，再认为是嗅觉在指引着蚂蚁沿着原路返回家园，那就没有道理了。我再做一些别的测试，我们就会明白。

现在，我未对地面加以改变，而是把几张很大的纸张横铺在路面上，用几块小石头把它们压住、弄平。这张纸地毯彻底改变了道路的外貌，但丝毫没有去掉可能会有的气味，红蚂蚁爬到纸地毯前，犹豫不决，疑惑不解，比面对我所设下的其他圈套，甚至激流时都要犹豫不决，它们从各个方面探察。一再地前进、后退，再前进，再后退，最后才铤而走险，踏上了这片陌生的区域，它们终于穿越了纸地毯。通过后，大队人马又恢复了原先的行进行列。

我在稍远处还设下一个圈套，静候着这帮"亚马逊人"抢掠大军，我用一层薄薄的细沙把路切断，而这条路原本是浅灰色的。道路颜色这么稍加改变，就会让红蚂蚁颇为踌躇。它们在这层薄薄的黄沙面前就像先前面对纸地毯时一样犹豫，不过，它们犹豫的时间并不长，很快，它们就毅然决然地穿越了眼前这道障碍。

无论是黄沙铺地还是用纸铺地，都没有使来时路上的气味消失掉，但是红蚂蚁走到这些障碍面前时都要先犹豫再三，停止前进，这就说明并不是嗅觉而是视觉使它们最终找到了回家的路。没错，是视觉在起作用，只不过它们的视力十分微弱，只要移动几块卵石就能改变它们的视野。由于它们近视得厉害，所以，一条纸带、一层薄荷叶、一层黄沙，甚至更加微小的改动，对它们来说简直就是面目全非，致使这些兴冲冲带着战利品班师回朝的抢掠大军焦急不安地在陌生地带前举步不前，徘徊彷徨。最终之所以还是穿越了这些可疑的地区，是因为它们经过反复尝试企图穿过这片经过加工改造的地带的过程中，有几只蚂蚁终于认出了前面有些地方是它们所熟悉的，而其他蚂蚁对这些视力较好的同胞十分信赖，便跟着它们穿了过去。

当然，光靠这么点儿微弱的视力还是不够的，这些亚马逊强盗还具有精确的记忆力。蚂蚁还有记忆力？它们的记忆力是怎么回事？它们的记忆力跟我们的有何相似之处？对于这些问题，我无从回答，但是，我可以明确地说，昆虫对于自己到过一次的地方记得很准确，而且记得非常牢，这一点我可没少发现。我甚至还观察到这样的情况：红蚂蚁抢掠的猎物太多，一趟搬不完，或者，这支远征军发现某处黑蚂蚁非常多。于是，第二天或者第三天，它们还会进行第二次远征。在第二次远征中，大对人马无须沿途寻找，而是直奔目的地。我曾经沿着两天前这支抢劫大军走过的那条路撒下小石子作为标记，我惊奇地发现它们走的是同一条路，走过的是一个石子又一个石子。我事先推测它们会根据我所做的路标，沿着我的石桥墩向前迈进。情况果然如此，没有出现什么大的偏离。

理解感悟 作者选用新鲜、味道浓的薄荷叶是为了效果更加明显，而蚂蚁在被薄荷叶覆盖的地段，只是稍加犹豫却没有停止行进，可见并未受到显著影响。

理解感悟 黄沙铺地和用纸铺地并没有使气味消失，红蚂蚁在障碍物前的犹豫行为仅仅是视力微弱导致，证明蚂蚁返回原路主要依靠视力来完成。

写作手法 对于蚂蚁的记忆力作者提出了几个问题，虽然作者无法解答，却肯定地表明它们的记忆力非常好，可见作者以事实为依据的客观求实的态度。

它们所走的路是两三天前的路，路上留下的原来的气味应该已经散尽，不可能保持这么久。所以，我得出结论，是视觉在引导着远征的红蚂蚁们。当然，除了视觉，还有它们对地点极其准确的记忆。而它们这种记忆力能强到把印象保留到第二天、第三天，甚至更久。这种记忆力极其精确，因为它在引导红蚂蚁穿越各种各样的地形地貌，沿着前一天或前几天所走过的路返回家园。

如果遇到不认识的地方，红蚂蚁会怎么办呢？除了对地形的记忆（在此，记忆力已于事无补，因为我假设这个地区还没有被探测过），它们具有像石蜂那样在小范围内的指向能力吗？它们能返回自己的居所，或者跟正在行进的大队会合吗？

这支抢掠大军并未搜寻园子里的角角落落。它们尤为喜欢探索的是北边，毫无疑问，在北边抢劫的收获最大。所以，它们的大队人马通常向北边开拔。在南边，我却很少见到它们。因此，它们对园子的南边即使不是完全不认识，起码也不像对北边那么熟悉。在做了这番交代之后，我们一起来观察红蚂蚁在这片它们不太熟悉的地方会有什么样的表现。

我守候在红蚂蚁穴旁边。在大队人马抢掠归来的时候，我把一片枯叶放在一只红蚂蚁面前，让它爬到叶子上面去。我没有碰它，只是把它运送到距离长长的队伍两三步远的地方，当然是往南边的两三步。这么远的距离，又是它所不熟悉的环境，它便立刻晕头转向了。我看到这只小红蚂蚁被放到地上之后，漫无目的地寻觅着，茫然不知所措，但是，并没有抛弃嘴里的战利品。只见它急匆匆地奔跑着，与同伴的距离越来越远，可是它还以为在追赶队伍呢。不一会儿，它又折回来，向东边试探一番后又转向西边，虽然向四面八方探寻了一番，但是它并没有找对路。其实，它的同伴们就在离它两步远的地方向前挺进。我还记得有几只这样的迷路者，它们左右寻觅，忙乎了半小时，又急又慌，始终走不上正道，反而越离越远，但大颚仍旧咬着黑蚂蚁蛹不放。它们后来的结局是什么？它们把战利品如何处置了？我没有时间也没有耐心一直跟踪这几个迷路的强盗。

这种膜翅目昆虫显然没有其他膜翅目昆虫所具有的指向感觉。它们只不过能够记住所经之处而已，除此之外，没有其他方面的特长。只要让它偏离主路两三步远，它就会迷失方向，无法与家人团聚；石蜂则不然，即使飞越几公里，它也能找准方向。只有几种动物具有这种奇妙的感官，而我们人类并不具有，我前面曾经对此深感惊讶。当然人类与这几种动物差别过大，也是引起争议的原因。现在，这种差别已不复存在，因为进行比较的是两种十分相近的昆虫——两种膜翅目昆虫。它们是从一个模子里出来的，可为什么一种膜翅目昆虫具有某种官能，而另一种膜翅目昆虫并不具有呢？多了一个官能，这可非同小可，比起器官上的某个小问题来，这可是非常重要的特征啊！我对此不甚了了，只盼着进化论者能给我提供一个站得住脚的理由。

前面我们已经看到这种对地点的记忆力保持得久而牢，那么，这种记忆力到底好到什么程度，竟然能把印象铭刻在心里？红蚂蚁需要多次走过或者只要一次远征就能知道沿途的地形地貌吗？所走过的路线是不是一下子就深印在它的记忆里了？红蚂蚁在出去抢掠黑蚂蚁窝时并没有固定的目标，是随心所欲地往前走的，是边走边搜索的，所以它们想往何处去搜寻猎物，我们无从干预。现在，让我们一起来观察一下其他膜翅目昆虫是怎么做的吧。

我选定了蛛蜂作为观察对象。我在此不准备专门介绍蛛蜂的习性。它们捕食蜘蛛和掘地虫。它们先抓住猎物，把猎物麻醉之后留给未来的幼虫当粮食，然后再建住所。带着沉重的猎物去寻找适合筑窝建巢的处所，是极其困难且不方便的，因此，它们把猎获的蜘蛛之类的猎物存放在草丛或灌木丛这样高一些的地方，以防其他昆虫——尤其是蚂蚁——不劳而获、坐享其成。把猎物存放好之后，蛛蜂便去寻找一个合适的地点挖洞筑巢。在建房造屋的过程中，它仍会时不时地飞去看看它存放的猎物，轻轻地咬一咬、拍一拍猎物，似乎因获得如此丰盛的食物而沾沾自喜，乐不可支，然后，它又回到建筑工地，继续挖洞建房。如果它觉得情况有点儿不对头，它不仅会去探看猎物，还会把猎物搬到离建筑工地近一些的地方，当然，仍旧存放在较高的地方。蛛蜂确实是这么做的，所以我可以利用这一特点去了解它的记忆力究竟好到什么程度。

当蛛蜂在地下忙着挖洞筑巢的时候，我把它的猎物拿走，放在离原存放点仅半米远的空旷处。不一会儿，蛛蜂飞过来查看自己的猎物了，它径直飞向存放点。它对所走的方向非常有把握，对存放点记得非常清楚，这是不是因为它此前曾多次来过这儿？我以前没见它来过，所以对此不敢妄加推测。总之，蛛蜂一下子就找到了存放猎物的草丛。它在草丛上走来走去，多次在存放猎物的那个地点仔细查找。最后，它确信自己的猎物已不翼而飞，便用触角拍打地面，在存放点四周慢慢地仔细搜寻，终于发现猎物就在一旁不远处一个空旷的地方。它似乎非常惊讶。它朝猎物走去，突然猛地一惊，直往后退——猎物是活的还是死的？是它刚才捕获的那个猎物吗？它那模样好像在做如是想。其实才不是这么回事呢。

蛛蜂只犹豫了一小会儿，便咬住猎物，拉住它倒退着，把它拉到离第一次的存放点两三步远的植物丛里，存放在高处。接着，它又回到工地，又挖了一段时间。我趁它返回工地时，再一次把它的猎物移了位置，把它放在离存放点稍微远一点儿的光秃秃的空地上。这种情况很适合评判蛛蜂的记忆力，已经有两个草丛作为它的猎物存放处了。蛛蜂十分准确地回到了第一片草丛，这很有可能是因为它多次来过这个存放点，有较深的印象，但我并未观察到；而对第二片草丛，它的记忆中肯定只有一点儿肤浅的印象，它并未经过仔细观察便选定了，又只是匆匆忙忙地把猎物挂在草丛高处，便急急忙忙地返回了工地。这第二个存放点是它第一次看到而且是经过时匆忙看到的，这么匆匆一瞥，它能记得很准确吗？另外，在昆虫的记忆中，两个地点现在可能被搞混了，第一个存放点跟第二个存放点会让它不知谁先谁后，它究竟会去哪儿探看呢？

写作手法

蛛蜂查看猎物时，竟然可以"径直飞向存放点"并"一下子就找到"存放猎物的草丛，可见蛛蜂记忆力超强。

我们很快就能知晓结果。蛛蜂已离开洞穴，再一次去查看自己存放的猎物。它径直奔向第二个存放点，在那儿找了很久，怎么也找不到自己的猎物。它明明记得猎物存放在那儿，怎么会找不着呢？它继续在那儿寻找着，根本没有打算回到第一个存放点去看看。对它而言，第一个存放点已不复存在，它关心的只是这第二个存放点。只见它在原地找了个遍，又往四周继续寻了过去。

它终于在那个光秃秃的空地上找到了自己的猎物，是我把猎物放到那儿的。蛛蜂立即把寻找回来的猎物存放到第三片草丛高处。我又对它进行了测试。这一次，蛛蜂毫不迟疑地直冲第三片草丛奔去，根本就没有与前面两个存放点发生混淆，它对头两处根本不屑一顾，足见它的记忆力是十分准确的。我以同样的方法又进行了两次实验，蛛蜂总是直奔最后的那个存放点，对先前的存放点根本不予理会。蛛蜂这个小家伙的记忆力真是惊人，令我叹服。一个与别处并无多大不同的地方，它只要匆匆忙忙地瞥上一眼，就能将它深深地印在记忆之中，何况它还有很多活儿要干，还得忙着建房造屋，操心的事不少。我们作为高等动物，记忆力能够像蛛蜂那样始终那么好吗？我看未必。回过头来再看看红蚂蚁，它也具有与蛛蜂同样的记忆力，因此，它在长途跋涉之后沿着原路返回家中，也就没有什么可以怀疑、没有什么无法解释的了。

现在，我再给蛛蜂制造点儿麻烦，增加点儿难度。我用指头在土里按下一个印，弄出个凹坑，把蛛蜂的猎物放进这个小坑里，上面用一片薄薄的叶子盖好。蛛蜂来到猎物存放点之后，居然从叶子上穿过，在上面走过来走过去，却并没想到自己的猎物就在叶下。然后，它又往四周去寻找，终无所获。这就说明，指引它的并非嗅觉，而是视觉。在此期间，它的触角一直在不停地拍打着土地。那么，触角这个器官究竟起什么作用呢？我说不清楚，我只知道那不是嗅觉器官。通过对砂泥蜂寻找灰毛虫的实验，我已经得出这个结论；现在，我所得到的证据已经经过实验，我觉得这是决定性的，毋庸置疑。我还得指出，蛛蜂的视力很弱，所以它虽经常在离自己猎物不远的地方来来回回地寻找，却没能一眼就看到那被我挪了窝的猎物。

读后思考

作者在文中对蛛蜂进行记忆力实验时，将蛛蜂的猎物移动位置后提到"这种情况很适合评判蛛蜂的记忆力"，他为什么这么说呢？请结合相关文段内容进行总结说明。

导读

寓言家们对蝉和蚂蚁的形象加以歪曲描述，他们肆意杜撰并摒弃事实的做法令作者极为不满。作者不满人们不注重调查、盲目从众的行为，以大量无可辩驳的事实为蝉这位被寓言糟蹋的歌手正名，指出蝉和蚂蚁的真实形象恰恰与寓言故事描述相反——宽厚仁慈的是蝉，蚂蚁才是贪婪无礼的乞讨者……

蝉和蚂蚁的寓言

无论是有关人类还是有关动物的，声誉尤其是由故事传说促成的，而童话则更胜故事一筹。特别是昆虫，如果说它无论以哪种形式都会吸引我们，那是因为有着许许多多有关它的传说。而这种传说的真实与否则是无关紧要的。

譬如，有谁不知道蝉的？起码也闻听其名吧。在昆虫学领域中，还能找到如它那样名声很大的昆虫吗？它那钟情于歌曲而不顾未来如何的声名，早在我们记忆训练之初便已被当作素材了。人们用易学好懂的短小诗句告诉我们，当寒风四起，严冬来临时，一无所有的蝉便跑到了其邻里蚂蚁那儿喊饿求食去了。乞食者不受欢迎，遭到不堪忍受的讽刺挖苦，这反而让它名声大震。蚂蚁说了如下的两句虽简短却粗俗无情的话语：

> 您先前唱了又唱，我听着舒服。
> 好呀。您现在就跳吧。

这两句话给蝉带来的声誉远胜于它精湛的演唱威名。这深深地印入了孩子们的心灵深处，永不会磨灭。

蝉生活在油橄榄生长的地区，大多数人并不知道其歌唱本领，但它在蚂蚁面前的落魄沮丧样儿，无论大人还是孩子全都知晓。名声即源于此！一个是如同自然史一样的其道德受到践踏的极具争议的故事，一个其全部好处就在于又短又小的奶妈说的故事，它是一种声誉的基础，而这种声誉将会像《小拇指》中的靴子和《小红帽》中的烙饼一样牢牢地支配着岁月留下的残存记忆。

儿童是极为优秀的记忆器。习惯、传统一旦存入其记忆库，就无法抹去。蝉的大名应归功于儿童，是他们在最初学着背诵时，磕磕巴巴地说出了蝉的不幸遭遇。构成寓言基本内容的那些荒谬浅薄的东西因他们而将保存下去：严寒来临时，蝉将永远挨冻受饿，尽管冬天已不再有蝉了；蝉将永远乞讨几颗麦粒，尽管它那娇嫩的吸管根本就吸不进这种食物；蝉还将讨要苍蝇和蚯蚓，尽管它从来不吃它们。

这些荒唐的错误，责任究竟在谁呢？在拉·封丹[1]，他的大部分寓言因观察之细微，颇让我们着迷，但有关蝉的描述却是考虑欠佳的。他的寓言里最早的那些主角，如狐狸、狼、猫、山羊、乌鸦、老鼠、黄鼠狼以及其他许许多多动物，他非常熟悉，所以他在跟我们讲述它们的事情和动作时，惟妙惟肖，入木三分。它们是一些高地的动物，是他的邻居，是他的常客。它们公开的和私下的生活都是他天天所见的，但是，在兔子雅诺欢蹦乱跳的地方，是见不到蝉的。拉·封丹从来没有听见过它唱歌，从来没有看见过它，他以为，这个著名的歌唱家肯定是一种蚱蜢。

格兰维尔[2]的画笔尽管与拉·封丹的寓言配合得相得益彰，但也犯了同样的错误。在他的插图里，蚂蚁一副勤劳的家庭主妇的打扮。它站在门槛上，身旁是大袋大袋的麦子，不屑地背对着伸着爪子——对不起，伸着手——的乞讨者。头戴十八世纪阔边女帽，腋下夹着吉他，裙摆被凛冽的寒风吹贴在了小腿肚子上，这就是那第二个人物的形象，与蚱蜢一模一样。格兰维尔同拉·封丹一样，也没弄清楚蝉的真实模样，他栩栩如生地再现了那个以讹传讹的错误。

在这个内容贫乏的小故事里，拉·封丹只不过是拾了另一位寓言作家的牙慧而已。蝉备受蚂蚁冷遇的传说如同利己主义，也就是说如同我们的世界一样，历史久远了。古雅典的孩童背着满袋无花果和油橄榄去上学时，嘴里就已经像是背书似的在嘟囔这个故事了："冬天到，蚂蚁们把自己受潮的食物搬到太阳下晾干。突然间，一只饥肠辘辘的蝉跳上前来求乞。它想讨几粒粮食。吝啬的蚂蚁们回答说：'你夏日里欢唱，那冬天你就蹦跳吧。'"尽管这个情节有点枯燥，但那正是拉·封丹的有悖常理的主题。

可这个寓言正是源自希腊，那是有名的盛产油橄榄、蝉非常多的地方。难道伊索[3]果真像传说所说的那样就是这则寓言的作者吗？这令人怀疑。不过，这也无关紧要，因为那位讲故事的人是希腊人，是蝉的老乡，他应该对蝉颇为了解。在我们村子里，那种缺少见识的农民，也会知道冬天根本就没有蝉。冬季来临，必须为油橄榄树培土时，村子里凡是用锹铲土的人都认得蝉的初始形态——幼体的。他们在小路边成百上千次地看见过它，知道夏季来临时，这个幼体是如何从自己修建的圆洞中钻出地面的，知道它如何抓挂在细树枝上，背上裂开一道缝，蜕去比硬羊皮纸还要硬的外壳，变成浅草绿色，然后又变成了

形象分析

作者肯定拉·封丹描述的动物形象刻画都是极为成功的，但是对蝉的描写却是个例外，可见作者实事求是的严谨态度。

理解感悟

作者以"拾人牙慧"这个成语来表明自己的态度，表达对拉·封丹不分是非曲直、颠倒黑白、不顾实际的摒弃和否定。

---

[1] 拉·封丹：法国著名寓言作家，代表作《乌鸦与狐狸》。

[2] 格兰维尔：法国著名画家，曾为拉·封丹的寓言故事配过插画。

[3] 伊索：古希腊著名的寓言作家，代表作为《伊索寓言》。

褐色，成了一只蝉。

阿蒂卡的农民并不傻，他们也注意到了最不开眼的人都能看出的情况，他们对我那些乡巴佬乡邻十分清楚的东西也是知道的。这则寓言的作者，不管他是哪位文人，都是处于最有利的条件之下，对这类事情肯定是十分了解的。那么，他故事的这种谬误是源自哪里呢？

拉·封丹情有可原，而古希腊的那位寓言作家则是不可原谅的，他只讲述书本上的蝉，而不去了解近在咫尺像锣钹似的振翅鸣叫的真实的蝉。他不关心现实，却因袭传说。他是一位更古老的故事讲述者的应声虫。他在复述源自各种文明那可敬之母——印度的某种传说。他根本没有弄清楚印度人笔下描述的主旨是在表明一种无远见的生活会导致什么样的危险，却以为编成故事的动物场景比蝉和蚂蚁的对谈更贴近真实。印度是动物的伟大朋友，是不会犯这样的错误的。这一切似乎表明，原始故事的那个主人公不是我们的蝉，而是另一种动物（或者称之为昆虫），其习性与所编的故事颇为吻合。

这则古老的故事在许多世纪里令印度河流域的贤哲们深思，令那儿的孩子们得到乐趣，它也许像历史上某个族长第一次提出节俭持家一样年代久远，并一代一代地流传下来，内容基本上还是忠实的，但正如所有的传说一样，因为要适应当时高地的情况，细节便因岁月的无情而有所扭曲了。

希腊乡间并无印度所讲述的这种昆虫，人们便差不离儿地把蝉加进故事里去，正像在现代雅典——巴黎一样，把蝉与蚱蜢给搞混了。错已铸成。从此，谬误深印进孩子们的记忆之中，无法抹去，假成了真，真却成了假。

让我们试着为这个被寓言糟践的歌手正名吧。我得首先承认，它是个讨厌的邻居。每年夏天，它们被两棵枝繁叶茂的高大法国梧桐所吸引，成百成百地飞到我家门前安家落户，从日出到日落，此起彼落地叫个不停，震得我脑袋生疼。在这一片吱吱声中，你无法思考问题，思绪被打乱，头昏脑涨，没法儿定下心来。如果我不起早点儿干些事儿，那整个一天就会泡汤了。

啊！该死的虫子，我本想安静地待着，可你却成了我住所的一大祸害。竟然有人说，雅典人把你养在了笼子里，好惬意地听你歌唱。吃饱饭眯瞪着，有一只蝉叫叫还凑合，但成百只一起嚷叫，震得你耳鼓疼痛，你无法集中精力，真让人活受罪呀！你振振有词，说是你先来到这儿的，有权鸣唱。在我住到这里之前，那两棵法国梧桐完全属于你，而我却成了其树荫下的不速之客。可我得先告诉你，为了照顾给你写故事的人，你得在你的响钹上装个减音器，压低你的叫声。

事实真相把寓言作家向我们讲述的东西当作肆意杜撰给摒弃了。当然，蝉和蚂蚁之间有时候是有一些关系的，这是毫无疑问的，只不过，这些关系与人们讲给我们听的正好相反。这些关系并不是出自蝉的主动，它从不需要别人的帮助好活下去，而是来自蚂蚁这个贪得无厌的剥削者，它把所有可吃的东西全都搬到自己的粮仓里。无论何时，蝉都不会跑到蚂蚁门前嚷饿去，还一本正经地许诺将来连本带利一并奉还。恰恰相反，是蚂蚁实在饿得不行，跑去乞求那个歌手的。我说的是"乞求"，但是从来不存在于掠夺者的习性中的。蚂蚁剥削蝉，厚颜无耻地把它洗劫一空。我们要讲讲这种洗劫，这是至今尚无人知晓的历史悬案。

七月的午后酷热难耐，成群的昆虫干渴难忍，在枯萎打蔫儿的花上爬来爬去，想找点儿水解渴，而蝉却对普遍的水荒不屑一顾。它用它那如钻头般的细嘴，在自己那永不干涸的酒窖中钻了开来。它不停地歌唱着，落在一棵小树的树枝上，钻透了那坚硬平滑、被太阳晒得汁液饱满的树皮。它从钻孔中把吸管插进去之后，便一动不动地、聚精会神地、美滋滋地沉浸在了汁液和歌声的甜美之中。

如果我们多盯着它看一会儿，也许会看到一些意想不到的悲惨事情。果然，许许多多渴得不行的家伙在转悠着。它们发现了这口井，因为井边渗出了汁液而暴露了。它们一拥而上，一开始还有点儿小心翼翼的，只是舔舐渗出来的汁液。我看见拥挤在甜蜜的井口旁的有胡蜂、苍蝇、球螋、泥蜂、蛛蜂、金匠花金龟，最多的是蚂蚁。

最小的，为了靠近清泉，便从蝉的肚腹下钻过来，宽厚仁慈的蝉便抬起爪子，让这些不速之客自由通过。个头儿大的急得直跺脚，挤上前去，飞快地嘬上一口，退了出来，跑到旁边的树枝上兜上一圈，然后又更加大胆地返回来。不速之客们的贪心越来越大：刚才还谨小慎微的它们突然变成了一群乱哄哄的侵略者，一心要把掘井者从井边驱逐掉。

在这群冲锋陷阵的强盗中，最大胆最坚决的就是蚂蚁。我看到了有一些蚂蚁在咬蝉爪，还看见一些蚂蚁在扯蝉翼尖，趁势爬上蝉背，挠蝉的触角。一只胆大包天的蚂蚁就在我的眼前咬着蝉的吸管，拼命地往外拽。

巨蝉被这帮小蚂蚁搅扰得没了耐心，终于弃井而去。它在逃走时还向这帮劫匪们撒了一泡尿。对于蚂蚁来说，蝉的这种高傲的蔑视无伤大雅！反正它的目的达到了。它成了这口井的主人了，但是，使井冒水的泵已不再转，井很快也就干涸了。井水虽少，但却甘甜。一旦再有机会，它们还会用同样的法子再喝上几大口的。

大家都看到了，事实彻底地把寓言臆想的角色给调换过来了。毫不客气、抢劫时决不退缩的求食者是蚂蚁，而甘愿与受苦者分享甘露的能工巧匠是蝉。

还有一点也足以把颠倒的情况调整过来。经过五六个星期漫长的欢唱之后，歌手生命耗尽，从大树高处跌落下来。它的尸体被烈日晒干，被行人的脚踩踏。时刻在寻找战利品的蚂蚁撞见了它。蚂蚁随即把这美食给扯碎，肢解，弄烂，搬到自己那丰富的食物堆中去。甚至还可以看到蝉虽已奄奄一息，但翼还在灰土中颤动，可是一小队的蚂蚁便拥上去向各个方向拉扯它，撕拽它。此时的蝉伤心至极。看了这同类相残之后，就不难看出这两种昆虫之间到底是什么关系了。

古希腊罗马对蝉有着很高的评价。人称"希腊贝朗瑞"的阿纳克雷翁为蝉写了一首颂歌，对蝉称颂有加。他说："你几乎就像诸神明一样。"但诗人这么赞颂蝉，其理由却并不是很恰当。他的理由是蝉有如下三个特点：生于地下，不知疼痛，有肉无血。我们也不必指责诗人犯了这些错误，因为那是当时的普遍看法，而且在有人细致入微地进行观察之前，这种看法已流传甚久。再说，在这种讲究对仗押韵的小诗句中，人们对这一点也没有过于关注。

即使在今天，和阿纳克雷翁一样很熟悉蝉的普罗旺斯的诗人们，在赞颂他们视之为标志的这种昆虫时，也并没有怎么关心真实的蝉。但是，这种指责却牵扯不到我的一个朋友，他是个痴迷的观察家和一丝不苟的务实派。他准许我从他的活页本中抽出了一页普罗旺斯语的诗，他以极其严谨的科学态度着重描述了蝉和蚂蚁的关系。诗中的诗意形象及道德评价责任在他，这样娇美的花朵在我的博物学园地上也是长不出来的。但是，我得肯定他叙述的真实性，与我每年夏天在我花园中的丁香树上所看到的情况一致。我把他的诗译成了法语附在了下面，但有许多地方译的意思只是相近而已，因为法语中并不是总有普罗旺斯语的对应词。

蝉和蚂蚁

一

上帝啊，真热呀！但却是蝉的好时光，
它乐至疯狂，欢唱昂扬。
七月流火，收割忙。
金色麦浪翻滚，收割者，
弯腰弓背，辛苦劳作不歌唱：
它口干舌燥，有歌无法唱。

这是你的好时光，你就放声唱吧，
娇小可爱的蝉呀，
敲响你的响钹，
扭动你的肚腹，亮出你的两片镜子。
农夫在挥镰，刀起秆落。
刀光在麦浪中闪亮。

小水罐挂在割麦人的腰间，

罐中装满水，罐口有草堵塞。

磨刀石凉快地待在了木盒里，

不停地有水浇润，

可农夫在烈日下呼哧喘息，

直觉得骨髓都快煮沸。

可你，蝉儿，你可是有清泉解渴呀：

你那尖细的小嘴钻透了细枝树皮，

出现一眼清甜多汁的水井。

糖汁顺着窄细的管道涌出。

泉水汩汩流淌，

你美美地吮吸欢畅。

啊！太平时光不会总这么长的！

左邻右舍尽是窃贼，

外加散兵游勇流浪儿。

都看见你掘了一口甜井。

它们口渴难耐，痛苦地挪上前来，

意欲攫取你的一滴甜浆。

小心点儿呀，我的小可爱：

这帮饥渴非常的家伙，

先是谦卑恭顺，

转眼间就变成无赖疯狂。

它们先是沾沾嘴唇，

然后便不满足于你的剩饭残汤，

它们抬起头来，想把一切沾光。

它们将会如愿以偿。

它们爪似把，搔弄你的翅尖。

在你宽大的脊背上，

一阵爬上爬下地忙，

抓你的嘴，拽你的角，扯你的脚趾。

它们从这儿那儿四处扯，

让你冒火又惆怅。

写作手法

与前文烈日下的农夫辛勤劳作进行对比，用细腻生动的描写，表现了蝉享受清泉解渴的惬意舒适之态。

佳句品析

蚂蚁们抛弃虚伪的假面具，一步步露出贪婪的丑恶嘴脸，运用一系列动作描写，表现了蚂蚁的无赖疯狂之态。

你滋的一泡尿，

喷向这帮强徒，

你便离开树枝。

你远远地离开这帮无赖，

可它们抢占了你的甜水井，

狂笑不已，满心欢畅，

津津有味地舔着玉液琼浆。

而这帮不知疲倦地吮吸的流浪汉中，

尤数蚂蚁为最强。

苍蝇、黄边胡蜂、胡蜂、鳃角金龟

等等各色无赖、骗子，

都是大太阳逼迫无奈来到你的井旁，

唯独蚂蚁是铆足劲儿地要把你损伤。

踩你的脚趾，挠你的脸，

捏你的鼻子，躲你腹下乘凉，

凡此种种，惟它最强。

这浑蛋拿你的爪子当梯，

大胆地爬上你的翅膀，

趾高气扬地溜来荡去，

上下奔忙。

二

现在讲述一个不足为信的故事。

早年间，老人们对我们说，

冬季某日，你饥肠辘辘，耷拉着脑袋，

偷偷地前去

蚂蚁的地下大粮仓窥探。

富有的蚂蚁把夜间寒露打湿的麦粒

摊晒在太阳下，

准备存于地窖中。

麦粒已晒干，蚂蚁在装袋。

你眼含泪水，突然光临。

你央求它说："天寒地冻，北风
呼啸，我快饿死了。
你余粮成堆，
借我一点儿，
甜瓜成熟时节，
我定当奉还。"

"借我点儿麦粒吧。"
你还是走吧，
你要是以为它会借给你，
你就大错特错了。
那大袋大袋的粮食，
你休想弄到一星半点儿。
"滚开！去刮桶底儿去吧。
你夏天唱得来劲儿，
冬天就该饿死！"
古老的寓言就是这么说的，
它劝我们学做吝啬鬼，
看紧钱袋偷着乐……

让那些蠢货尝尽饿肚之苦才满足！
寓言作家说得让我冒火，
竟然说你冬天去寻找
苍蝇、小虫、谷粒，
可你从来不吃这些呀。
麦粒！天哪，你要它干什么！
你自有自己的甘泉，
不求任何其他物。

冬天与你何干！你的后代子孙
在地下酣睡，
而你也将长眠不醒。
你的尸体落下，玉碎香消。

有一天，觅食的蚂蚁，看见了它。

在你干瘪的皮肤上，
可恶的蚂蚁在争抢；
掏空了你的胸腔，把你撕成了碎片，
当作腌货贮藏，
冬天大雪纷飞，这可是美味佳粮。

三
这才是真实的故事，
与寓言所说的完全不一样。
该死的，你们作何感想！
啊，专捡便宜的家伙，
利爪带钩，挺胸腆肚，
带着保险箱统治在世上。

混账的，你们还口吐流言，
说艺术家从不干活，
蠢货就该遭殃，
闭上你们的臭嘴吧，
蝉在钻透树皮找佳酿，
你们却偷吃偷喝忙，
它玉碎身亡，你们仍揪住不放。

要点提示

诗歌借蝉和蚂蚁的故事，讽刺了那些盲目地迷信书本而不注重调查实践的人，同时表达了对人们以讹传讹行为的不满与批判。

我的朋友用他那富于表达的普罗旺斯方言，如此这般地为被寓言作家诬蔑的蝉平了反。

导读

蝉的幼虫在地下经历漫长的四年后才钻出地洞，它在出洞后往往浑身泥浆，挖洞产生的浮土无迹可寻，这一切都令作者费解。经过仔细观察，作者发现蝉幼虫的尿泉和其精心选择地洞地址的秘密，原来是地洞里的根须为它提供了源源不断的水源。幼虫出洞后，在长时间地沐浴在空气和阳光中完成蜕变后，终于成熟了……

蝉出地洞

写作手法
开篇的环境描写，写出了蝉所在地洞的特点。

将近夏至时分，第一批蝉出现了。在人来人往、被太阳暴晒、被踩踏瓷实的一条条小路上，张开着一些能伸进大拇指、与地面持平的圆孔洞。这就是蝉的幼虫从地下深处爬回地面来变成蝉的出洞口。除了耕耘过的田地，几乎到处可见一些这样的洞。这些洞通常都在最热最干的地方，特别是在道旁路边。出洞的幼虫有锐利的工具，必要时可以穿透泥沙和干黏土，所以喜欢最硬的地方。

我家花园的一条甬道由一堵朝南的墙反射阳光，照得如同到了塞内加尔一样，那儿有许多的蝉出洞时留下的圆洞口。六月的最后几天，我检查了这些刚被遗弃的井坑。地面土很硬，我得用镐来刨。

地洞口是圆的，直径约二点五厘米。在这些洞口的周围，没有一点儿浮土，没有一点儿推出洞外的土形成的小丘。事情十分清楚：蝉的洞不像粪金龟

写作手法
运用对比的手法，指出食粪虫和蝉的幼虫挖掘方式的差异，解释了蝉洞洞口没有浮土的原因。

这帮挖掘工的洞，上面堆着一个小土堆。这种差异是二者的工作程序所决定的。食粪虫是从地面往地下掘进；它是先挖洞口，然后往下挖去，随即把浮土推到地面上来，堆成小丘。而蝉的幼虫则相反，它是从地下转到地上，最后才钻开洞口，而洞口是最后的一道工序，一打开就不可能用来清理浮土了。食粪虫是挖土进洞，所以在洞口留下了一个鼹鼠丘；而蝉的幼虫是从洞中出来，无法在尚未做成的洞口边堆积任何东西。

蝉洞约深四分米。洞是圆柱形，因地势的关系而有点儿弯曲，但始终要靠近垂直线，这样路程是最短的。洞的上下完全畅通无阻。想在洞中找到挖掘时留下的浮土那是徒劳的，哪儿都见不着浮土。洞底是个死胡同，成为一间稍微宽敞些的小屋，四壁光洁，没有任何与延伸的什么通道相连的迹象。

根据洞的长度和直径来看，挖出的土有将近两百立方厘米。挖出的土都跑哪儿去了呢？在干燥易碎的土中挖洞，洞坑和洞底的小屋的四壁应该是粉末状的，

容易塌方，如果只是钻孔而未做任何其他加工的话。可我却惊奇地发现洞壁表面被粉刷过，涂了一层泥浆。洞壁实际上并不是十分光洁，差得远了，但是，粗糙的表面被一层涂料盖住了。洞壁那易碎的土料浸上了黏合剂，便被黏住不脱落了。

蝉的幼虫可以在地洞中来来回回，爬到靠近地面的地方，再下到洞底小屋，而带钩的爪子却未刮擦下土来，否则会堵塞通道，上去很难，回去不能。矿工用支柱和横梁支撑坑道四壁；地铁的建筑者用钢筋水泥加固隧道；蝉的幼虫这个毫不逊色的工程师用泥浆涂抹四壁，让地洞长期使用而不堵塞。

如果我惊动了从洞中出来爬到近旁的一根树枝上去，在上面蜕变成蝉的幼虫的话，它会立即谨慎地爬下树枝，毫无阻碍地爬回洞底小屋里去，这就说明即使此洞就要永远被丢弃了，洞也不会被浮土堵塞起来。

这个上行管道不是因为幼虫急于重见天日而匆忙赶制而成；这是一座货真价实的地下小城堡，是幼虫要长期居住的宅子。墙壁进行了加工粉刷就说明了这一点。如果只是钻好之后不久就要丢弃的简单出口的话，就用不着这么费事了。毫无疑问，这也是一种气象观测站，外面天气如何在洞内可以探知。幼虫成熟之后要出洞，但在深深的地下它无法判断外面的气候条件是否适宜。地下的气候变化太慢，不能向幼虫提供精确的气象资料，而这又正是幼虫一生中最重要的时刻——来到阳光下蜕变——所必须了解的。

幼虫几个星期、也许几个月地耐心挖土、清道、加固垂直洞壁，但却不把地表挖穿，而是与外界隔着一层一指厚的土层。在洞底它比在别处更加精心地修建了一间小屋。那是它的隐蔽所、等候室，如果气象报告说要延期搬迁的话，它就在里面歇息。只要稍微预感到风和日丽，它就爬到高处，透过那层薄土盖子探测，看看外面的温度和湿度如何。

如果气候条件不如意，如果刮大风下大雨，那对幼虫蜕变就是极其严重的威胁，那谨小慎微的小家伙就又回到洞底屋中继续静候着。相反，如果气候条件适宜，幼虫便用爪子捅几下土层盖板，便可以钻出洞来。

似乎一切都在证实，蝉洞是个等候室，是个气象观测站，幼虫长期待在里面，有时爬到地表下面去探测一下外面的天气情况，有时便潜于地洞深处更好地隐蔽起来。这就是为什么蝉在地洞深处建有一个合适的歇息所，并将洞壁涂上涂料以防止塌落的原因之所在。

但是，不好解释的是，挖出的浮土都跑到哪儿去了？一个洞平均得有两百立方厘米的浮土，怎么全都不见了踪影？洞外不见有这么多浮土，洞内也见不着它们。再说，这如炉灰一般的干燥泥土，是怎么弄成泥浆涂在洞壁上的呢？

蛀蚀木头的那些虫子的幼虫，比如天牛和吉丁的幼虫，好像应该可以回答第一个问题。这种幼虫在树干中往里钻，一边挖洞，一边把挖出来的东西吃掉。这些东西被幼虫的颚挖出来，一点一点地被吃下，消化掉。这些东西从挖掘者的一头穿过，到达另一头，滤出了那一点点的营养成分后，把剩下的排泄

写作手法

作者以"矿工""地铁的建筑者"和"毫不逊色的工程师"与蝉进行类比，表现了蝉高超的建筑技巧，反映了蝉洞的神奇。

写作手法

文笔风趣幽默，把"气象报告"用于蝉，人格化的描写将蝉赋予人的特点。

写作手法

过渡段，连用三个疑问句，设置悬念，引发读者思考和阅读兴趣。

出来，堆积在幼虫身后，彻底堵塞了通道，幼虫也就不得再从这儿通过了。由胃或颚进行的这种最终分解，把消化过的物质压缩得比没有伤及的木质更加密实的东西，致使幼虫前边就出现了一个空地儿，一个小洞穴，幼虫可以在其中干活儿。这个小洞穴很短小，仅够关在里面的这个囚徒行动的。

蝉的幼虫是不是也是用类似的方法钻掘地洞的呢？当然，挖出来的浮土是不会通过幼虫的体内的，而且，泥土，哪怕是最松软的腐殖土，也绝不会成为蝉的幼虫的食物的。但是，不管怎么说，被挖出来的浮土不是随着工程的进展在逐渐地被抛在了幼虫身后了吗？

蝉在地下要待四年。这么漫长的地下生活当然不会是在我们刚才描绘的准备出洞时的小屋中度过的。幼虫是从别处来到那儿的，想必是从比较远的地方来的。它是个流浪儿，把自己的吸管从一个树根插到另一个树根。当它或因为冬天逃离太冷的上层土壤，或因为要定居于一个更好的处所而迁居时，它便为自己开出了一条道来，同时把用颚这把镐尖挖出的土抛在身后。这一点是无可争辩的。

如同天牛和吉丁的幼虫一样，这个流浪儿在移动时只要很小的空间就足够了。一些潮湿的、松软的、容易压缩的土对于它来说就等于是天牛和吉丁幼虫消化过后的木质糊糊。这种泥土很容易压缩，很容易堆积起来，留出空间。

困难来自另一个方面。蝉洞是在干燥的土中挖掘而成的，只要土始终保持干燥，那就很难压紧压实。如果幼虫开始挖通道时就把一部分的浮土扔到身后的一条先前挖好现已消失的地道中去，这也是比较有可能的，尽管还没有任何迹象可以证明这一点。不过，如果考虑到洞的容量以及极难找到地方堆积这么多的浮土的话，你就又会怀疑起来，心想："这么多的浮土，必须有一个很大的空间才能存放得下，而这个空间的挖成也同样要出现许多的浮土的，要存放起来同样是困难重重。这样就又得有一个空间，同样也就又会有许多浮土，如此循环不已。"就这么转来转去，没有个头。因此，光是把压紧压实的浮土抛到身后尚无法解释这个空间的出现这一难题。为了清除掉碍事的浮土，蝉应该是有一种特殊的法子的。我们来试试解开这个谜。

我们仔细观察一只正在往洞外爬的幼虫。它或多或少总要带上点儿或干或湿的泥土。它的挖掘工具——前爪尖尖上沾了不少的泥土颗粒；其他部位像是戴上了泥手套；背部也满是泥土。它就像是一个刚捅完阴沟的清洁工。这么多污泥让人看了惊讶不已，因为它是从很干燥的土里爬出来的。本以为会看见它满身的粉尘，但却发现它是一身的泥污。

再顺着这个思路往前观察一下，蝉洞的秘密就解开来了。我把一只正在对其洞穴进行挖掘的幼虫给挖了出来。我运气真好，幼虫正开始挖掘时我便有了惊人的发现。一个大拇指一样长的地洞，没有任何的阻塞物，洞底是一间休息室，眼下全部工程就是这个状况。那位辛勤的工人现在是个什么样子呢？就是下面的这种状况。

这只幼虫的颜色显得比我在它们出洞时捉到的那些幼虫苍白得多。眼睛非常大，特别白，浑浊不清，看不清东西。在地下视力有什么用呢？而出了洞的幼虫的眼睛则是黑黑的，闪闪发亮，说明能看得见东西。未来的蝉儿出现在阳光下，就必须寻找，有时还得到离洞口挺远的地方去寻找将在其上蜕变的悬挂树枝。这时候视力就非常重要了。这种在准备蜕变期间的视力的成熟足以告诉我们，幼虫并非仓促地即兴挖掘自己的上行通道的，而是干了很长时间。

另外，苍白而眼盲的幼虫比成熟状态时体形要大。它身体内充满了液体，就像是患了水肿。用指头捏住它，尾部便会渗出清亮的液体，弄得全身湿漉漉的。这种由肠内排出来的液体是不是一种尿液呢？或者只是吸收液汁的胃消化后的残汁呢？我无法肯定，为了说起来方便，我就称它为尿吧。

喏，这个尿泉就是谜底。幼虫在向前挖掘时，也随时把粉状泥土浇湿，使之成为糊状，并立即用身子把糊状泥压贴在洞壁上。这具有弹性的泥土便糊在了原本干燥的土上，形成泥浆，渗进粗糙的泥土缝隙中去。拌得最稀的泥浆渗透到了最里层；剩下的则被幼虫再次挤压，堆积，涂在空余的间隙中。这样一来，坑道便畅通无阻了，一点儿浮土都不见了，因为已被就地和成了泥浆，比原本的没被钻透的泥土更瓷实、更匀称。

幼虫就是在这黏糊糊的泥浆中干活儿来着，所以当它从极其干燥的地下出来时便浑身泥污，让人觉得十分蹊跷。成虫虽然完全摆脱了矿工的又脏又累的活儿，但并未完全丢弃自己的尿袋；它把剩余的尿液保存起来当作自卫的手段。如果谁离得太近观察它，它就会向这个不知趣的人射出一泡尿，然后便一下子飞走了。蝉尽管性喜干燥，但在它的两种形态中，都是一个了不起的浇灌者。

不过，尽管幼虫身上积满了液体，但它还是没有那么多的液体把整个地洞挖出来的浮土弄湿，并让这些浮土变成易于压实的泥浆。蓄水池干涸了，就得重新蓄水。从哪儿蓄水，又如何蓄水？我觉得隐约地看到问题的答案了。

我极其小心地整个儿地挖开了几个地洞，发现洞底小屋壁上嵌着一根生命力很强的树根须须，大小有的如铅笔粗细，有的如麦秸管一般。露出来可以看得见的树根须须短小，只有几毫米长。根须的其余部分全部植于周围的土里。这种液汁泉是偶然遇上的呢，还是幼虫特意寻找的？我倾向于后一种答案，因为至少当我小心挖掘蝉洞时，总能见到这么一种根须。

是这样的。要挖洞筑室的蝉，在开始为未来的地道下手之前，总要在一个新鲜的小树根的近旁寻觅一番。它把一点儿根须刨出来，嵌于洞壁，而又不让根须突出壁外。这墙壁上的有生命的地点，我想就是汁液泉，幼虫尿袋在需要时就可以从那儿得到补充。如果由于用干土和泥而把尿袋用光了，幼虫矿工便下到自己的小屋里去，把吸管插进根须，从那取之不尽的水桶里吸足了水。尿袋灌满之后，它便重新爬上去，继续干活儿，把硬土弄湿，用爪子拍打，再把身边的泥浆拍实，压紧，抹平，畅通无阻的通道便做成了。情况大概就是这样的。虽然无法直接观察到，而且也不可能跑到地洞里去观察，但是逻辑推理和种种情况都证实了这一结论。

理解感悟

作者在探究由幼虫肠内排出的液体类型时，仅进行猜测并未武断地下结论，体现了说明文语言的准确性和作者的严谨态度。

理解感悟

作者在分析地洞里的根须是否为幼虫有意寻找的问题时，给出了自己的理由，并不是偶然发现而是总能见到，可见有一定的客观性。

理解感悟

作者精心创设的实验环境，距离更短，土质更疏松，与自然条件形成鲜明的对比，唯一不同的是幼虫体内储存的液体已经消耗光。

理解感悟

作者用实验证明了自己的想法，可见正确的预测是建立在基于事实的正确推理上面的，这与实验者的积累和经验密切相关。

写作手法

运用大段细节描写，刻画了蝉在出地洞后的一系列变化，以及转变为成虫的具体过程，观察细致入微，描写生动。

如果没有根须那个大水桶，而幼虫体内的蓄水池又干涸了，那会怎么样呢？下面这个实验会告诉我们的。我把一只正从地下爬出来的幼虫抓住了，把它放进了一个试管的底部，用松松地堆积起来的一试管干土把它埋起来。这个土柱子高十五厘米。这只幼虫刚刚离开的那个地洞比试管长出三倍，虽说是同样的土质，但洞里的土要比试管里的土密实得多。幼虫现在被埋在我那短小的粉状土柱子里，它能重新爬到外面来吗？如果它努力挖的话，肯定是能爬出来的。对于一个刚从硬土地中挖洞的幼虫来说，一个不坚固的障碍能在话下吗？

然而我却有所怀疑。为了最后顶开把它与外界隔开的那道屏障，幼虫已经把最后储备的液体消耗光了。它的尿袋干了，没有活的须根它就毫无办法再把尿袋灌满。我怀疑它无法成功是不无道理的。果不其然，三天后，我看到被埋着的幼虫耗尽了体力，终未能爬上一拇指高。浮土被扒动过，因无黏合剂而无法当场黏合，无法固定不动，刚一拨弄开，便又塌下来，回到幼虫爪下。老这么挖、扒，总也不见有大的成效，总是在做无用功。第四天，幼虫便死了。

如果幼虫的尿袋是满的，结果就大不相同。我用一只刚开始准备蜕变的幼虫进行了同样的实验。它的尿袋鼓鼓的，在往外渗，身子全都湿了。对于它来说，这活儿是小菜一碟。松松的土几乎毫无阻力。幼虫稍稍用尿袋的液体浸湿，便把土和成了泥浆，黏合起来，再把它们抹开、抹平。地道通了，但不是很规则，这倒不假，随着幼虫不断往上爬，它身后几乎给堵上了。看起来好像是幼虫知道自己无法补充水，因而为了尽快地摆脱一个它很陌生的环境而节约自己身上的那仅有的一点液体，不到万不得已绝不动用。就这么精打细算的，十来天之后，它终于爬到外面来了。

出洞口捅开之后，大张着嘴待在那儿，宛如被粗钻头钻出的一个孔。幼虫爬出洞来后，在附近徘徊一阵，寻找一个空中支点，诸如细荆条、百里香丛、禾蒿秆儿、灌木枝杈什么的。一旦找到之后，它便爬上去，用前爪牢牢地抓住，脑袋昂着。其余的爪子，如果树枝有地方的话，也撑在上面；如果树枝很小，没多少地方，两只前爪钩住就足够了。然后便休息片刻，让悬着的爪臂变硬，成为牢不可破的支撑点。这时候，中胸从背部裂开来。蝉从壳中蜕变而出，前后将近半个小时的工夫。蝉从壳中蜕变出来后，与先前的模样儿大相径庭！双翼湿润，沉重，透明，上面有一条条的浅绿色的脉络。胸部略呈褐色。身体的其他部分呈浅绿色，有一处处的白斑。这脆弱的小生命需要长时间地沐浴在空气和阳光之中，以强壮身体，改变体色。将近两个小时过去了，却未见有明显的变化。它只是用前爪钩住了旧皮囊，稍有点微风吹来，它就飘荡起来，始终是那么脆弱，始终是那么绿。最后，体色终于变深了，越来越黑，终于完成了体色改变的过程。这一过程用了半个小时。蝉儿上午九点悬在了树枝上，到十二点半的时候，我看着它飞走了。

旧壳除了背部的那条裂缝而外，并无破损，并且牢牢地挂在那根树枝上，晚秋的风雨也就没能把它吹落或者打下。常常可以看到有的蝉壳一挂就是好几个月，甚至整个冬天都挂在那儿，姿态仍旧如同幼虫蜕变时的一模一样。旧壳质地坚硬，硬如干羊皮，如同蝉儿的替身似的久久待在那儿。

啊！如果我把我的那些农民乡邻所说的全都信以为真的话，有关蝉儿的故事我可有不少好听的。我就只讲一个他们讲给我听的故事吧，只讲一个。

你受肾衰之苦吗？你因水肿而走路晃晃悠悠吗？你需要治它的特效药吗？农村的偏方在对待这种病上有特效，那就是用蝉来治。把成虫的蝉在夏天里收集起来，穿成一串，在太阳下晒干，然后藏在衣橱角落里。如果一个家庭主妇七月里忘了把蝉穿起来晒干收藏，那她会觉得自己太粗心大意了。

你是否肾脏突然有点炎症，尿尿有点不畅？赶快用蝉熬汤药吧。据说没什么比这更有效的了。以前，我不知道哪儿有点不舒服，一个热心肠的人就让我喝过这种汤药，我起先不知道，是事后别人告诉我的。我很感谢这位热心人，但我对这种偏方深表怀疑。令我惊诧不已的是，阿那扎巴的老医生迪约斯科里德也建议用此偏方，他说："蝉，干嚼吃下，能治膀胱痛。"从佛塞来的希腊人把蝉和橄榄树、无花果树、葡萄等传授给了普罗旺斯的农民，从此，自那遥远年代起，普罗旺斯的农民便把这宝贵的药材奉若至宝。只有一点有所变化：迪约斯科里德建议把蝉烤着吃；现在，大家把蝉用来煨汤，作为煎剂。

说此偏方可以利尿，纯属幼稚天真。我们这儿人人皆知，谁要想抓蝉，它就会立刻向谁脸上撒尿，然后飞走。因此，它告诉了我们其排尿的功能，以致迪约斯科里德及其同时代的人便以此为据，而我们普罗旺斯的农民至今仍这么认为。

啊，善良的人们！如果你们获知蝉的幼虫能用尿和泥来建自己的气象站的话，那你们又会怎么想呢？拉伯雷描写道，卡冈都亚❶坐在巴黎圣母院的钟楼上，从自己巨大的膀胱里往外尿尿，把巴黎成百上千的闲散的人淹死，还不包括妇女和儿童，否则人数会更多。你们知道这个故事后，也会信以为真吗？

读后思考

1.作者在探究蝉的幼虫钻掘地洞的方法前，列举介绍了天牛和吉丁的幼虫挖掘地洞的情形，作者这样描写的目的是什么呢？

2.文章在文末部分对于蝉出地洞的探究已经结束，为什么又加入关于蝉可以利尿的说法呢？这是否偏离了主题呢？请结合全文谈谈你的看法。

❶ 卡冈都亚：法国著名作家弗朗索瓦·拉伯雷作品《巨人传》中的主人公。

☰ 导读

螳螂由于特殊的外形，常被人们看成是传达神谕的预言家和修女，然而虔诚祈祷的神态下却掩藏着其残忍的习性。螳螂捕食时胆量和力气极大，进食时果断且残忍无情。野蛮的雌螳螂常常在交配后吃掉雄螳螂，但它却会建造精巧、安全的育儿室。雌螳螂产完卵就冷漠地离开了，顽强的新生命又开始了探索新世界的历程……

螳螂捕食

还有一种南方的昆虫，其令人感兴趣的程度至少与蝉一样，但声名却远不及后者，因为它总是悄无声息。如果上苍赐予它一个深得人心的第一要素——音钹的话，凭着它形体与习性的奇特，它准能让著名的歌手蝉的声誉黯然失色。这里的人们称它为"祷上帝"，学名叫作螳螂，拉丁文名为"修女袍❶"。

科学的术语与农民朴素的词汇在这儿是相互吻合的，都是把这种奇特的生物看成是一个传达神谕的女预言家，一个沉湎于神秘信仰的苦修女。这种比喻由来已久。古希腊人早就把这种昆虫称之为"占卜者""先知"。庄户人在比喻方面也是乐行其事的，他们对所见的模糊材料大加补充。他们看见在烈日烤炙的草地上有一只仪态万方的昆虫半昂着身子庄严地立着。只见它那宽阔薄透的绿翼像亚麻长裙似的掩在了身后，两只长腿，可以说是两只胳膊，伸向天空，一副祈祷的架势。只这些足矣，剩下的由百姓们的想象去完成。于是乎，自远古以来，荆棘丛中就住满了这种传达神谕、女预言者、向上苍祷告的苦修女了。

啊，天真幼稚的好心的人们，你们犯下了多大的错误呀！它的种种祈祷似的神态掩藏着许多的残忍习性；那两只祈求的臂膀是可怕的劫掠工具：它并不捻动念珠，而是要结果一切从旁经过的猎物。人们怎么也没有想到螳螂竟然是直翅目食草昆虫中的一个例外，它专门吃活食。它是昆虫界和平居民的老虎，是埋伏着捕捉新鲜肉食的妖魔。可想而知，它力大无穷，又嗜肉成性，外加它那完美而可怕的捕捉器，使它可能成为野地上的一霸。"祷上帝"可能变成了凶神恶煞般的刽子手。

如果不提它那置人于死地的工具，螳螂其实没有什么可以让人担惊受怕

---

❶ 修女袍：此为拉丁文直译，法国昆虫界由于螳螂长长的膜翅像修女的长袍，因此以此命名此昆虫。

的。它甚至不乏其典雅优美，因为它体形矫健，上衣雅致，体色淡绿，薄翼修长。它没有张开如剪刀般的凶残大颚，相反却小嘴尖尖，好像生就是用来啄食的。借助从前胸伸出的柔软脖颈，它的头可以转动，左右旋转，俯仰自如。昆虫之中，唯有螳螂引导目光，可以观察，可以打量，几乎还带面部表情。

它整个身躯一副安详状，同被极其准确地誉之为杀人机器的前爪相比起来，反差极大。它的腰肢异常地长而有力，其功用就是向前伸出狼夹子，不是坐等送死鬼，而是去捕捉猎物。捕捉器稍有点装饰，颇为漂亮。腰肢内侧饰有一个美丽的黑圆点，中心有白斑，圆点周围有几排细珍珠点作为陪衬。

它的大腿更加地长，宛如扁平的纺锤，前半段内侧有两行尖利的齿刺。里面一行有十二颗长短相间的齿刺，长的黑色，短的绿色。这种长短齿刺相间增加了啮合点，使利器更加锋利有效。外面的一行简单得多，只有四颗齿刺。两行齿刺末端有三颗最长的。总之，大腿是一把双排平行刃口的钢锯，其间隔着一条细槽，小腿屈起可放入其间。

小腿与大腿有关节相连，伸屈非常灵活，它也是一把双排刃口钢锯，齿刺比大腿上的钢锯短些，但数量更多更密。末端有一硬钩，其尖利可与最好的钢针相媲美，钩下有一小凹槽，槽两侧是双刃弯刀或截枝剪。

这硬钩是高精度的穿刺切割工具，让我一看到就觉得后怕。我在捉螳螂时，不知有多少回被我一把抓过的这家伙给钩住，我腾不出手来，只好求助别人帮我摆脱这个顽固的俘虏！谁要是想不先把刺入肉中的硬钩弄出来就硬拽开螳螂，那他的手肯定会像被玫瑰花刺儿扎了一样，出现道道伤疤。昆虫中没有谁比它更难对付的了。这家伙用修枝剪挠你，用尖钩划你，用钳子夹你，让你几乎无还手之力，除非你用拇指捏碎它，结束战斗，那样的话，你也就抓不着活的了。

螳螂在休息时，捕捉器折起来，举于胸前，看上去并不会伤害别人，一副在祈祷的昆虫的架势。但是，一旦猎物突然出现，它就立刻收起它那副祈祷姿态。捕捉器的那三段长构件突地伸展开去，末端伸到了最远处，抓住猎物后便收回来，把猎物送到了两把钢锯之间。老虎钳宛如手臂内弯似的，夹紧猎物，这就算是大功告成了：蝗虫、蚱蜢或其他更厉害的昆虫，一旦夹在了那四排尖齿交错之中，便小命呜呼了。无论它如何拼命挣扎，又扭又蹬，螳螂那可怕的凶器是死咬住不放的。

如果要对螳螂的习性进行系统研究的话，就必须要在家中饲养，在野外它无拘无束的情况下，是研究不了的。饲养它并不困难，因为只要好吃好喝地伺候，它并不在乎被囚在钟形罩中。我们得每天给它精美食物，天天换样儿，那它就不怎么会因失去荆棘丛而感觉遗憾了。

我准备了十来个宽大的金属网罩，用来关押我的囚徒，同饭桌上罩饭菜防

写作手法

写出螳螂典雅优美的外表，如果不是那可怕的捕捉器，谁能想到它竟然是凶神恶煞般的刽子手呢？

写作手法

作者详细地介绍了螳螂腿部的特点，重点对齿刺和钢锯进行了介绍，这些利器锋利且数量众多，与末端硬钩组合成为螳螂大肆杀伐的重要工具。

形象分析

螳螂休息时和攻击猎物时，捕捉器的形态完全不同，这种变化体现了螳螂的狡猾和捕猎时的残忍无情。

苍蝇的网罩一样。每一个罩子都扣在一个装满沙子的瓦罐上。笼里放着一束干百里香、一块为将来产卵用的平石头，这就是它的全部家当。这一座座的小屋排放在我动物实验室的大桌子上，那儿白天大部分的时间日照充足。我把我的俘虏们关在笼子里，有的单独囚禁，有的集体关押。

我是八月下旬开始在路边干草堆中和荆棘丛里看到成年螳螂的。肚子已经很大了的雌性螳螂日渐增多。而它们的瘦弱的雄性伴侣却比较少见，我有时得花很大的劲儿才能给我的那些雌性俘虏配对，因为囚牢中那些雄性小个子经常被悲惨地吃掉。这种惨剧我们先按下不表，先来说说那些雌性螳螂。

雌性螳螂饭量极大，喂养时间长达数月，所以食物的维系并非易事。几乎必须每天更换食物，而大部分都是它们稍微尝上几口便不屑地弃之不食了。我敢相信，螳螂在它们的出生地荆棘丛中，会更注意节约些。由于猎物不充足，它们会把到手的食物吃干净为止，可在我的笼子里，它们就大手大脚的了，常常是咬上几口之后，便把那鲜美的食物撇下不吃了。它们似乎在以这种方式排遣囚禁之烦恼吧。

为了对付这种奢侈浪费，我必须寻求援助了。附近的两三个无所事事的小家伙在我的面包片和甜瓜块的引诱下，每天早上和晚上跑到周围的草丛中去摆放用芦苇编成的小笼子，里面装着活蹦乱跳的蝗虫、蚱蜢。而我也没有闲着，手拿网子，每天在围墙周围转悠，企盼能为我的住客们弄点鲜美猎物。

这些美味食物是我想用来了解螳螂的胆量和力气到底有多大的。在这些美食之中，大灰蝗虫个头儿要比吃它的螳螂大得多；白额螽斯的大颚有力，我们的指头都怕被它给咬伤；蚱蜢怪模怪样，扣着金字塔形的帽子；葡萄树距螽音钹声嘎嘎响，圆乎乎的肚腹上还长有一把大刀。除了这些难以下嘴的野味，还有两种可怕的猎物：一个是圆网蛛，肚子似圆盘，带有彩色边饰，大小如一枚二十苏的硬币；另一个是冠冕蛛，形象凶恶，鼓腹腆肚，令人望而生畏。

当我看到笼子里的螳螂一见到面前的各种猎物便勇猛地冲上前去的劲头儿，我便毫不怀疑它们在野地里遇见类似对手时也一定是毫不畏缩的。如同在我的金属网罩中它尽享我慷慨奉上的美味一样，在荆棘丛中，它必定是毫不客气地享用偶然送上门来的肥美猎物的。对大猎物的这种捕猎充满危险，它绝不是心血来潮之举，应该是它习以为常的事。然而，这种捕猎似乎并不多见，因为机会不多，也许这是螳螂的一大憾事。

各种各样的蝗虫，还有蝴蝶、蜻蜓、大苍蝇、蜜蜂以及其他中不溜儿的昆虫，都是它日常所能抓到的猎物。反正，在我的笼子里，大胆的女猎手在任何猎物前都没有退缩过。无论是灰蝗虫还是螽斯，也无论是圆网蛛还是冠冕蛛，迟早都逃不脱它的利爪，在它的锯齿内动弹不得，被它津津有味地嚼食。这种情形是值得讲述一下的。

一看见罩壁上傻乎乎靠近的大蝗虫，螳螂痉挛似的一颤，突然摆出吓人的姿态。电流击打也不会产生这么快的效应的。那转变是如此突然，样子是如此吓人，以致一个没有经验的观察者会立即犹豫起来，把手缩回来，生怕发生意外。即使像我这么已习以为常的人，如果心不在焉的话，遇此情况也不免会被吓一大跳的。这就像是突然从一个盒子里弹出一种吓人的东西，一种小魔怪似的。

鞘翅随即张开，斜拖在两侧；双翼整个儿展开来，似两张平行的船帆立着，宛如脊背上竖起阔大的鸡冠；腹端蜷成曲棍状，先翘起来，然后放下，再突然一抖，放松下来，随即发出噗噗的声响，宛如火鸡展屏时发出的声音一般，也像是突然受惊的游蛇吐芯儿时的声响。

身子傲岸地支在了四条后腿上，上身几乎呈垂直状。原先收缩相互贴在胸前的劫持爪，现在完全张开，呈十字形挺出，露出装点着排排珍珠粒的腋窝，中间还露出了一个白心黑圆点。这黑的圆点恍如孔雀尾羽上的斑点，再加上那些象牙质的纤细凸纹，是它战斗时的法宝，平时是密藏着的，只是在打斗时为了显得凶恶可怕，盛气凌人，才展露出来。

螳螂以这种奇特姿态一动不动地待着，目光死死地盯住了大蝗虫，对方移动，它的脑袋也跟着稍稍转动。这种架势的目的是显而易见的。螳螂是想震慑、吓瘫强壮的猎物，如果后者没被吓破了胆的话，后果将不堪设想。

它成功了吗？谁也搞不清楚螽斯那光亮的脑袋里或蝗虫那长脸后面在想些什么。它们那麻木的面罩上没有任何的惊恐呈现在我们的眼前。但是，可以肯定被威胁者是知道危险的存在的。它看见自己面前挺立着一个怪物，高举着双钩，准备扑下来；它感到自己面对着死亡，但在还来得及的时候它却并没有逃走。它本是个长腿儿的蹦跳者，善于高跳，轻而易举地就能跳出对方利爪的范围，可它却偏偏蠢乎乎地待在了原地，甚至还慢慢地向对方靠近。

据说，小鸟见到蛇张开大嘴会吓瘫，看见蛇的凶狠模样会动弹不得，任由对方吞食。许多时候，蝗虫差不多也是这么一种状态。现在它已落入对方威慑的范围。螳螂将两只大弯钩猛压下来，爪子一抓，双锯合拢，夹紧。不幸的蝗虫已无还手之力：它的大颚咬不着螳螂，后腿只是胡乱地蹬踢。它的小命休矣。螳螂收起它的战旗——翅膀，复现常态，开始美餐。

在抓获蚱蜢和距螽这种危险小于大灰蝗虫和螽斯的昆虫时，螳螂那魔怪般的姿态没有那么咄咄逼人，持续时间也没有那么长。它只需将大弯钩一伸就解决问题了。对付蜘蛛也是如此，只需拦腰抓住对方，就用不着担心其毒钩了。对于其日常食物里不起眼的蝗虫，无论是在我笼子里还是在野地里，螳螂都极少用它的震慑法子，它只是一把抓住闯进它的势力范围的冒失鬼就完事了。

当要捕食的活物可能会进行顽强抵抗时，螳螂则不敢怠慢，要利用一种震慑、恫吓猎物的姿态，让自己的利钩有办法稳稳地钩住对方。随后，它的狼夹子便把吓傻了无还手之力的受害者夹紧。它就是以这种迅猛的魔怪般的姿势把自己的猎物吓瘫了的。

在这种怪诞的姿势中，双翅起了很大的作用。螳螂的翅膀很宽大，外边缘呈绿色，其余的部分系无色半透明的。纵向上有许多经翅脉，呈扇面状辐射开来。还有一些更细的、横向的翅脉，成直角地与纵向翅脉相切，与之形成无数的网眼。在呈魔怪姿态时，翅膀展开，立成两个平行的平面，几乎相互触及，犹如昼间休憩的蝴蝶的翅膀一样。双翅之间，翘卷着的腹端突然剧烈地抖动起来。肚腹摩擦翅脉，发出一种喘息声，我把它比作处于防御状态的游蛇吐芯儿的声音。如果要模仿这种声响，只需用指尖快速擦过展开的翅膀的正面即可。

几天没吃食的螳螂，因饥饿难忍，能一下子把与它相同大小或比它个头儿大的灰蝗虫全部吃掉，只撇下其翅膀，因为翅膀太硬而无法消化。为了吃光这么个大猎物，两小时足够了。但这么狼吞虎咽的情况甚是罕见。我曾见过一两次，我当时就一直纳闷儿，这个饕餮者是怎么找到地方存这么多的食物的？容量小于容积的原理是怎么颠倒过来为螳螂服务的？我惊叹它的胃的高超特性，竟能让食物立即消化，溶解，穿肠而过。

在我的笼子里，蝗虫是螳螂的家常饭菜，大小不等，种类各异。看着它用劫持爪子上的那对儿钳子夹住蝗虫蚕食着，实属一件趣事。虽然说它那尖尖小嘴似乎并不像是生就为大吃大喝所用的，可猎物却被它吃光了，只剩下双翅，而且，翅根上多少有点肉的地方也没有放过。爪子、硬皮全都穿肠而过。有时候，螳螂抓住一条肥硕的后大腿，送到嘴边，细细地品味着，一副心满意足的神态。蝗虫的肥硕大腿对它来说可能是上等好肉，犹如一块上好羊肉对我们而言一样。

螳螂先从猎物的颈部下口。当一只劫持爪拦腰抓住猎物时，另一只则按住了后者的头，使脖颈上方断裂开来。于是，螳螂便把尖嘴从这儿失去护甲的地方插进去，锲而不舍地啃吃开来。猎物颈部裂开了个大口。头部淋巴已遭破坏，蹬踢也就随之停止，猎物便成了一个没有知觉的尸体，螳螂因而可以自由选择，想吃哪儿就吃哪儿了。

如果我放进沙盆的是毒蜘蛛，螳螂只消把它们横着抓过来，就不用担心毒钩了。至于一般的昆虫，螳螂根本不必先摆出死神姿态把猎物吓呆，只等猎物上门抓住就可以了。

渐渐地，我用作观察对象的雌螳螂越来越多，每个沙盆里都住了好几只。为了避免这些脾气暴躁的家伙互相伤害，我给它们抓来数量充足的蝗虫，而且为了保证新鲜，每天要换两次食物。

开始的时候太平无事，但是随着雌螳螂肚子里的卵越来越成熟，交配和产卵季节到来了，它们的性情变得愈发残忍反常，具有强烈的占有欲和忌妒心。沙盆里的雌螳螂开始互相挑衅，它们向自己的姐妹摆出死神姿态，恶狠狠地挥舞着镰刀。那是真正的搏斗，没有丝毫友爱之情，往往以悲惨的结局收场，胜者的嘴里躺着同胞残缺不全的尸体，简直是惨不忍睹。

给这些性情大变的待孕妇寻找伴侣可不是件容易的事。在八月，雄螳螂十分难找，它们身材瘦小，吃得很少，但翅膀发达，一次能飞我走四五步远的距离。而雌螳螂因为肚子里的卵沉甸甸的，根本不飞跃，它们的翅膀似乎只在摆出死神姿势时才有用。最后，我终于把雌雄螳螂一对对地安排好，让每一对都住在单独的沙盆里。

瘦弱的雄螳螂鼓起勇气，挺起胸，歪着脑袋，深情地凝望着未婚妻，久久不动。在得到默许的暗号后，它凑上前去，展开翅膀抖动起来，接下来是一个漫长而美好的婚礼。

然而，在交配完的当天，最晚在第二天，雌螳螂就像对待蝗虫一样地把新郎官一口一口吃掉了。我又把第二只雄螳螂放了进去，雌螳螂休息片刻，竟然接受了第二任丈夫的求婚，同样在交配之后把它吃光了。

在两个星期里，我惊讶地看到了一只雌螳螂竟然接受了七次求婚，吃掉了七个丈夫！

在为这些雄螳螂叹息的同时，我不禁好奇，如果它们是在田野里交配，是不是有足够的时间逃走，免于一死呢？很快，我在野外见到的令人震惊的一幕彻底打碎了这个善良的念头。那是一对儿正在交配的螳螂，雄螳螂紧紧地抱着雌螳螂，尽职地履行着给卵子受精的义务，然而它的头、颈已经没有了，它的胸膛在雌螳螂扭过头的啃咬之下，也在一点点地消失。这残酷、血腥的场面令人难以置信，却又千真万确。

在看到螳螂卵囊之前，我以为雌螳螂的天性就是这么粗鲁、野蛮的，但它们那些精巧、安全的育儿室却改变了我的看法。

在向阳的地方很容易找到螳螂卵囊，只要粗糙的表面能把卵囊粘住，像石头、树根、干草，甚至破布、旧皮鞋开裂的皮面，都可以成为螳螂的产卵地点。

九月初的一天傍晚，我饲养的一只雌螳螂终于决定产卵了。它并没有选择我精心准备的石块儿和干百里香，而是看上了坚硬的铁丝网，它觉得铁丝网比常见的粗糙表面支撑性更好，更容易把卵囊牢牢地固定住。

它爬上铁丝网罩子的顶部，身体倒挂着，腹部末端张开一道裂缝，从中排出了一种黏糊糊的物质。那道裂缝不停地一张一合，流出的黏液经过挤压、拍打，接触空气后，膨胀成了一团团包裹着气体的泡沫，就像我们搅打鸡蛋清一样。雌螳螂一边制造泡沫，一边产卵，它的腹部从左到右地摆动，每铺一层泡沫，就在其中产下一层卵，就这样层层叠加，留下一条条横向的纹路。两分钟后，泡沫渐渐凝固了，变得越来越坚硬。

新造好的螳螂卵囊长四厘米、宽两厘米，一端尖、一端圆，颜色像麦子一样金黄。卵囊的中间部分是并列的两行，像瓦片一样层层相叠，每排瓦片的边沿都有细小的裂缝，这就是门。将来孵化的小螳螂要从门里钻出来，左边的小螳螂出左门，右边的小螳螂出右门。在每一层育儿室里，都沉睡着裹着淡黄色外壳的螳螂卵，它们头朝门口沿着圆圈排列。卵囊的其他部分则是密封的墙，墙体是坚固的泡沫体，既可以保温，又可以抵挡冬天的风雪。

写作手法

过渡段，从上文对雌螳螂交配后吃掉丈夫的描述转入对雌螳螂建筑卵囊的描写。

写作手法

通过列举数字、打比方等说明方法交代了卵囊的特点，卵囊的墙体坚固且保温，可见雌螳螂算是一个优秀的建筑师。

螳螂卵囊刚造好的时候，出口处还覆盖着一层薄薄的东西，就像刷了层白油漆，这是由雌螳螂腹部最后一点干净、细腻的泡沫形成的。这层白漆很容易破碎，要等它脱落后，才能看到出口的裂缝。在筑卵囊的时候，雌螳螂一次也没回过头看过，却像个建筑大师一样安排好每一层的育儿室，把孩子放进去，同时垒起保温性能绝佳的墙、留出大门，最后还要刷一层白漆，没要任何帮助就完成了这个完美的建筑。

我钦佩地看着雌螳螂，盼着它能转过身，欣赏一下自己的杰作，对自己的孩子流露些许温情。再次让我震惊的是，雌螳螂一产完卵，就冷漠地离开了，甚至有几只蝗虫靠近螳螂卵囊它也没加理会，完全忘了里面睡着自己的四百多个孩子，真是个铁石心肠的妈妈啊！

螳螂卵囊在普罗旺斯的乡下非常出名，农民们都叫它"梯格诺"。在这些淳朴的乡人眼里，"梯格诺"是治疗冻疮的特效药，据说只要把螳螂卵囊剖开、压出汁液，抹在患处就能治愈。在接下来的冬天，我给自己和家人试用之后发现毫无疗效，冻伤的地方还是又肿又痒。此外，妇女们还喜欢在月光皎洁的夜晚外出收集"梯格诺"，把它们小心地缝在衣兜里。邻居有人牙疼的时候，就会跑来跟她们借，"我疼得脸都肿了，快借我一点治牙疼的'梯格诺'吧。"这时善良的妇女会立刻拆开缝线，一边递上"梯格诺"，一边叮嘱道："这是最后一个，千万别弄丢了，最近可没有那么好的月色啦。"

别看"梯格诺"这么大名鼎鼎，当我告诉农民们这就是螳螂卵囊的时候，大家都惊讶极了。

尽管被当作灵丹妙药收走了很多，田野里仍有大量的螳螂卵顺利地度过严冬，迎来了温暖宜人的季节。

六月中旬的上午，阳光明媚，螳螂卵通常的孵化时刻到了。首先，在每个门口的鳞片下，露出了一个半透明的小块，后面有两个大黑点，那就是眼睛。新生的幼虫与其说像螳螂，不如说更像一条小船，缓缓地滑动着向外钻。它有一个胖脑袋，身体黄中透红，嘴贴在胸前，腿贴在腹部，这是螳螂的初态幼虫。它在刚孵化时穿着比较圆润的外套，这样才能方便地钻出育儿室，而不碰伤了纤细的腰、腿和触须。

初态幼虫的头部逐渐胀大，里面充满了液体，成了一个颤颤巍巍的水泡。幼虫不停地一伸一缩，每扭动一下，水泡都变大一些。最后，它的头使劲弯向胸口，外套从胸前裂开了，于是它更加努力地弯曲、伸直、扭动。终于，腿挣脱出来了。长长的触须也获得了解放，一只真正的小螳螂出现了。刚脱掉的外套就像一根细带子，被风吹得乱晃。

第一只小螳螂的孵化吹响了育儿室的起床号，每一层的卵纷纷醒来，通道里变得热闹极了，大门处渐渐地挤满了穿着外套的幼虫，它们争先恐后地往外钻。可是，就在螳螂窝边，有一些家伙早已垂涎三尺，等不及要美餐一顿了。

冲在最前面的是蚂蚁，它们没法咬破坚固的螳螂卵囊，所以提前几天就埋伏在大门外，穿着外套的幼虫一露头，立刻就被蚂蚁揪住，撕扯外衣咬成了碎块。幸运的是，成功脱掉外套的小螳螂越来越多，它们只要逃过蚂蚁，多接触空气一会儿就能变强壮。这些小家伙举起前臂自卫，骄傲地穿过蚁群，不用躲躲闪闪，反而能把蚂蚁给撞到一边。它们爬上旁边的树叶，或者掉在草地上，打算探索新世界，完全没想到还有更厉害的敌人窥视着自己。

从矮墙上爬下来一只小灰蜥蜴，它飞快地弹动舌尖，轻轻松松地就把逃出蚁群四处游荡的小螳螂舔进了肚子。每舔一口，它就眯起眼睛品味着鲜嫩的味道，显得十分满意。

除此之外，有些小螳螂甚至没机会见到阳光，就成了别人的猎物。有一种小蜂科的昆虫，它利用尾巴上的尖刺把卵产在坚固的螳螂卵囊里，孵化的幼虫就以螳螂卵为食，直到把整个卵囊都吃空。这样的暴行在昆虫中毫不稀奇，所以，螳螂在一个卵囊里产几百个卵并不多，也许还有点儿少。为什么雌螳螂不产更多的卵，让繁衍后代变得容易些呢？

我在我的荒石园里漫步思索，一棵樱桃树吸引了我的视线，它在池塘畔舒枝展叶，春天繁花如雪，现在则挂满了鲜艳欲滴的红樱桃：成群的麻雀叽叽喳喳地坐在树枝上大吃特吃；胡蜂咬破薄薄的果皮，小口吮吸着甜汁；花金龟美滋滋地吃饱睡熟了；小飞蝇醉倒在了流淌着果浆的饭桌上……樱桃核掉在树下，一直眼巴巴看着的地面居民们立刻行动起来，蚂蚁、蛞蝓把果核上的残肉一点点啃净，田鼠们忙着把光溜溜的果核搬回洞里储存，冬天它们会咬开硬壳，吃里面的果仁。

这棵茂盛的樱桃树每年结果无数，却没有长出遍地的小樱桃苗，周围许许多多的小动物都靠樱桃果实养活，而这些动物最终将化为养料，回归到树根深处的土壤里，进入生命的轮回：春天，肥沃的土壤滋养着樱桃树，树下的草坪也会格外青翠，蝗虫咀嚼鲜美的草叶，螳螂在后大刀一挥，蚂蚁们分享完螳螂幼虫，转眼又进入了母鸡的肚子，至于这些母鸡，不久就会躺在盘子里被端上人们的餐桌。

原来，螳螂那些密密麻麻的小卵，只有很少一部分用来繁衍后代，其他都将进入大自然的食物链，为了开始而结束，为了新生而死亡。也许，在我思考的时候，燃烧的就是小螳螂流入我血管里的能量，并且迸发出思想的火花。

佳句品析

我的荒石园的一棵樱桃树是昆虫们的乐园，一年四季无私地哺育着各种小动物，它们在这里快乐地生活玩耍，人格化的手法描绘了一幅温馨的画面，这是大自然最和谐的乐章。

佳句品析

生命周而复始，生生不息，既是开始也是结束，如同黎明与黑夜，轮番交替着。

读后思考

雌螳螂产卵后就离开了，不顾后代的死活，请结合小螳螂孵化后的相关描写，谈谈你对雌螳螂这一行为的理解。

导读

灰蝗虫的幼虫肥胖而难看，但蜕变的过程却十分神奇。作者按照灰蝗虫蜕变的顺序，分别描写了它在蜕变过程中背部、头部、触须、前后腿以及鞘翅的变化过程。灰蝗虫鞘翅成熟前后差异明显，其组织之大、复杂之极令人惊讶不已，它就像一位出色的建筑师，按照画出的生命图纸进行建造……

灰蝗虫

我刚刚看到一件激动人心的事：一只蝗虫在最后蜕皮，成虫从幼虫的壳套中钻了出来，情景壮观极了。我观察的是一只灰蝗虫，是蝗虫族类中的巨人，九月，葡萄收获的季节，在葡萄树上常常见到它。它身体有一指长，所以比别的蝗虫观察起来方便得多。

幼虫肥胖难看，但已初具成虫的粗略模样，通常呈嫩绿色，但也有的是青绿色、淡黄色、红褐色，甚至有的已像成虫的那种灰色了。其前胸呈明显的流线型，并有圆齿，还有小的白点，多疣；后腿已像成年蝗虫一样粗壮有力，饰有红色纹路，而长长的上腿上长着双面锯齿。

鞘翅再过几天就将大大超过肚腹，但目前还只是两片不起眼的三角形小羽翼，上端贴在流线型前胸上，下端边缘往上翘起，呈尖形披檐状。鞘翅勉强能遮住裸体蝗虫背部，宛如西服的垂尾，因省料子而剪短不够长，显得十分难看。鞘翅遮盖着的是两条细长小带子，那是翅膀的胚芽，比鞘翅还要短小。总之，虽然很快将成为灵巧漂亮的羽翼，但眼下还是两块为节省布料而剪得难看至极的破布头。从这堆破烂玩意儿里将有什么东西跑出来呢？是一对极其宽阔而美丽的翅膀。

咱们先仔细地观察一番事情的经过。幼虫感到自己已经成熟、可以蜕变之后，便用后爪和关节部位抓住网纱。而前腿则收回，交叉在胸前待命，以支持背朝下躺着的成虫翻转身来。鞘翅的鞘——三角形小翼成直角地张开其尖帆；那两条翅膀胚芽的细长小带子在暴露出的间隔处的中央竖起，并微微分开。这样，蜕皮的架势业已摆好，稳稳当当的。

首先必须让旧外套裂开。在前胸前端下部，由于反复一张一缩的缘故，推动力便产生了。在颈部前端，也许在要裂开的外壳掩盖下的全身都在进行着这种一张一缩的反复运动。关节部位薄膜细薄，可以让人一眼看到在这些裸露地方的张缩运动，但前胸中央部位因有护甲挡着就看不出来了。

蝗虫中央部位血液在一涌一退地流动着。血液涌上时宛如液压打桩机一般一下一下地撞击着。血液的这种撞击，机体集中精力产生的这种喷射，使得外皮终于沿着因生命的精确预见而准备好的一条阻力最小的细线裂开。裂缝沿着整个前胸的流线体张开，宛如从两个对称部分的焊接线裂开一样。外套的其他部分都无法挣开，只有在这个比其他部位都薄弱的中间地带裂开。裂缝稍稍往后延伸了一点，下到翅膀的连接处，然后再转到头部，直至触须底部，在此处分成左右短叉。

背部从这个裂口显露出来，软软的，苍白的，稍稍带点灰色。背部在缓慢地拱起，越拱越大，终于全拱出来了。

随后头也拱出来了。外壳被撇在原地，完好无损，但两只玻璃状的眼睛已什么也看不见了，样子极怪；触须的套子没有一丝皱纹，也未见任何异样，处于自然状态，垂在这张变成半透明的已无生气的脸上。

触须在从这么窄小又裹得如此紧的外套中钻出来时并没有遇到任何阻力，所以外套没有翻转过来，没有变形，连一点儿褶皱都没弄出来。触须的体积与外壳大小一样，而且同样是有节瘤的，可它却并未损坏外壳，却轻易地从中钻了出来，如同一个光滑直溜儿的物件从一个宽大无障碍的管子里滑落出来一般。后腿的伸出也一样轻而易举，且更令人震惊。

现在该是前腿然后是关节部位摆脱臂铠和护手甲了，但也未见有丝毫的撕裂，没有丝毫的褶皱，没有丝毫的自然位置的变异。此时蝗虫只用长长的后腿的爪子抓住网罩。它垂直悬吊着，头冲下，我一碰纱网，它就像钟摆似的摆动起来。它的悬吊支点是四个细小的弯钩。

如果这四个弯钩一松，没抓住，这只蝗虫就没命了，因为除了在空中以外，它的巨大翅膀在其他地方是张不开来的。但是，它们抓得牢牢的，因为在它们从外壳伸出来之前，生命就使它们变得坚硬牢固，能稳稳当当地承受得起随后从外壳中挣脱的使命。

现在鞘翅和翅膀在出来。那是四个窄小的破片，隐约可见一些条纹，状如被撕裂的小纸绳，顶多只有最终长度的四分之一。它们软极了，支撑不了自身重量，耷拉在头朝下的身子两侧。翅膀末端无所依靠，本该冲着后部，但现在却冲着倒挂的蝗虫的头部。蝗虫未来飞行器官那副惨相如同原本肉乎乎的四片小叶子被暴风雨打得破败不堪的模样。

为了让自己臻于完善，必须进行一项深入细致的工作。这项机体内的工作甚至已经在充分地进行着，也就是把黏液凝固，让不成形的结构定型，但是，从外部丝毫看不出来其内部的这种神秘的实验。外面看上去，蝗虫似乎毫无生气。

这期间，后腿摆脱开来。粗大的大腿呈现出来，向内的一侧呈淡粉红色，但很快便变成了鲜艳的胭脂红。后腿出来很容易，把收缩的骨头一伸，道路便畅通无阻了。但小腿就是另一码事了。当蝗虫成为成虫时，整条小腿上竖着两排坚硬锋利的小刺。另外，下部顶端有四个有力的弯钩。这是一把货真价实的锯，有两排平行的锯齿，极其粗壮有力，除了小点，真可以与采石工人的大锯相媲美。

　　幼虫的小腿结构相同，因此也是裹在有着同样装置的外套里。每个弯钩都嵌在一个同样的钩壳之中，每个锯齿都与另一个同样的锯齿相啮合，而且咬合得严丝合缝，即使用刷子刷上一层清漆来替代要蜕掉的外壳也不如它们那么紧紧相贴的。

　　然而，胫骨的这把锯子从中蜕出来时却没有让紧贴着外壳的任何地方有一点点损伤。如果我没有一而再再而三地仔细观察，我是不敢相信的。被抛弃的小腿护甲完完整整，毫发未损。无论末端的弯钩还是双排锯齿都没有弄坏一点软嫩的外壳。那外壳细嫩得一口气都能把它吹破的，但尖利的大耙在其间滑动却未留下一丝的擦伤。

　　我远未想到会是这么种情况。我看到那披着刺棘的铠甲时，就以为小腿上的外壳会像死皮似的自己一块块脱落，或者被擦碰掉下。但事实却远非如此，这大出我所料！弯钩和刺棘毫不费力、没有一点阻碍地从薄膜里出来了，可它们却是能让小腿形同一把可锯断软木头的锯子的呀。脱下来的衣服靠在其爪状外皮，钩在网罩的圆顶上，无一丝一毫的褶皱和裂缝，用放大镜也没看到有什么硬擦伤。外壳蜕皮前后完全一模一样。那蜕下的护胫也同那条真腿一样，无丝毫的差异。

　　谁要是让我们把一把锯子从贴在其上的极薄的薄膜套里抽出来而又不对薄膜套有丝毫损伤，那我们必然是哈哈大笑，因为这根本就办不到。但生命却嘲弄了这类的不可能。生命在必要时有办法实现荒诞的事情。这一点蝗虫的爪子就告诉了我们。

　　既然胫骨锯一出了套是那么坚硬，所以紧紧地裹住它的套子不被弄碎它肯定是出不来的。但困难被它绕开了，因为胚甲是它唯一的悬挂带，必须绝对地完好无损，才能给它提供牢固的支撑直至它完全摆脱出来。

　　正在努力挣脱的腿还不是能够行走的肢体，它还没有达到随后不久的那种硬度。它非常软，极易弯曲。我对它的蜕皮部分做了实验。我把网罩倾斜，便会看到已经蜕皮部分因受重力影响，随我的意愿在弯曲，呈细小的带状弹性胶质也没什么弹性了。但是，它很快就硬了起来，只几分钟工夫，它便具有了所必需的硬度。再往前些，在外套遮住我看不见的部分里，小腿肯定要软，处于一种极具弹性的状态，可以说是流体状的，这使得它几乎可以像液体似的从通道中流出来。

　　小腿上这时已经有锯齿了，但并不像它出来之后那么尖利。的确，我可以用小刀尖给小腿部分地剔去外壳，并拔除被模子紧裹着的小刺。这些小刺是锯齿的胚芽，是柔软的肉芽，稍加外力便会弯曲，外力一除又立刻恢复原状。

这些小刺是向后仰倒以利蜕出，而随着小腿往外伸出，它们也在逐渐地竖起、变硬。我所观察着的不是单纯地把护腿套蜕去，露出在盔甲中已成形的胫骨，而是一种以其迅速而令我惊讶不已的诞生过程。

鳌虾的钳子在蜕皮时把两只手指的嫩肉从硬如石头的旧套中挣脱出来时，情况差不多也是这样，但细腻精确的程度却远不及蝗虫。

现在，小腿终于自由了。它们软软地折进大腿的骨沟里，一动不动地在成熟起来。肚腹蜕皮了，它那件精细的外套出现了皱纹，在往上蜕去，直至顶端，只有这顶端还在壳内卡了一会儿，除此而外，蝗虫全身都已露在外面。

它垂直地吊挂着，头朝下，由现已空了的小腿护甲的钩爪钩住。

蝗虫一动不动，后部由破烂衣衫固定着。它的肚子鼓胀得非常之大，看上去像是由储存的机体液汁撑起来的，翅膀和鞘翅很快就要动用这些液汁的。蝗虫在休息，在恢复元气。一直这么等了有二十分钟。

然后，只见它脊椎一着力，由倒悬成正挂，用前跗节抓牢挂在头上的旧壳。用脚倒钩高空秋千倒挂着的杂技演员为了正过身来，腰部也没有这么用力的。这么用力的一个翻转之后，其他的就不在话下了。

蝗虫依靠自己刚刚抓住的支撑物，便稍稍往上爬，碰到了罩子的网纱，这网纱恍若在野地里蜕变时所依托的灌木丛。它用四只前爪把自己固定在网纱上。这么一来肚腹末端就完全解脱了，然后又猛地最后一挣，旧壳便掉了下去。旧壳的落下让我颇感兴趣，它使我想起了蝉衣是如何顽强坚毅地顶着凛冽寒风而未从挂住的小树枝上掉下去的。蝗虫的蜕变方式几乎与蝉的一模一样。可蝗虫的悬挂点怎么会那么不牢固呢？

只要挺身动作没结束，弯钩就牢牢地钩住，而这个动作一做完，似乎全身的一切都动摇了，稍微一动便脱落下来。足见这时的平衡很不稳定，这就再一次显出蝗虫从外套中出来是何等地精确无误啊。

我因为找不到更好的术语，所以便用了"挺身"一词，其实这并不完全贴切。"挺身"意味着猛烈，而这个动作中没有猛烈，因为平衡不稳定，而稍微一用力，蝗虫便会摔下来，一命呜呼，它就会干死在那儿，或者至少它的飞行器官会因无法展开而将成为一堆破烂。蝗虫并不是硬挣出来的，它小心谨慎地从外套中滑动出来，仿佛有一根柔软的弹簧在把它轻轻弹出。

我们再回头看看那些蜕皮之后表面上没有丝毫变化的鞘翅和翅膀吧。它们仍旧残缺不全，几乎像是上面有细竖条纹的小绳头。它们要等到幼虫完全蜕皮并恢复正常姿态之后才会展开。

我们刚才看到蝗虫翻转身子，头朝上了。这种翻身动作足以让鞘翅和翅膀回到正常位置。原先它们极其柔软地因自身重量而弯曲地垂着，自由的一端朝着倒置的头部。

此刻，它们仍旧因自身的重量而姿势被修正，处于正常方向。已不再有弯曲的花瓣，颠倒的位置也调正过来，但这并没使它们那不起眼的外表有任何的改变。

翅膀完全张开时呈扇形。一束轮辐状的粗壮翅脉横贯翅膀，成为可张可缩的翅膀构架。翅脉间，有无数横向排列的小支架层层叠起，使整个翅膀成为一个带矩形网眼的网络。鞘翅粗糙而过小，也是这种网络结构，但网眼是方块形的。鞘翅和翅膀状若小绳头时，都看不出这种带网眼的组织来。上面仅仅是几条皱纹，几条弯曲的小沟，表明这些残废肢体是经精巧折叠使体积达到最小的织物构成的东西。

翅膀的展开是从肩部附近开始的。那儿一开始看不出有什么变化，但很快便现出一块半透明的纹区，有着清晰而美丽的网络。

渐渐地，这块纹区用一种连放大镜都观察不到的缓慢速度在一点点扩张，致使末端那胖得不成形状的东西在相应地缩小。在逐渐扩展和已经扩展的这两部分的相接处，我怎么看也看不出个所以然来：我什么也没看出来，如同我在一滴水中什么也看不出来一样。但是，少安毋躁，不一会儿那方块网络组织就非常清晰地显现出来了。

根据这初步观察，我们真的会以为一种可以组织成实物的液体突然凝固成带肋条的网络了；我们还会以为眼前的是一种晶体，因其突如其来，颇像显微镜载玻片上的溶化盐似的。其实并非如此：情况不会是这样的。生命在其创作中是没有这种突如其来的。

我折断一个发育了一半的翅膀，用大倍数的显微镜对着它仔细观察。这一次，我满意了。在似乎逐渐结网的两部分的交接处，这个网络实际上已预先存在着。我很清楚地辨别出其中的已经粗壮的竖翅脉；我还看见其中横向排着的支架，尽管它们确实还很苍白且不凸出。我成功地把末端的几块碎片展开，找到了要找的一切。

这已经证实了。翅膀此刻并不是织布机上由电动梭子生产出来的一块布料，而是一块已经完全织成了的成品布料。它所欠缺的只是展开和刚性，无须费多少事了，这就像熨衣服时用熨斗一熨就成了。

三个多小时过后，鞘翅和翅膀就全部展开了。它们竖立在蝗虫背上，呈一张大帆状，忽而无色，忽而嫩绿，如同蝉翼一开始那样。联想到它们原先只像是个不起眼的小包袱，如今展开得这么宽大，真令人拍案叫绝。这么多东西怎么在那小包袱里装下去的呀！

小说中说过一粒大麻籽儿里装着一位公主的全套衣裳。而我们这儿所见的是另一粒更加惊人的籽儿。小说里的那粒大麻籽儿为了发芽不断地增长繁殖，最后用了多年的时间才长出办嫁妆所需的那么多大麻来，而蝗虫的这粒"籽儿"，短时间内便长出一对漂亮的大翅膀来了。

这个竖起四块平板来的绝妙大翅膀缓慢地坚硬起来，还增加了色彩。第二天，那颜色便已定型。翅膀第一次折合成一把扇子，贴在自己应在的地方；鞘翅则把外边缘弯成一道钩贴在体侧。蜕变完成了。大灰蝗虫只剩下在灿烂的阳光下使自己更加壮实，使自己的外衣晒成灰色的过程了。让它去享受自己的快乐，我们还是稍稍回头看看。

前面说过，在紧身甲顺着底部中线裂开后不久便从外套中出来的那四个残缺不全的东西，包含着有着翅脉网络的鞘翅和翅膀，这网络即使谈不上完美无缺，但至少整体看来无数细部已经定型。为打开这寒碜的包袱，并让它变成美丽的翅膀，只需让起压力泵作用的机体把储存着为此一时刻而用的液汁注入已准备好的里面去即可，而这一时刻是最为辛劳的时刻。通过这个事先弄好的管道，一股细流便把翅膀给撑开了。

但是，仍旧包裹在外套里的这四片薄纱究竟是个什么情况呢？幼虫翅膀的镘刀、三角翼端是不是一些模具，按照它们那弯曲折叠的皱襞的模样，把包裹着的东西加工定型，从而编织出来的鞘翅和翅膀的网络？

如果我们看到的不是个真正的模具，我们就可以稍许歇上一歇了。我们会想：用模具铸出来的东西跟凹模一样，这是很简单的。但是，我们脑子的歇息只是表面的，因为我们必然会想，模具那样复杂的结构也得有自己的出处呀！我们也别追得那么深。对我们来说，这一切可能都是两眼一抹黑的。我们局限在所观察到的情况就行了。

我把一只已成熟要蜕变的幼虫的一个翼端放在放大镜下仔细观察。我看到上面有一束呈扇形辐射开来的粗壮翅脉。在其间，夹杂着另外一些苍白而细小的翅脉。最后，还有许多很短的横线，更加细微，弯成人字形，补足了这个组织。

这就是未来鞘翅的简略雏形。它与成熟了的鞘翅真是有天壤之别！与似建筑物梁木的翅脉的辐射状布局完全不一样；由横翅脉构成的网络丝毫不像未来的复杂结构。继粗略雏形的是极其复杂的结构，而在粗糙的基础上的是臻于完善。翅膀的翼及其结果，即最终的翅膀也同样是这种情况。

当准备状态和最终状态都呈现在眼前时，就一目了然了：幼虫的小翼并不是按其模样加工材料并按照其凹模来制造鞘翅的简单模具。

不是这样的。所期待的包裹状薄膜还没在这个雏形当中，这个包裹一旦打开，其组织之大，之极其复杂将令我们惊讶不已。或者更确切地说，这个包裹状薄膜就在雏形中，但却是处于潜在状态。在成为真正的实物之前，它只是个虚拟形态，但可以变成实物。它存在于雏形之中，就比如是橡树就存在于橡栗之中一样。

翅膀的镘刀和鞘翅的翼端没有固定着的边缘为一圈半透明的小肉球所包

围。经高倍放大镜放大之后，可以看见其中有几个似有似无的未来锯齿的雏形。这很可能是生命将使其物质运动的工地。没有任何可以看得出来的东西使人感觉到那个神奇的网络的存在，我们感觉不到这个网络的每一个网眼都会有自己明确的形状及其精确的位置。

因此，能使这种可以组织起来的材料具有薄纱状，并让脉序构成一个难以绕出的迷宫，势必有比模具更巧妙更高级的结构，势必有一张标准的平面图，有一个让每一个原子进入规定位置的理想的施工说明书。在材料动起来之前，外形已经明确地勾勒出来，供塑性液流流动的管道也已经铺设好了。我们建筑物的砾石已按照建筑师思考好的施工说明书码放好了；它们先按设想的码放，然后便真正地垒砌起来。

同样，蝗虫翅膀这个从不起眼的外套中挣脱出来的美丽的花边薄翼，让我们知道了有另一位建筑师，它画出了一些平面图，生命则按它们去建造。

生物的诞生方式多种多样，有比蝗虫的诞生更让人惊叹不已的，但是，那都是在不知不觉中进行的，被时间这巨大的帷幕遮盖住了。如果我们不具备持之以恒的精神，那神秘缓慢的进程就会让我们看不到最激动人心的场面。而蝗虫的蜕变却不一样，快得出奇，所以必须全神贯注，即使你在犹豫也不能放松警惕。

谁要是想看一看生命以多么不可思议的灵巧在工作而又不想枯燥乏味地等候的话，那就去看葡萄树上的大蝗虫好了。种子发芽，叶子舒展，花朵绽放都极其缓慢，我们的好奇心难以得到满足，但葡萄树上的大蝗虫都可以代替之，以了却我们的心愿。我们无法看到小草的缓慢生长，但我们却能十分清楚地观察到蝗虫的鞘翅和翅膀的蜕变过程。

看到这个大麻籽儿几个小时就变成了一张漂亮的大帆，真让人惊得目瞪口呆。啊！生命在编织蝗虫的翅膀，真不愧是个能工巧匠，而蝗虫只是那些微不足道的昆虫中的一种而已。老博物学家普林尼谈到它时说道："葡萄树蝗虫在这个刚向我们指出的不为人知的角落，显示出它是多么强大，多么聪慧，多么完美！"

我听说有一位博学的研究者，他认为生命只不过是物理力和化学力的一种冲突而已，他苦思冥想，希望有一天以人工的方法能获得那种可加以组织的材料，亦即行话所说的"原生质"。如果我有这种能力，我会急于满足这位雄心勃勃的人的。

喏，就这样，你准备好了各种各样的原生质。经过深思熟虑、深入研究、耐心细致、谨慎小心，你的愿望实现了；你从你的实验仪器中提取了一种易于腐败、过几天就发臭的蛋白质黏液，总之，是一种脏得很的玩意儿。你将如何处置你的产品？

你会把它组织起来吗？你会给它以活的建筑结构吗？你会用一种注射器把它注入两片不会搏动的薄片中间去，以获取哪怕是一只小飞虫的翅膀吗？

蝗虫几乎就是按这种方法干的。它把它的原生质注入小翅膀的两个胚层之间，材料也就在其间变成了鞘翅，因为它在那儿有我们前面所说的原型作为指引。它在自己行程的迷宫中按照先于它存在在那儿并且已制定好的施工说明书行动。这种对形状进行协调的原型，这个事先存在的调节物，你的注射器里有吗？没有。所以说你就把你的产品扔掉吧。生命是决不会从这种化学垃圾中迸发出来的。

> 理解感悟
>
> 作者认为，这位雄心勃勃的研究者最终只能无功而返，生命是大自然最伟大的创造，人类只是大自然的一分子，这种企图凌驾于自然之上的造物行为无异于痴心妄想。

读后思考

作者在文中谈到蝗虫的翅膀网络组织变化时，提到"生命在其创作中是没有这种突如其来的"，你是如何理解这句话的呢？结合前文相关内容谈谈你的理解。

导读

　　作者认为绿蝈蝈是蝗虫科昆虫中最优雅美丽的，然而它性情却极其残忍。作为食肉昆虫的蝈蝈喜欢以蝉为食物，同时有以伤残同伴为食物的特殊癖好。绿蝈蝈喜欢昼伏夜出，进食时常常独霸美食。绿蝈蝈的交配方式和繁衍行为极为独特，让作者感到十分震惊……

绿蝈蝈

　　现在已是七月中了，按照气象学，三伏天刚刚开始，但实际上，酷热已赶在日历的前头到来，几个星期以来，简直是酷热难当。

　　今晚，村子里在举行庆祝国庆的晚会。村童们正围着一堆旺火在欢蹦乱跳，我影影绰绰地看到火光映到教堂的钟楼上面，嘭啪嘭啪的鼓声伴随着"蹿天猴"烟火的唰唰声响，这时候，我独自一人在晚上九点钟光景那习习凉风中，躲在暗处，侧耳细听田野间那欢快的音乐会，这是庆丰收的音乐会，比此时此刻在村中广场上那烟花、篝火、纸灯笼，尤其是劣质烧酒组成的节日晚会更加庄严壮丽，它虽简朴但却美丽，虽恬静但却具有威力。

　　夜已深了，蝉鸣声止。整个白昼，它们饱尝阳光和炎热，尽情欢唱不止，而夜晚来临，它们要歇息了，但是它们却常常被搅扰得无法休息。在梧桐树那浓密的枝杈中，突然会传来一声如哀鸣般的闷响，短促而凄厉。这是被绿蝈蝈突然袭击所惊扰的蝉的绝望哀号；绿蝈蝈是夜间凶猛凌厉的猎手，它向蝉扑去，拦腰将蝉抱住，把它开膛破肚，掏心取肺。欢歌曼舞之后，竟是杀戮。

写作手法

　　描绘了绿蝈蝈捕蝉时的残忍画面，体现了大自然的弱肉强食和无情。

　　在我的住处附近，绿蝈蝈似乎并不多见。去年，我计划着研究研究这种昆虫，但是一直没有找到过它，只好恳求一位看林人帮忙，他终于帮我从拉加尔德高原弄到两对绿蝈蝈。那里是严寒地区，山毛榉现在正开始往旺杜峰长上去。

　　好运总是要先捉弄一番，然后才向着坚忍不拔者微笑的。去年久寻不见的绿蝈蝈，今夏已经几乎是随处可见了。我用不着走出我那狭小的园子，就能捉到它们，想要捉多少就有多少。每天晚上，我都听见它们在茂密的树丛草棵中鸣叫。把握好这个好时机，机不可失，时不再来。

　　自六月份起，我便把我所捉到的足够的一对对绿蝈蝈关进一只金属网钟形罩中，下面是一只瓦罐，铺了一层沙子作底。这漂亮的昆虫简直棒极了，全身淡绿色，身体两侧有两条淡白色的饰带。它体形优美，身轻体健，一对罗纱大翅膀，是蝗虫科昆虫中最优雅美丽的。我因捉到这样的一些俘虏而扬扬自得。它们将会告诉我些什么呀？等着瞧吧。眼下必须把它们喂养好。

我给这帮囚徒喂莴苣叶。它们果然在啃咬，但是吃得极少，而且是一副不屑吃的样子。我很快就弄明白了：我养的是一些不太甘愿吃素的家伙。它们需要别的，看上去是想捕捉活食。但到底是哪种活食呢？一个偶然的机会碰巧让我知道了是什么。

破晓时分，我在门前溜达，突然旁边一棵梧桐树上掉下点什么东西，还吱吱地在叫。我赶忙跑上前去。是一只蝈蝈在掏空被它抓住的一只蝉的肚腹。蝉徒劳地鸣叫，挣扎，蝈蝈始终紧咬住不放，把脑袋深扎进蝉的内脏中，一小口一小口地撕搜出来。

我明白了，蝈蝈是一大早在树的高处趁蝉歇息时发动袭击的，受袭的被活活地开膛的蝉猛然一惊，随即进攻者和被袭者扭成一团跌落下来。那次以后，我曾多次看到这类似的屠杀场面。

我甚至见到过胆量过人的蝈蝈蹿起追扑晕头转向乱飞逃命的蝉，犹如在高空中追逐云雀的苍鹰。与胆量过人的蝈蝈相比，猛禽略逊一筹。苍鹰是专攻比自己弱小的动物，而蝗虫类则相反，攻击比自己个头儿大得多、强壮得多的庞然大物，而这场个头儿相差许多的肉搏的结果是小个头儿必赢无疑。蝈蝈有极强的下颚和利爪，很少不把对手开膛破肚的，而后者因没有武器，只有哀号和挣扎的份儿了。

要紧的是要把猎物攥住，这倒并不难，趁夜间猎物打盹儿的工夫下手即可。凡是被夜巡的凶猛的蝈蝈撞上的蝉都难免惨死。这就可以理解了，为什么夜阑人静，蝉声停叫之时，有时会突然听见树冠中传出吱吱的惨叫声。那是身着淡绿色衣服的强盗刚刚捉住一只入睡了的蝉。

我找到了我的食客们所需之食物了：我就用蝉来喂养它们。它们对这道菜觉得非常合胃口，所以两三个星期的工夫，我那笼子里就一片狼藉，蝉脑袋、空胸壳、断翅膀、断肢碎爪，无处不在。只有肚子几乎整个儿地不见了。肚腹是块好肉，虽然营养成分不高，但看来味道很好。

确实，蝉腹中的嗉囊里积存着糖浆，那是蝉用自己的小钻从嫩树皮里汲出来的香甜液汁。是否就因为这种蜜饯，蝉的肚腹才成为猎人的首选？这很有可能。

为了使食谱多样化，我其实还专门喂它们一些香甜的水果，比如梨片、葡萄、甜瓜片等等。这些水果它们全都很爱吃。绿蝈蝈就像英国人：它非常喜欢浇上果酱的牛排。也许这就是为什么它一抓住蝉，就要开膛破肚的缘故：蝉肚子里装着裹着果酱的鲜美肉食。

并非在任何地方都可以吃到这种甜蝉美味的。在北方地区，绿蝈蝈遍地皆是，它们不可能找得到它们在我们这儿所热衷的这种美食。它们大概还有别的吃食。

为了弄清楚这个问题，我给它们喂细毛鳃角金龟，这是一种夏季鳃角金龟，与春季鳃角金龟相同。这种鞘翅昆虫一被扔进笼里，绿蝈蝈们便毫不迟疑地扑了上去，吃得只剩下鞘翅、脑袋和爪子。我又投进去漂亮而肉肥的松树鳃角金龟，结果也一样，第二天我发现它被那帮凶神恶煞之徒给开膛破肚了。

这些例子已足以说明问题了。这证明蝈蝈是个嗜食昆虫者，尤其爱吃没有过硬甲胄保护的那些昆虫；这还证明它们特别喜欢肉食，但又像螳螂那样只吃自己捕获的猎物。这个蝉的刽子手还知道肉食热量太高，须用素食加以调剂。吃完肉喝完血之后，还要来点水果什么的，有时候，实在没有水果，来点草吃吃也是可以的。

然而，同类相残仍然存在。其实我还从未看到我笼中的飞蝗像螳螂那样的野蛮行径，后者经常拿自己的情敌开刀，吞食自己的情侣。不过，假若笼中的某个体弱的飞蝗倒下，幸存者们会像对待一般猎物那样毫不迟疑地扑上去的。它们并不是因为食物匮乏才以死去的同伴充饥的。不管怎么说，凡是身有佩刀的昆虫都程度不同地有以伤残同伴为食的癖好。

除了这一点而外，我笼子里的飞蝗们倒是和平共处地生活着。它们彼此之间从未有过狠打狠斗，顶多也就是因食物而稍许争抢一番而已。我刚扔进笼子里一片梨，一只飞蝗便立即霸占上了。因为怕别人来争抢，它就踢腿蹬脚，不让别人过来抢它的美食。自私自利无处不在。它吃饱了，就把位子让给别人，后者随即也霸道地占着梨片。笼中的食客就这么一个一个地飞上去占上一番。吃饱喝足之后，大家便用大颚尖挠挠脚掌，用爪子蘸点唾沫擦擦额头和眼睛，然后便用爪子抓住网纱或躺在沙地上，做沉思状，悠然自得地在消食。它们白天的大部分时间都睡大觉，尤其是天气炎热时，更是如此。

到了日落西山，夜幕降临时，这帮家伙劲头儿便上来了。晚上九点钟光景，闹腾得最欢。忽而猛地冲上圆顶高处，忽而又兴冲冲地下来，一会儿再冲上去。大家吵嚷着来来去去，在环形道上跑跑跳跳，遇上好吃的便咬上两口，也不停下来。

雄性绿蝈蝈待在一旁，用触须挑逗路过的雌性。未来的母亲们庄重严肃地踱着步，佩刀半抬着。对于那些猴急的狂热雄性来说，现在的大事就是交配。有经验者一看就知道它们想干什么。

这也是我所观察的主要内容。我的愿望得以满足，但并不是完全满足，因为下面的好事拖得太晚，我没能看到最后那一幕。那最后的一幕要拖到深夜或者凌晨。

我所看到的那一点点只局限于没完没了的序幕那一段。热恋的情侣面对面，几乎头碰头地用各自的柔软触角彼此触摸，互相试探。它们仿佛两个用花

写作手法

将螳螂与飞蝗进行对比，指出这些昆虫以伤残同伴为食，并非因为食物匮乏才这么做，足见蝈蝈的性情残忍。

写作手法

细节描写，生动而传神，形象地描摹出蝈蝈自私自利吃独食以及吃饱喝足后惬意享受的舒服模样。

写作手法

描绘了蝈蝈情侣求爱的场景，将双方比喻为用花剑互击的对手，妙趣横生。

剑互击来互击去以示友好的对手。雄性不时地鸣叫几声，用琴弓拉上几下，然后便寂然无声，也许是因为过于激动而没继续拉下去。十一点了，求爱仍未结束。我实在是困得不行，颇为遗憾地撒下了这对情侣。

第二天早晨，雌性产卵管根部下方吊挂着一个奇特的玩意儿，是装着精子的口袋，宛如一只乳白色的小灯泡，大小如天平砝码，隐约地分成数量不多的长圆形囊泡。当雌性绿蝈蝈走动时，那小灯泡擦着地，沾上一些沙粒。然后，它拿这个受孕的小灯泡当做盛筵，慢慢地将其中的东西吸尽，再咬住干薄皮囊，久久地反复咀嚼，最后再全部吞咽下去。不到半天工夫，那乳白色的赘物消失了，连渣渣末末都全部被它美滋滋地吃光了。

这种难以想象的盛筵似乎是从外星球传入的，因为它与地球上的筵席习惯大相径庭。蝗虫科昆虫真是个奇特的世界，它们是陆地动物中的最古老的动物中的一种，而且如同蜈蚣和头足纲昆虫一样，是古代习性沿用至今的一个代表。

要点提示

蝈蝈产卵的方式极为独特，这闻所未闻的行为令人震惊，以至于怀疑这并非地球上生物繁衍的习惯。可见，大自然造物是神奇而伟大的，还有很多未知的领域需要人们去探求和发掘。

读后思考

文章前面，作者花了大段篇幅描写村子里举行庆祝国庆的晚会，这个场景和后文描写绿蝈蝈有什么关联呢？请结合相关内容谈谈你的理解。

⊟导读

大孔雀蝶是欧洲最大的蝴蝶，有着美丽的外表，但是寿命非常短暂，结婚是它生命的唯一目的。大孔雀蝶具备一种奇妙的天赋：它能飞过长距离，穿过黑暗，越过障碍，发现自己的意中人。作者对大孔雀蝶寻找伴侣的行为进行研究，虽然排除了光线、声音和气味三个因素的影响，但是依旧没有弄清楚大孔雀蝶求欢的真正秘密……

大孔雀蝶

写作手法

对大孔雀蝶的体型和外表进行刻画，运用拟人、比喻的修辞手法，描绘了其绚烂多彩的外表，表现大孔雀蝶优美华丽的形象。

这是一次难忘的晚会。我将把它称作大孔雀蝶晚会。谁不认识这美丽的蝴蝶？它是欧洲最大的蝴蝶，穿着栗色天鹅绒外衣，系着白色皮毛领带。翅膀上满是灰白相间的斑点，一条淡白色之字形线条穿过其间，线条周边呈烟灰白，翅膀中央有一个圆形斑点，宛如一只黑色的大眼睛，瞳仁中闪烁着黑色、白色、栗色、鸡冠花红色的呈彩虹状的变幻莫测的色彩。

它的体色模糊泛黄的毛虫也同样美丽好看。它那稀疏地环绕着一圈黑纤毛的体节末端，镶嵌着青绿色的珍珠。它那粗壮的褐色茧形状极其奇特，口部状如渔民的捕鱼篓，通常紧贴在老巴旦杏树根部的树皮上。这种树的树叶是其毛虫的美味食物。

五月六日那天早上，一只雌性大孔雀蝶在我面前的实验室桌子上破茧而出。它因孵化时的潮湿而浑身湿漉漉的，我立即用金属网罩把它罩了起来。我这也是灵机一动才这么做的，因为我还没有针对它的特殊安排。我只是凭着观察者的简单习惯，把它关了起来，时刻密切注意可能会出现的情况。

我很有运气。晚上九点钟光景，全家人都躺下睡觉了，我隔壁房间乱糟糟的一阵响动。小保尔没怎么穿衣服，来回走动，又蹦又跳，跺脚踢物，弄翻椅子，简直像疯了似的。只听见他在喊我。"快来呀，"他在大声喊叫，"快来看这些蝴蝶呀，像鸟儿一样大！房间里都飞满了！"

写作手法

通过对小保尔的动作和语言描写，表现了他激动惊奇的样子，从侧面表现众多大孔雀蝶飞舞的壮观场景。

我赶忙奔过去。一看，怪不得孩子会那么兴奋，那么乱喊乱叫。那是从未发生过的擅闯民宅，是巨大的蝴蝶的入侵。有四只已经被抓住，关进了麻雀笼里。还有大量的全都在天花板上飞来飞去。

见此情景，我立刻想起了早晨被我关起来的那只雌性大孔雀蝶来。"快穿上衣服，孩子，"我对儿子说，"把你的笼子放那儿，跟我走。咱们去看看稀罕玩意儿。"

我们在往下走，来到住宅右翼我的实验室。在厨房里时，我碰见保姆，她也被眼前发生的事弄得惊愕不已。她在用她的围裙驱赶一些大蝴蝶，一开始她还以为是蝙蝠呢。

看起来，大孔雀蝶已经差不多把我的住宅全都占据了。这肯定是那只被囚女俘引来的，它周围的那方天地会成什么样儿了呀！幸好，实验室的两扇窗户有一扇是开着的。道路通畅。

我们手里拿着一支蜡烛，冲进了房间。我们第一眼所见简直是终生难忘。一群大蝴蝶轻拍着翅膀，围着钟形罩飞舞，落在罩子上，忽而又飞走，然后又飞回来，再飞向天花板，继而又飞下来。它们扑向蜡烛，翅膀一扇，蜡烛灭了。它们又扑向我们肩头，钩住我们的衣服，轻擦着我们的面孔。这屋子简直成了一个巫师招魂的秘窟，成群的蝙蝠在飞舞。为了壮胆，小保尔紧攥住我的手，比平时用力得多。

它们有多少只呢？将近二十来只。再加上误入厨房、孩子们的卧室和其他房间的，总数将有四十来只。我要说，这是一次难忘的晚会，一次大孔雀蝶的晚会。它们不知是如何得知消息的，从四面八方赶来。其实，那是四十来个情人，急不可耐地赶来向今晨在我实验室的神秘氛围中诞生的女子致意的。

今天，我们就别再多打扰这一大群追求者了。蜡烛的火焰伤着了这群来访者，它们冒冒失失地向火上扑去，烧着了点身子。明天我将用一份事先拟定的实验问卷再来进行这项研究。

现在，我们先来整理一下思路，来谈谈我观察的这一个星期里的所有情景中的重复见到的情况。每次都发生在晚上八点到十点之间；蝴蝶们是一只一只飞来的。是暴风雨的天气，天空乌云翻滚，一片漆黑，花园里，露天地，树丛内，伸手不见五指。

对于这些到访者来说，除了这漆黑之夜，住所也难以进入。房屋掩映在一些高大的梧桐树下；屋前向外前厅似的是一条两边长着厚厚的丁香和玫瑰树篱的甬道；屋前还有丛丛松树和杉柏帷幕在抵挡凛冽的西北风的侵袭。大门不远处还有一道小灌木丛形成的壁垒。大孔雀蝶要赶到朝圣地就必须在漆黑的夜晚穿越这杂乱的树枝屏障，左冲右突，迂回前进。

在这样的情况下，猫头鹰都不敢离开它那油橄榄树的巢穴而贸然闯入的。而大孔雀蝶装备精良，长着多面的小光学眼睛，比大眼睛的猫头鹰技高一筹，敢于毫不迟疑地勇往直前，顺利通过，没有发生碰撞。它迂回曲折地飞行着，方向掌握得非常好，所以尽管越过了重重障碍，抵达时仍精神抖擞，大翅膀没有丝毫的擦伤，完好无损。对于它来说，黑夜中的那点光亮已足够了。

即使认为大孔雀蝶具有某些普通视网膜所没有的特殊视觉，那这种异乎寻常的视觉也不会是通知在远处的它飞来这里的东西。远隔着的距离和其间的遮挡物肯定使这种视觉起不了这么大的作用。

再说，除非有迷惑性的光的折射——这儿并不是这种情况——大孔雀蝶会直扑所见到的东西的，因为光线的指引是非常准确的。不过大孔雀蝶有时也会出错，但错的不是要走的大方向，而是引诱它前去的所发生事情的确切地点。我刚才说过，孩子们的卧室是在此时此刻到访者们的真正目的地——我的实验室的对面，在我们秉烛闯入之前，已经被一群蝴蝶占据了。它们肯定是因情急搞错了。在厨房里也是一样，也有一群满腹狐疑的蝴蝶，因为在厨房里有一盏灯，挺亮，对于夜间活动的昆虫来说是一种无法抗拒的诱惑，所以它们可能因此而迷了路。

我们只考虑黑暗的地方吧。在这种地方迷失方向者也不在少数。我在它们要前往的目的地附近几乎到处都发现一些。因此，当被囚女俘身陷我的实验室时，蝴蝶们并不是全都从那个直接而可靠的通道——开着的窗户飞进来的，那通道离钟形罩下的女囚只不过三四步远。有不少是从下面飞进来的，它们在前厅四处乱窜，顶多飞到了楼梯口，可那是一条死路，上面有一个门关着，进不去的。

这些情况说明，赶来求爱的大孔雀蝶们并没有像普通光辐射告诉它们之后它们所做的那样（这些光辐射是我们的身体能感觉到或不能感觉到的），直奔目标飞来。另有什么东西在远处告诉它们，把它们引到确切地点附近，然后让最终的发现物处于寻找和犹豫的模糊状态之中。我们通过听觉和味觉获得的信息差不多也是这种情况，当必须准确地弄清声音或气味的来处时，听觉或味觉却是很不准确的。

发情期的大孔雀蝶夜间朝圣时究竟是靠什么样的信息器官呢？人们怀疑是它们的触角。雄性大孔雀蝶似乎确实是用它们触角的那宽阔的羽状薄翼在探测。这些美丽的羽饰只是一些普通的服饰呢，还是也起着一种引导求爱者找寻气味的作用呢？似乎不难进行一个带结论性的实验。咱们不妨来试一试。

入侵发生的翌日，我在实验室里找到了头天夜袭的访客中的八位。它们在关着的那第二扇窗户的横档上盘踞着，一动不动。其他的在一番飞舞尽兴之后，于晚上十点钟光景从进来的那个通道，也就是日夜全都敞开着的那第一扇窗户飞走了。这八只坚韧不拔者正是我要做的实验所必需的。

我用小剪刀从根部剪掉大孔雀蝶的触角，但并未触及它们身体的其他部位。它们对这种手术并未有什么反应。谁都没有动，只不过稍稍抖动了一下翅膀。手术非常成功：伤口似乎不怎么严重。被剪去触角的大孔雀蝶没有疼得乱飞乱舞，这对我的实验计划是最好不过的了。一天结束了，它们一直静静地一动不动地待在窗户的横档上。

余下要做的还有另外几件事情。特别是当被剪去触角的大孔雀蝶在夜间活动时，应给女囚换个地方，不让它待在求爱者们的眼皮底下，以保证研究的成果。因此，我给钟形罩和女囚搬了家，把它放在地上，在住宅另一边的门廊下，离我的实验室有五十来米。

夜幕降临，我最后一次查看了一下我那八只动过手术者。有六只已经从敞开着的那扇窗户飞走了；还留下两只，但是已经摔在了地板上，我把它们翻过来，仰面朝天，它们都没有力气翻转身子了。它们已精疲力竭，奄奄一息。可别责怪我的手术不好。即使我不用剪刀剪去它们的触角，它们照样会衰老垂危的。

那六只大孔雀蝶精力充沛，已经飞走了。它们还会飞回来寻找昨天引它们飞来的诱饵吗？它们没有了触角，还能找得到现已移往别处、离原先的地点挺远的那个钟形罩吗？

钟形罩放在黑暗之中，几乎是在露天地里。我时不时地拿着一只提灯和一个网跑过去看看。来访者被我捉住、辨认、分类，并立即在我关上了门的相邻的一间屋子里放掉。这样做可以精确地计数，免得同一只蝴蝶被计算上好几次。另外，这临时的囚室宽敞空荡，绝不会损伤被捉住的蝴蝶，它们在囚室里会觉得很安静，而且有很大的空间。在我以后的研究中，我也将采取类似的安全措施。

十点半钟，再没有到访者了，实验结束了。被捉住的一共是二十五只雄性蝴蝶，只有一只是失去触角的。昨天被动过手术的那六只大孔雀蝶，身强力壮，得以飞出我的实验室，回到野外，其中只有一只回来寻找那个钟形罩。如果必须肯定或者否定触角的导向作用，那我尚不敢信任这种收获不大的结果。让我们在更大的范围内再做一番实验吧。

第二天早上，我去查看头一天被捉住的俘虏们。我看到的情况并不令人鼓舞。有许多都落在地上，几乎没有了生气。我把它们用手指夹住时，有几只只是略微有点生命的气息。这些瘫痪了的囚徒还能有什么用处？咱们还是试一试吧。也许到了寻欢求爱的时刻，它们又会恢复生气的。

有二十四只新来的接受了截去触角的手术。先前被剪去触角的那一只被剔除了，因为它差不多已奄奄一息了。最后，在这一天剩余的时间里，监狱的大门是敞开的，谁想飞走就飞走，谁想去赴盛大晚会就去参加吧。为了让飞出去的接受试验，它们在门口必然会遇见的那个钟形罩又被挪了地方。我把它放置在一楼对面那一侧的一个套间里。当然，这个房间进出是自由的。

这二十四只被剪去触角者中，只有十六只飞到了外面。有八只已精疲力竭，不多久就会死在这儿。飞走的那十六只中，有多少只晚上会回来围着钟形罩飞舞呢？一只也没有。第二晚我只逮着七只，全都是新飞来的，也全都是羽饰完整的。这一结果似乎表明剪去触角是较为严重的事。不过，我们还是先别忙着下结论：还有一个疑点，而且是很重要的疑点。

"瞧我这副德性吧！我还敢在别的狗面前露面吗？"刚被别人无情地割掉两只耳朵的小狗莫弗拉说。我的蝴蝶们会不会有小狗莫弗拉同样的担忧？一旦失去美丽的装饰，它们就不再敢出现在其情敌们面前向雌性示爱吗？这是它们的惶恐吗？是它们少了导向器的缘故吗？是不是因为久等而未能如愿所致，因为它们的狂热是短暂的？实验将解答我们的疑问。

第四天晚上，我捉到十四只蝴蝶，全都是新来者，我逐个地把它们关在一间房间里，它们将在里面过夜。第五天，我趁它们习惯于昼间歇息不动之机，把它们前胸的毛拔掉少许。拔去这么一点点毛对昆虫无伤大雅，因为这种丝质的下脚毛很容易长出来，所以不会伤及它们在要回到钟形罩前的时刻到来时所必需的器官的。对于这些被拔毛者这算不了什么，可对于我来说，这将是我识别谁来过谁是新来者的重要标记。

这一次没有出现精疲力竭、无法飞舞者。入夜，十四只被拔毛者飞回野外去了。当然，钟形罩又挪了地方。两个小时里，我逮住二十只蝴蝶，其中只有两只是被拔过毛的。至于前天晚上被剪去触角的大孔雀蝶，一只也没有出现。它们的婚期结束，彻底结束了。

在有被拔过毛标记的十四只大孔雀蝶中，只有两只飞回来了。其他的十二只虽然有着所推测的导向器，有着它们的触角羽饰，但为什么没有回来呢？另外，在囚禁了一夜之后，为什么总是有那么多被证实为体力不支者呢？对此我只有一个回答：大孔雀蝶被强烈交尾的欲望迅速地耗得精疲力竭。

大孔雀蝶为了结婚这个它生命的唯一目的，具备了一种奇妙的天赋。它能飞过长距离，穿过黑暗，越过障碍，发现自己的意中人。两三个晚上的时间里，它用几个小时去寻觅，去调情。如果不能遂愿，一切就全都完了：极其准确的罗盘失灵了，极其明亮的灯火熄灭了。那今后还活个什么劲儿呀！于是，它便缩到一个角落里，清心寡欲，长眠不醒，幻想破灭，苦难结束。

大孔雀蝶只是为了代代相传才作为蝴蝶生存的。它对进食为何事一无所知。如果说其他的蝴蝶是快乐的美食家，在花丛间飞来飞去，展开其吻管的螺旋形器官，插入甜蜜的花冠的话，那大孔雀蝶可是个没人可比的禁食者，完全不受其胃的驱使，无须进食即可恢复体力。它的口腔器官只是徒具形式，是无用的装饰，而非货真价实、能够运转的工具。它的胃里从未进过一口食物：如果它不是活不长的话，这可是个绝妙的优点。灯若想不灭就必须给它添油。大孔雀蝶则拒绝添油，不过它也就因此而活不长。只两三个晚上，那正是配对交欢最起码的必需时间，这就是一切：大孔雀蝶也就寿终正寝了。

那么失去触角的大孔雀蝶一去不复返又是怎么回事呢？它们是否在证明没有了触角它们就无法再找到那只有女囚在等候它们的钟形罩呢？绝对不是。如同被拔掉毛身体受损但却安然无恙的昆虫一样，它们也是在宣告自己的寿命已经终结了。它们无论是被截肢者还是身体完整者，现在皆因年岁大的缘故而派不上用场了，它们的存在与不存在已无意义。由于实验所必需的时间不够，我们未能了解到触角的作用。这种作用先前让人摸不着头脑，今后仍旧是一个

佳句品析

运用生动的拟人化描写，表现了大孔雀蝶追求爱情未果后失落之态，可见繁衍后代对于它的重要意义。

理解感悟

作者虽然对失去触角的大孔雀蝶的行为进行了合理推论，但对触角的真实作用依旧未轻易下结论，体现了对科学的严谨态度，同时，言语中不无遗憾之感。

疑团。

我囚禁在钟形罩下的那只雌性大孔雀蝶存活了八天。它根据我的意愿，每晚在居住处的一隅或另一处，为我引来数目不等的一群造访者。我用网随到随捕，然后立即把它们关进封闭的房间，让它们过夜。第二天，它们起码要在喉部剪掉些羽毛，以做标记。

来访者的总数在这八天当中高达一百五十只，考虑到今后两年为了继续这项研究必需的资料我所要费劲乏力地去寻找这种活物的话，这个数目可真让人瞠目结舌。大孔雀蝶的茧在我住所附近虽说并非找不到，但至少是十分罕见，因为其毛虫的栖息地老巴旦杏树并不太多。那两年的冬天，我对这些衰老的树全都一一检查过，翻查它们那藏于一堆杂乱的木本植物中的树根，可我有多少次都是无功而返，空手而回呀！因此，我的那一百五十只大孔雀蝶是从远处，从很远的地方，也许是从方圆两公里以外或更远的地方飞来的。它们是如何获知我实验室里的情况而纷纷前来的呢？

有三个信息因子是易感性的决定条件：光线、声音和气味。大孔雀蝶从敞开的窗户飞进来之后，视觉是在指引着它，但仅此而已。但在进来之前，在外面那未知的环境中则不然！说大孔雀蝶具有猞猁那种穿墙视物的视觉是不足以说明问题的，还必须解释为什么它有一种敏锐的视觉，能够神奇地看见几公里之外的东西。这个问题太大太难，咱们别去讨论了。

声音同样与此无关。胖胖的雌性大孔雀蝶虽能够从很远的地方招引来情人，但它却是静默无语的，连最敏锐的耳朵也听不见它的声音。说它有春心萌动，激情颤抖，也许可以用高倍显微镜观察得到，严格地说，这是可能的。但是，我们不要忘了，到访者应该是在很远的距离之外，在数千米之外获得信息的。在这种情况下，我们就别去考虑声学的因素了，否则的话，就无宁静可言，周围一定是乱哄哄一片。

写作手法

　　拟人化手法，写出雌性大孔雀蝶面对求爱者心情异常激动的心理，风趣幽默。

剩下的就是气味了。在感官范畴内，气味的散发比其他的东西可以说更能解释为什么蝴蝶们会稍作迟疑之后便纷纷前来追逐吸引它们的那个诱饵。是否确实有这么一种类似于我们称之为气味的散发物呢？这种散发物又是否极其难以发觉的，是我们所感觉不到可又能让比我们的嗅觉更敏锐的嗅觉能够感觉出来的呢？得做一个实验，这实验极其简单，就是把这些散发物掩藏起来，用气味更大更浓烈而经久的一种气味压住它们，成为主导气味，这样一来，微弱的气味就几乎不存在了。

我事先在晚上雄性大孔雀蝶将被招来的那个屋子里撒了点樟脑。另外，在钟形罩下，在雌性大孔雀蝶旁边我也放了一只装满樟脑的宽大圆底器皿。大孔雀蝶来访的时刻来到时，只需待在房间门口就能闻到这股子樟脑味儿。我的巧计未能奏效。大孔雀蝶们像平时一样，如约而至；它们闯入房间，穿越那股浓烈的气味，像在没有气味的环境中一样，方向准确地向钟形罩飞去。

我对嗅觉能否起作用已产生了疑惑。再说，我现在也无法继续实验了。第

JINGDIAN MINGZHU /全本全解版

九天，我的女俘因久等无果已精疲力竭，把未能孵出幼虫的卵下在钟形罩的金属纱网上之后死去了。没了雌性大孔雀蝶，也就无事可做，只好等到明年再说。

这一次，我将采取一些预防措施，储备了充足的必需品，以便如我所愿地重复已经做过的和我考虑要做的实验。说干就干，不必拖延了。

夏日里，我以每只一个苏的价格买了一些大孔雀蝶毛虫。我的几个邻居小孩——我日常的供货者们对这种交易十分起劲儿。每个星期四，他们在摆脱那令人生厌的动词变位的学习之后，便跑到田间地头，不时地会找到一条大毛虫，用小棍子尖端挑着给我送来。这帮可怜的小鬼不敢碰毛虫，当我像他们抓熟悉的蚕时那样用手指捉住毛虫时，他们都吓呆了。

我用老巴旦杏树枝喂养我昆虫园中的大孔雀蝶毛虫，不几天便有了一些优等的茧。到了冬天，我在老巴旦杏树根部一丝不苟地寻找，获得不少的成果，补足了我的收集物。一些对我的研究感兴趣的朋友跑来帮我。最后，通过精心喂养，四处搜寻，求人代捉，虽身上被荆条划得伤痕累累，但却有了不少的茧，其中有十二只较大较重的是雌性的。

失望一直在等待着我。五月来临，这是个气候变化无常的月份，把我的心血化为乌有，使我痛心疾首，愁苦不堪。说话又到了冬季。寒风凛冽，吹掉了梧桐树的新叶，落满一地。这是天寒地冻的腊月，晚上必须生上旺火，穿上已经脱去的厚厚的冬衣。

我的大孔雀蝶也饱受煎熬。卵孵化得晚了，孵出来一些迟钝呆滞的家伙。在一个个钟形罩里，雌性大孔雀蝶根据出生先后今天一只明天一只地住了进去，可是很少或者压根儿就没有外面飞过来探望的雄性大孔雀蝶。在附近倒是有一些，因为我收集的长着漂亮羽饰的实验用雄性大孔雀蝶，一旦孵化出来，辨认清楚之后便会立即关进园子里。它们不管离得远的还是就在附近的，都很少飞过来，而且即使来了也无精打采的。

也许低温对提供信息的气味散发物有很大的影响，而炎热则可能有利于气味的散发。我这一年的心血算是白费了。唉！这种实验真难呀，它受到季节变换的快慢和反复无常的制约！

我又开始进行第三次实验。我喂养毛虫，到田野里去寻找虫茧。到了五月份，我已经收集了不少。季节很好，符合我的要求。我又见到了一开始导致我进行这种研究的那次令人振奋的大孔雀蝶的入侵的盛况。

每天晚上都有大孔雀蝶飞来，有时十一二只，有时二十多只。雌性大孔雀蝶肚腹鼓鼓的，紧贴在钟形罩的金属网上。它毫无反应，甚至连翅膀都没颤动一下。它好像对周围所发生的事情无动于衷。我家人中嗅觉最灵敏的也没有嗅出什么气味来；我家亲朋中被拉来做证的听觉最敏锐的也没听见任何响动。那只雌性大孔雀蝶一动不动地、屏息凝神地在等待着。

雄性大孔雀蝶三三两两地扑到钟形罩圆顶上，绕着飞来飞去，不停地用翅

理解感悟

可见，实验观察工作中常常伴随着意外和未知的艰辛，作者的科研工作并非一帆风顺，这需要强大的内心和持之以恒的坚持精神。

理解感悟

实验环境除了人为因素，往往受到外界环境和未知因素的干扰，这些都会严重影响实验进程和结果，虽然一年的心血白费了，但是作者并未灰心，而是继续开始进行第三次实验，可见他对科研坚持不懈的执着精神。

尖拍打着圆顶。它们之间没有因争风吃醋而发生打斗。每只雄性大孔雀蝶都在尽力地想闯入钟形罩，看不出对其他的献殷勤者有任何的嫉妒。徒劳地尝试一番之后，它们厌倦了，飞走了，混入正在飞舞着的蝶群中去。有几只绝望者从那扇敞开的窗户飞走了，一些新来者替代了它们；而在钟形罩的圆顶上，直到十点钟左右，不断地有蝴蝶尝试闯入，随即失望而去，随即又有新来者代替之。

钟形罩每天晚上都要挪挪地方。我把它放在北边或南边，放在楼下或二楼，放在住所右翼或左翼五十米开外，放在露天地里或一间僻静小屋的暗处。这一番神不知鬼不觉地突然搬来搬去，如果不知情者想找可能都找不着，但是却一点儿也没骗过蝴蝶们。我的时间与心思全白费了，没有迷惑住它们。

这里并不是对地点的记忆在起作用。譬如头一天晚上，那只雌性大孔雀蝶被放置在住所的某间房间里。羽饰美丽的雄性大孔雀蝶飞到那儿舞了两个小时，甚至还有一些在那儿过了一夜。第二天，日落时分，当我转移钟形罩时，雄性大孔雀蝶都在外边。尽管寿命转瞬即逝，但新来者仍有能力进行第二次、第三次的夜间远征。这些只能存活一日的家伙首先将飞往何处？

它们了解昨夜幽会的确切地点。我还以为它们将凭着记忆回到那儿去，而在那儿发现人去楼空时，它们将飞往别处继续追寻。但并不是这么回事：与我的期盼恰恰相反，根本就不是这样的。它们谁也没有再出现在昨晚一再光顾的地方，谁都没在那儿做过短暂逗留。它们已看出是没有人烟了，记忆似乎并没有事先向它们提供任何情报。一个比记忆更加可靠的向导把它们召唤去了另外的地方。

在此之前，雌性大孔雀蝶一直公开地待在金属网眼上。那些到访者在漆黑的夜晚目光仍是敏锐的，它们凭借那对我们而言简直如同漆黑的夜色的一点微光是能够看见那只雌性大孔雀蝶的。如果我把雌性大孔雀蝶关进不透明的玻璃罩中，那会出现什么情况呢？这种不透明的玻璃罩难道就不能让提供信息的气味自由散发或完全阻止它散发吗？

今天，物理学使我们能够发明利用电磁波的无线电报了。大孔雀蝶在这个方面是不是可能超越了我们？为了激越周围的雄性大孔雀蝶，通知几公里以外的求爱者，刚刚孵化出来的适婚雌性大孔雀蝶难道已拥有已知的或未知的电波和磁波吗？这种电波、磁波难道会被某种屏障隔断而被另一种屏障放行吗？总而言之一句话，它是不是会按照自己的方法利用某种无线电呢？我觉得这并没有什么不可能的。昆虫是这种高级发明的强者。

于是，我把雌性大孔雀蝶放在不同材质的盒子里。有白铁的，木质的，硬纸壳的。全都关得严严实实，甚至还用油性胶泥给封上。我还用了一只玻璃钟形罩，摆放在一小块玻璃的绝缘柱上。

在这种严密封闭的条件下，没有飞来一只雄性大孔雀蝶，一只也没有，尽管晚上既凉爽又安静，环境宜人。无论是什么材质的——金属的，玻璃的，木质的还是硬纸壳的密封盒，都使传递信息的气味物无法散发出去。

一层两横指厚的棉花层也会产生同样的效果。我把雌性大孔雀蝶放进一只很大的短颈大口瓶里，用棉花盖上瓶口，扎紧。这足以使周围的雄性大孔雀蝶无法知晓我实验室的秘密了。一只雄性大孔雀蝶都没有露面。

反之，我们不要把盒子密封，让它微微开着点，再把这些盒子放进一只抽屉里，装进大衣橱中，但尽管这么藏了又藏，雄性大孔雀蝶仍然蜂拥而来，多得就像明显地把钟形罩放在一张桌子上时一样。女俘被放在帽盒里，裹进一只关好的壁橱等待着的那个晚上的情景至今仍历历在目。雄性大孔雀蝶们扑向壁橱门，用翅膀扑打着，啪啪声接连不断，它们想闯进去。这些过路的朝圣者，也不知从何处飞过田野来到此处，它们非常清楚门后面藏着什么。

因此，任何类似无线电报的通信手段都无法接受，因为一道屏障无论是好导体还是坏导体，一经出现便立即阻断了雌性大孔雀蝶的信号。为了让信号畅通无阻，传得很远，必须具备一个条件：囚禁雌性大孔雀蝶的囚室不能关得严丝合缝，密不透风，要让内外空气相通。这又使我们回到了存在一种气味的可能性上，但那是经我用樟脑所做的实验给否定了的。

我的大孔雀蝶的茧业已告罄，但问题仍然没有弄个一清二楚。我第四年还要继续搞下去吗？我放弃了，原因如下：如果我愿跟踪观察一只大孔雀蝶夜间婚礼中的亲昵举动，那是颇为困难的。献殷勤的雄性为达到目的肯定是无须亮光的，但我那人的微弱视力夜间无亮光是看不见什么的。我起码得点上一支蜡烛，但又常常被飞舞的群蝶给扇灭了。提灯倒是可以免此烦恼，但是它光线昏暗，又会出现阴影，根本无法让你看得清清楚楚。

还不光是这一点。灯的亮光还会把蝴蝶从它们的目标引开，使之无法成其美事，而且照得太久，还会严重影响整个晚会的成功。来访者一飞进屋内，便疯狂地扑向火光，烧坏身上的绒毛，而且，从今以后因为被烧伤而疯狂，就无法用来取证了。如果它们没有被烧着，被隔在玻璃罩外面，落在火光旁边，便会像是被施了魔法似的，不再动弹。

一天晚上，雌性大孔雀蝶被放置在餐厅的一张桌子上，正对着敞开着的窗户。一盏煤油灯点着，灯上装有一个搪瓷的宽大灯罩，吊挂在天花板上。一些来访者落在钟形罩的圆顶上，在女俘面前一副急不可耐的样子，另外的一些来访者，飞过女俘囚室时略微致意一番，便向煤油灯飞去，盘旋片刻之后，被搪瓷灯罩的反射光照得迷迷糊糊的，便贴在灯罩下面一动不动了。孩子们已经伸手要去捉它们了。"别动，"我说，"别动。别惊扰它们，别搅扰这些前来光明圣体龛朝圣的客人们。"

整个晚上，它们全都没有动弹过。第二天，它们仍留在原地。对亮光的迷恋使它们忘掉对爱情的陶醉。

面对这样的一些迷恋亮光的家伙，精确而长久的实验是无法进行的，因为观察者需要照明。我放弃了对大孔雀蝶及其夜间婚礼的观察。我需要一只习性不同的蝴蝶，它得像大孔雀蝶一样勇敢地奔赴婚礼幽会，但又能在白天行房。

在用一只满足上述条件的蝴蝶进行研究之前，暂时先别顾及时间的先后次序，说几句我结束研究之前飞来的最后一只蝴蝶的事。那是一只小孔雀蝶。

别人不知从哪儿给我弄来一只很棒的茧，裹着一个宽大的白色丝套。从这个不规则的大褶皱的丝套中，很容易抽出一只外形似大孔雀蝶茧但体积要小一些的茧来。丝套端口用松散但又聚集的细枝结成网状，可出而不可进，我一眼便可看出那是一只夜间活动的大孔雀蝶的同类。丝套上有编织者的名号。

果然，三月末，圣枝主日那一天的清晨，那只茧孵出一只雌性小孔雀蝶，我立刻把它关进实验室的钟形金属网里。我打开房间的窗户，好让这件大事传布到田野中去，而且必须让可能前来的探访者自由进入房间。被囚的这只雌蝶贴在金属网纱上，一个星期都没再动一动。

我的小孔雀蝶女囚美丽极了，一身呈波纹状的褐色天鹅绒华服，上部翅膀尖端有胭脂红斑点，四只大眼睛，宛如同心月牙，黑色、白色、红色和赭石色混在一起。如果不是色泽那么发暗的话，几乎就是大孔雀蝶的装饰。这种体形和服饰如此华美的蝴蝶，我一生中见到过三四次。我昨天见了茧，但从未见到过雄性蝶。我只是从书本上知道雄性比雌性要小一半，体色更加鲜艳，更加花枝招展，下部翅膀呈橘黄色。

我还不了解的陌生贵客、羽饰漂亮的雄蝶，它会飞来吗？在我们周围这一片似乎很少见到它。在它那遥远的藩篱墙中，它能得知那只适婚雌蝶在我实验室的桌子上正等待着它吗？我敢保证它会前来的，而且我错不了的。瞧，它来了，甚至比我预料的还早到了。

晌午时分，我们正要吃午饭，因心悬可能会出现的情况尚未来用餐的小保尔，突然跑到饭桌前，面颊红彤彤的。只见一只漂亮的蝴蝶在他的指间扑扇着翅膀，它正在我实验室对面飞舞时，被小保尔一下子捉住了。小保尔递过来给我看，以目光询问我。

"哇！"我说，"正是我们等待着的朝圣者呀。先别吃了，赶快去看看是怎么回事。回头再吃吧。"

因奇迹的出现，午饭都给忘了。雄性小孔雀蝶令人难以置信地按时被女囚给神奇地召唤来了。它们艰难曲折地飞翔，终于一只接一只地飞来了，它都是从北边飞过来的。这个情况很有价值。的确，乍暖还寒已经一个星期了。北风呼啸，吹落了老巴旦杏树新绽开的花蕾。这是一场凶猛的风暴，通常在我们这里是预示着春天不远了。今天，气候突然转暖，但北风依然在呼啸着。

在这段时间的陡变的天气中，飞来找那只雌小孔雀蝶的所有雄小孔雀蝶全都是从北边飞到我的拘蝶园中的；它们是顺着气流飞的；没有一只是逆流而来的。如果它们有与我们相似的嗅觉作为罗盘，如果它们是受分解于空气中的有味道的微粒指引的，那它们就应该是从相反的方向飞来才对。如果它们是从南边飞来的，我们就会认为它们是闻到风吹来的气味才找到地方的；在北风呼啸，空气被吹净，什么味道也闻不到的天气里，从北边飞来，怎么可能假定它们在很远的地方就嗅到了我们所说的气味呢？我觉得有气味的分子不可能会顶着强风传给它们。

两个小时中，在阳光灿烂之下，来访的雄小孔雀蝶们在我的实验室门前飞来飞去。其中大部分都在一个劲儿地寻来觅去，或撞墙欲入，或掠地而过。见它们如此犹豫不决，我想它们是因找不到引它们飞来的那个诱饵的确切位置而十分着急。它们从老远飞来，没有弄错方向，可到了地方却又拿不准确切地点了。不过，它们迟早会飞进屋内去向女俘致意的，但也不会恋战。下午两点钟时，一切便结束了。一共飞来了十只雄小孔雀蝶。

整整一个星期，每当中午时分，阳光极其明亮时，一些雄小孔雀蝶便会飞来，但数量在减少。前后加起来一共将近有四十来只。我觉得无须重复实验了，因为不会给我已知的情况再添加点资料了，所以我只是在注意两个情况。首先，小孔雀蝶是昼间活动的，也就是说它们是在光天化日之下举行婚礼的。它们需要充足明亮的阳光。而与它成虫的形态和毛虫的技艺相近的大孔雀蝶则完全相反，需要日暮天黑之后。这种相反的习性谁有本事解释清楚谁就去解释吧。

其次，一股强气流从相反方向吹散能够给嗅觉提供信息的分子，但却不会像我们的物理学所假设的那样，阻止小孔雀蝶飞抵有气味的气流的相反的一面。

为了继续研究，我们需要的是夜间举行婚礼的大孔雀蝶，而不是小孔雀蝶。后者出现得太晚了，而我并没有在研究它。我需要的是大孔雀蝶，不管是什么样的，只要它在婚庆时行房敏捷能干即可。这种大孔雀蝶，我能获得吗？

读后思考

作者在前文分别说明光线、声音和气味对大孔雀蝶的影响，均基于事实的科学判断，推论可谓有理有据，请结合相关文字对推理过程进行简要概括，提炼关键信息进行说明。

导读

小阔条纹蝶体形非常优美，但在作者住所周围却极其罕见。一次偶然的机会，作者得到一枚小阔条纹蝶的茧，他用孵化的小阔条纹蝶做了一些观察实验但并未取得什么成果，小阔条纹蝶被螳螂吃掉后，作者的研究暂时中断。几年后，作者再次对小阔条纹蝶进行研究，经过多次谨慎的实验，他最终证实，小阔条纹蝶是依靠某种特殊气味来进行信息交流从而招引伴侣的结论。

小阔条纹蝶

是的，我将能得到它；我甚至已经得到它了。一个七岁的男童，脸上透着灵气，但并不每天洗脸，他光着脚，短裤破烂，用一条带子系着，他每天都给我家送萝卜和西红柿。一天早晨，他提着蔬菜篮子来了，收下了我给的蔬菜钱，放在手心里一枚枚地数着那几枚他母亲期盼的苏，然后便从口袋里掏出了一件东西，是他头天沿着一个藩篱捡拾兔草时发现的。

"还有这个，"他把那东西递给我说，"这个您要不？""要呀，我当然要。你想法再给我找一些，你找到多少我要多少，而且我答应你每个星期天带你去玩旋转木马。喏，我的朋友，这是两个苏，给你的。把这两个苏单放，别同萝卜钱混在一起，免得向你妈报账时报不清楚。"我的这位头发乱蓬蓬的小家伙看到这么多钱简直开心极了，隐约感到自己要发大财了。

他走了之后，我仔细地观察着那个东西。这东西值得花气力去寻找。那是一个漂亮的茧，呈圆盾形，使人很容易联想到蚕房里的蚕茧，它很坚硬，呈浅黄褐色。从书本上的一些简单介绍来看，我几乎肯定这是一只橡树蛾的茧。如果真的是的话，那真是老天所赐！我就可以继续我的研究，也许还可能让我补足大孔雀蝶让我隐约瞥见的材料。

橡树蛾确实是一种传统的蝶蛾，没有一本昆虫学论著不谈及它在婚恋期间的突出表现的。据说有一只雌性橡树蛾被困在一个房间里，甚至还刚刚在一个盒子底部孵卵。它远离乡野，困于一座大城市的喧闹之中。但是，孵卵之事还是传给了树林里和草坪间的相关者。雄性橡树蛾们在一个不可思议的指南针的引导之下，从遥远的田野间飞来，飞到盒子跟前，谛听，盘旋，再盘旋。

这些奇情趣事我是从书本中了解到的，但是看到，亲眼看到，同时还再稍做一番实验，那完全是另一回事。我花了两个苏买的那东西里面有什么呢？会从中飞出来那个著名的橡树蛾吗？

它还有另一个名字：布带小修士。这个新颖别致的名字是由其雄性的外衣导致的，那是一件棕红色修士长袍，但它不是棕色粗呢，而是柔软的天鹅绒，前面的翅膀横有一条泛白的、长有像眼珠似的小白点。

这里所说的布带小修士，也就是小阔条纹蝶，不是那种在合适的时候，我们心血来潮，带上个网子出去一捉就能捉到的平淡无奇的蝴蝶。在我们村子周围，特别是在我的荒石园中，我住了二十来年还从来没有见到过它。确实，我不是狩猎迷，标本上的死昆虫我并不太感兴趣，我要的是活物，要能表现其天赋才能的。不过，我虽无收集者的那种热情，但我对田野里生机盎然的一切都十分关注。一只身材和服饰如此与众不同的蝴蝶要是被我遇上我肯定会捉住它的。

我许诺带他去骑旋转木马的那个小家伙再也没能捉到第二只。三年里，我拜托朋友和邻居帮我找，特别是求那些年轻人，他们是荆棘丛林中眼明手快的搜索者。我自己也在枯叶堆中翻来找去，查看一堆堆的石块，掏摸一个个的树洞。但都一无所获，稀罕的蝶茧仍未能找到。这足以说明在我住处周围小阔条纹蝶十分罕见。到时候我们将会看到这一点是多么重要。

我猜测的没错，我的那只唯一的茧正是那种著名的蝴蝶。八月二十日，一只雌蝶从茧中出来，胖嘟嘟的，肚子大大的，衣着与雄蝶一样，但是其长袍是米黄色，更加淡雅。我把它放在我工作室中间的一张大桌子上，用金属钟形网罩罩住。大桌子上放满了书籍、短颈大口瓶、陶罐、盒子、试管以及其他一些器械。大家知道这个环境，就是我为大孔雀蝶准备的那个处所。有两扇窗户朝向花园，阳光照进屋里。一扇窗户是关着的，另一扇则白天黑夜全都敞开着。小阔条纹蝶就待在这两扇窗户中间那四五米间隔之处的半明半暗之中。

当天余下的时间以及第二天过去了，没有什么值得一提的事情发生。小阔条纹蝶用前爪抓住金属网纱，吊挂在朝阳的那一边，一动不动，像死了似的，翅膀未见颤动，触角也没有抖动，如同大孔雀蝶的情况一样。

雌小阔条纹蝶发育成熟了，细皮嫩肉在变结实。它运用一种我们的科学尚毫无意念的方法在制作一种无法抗御的诱饵，把一些拜访者从四面八方吸引过来。它那胖哪嘟的身体里出现什么状况了？里面发生了什么变化把周围闹得个天翻地覆？如果我们能了解它那炼丹术的秘诀，那我们将会增加很多的知识。

第三天，新娘子已经准备好了，周围像过节似的热闹起来了。我当时正在花园里，因为事情拖得太久，对成功已经感到绝望，突然，下午三点钟光景，天气很热，阳光灿烂，我隐约看见一群蝴蝶在开着的那扇窗框间飞来飞去的。

它们是一些来向美人儿献媚取宠的情郎。有一些从房间里飞出去，另一些则飞进去，还有一些落在墙上休息，好像因长途跋涉而疲惫不堪了。我隐约看见一些从远处飞来，飞进高墙，飞过高高的柏树冠。它们从四面八方飞来，但数量越来越少。我未能看到婚庆开始的情况，现在客人们差不多都已到齐了。

我们上楼去看看吧。这一次是在大白天，任何细节都没被漏掉，我又见到了头一回那只夜巡大孔雀蝶让我见到的令人惊讶不已的情景。在我的工作室里，一大片的雄性小阔条纹蝶在翻飞，转来绕去，我尽量地以目测估算，大概有六十来只。在围着钟形罩绕了几圈之后，有一些便向敞开的窗户飞去，但随即又飞了回来，又开始围着钟形罩转悠开来。最猴急的则停在钟形罩上，用爪子相互抓挠，推搡，竞相取代别人抢占最佳位置。钟形罩里面的女俘大肚子垂着贴在网纱上，声色不动地等待着，在这群纷乱的雄蝶面前，没有一丝激动的表情。

雄性小阔条纹蝶无论是飞走的还是飞来的，无论是坚守在钟形罩上的还是在室内飞舞的，在三个多小时的过程中，一直在疯狂地舞动着。但是日已西下，气温有点下降，雄蝶们的激情也随着降温。有许多飞走了，没再飞回来。另外一些占好位置以利明日再战，它们紧贴在那扇关着的窗户的窗棂上，如同雄性大孔雀蝶一样。今天的节庆活动到此结束。明天肯定还将继续，因为受网纱阻隔，活动尚未有任何结果。

可是不然！令我大为沮丧的是活动并未再继续，这都是我的错。晚上，有人给我送来一只螳螂，个头儿特别小，所以我非常喜欢。由于老是想着下午的种种情况，我便不经意地匆忙把它这个食肉昆虫放进了那只雌性小阔条纹蝶的钟形罩里。我压根儿就没想到这两种昆虫共居一室是会产生恶果的。那只螳螂一副小样儿，而那只雌性小阔条纹蝶却是那么胖嘟嘟的！所以我一点也没起疑心。

唉！我对带铁钳的食肉昆虫的凶残性认识太差！第二天，我惊呆了，痛苦地发现那只小螳螂正在啃咬那只胖蝴蝶。后者的脑袋和前胸已经没有了。可怕的昆虫！你让我度过了多么惨痛的时刻啊！再见了，我整夜冥思苦想的研究工作。三年中，我因无研究对象而无法继续我的研究。

但愿这倒霉事别让我们忘掉刚了解到的那一点点情况。仅一次聚会，就将近有六十只雄性小阔条纹蝶飞来。如果我们考虑到这种蝴蝶的稀少，如果我们记起我和我的助手们那整整数年连续无果的研究，那这个数目将会让我们惊讶不已的。找不到的那种蝴蝶在一只雌蝶的引诱下，一下子来了这么许多。

那么它们是从哪里飞来的呢？毫无疑问，是从老远的地方，是从四面八方。很久以来一直在我住处附近寻来找去，一丛丛荆棘，一堆堆石块，我都翻了个遍，所以我可以肯定我们周围没有橡树蛾。为了在我的工作室里聚集一大群这种蝶蛾，我曾这儿那儿地，寻遍郊外各地，也不知找了多少地方。

三年过去了，我日思夜求的运气终于给我送来两只小阔条纹蝶茧。八月中旬前后，这两只茧相隔几天为我孵出了雌蝶来，这使我得以丰富并重复我的实验。

我很快便又重新进行大孔雀蝶已经给了我非常肯定答复的种种实验。白昼的朝圣者也很灵巧，并不比夜间朝圣者差。它挫败了我所有的计谋。它准确地飞向被金属网罩罩着的那个女俘，无论网罩置放在什么地方。它能够在壁橱暗处发现女俘，它能够在一只盒子的最里面找到女俘，只要这只盒子不要盖得太严。如果盒子关得严丝合缝，它得不到信息，也就不再来了。在此之前，它一再重复的是大孔雀蝶的英勇行为，别无其他。

一个盖得严严实实的盒子，空气无法流通，雄性小阔条纹蝶也就完全无法知晓女俘的情况。即使把这盒子放在窗户上的十分显眼的地方，也没有一只雄性飞来。因此，这又立即使我想起了无论是金属的、木质的、硬纸板的还是玻璃质的隔墙，都传导不了有气味的散发物。

我对夜巡大孔雀蝶就此做过实验，它没被樟脑味蒙骗，在我看来，樟脑气味大极了，人的嗅觉就感觉不到被它压住的细微气味了。我用小阔条纹蝶重新进行了这种实验。这一回我把我所存有的汽油和有气味物统统都给用上了。

一打的碟子放好了，一部分放在囚禁女俘的金属钟形网罩里，另一部分放在网罩四周，围成一圈。有几个装着樟脑，有几个装着宽叶薰衣草香精，有几个装着汽油，还有几个装着臭鸡蛋味的碱硫化物。不能再多放什么了，否则女俘会窒息身亡的。这些小碟子早晨便放好了，以便聚会开始时屋子里弥漫着这种种气味。

下午，工作室变成了恶心的配药室，一股浓烈的薰衣草香气加上碱硫化物恶臭的混合气味。而且别忘了我还在这间屋里大量地熏烟。煤气厂、烟馆、香料厂、炼油厂、臭气熏天的化工厂全都集中在这间屋子里了，这样能否使小阔条纹蝶迷失方向呢？

根本就没有。三点钟光景，雄性小阔条纹蝶像通常一样纷纷飞来。它们都往钟形罩那儿飞，其实我事先已经用块厚布把罩蒙上了，以便增大难度。它们一飞进屋内，便被一种混杂着各种气味的浓烈氛围包围住了，但它们仍旧是朝着女俘的囚室飞去，想从厚布的褶皱下面钻进去与女俘相会。我的计谋未能奏效。

这次实验完全失败了，重复了大孔雀蝶实验的结果。这次的失败之后，我理所当然地要放弃是有气味的散发物在指引小阔条纹蝶参加婚庆的观点。我之所以没有放弃，应该归功于一次偶然的观察。意外和偶然有时会给我们带来惊喜，把我们引向此前一直在毫无结果地寻觅的真理的道路。

一天下午，我想弄清楚蝴蝶一旦飞进屋里，视觉在寻找目的物中是否还起点作用，便把那只雌性小阔条纹蝶放在一个钟形玻璃罩中，还给它弄点带枯叶的橡树小枝让它停靠。玻璃罩就放在桌子中间，冲着敞开的那扇窗户。雄蝶飞进屋里一定会看得见女俘的，因为后者就在它们必经之路上。雌蝶在其上待了一夜和一个早上的那个金属纱网钟形罩下的放了一层沙土的陶罐，我觉得很碍事，未加任何考虑地便把它放到屋子的另一头的地板上，那个角落只能透进半明半暗的光线，离窗户有十来步远。

接下来发生的事把我的思绪搅成一团。飞进来的到访者中没有一位在玻璃罩那儿停下来，而玻璃罩就在明亮的阳光下面，女俘显眼地居于其中。它们全都没朝雌蝶看一眼，没有探询一下。它们全都飞向房间另一头我放着陶罐钟形罩的那个暗黑的角落。

它们落在金属纱网罩圆顶上，久久地在探寻，扑扇着翅膀，还稍稍在相互争斗。整个下午，直到日影西斜，它们都围着空空的圆顶飞舞，以为雌蝶就身陷其中。最后，它们飞走了，但没有全飞走。有几个执着者不想走，死死地钉在那儿，像是被施了定身法似的。

这真是个奇怪的结果：我的这些蝴蝶飞到那人去楼空之地，长留不去，尽管眼见罩中无人仍死不甘心。从雌蝶所在的那个玻璃钟形罩旁飞过时，来来去去的这群雄蝶中不可能一只也没看出有雌蝶的，但它们就是没有在此哪怕稍事停留。它们被一个诱饵给弄得神魂颠倒，竟置真实物于不顾了。

它们是被何物所欺骗的呢？第一天整个夜晚和第二天的整个上午，雌蝶都是待在金属纱网钟形罩里的，它忽而吊在纱网上，忽而在陶罐的沙土层上歇息。它碰过的东西，特别是它那大肚子蹭过的东西，长时间接触之后，浸透了一些散发物的气味。那就是它的诱饵，就是它的激越情欲的药物，那就是引得雄蝶神魂颠倒、纷至沓来的尤物。沙土层把这尤物保存一段时间，并向四周扩散出去。

写作手法

将雌蝶散发的特殊气味说成是诱饵、药物、尤物，表现出气息对雄蝶致命的诱惑力。

因此，是嗅觉在引导雄蝶们，在远处向它们发出信息。它们为嗅觉所控制，不去考虑视觉所提供的信息，所以途经美人儿正被关押的玻璃囚室时，一飞而过，直奔在散发着神奇气味的纱网、沙土层，直奔女魔法师除了气味而外什么也没留下的那座空房。

那无法抗拒的尤物需要一定的时间才能配制好。我想它像一种挥发性气体，一点点地散发出去，被一动不动的大肚雌蝶沾过的东西便浸满了这种气体。即使玻璃钟形罩放在桌子正中间，或者更好一些，放在一块玻璃上，内外都无法很好地沟通，而且，雄蝶如果凭嗅觉什么也感觉不到，它们就不会前来，无论你试验多久都无济于事。可我眼下不能以这种内外无法沟通作为理由，因为即使我搞出一个好的沟通环境，用三个小垫子把钟形罩抬离支座，雄蝶们也不会一下子飞来，尽管屋子里蝴蝶为数不少。但是，等上半个小时左右，盛有雌蝶尤物的蒸馏器就开始启动了，求欢者们立即就会像通常那样纷纷而来。

写作手法

将雌性小阔条纹蝶比喻为"美人儿""女魔法师"，表现了其在雄蝶眼中极具诱惑力的身份，风趣幽默。

掌握了这些出乎意料的驱云拨雾的材料，我就可以进行不同的实验，这些实验在同一个方面全都是具有结论性的。早晨，我把雌蝶放在一个钟形金属网罩里。它的栖息处是同先前一样的一根橡树细枝。雌蝶在里面一动不动，像死了似的。它在细枝上待了许久，藏在大概浸润着其散发物的叶丛中。当探视时间临近时，我把浸足了散发物的细枝抽出来，放在离敞开的那扇窗户不远处。另外，我让钟形罩中的雌蝶待在房间中央的桌子上显眼的地方。

蝴蝶纷纷来到，先是一只，然后是两只、三只，很快就是五只、六只。它们进来，出去，又回来，飞上飞下，飞来飞去，始终是在那扇窗户附近，那支细橡树枝放在椅子上，离窗户不远。谁也没往那张大桌子飞，而雌蝶就在那儿的金属网罩中等候它们，离它们并没有多远。它们在迟疑，这可以清楚地看出来：它们在寻找。

最后，它们终于找到了。那它们找到什么了？找到的正是那根细枝，它早晨曾是胖雌蝶的粉床。它们急速扑扇着翅膀；它们飞落在叶丛上；它们忽上忽下地搜寻、抬起、移动树叶，以致最后那束很轻的细枝被弄掉到地上去了。它们仍在落在地上的细枝叶丛中搜索。在翅膀和细爪的扑打抓挠下，细枝在地上移动着，仿佛被一只小猫用爪子抓扑的破纸团。

写作手法

运用比喻修辞，将细枝比喻为破纸团，写出细枝被众多雄蝶扑打抓挠之态。

当细枝连同那群搜索者移动到远处时，突然新飞来两只小阔条纹蝶。那把刚才放有细枝叶的椅子就在它俩飞经的途中。它俩在椅子上落下，急切地在刚才放过细枝的地方嗅闻个没完。然而，对于先来者和新到者来说，它们热盼的那个真实目标就在那儿，很近，被一个我忘了遮盖起来的金属网罩罩着。它们谁也没有注意到它。它们在地上继续推挤雌蝶早上睡过的那个小床；它们在椅子上继续嗅闻那张粉床曾经放过的地方。日影西斜，撤退的时刻到了。再说，撩拨的气味也在渐渐地淡去，消散。拜访者们没什么可做的了，只好飞走，明日再来。

我从随后的实验中得知，任何材料，不管是哪一种，都可以代替我那偶然的启示者——带叶的细枝。我稍许提前一点把雌蝶放在一张小床上，上面时而铺垫着呢绒或法兰绒，时而放些棉絮或纸张。我甚至还强迫雌蝶睡木质的、玻璃的、大理石的、金属的硬硬的"行军床"。所有这些东西在雌蝶接触了一段时间之后，都像雌蝶本身似的对雄蝶们有着同样的吸引力。它们全都具有这种吸引雄蝶的特性，只不过是有的强些有的弱些。最好的是棉絮、法兰绒、尘土、沙子，总之是那些多孔隙的东西。而金属、大理石、玻璃反而很快地便失去它们的功效。总而言之，但凡雌蝶接触过的东西，都能把其吸引力的特性传出去。因此，橡树细枝掉到地上之后，雄蝶们仍旧纷纷飞到那把椅子的坐垫上。

我们来选用一张最好的床，比如法兰绒床，我们将会看到新奇的事。我在一根长试管或小阔条纹蝶正好可以飞进去的一个短颈大口瓶里放一块法兰绒，让雌蝶整个上午都待在上面。来访者们钻入器皿中，在里面拼命扑腾，却怎么也飞不出来了。我给它们布置了个陷阱，可以让它们有多少死多少。我们把那些落难者放走吧，把藏于盖得严严实实的盒子的最秘密处的那块床垫抽出来。

理解感悟

雄蝶不顾生死钻进陷阱中，可见其为了追求爱情不顾一切的态度，这也是大自然动物本能使然。

晕头转向的雄蝶们又回到那支长试管里，又钻进了陷阱之中。它们是受到浸透尤物的法兰绒传给玻璃的那种气味的引诱。

我因此便坚信了自己的想法。为了邀请周围的众蝶飞赴婚宴，为了老远地通知它们并引导它们，婚嫁娘散发出一种我们人的嗅觉感觉不出来的极其细微的香味。我的家人们，包括孩子们那最灵敏的鼻子，凑近那只雌性小阔条纹蝶也没有闻出一丝一毫的气味来。

雌性小阔条纹蝶停留过一段时间的任何东西都很容易地浸润了这种尤物，因而这些东西自此也就如雌性小阔条纹蝶一样成为具有同样功效的吸引力的中心，只要它的散发物不消失掉。

没有任何可以用眼看出的诱饵。在求欢者们心急火燎地围着纷飞的刚刚弄好的纸床上，没有任何看得出的痕迹，也没有一点浸润的样子，其表面在浸润了尤物之后与没有浸润之前一样地干净整洁。

这种尤物配制得很慢，须一点一点地积聚，然后才能充分地散发出去。雌蝶被从其粉床弄走，移到别处，暂时失去了诱惑力，变得冷漠起来；雄蝶们飞往的是长时间浸润之后的雌蝶栖息地。然而，御座重新放好，被抛弃的女皇又重新掌权了。

信息流通的出现时间有早有晚，根据昆虫品种而定。刚孵出的那只雌性小阔条纹蝶需要一段时间才能发育成熟，才能安排自己的蒸馏器似的器官。雌性大孔雀蝶早晨孵出，有时候当晚便有探访者飞来，但更经常的是第二天，经过四十来个小时的准备之后才有求欢者。雌性小阔条纹蝶则把自己召唤异性的活动推得更迟了，它的征婚广告要等个两三天之后才发布。

让我们稍稍回过头来看看其触角的蹊跷功用。雄性小阔条纹蝶与其婚恋方面的竞争对手一样有着漂亮的触角。把其层叠状的触角视作导向罗盘是否合适？我并无太大把握地对它们进行了我以前做过的那种截肢手术。被动过手术的雄性小阔条纹蝶没有一只再飞回来。但也别忙于下结论。我们从大孔雀蝶那儿已经知道，它们的一去不复返有着比截肢的结果更加重要的原因。

另外，第二种小阔条纹蝶——苜蓿蛾蝶这种与第一种小阔条纹蝶很相近的蝴蝶，也有着华美的羽饰，它也给我们出了一道难题。在我家附近常常见到它们，就在我的那座荒石园里我都发现过它的茧，极容易与橡树蛾的茧搞混。我一开始就曾把它们搞混过。我原指望从六只茧中得到小阔条纹蝶，但将近八月末时，我得到的却是六只另一品种的雌蝶。这下可好，在这六只在我家孵出的雌蝶周围，从未见过有一只雄蝶出现，尽管附近无疑就有雄性小阔条纹蝶出没。

如果宽大而多羽的触角真的是远距离信息传输工具的话，那为什么我的那些有着华美触角的邻居却未获知在我工作室中发生的情况呢？为什么它们美丽的羽毛装饰并未让它们对一些事情发生兴趣呢？而所发生的这些事情本会让另一种小阔条纹蝶纷纷飞来的呀？这再一次说明器官并不决定才能。尽管有着相同的器官，但某种才能一种昆虫会有，而另一种却并没有。

理解感悟

经过反复实验和验证，作者终于得出肯定的结论，可见其严谨求实的作风和科学态度。

写作手法

作者列出昆虫信息流通出现时间的三种情况，体现了他细致入微的观察。

理解感悟

事物具有普遍性与特殊性，科学研究必须以客观实际为基础，这样才能得出准确客观的结论。

☰导读

象态橡栗象天生一副滑稽相，喜欢以坚果为食，它在橡栗上钻孔的奇异行为引起作者的注意，经过细致观察后，作者发现橡栗象钻孔原来是为了寻找最佳的地点产卵。橡栗象母亲对橡栗的选择标准十分苛刻，如果食物令它不满意它即使钻了半天也会弃之不用……橡栗象按部就班地钻着孔，辛勤地繁育着后代，成为大自然消费者的平衡分配中极为重要的一环……

象态橡栗象

我们的机器中有某些东西很奇怪，在它们处于静止状态时，你无法知道它们是怎么回事。一旦机器转动起来，怪诞的装置便咬住齿轮，打开、闭合连动杆，我们就看见了各部件的巧妙组合，每个部件都在为实现预定功效而匠心独运地各司其职。这就是各种象虫，尤其是橡栗象的情况。正如其名所示，橡栗象就是生就对付橡栗、榛子以及其他类似坚果的。

在我们那片地区，最引人瞩目的便是象态橡栗象。它的名字起得真妙！让人产生好多联想啊！啊！瞧它那副滑稽相，嘴上还叼着一只长烟斗哩！这烟斗细如马鬃，棕红色，几乎笔直，其长无比，以致橡栗象只好斜着身子，让它伸直，免得折断，像头前伸出一支长矛似的。这么长的一根尖桩，这么一个怪鼻子，橡栗象用它来干什么呀？

我看见有人对此耸耸肩，表示不屑。如果说人生的唯一目的确实是通过明的或暗的手段挣钱的话，那这种问题问得就有点荒唐了。

好在另一些人则不然，在他们眼里凡事都是重要的，没有微不足道的。他们知道思想的面包是用一些细碎的面团揉成的，它们并不比收获的粮食来得无关紧要；他们知道耕耘者与询问者都在用聚集起来的面包屑供养这个世界。

让我们可怜可怜这种问题吧，让我们继续讲述下去。用不着看着橡栗象干活儿，我们也可以猜测到它的奇形怪状的长嘴上有一个类似我们用来钻坚硬物体的钻头。它的大颚是两个钻石尖，构成钻头尖端的高强度齿甲。这种象虫仿照菊花象，但其条件要比后者差，它们用这种钻头来开道，以便安放自己的虫卵。

但是，尽管这种猜测不无道理，但毕竟不是确定无疑的。只有看着橡栗象干活儿我才能知道其中的奥妙。

耐心的人最终总会碰到机会的，因此十月上旬我终于看到橡栗象在干活儿了。我当时惊讶极了，因为节气已经很晚了，一般来说一切技术性的活儿都干完了。初寒一到，昆虫的季节便宣告结束。

那一天，天气坏透了，刺骨的寒风呼啸着，冻得人嘴唇像被刀割似的。这种天气跑到荆棘丛去察看，非得意志坚强不可。但是，假如长嘴橡栗象如同我所猜想的那样用长杆工具钻橡栗，那就得赶快去看，时间是不等人的。橡栗仍是绿的，但已经很大的个头儿了。再过两三个星期它们将变成褐栗色，完全熟了，随即就会掉到地上的。

我疯看了一圈，颇有收获。在墨绿的橡树上，我发现一只橡栗象，长鼻子已经有一半钻进一只橡栗中去了。仔细观察它是不可能的，因为树枝被寒风吹得抖动个不停。于是，我便把那根树枝折断，轻轻地放在地上。那只橡栗象没有注意到被搬了家，仍在继续干着。我躲在一丛矮树后面，蹲在它的近旁，看着它干活儿。

象态橡栗象脚上蹬着黏性套鞋，可以牢牢地贴在光滑浑圆的橡栗上，后来，在我的实验室里的玻璃壁上它也是靠着这种黏性套鞋得以垂直地爬上爬下的。此刻，橡栗象正在橡栗上用自己的弓摇钻在忙乎着。它缓慢而笨拙地围着它那根插入橡栗中的钻杆移动着，在画着半圆，圆心就是钻孔，然后又折回头来，画一个反向的半圆。它反复地这么画来画去，如同我们运用手腕的力量用钻子在木头上转来转去地钻一个洞一样。

长鼻子在一点一点地钻进去。一小时后，长鼻子见不着了。然后它歇息了片刻。最后，长鼻工具抽了出来。随后会出现什么事呢？这一次没有出现其他什么事。橡栗象丢下了它钻探的那口井，一本正经地退了出来，蜷缩在枯树叶中。今天我不会获得更多的资料了。

但我并未放松警惕。在有利于捕捉虫子的无风的日子里，我回到了先前去的地方，很快便捉到了一些，装进我实验室的金属网罩中。鉴于这是一项慢工细活，我知道会有不少的困难，所以我宁愿在自己家里不紧不慢地观察研究。

这么做棒极了。如果我像开头一样继续在树林中观察橡栗象的劳作的话，即使我能找到一些为我观察所需的橡栗象，那我也永远不会有耐心把它们选择橡栗、钻孔和产卵的情况从头观察到尾的，因为它们干活儿既细心又慢悠悠的。

组成我的橡栗虫所光顾的矮树林的有三种橡树：绿橡树、短柔毛橡树和胭脂虫栎树。如果樵夫不过早砍伐的话，绿橡树和短柔毛橡树会长成很漂亮的树木的，而胭脂虫栎树只是一种可怜的荆棘而已。绿橡树是这三种树木中挂果最多的，是橡栗象的最爱。其橡栗坚硬，长形，中等大小，硬壳不太粗糙。短柔毛橡树的果实一般来说长得不好，短小而又皱巴，没熟就掉落了。塞里昂丘陵的干旱气候对这种橡树极为不利。因此，橡栗象只是在退而求其次的情况下才选用它。

胭脂虫栎树是一种短小的灌木，矮得一迈步就能跨越过去，但其果实却是多汁的，与树那惨兮兮的外表形成强烈的反差。其橡栗鼓鼓的，呈粗大的鹅卵

写作手法

通过一系列动作描写，表现了象态橡栗象独特的工作场景，可以说是有条不紊。

理解感悟

观察工作枯燥而漫长，面临诸多困难，然而作者不以为苦，反而沉浸在观察研究中，可见其对这项工作的热爱。

形，壳上立着粗糙的鳞片。象态橡栗象找不到比这更好的居所了——既是坚固的住宅又是丰富的粮仓。

我把几根这三种橡树长满橡栗的树枝置放在我的金属网罩圆顶下面，一头浸在一盆水里，以保持新鲜。小树枝上放了数目合适的配对橡栗象，最后实验仪器也放在我实验室的窗户上，天气晴朗时，一天大部分时间都能照到太阳。现在，让我们耐着性子，时刻监视着。我们将会得到回报的。钻探橡栗值得一看。

我们并没等得太久。准备工作做好之后的第三天，我在橡栗象开始干活儿时准时到来。雌橡栗象比雄的体形更壮实，用手摇曲柄钻钻的时间也更长，它仔细地察看那个橡栗，无疑是准备产卵。

它一步一步地从前头爬到后头，从上面爬到下面，爬遍了那个橡栗。橡栗壳很粗糙，爬动很容易。如果脚底没有黏性套鞋，没有在各种姿态下都能保持平衡的刷子形鞋底的话，在橡栗的其他部分爬动就不太容易了。橡栗象以同样从容的姿势在橡栗的上下左右爬来爬去，从未摔落。

它已经选好了；这个橡栗被认为是最好的。现在是要在这个橡栗上钻一个探测洞。橡栗象的钻杆太长，操作起来很困难。为取得最佳机械效果，就必须按照被钻件凸面的法线把钻杆竖立，然后再把干活时间以外呈前伸状态的这个碍事的工具收回到橡栗象钻工的身体下面。

为达到这一目的，橡栗象用后腿支起身子，立在鞘翅尖端和后跗骨形成的三脚架上。没有什么比这个怪诞的钻工更加奇怪的了，它站立着，把长钻杆鼻放回自己身下。

成功了，长钻杆笔直地竖了起来。钻探开始了。其方法就是我那天北风呼啸时在树林中所见到的那种。它极其缓慢地钻着，从右往左，然后再从左往右，循环往复地这么干着。钻头并不是一种因始终朝着一个方向旋转而往下钻着的螺旋形开瓶器似的工具，而是一种套针，先是啃咬，然后轮番向着一个方向和另一个方向磨蚀，逐渐往下扎去。

在继续往下介绍之前，让我们先说一下一个偶然事件，它太引人瞩目，不能避而不谈。我多次偶然发现这种钻工死在自己的工地上。死者的姿态很奇特。如果死亡不总是什么严重的事，尤其是当它是突然发生的工伤事故的话，那怪模怪样的死亡姿态是会让人忍俊不禁的。

探杆尖正好插在橡栗上。已经开始在干活儿了。在钻杆这个致命的尖桩的顶端，象态橡栗象垂直地悬于空中，远离各个支撑面。它已干瘪，也不知道死了有多少天了。爪子僵硬，缩在肚腹下面。即使这些虫爪像活着时那样灵活而又能伸长的话，它们也根本不可能够得着挂橡栗的枝丫的。到底突然发生了什么事，把可怜的橡栗象身子刺穿，如同我们所收集的标本那样，用大头针钉住标本的脑袋？

原来发生了一起工伤事故。由于钻杆太长，象态橡栗象开始干活儿时是用后腿站着的。假设这笨拙的钻工突然脚下一滑，两只附着抓斗一下子没有抓住，身子便立即脱离橡栗，被稍弯的钻杆这么一弹便被甩了出去，因为开始干活儿时，必须让钻杆稍微弯得多一点以利钻探。因而，它便被远远地抛离橡栗工地，徒劳地在空中拼命挣扎，它的跗骨——救命的钻头找不到任何可以抓附的东西。它因无任何支撑点以摆脱险境，最后筋疲力尽地死在长钻杆的顶端。如同我们工厂里的工人们一样，象态橡栗象有时候也成为自己机器的受害者。让我们祝它们好运，套上结实的黏性鞋套，小心干活儿，当心滑倒。我们再继续介绍吧。

这一次，机械运转良好，但是奇慢无比，所以往下钻探的情况用放大镜观察也看不出钻了多少。但象态橡栗象一直在钻探，歇息一会儿，立即又干起来。一个小时，两个小时过去了，神情专注得我紧张而疲乏，因为我一定要看一看那关键一刻的工作情况：象态橡栗象收回钻杆，返回来把卵放进井口。这样我起码可以预见到事情进行的状况。

两个钟头过去了，我已经失去了耐心。我与家人协商。家中的三个人轮流值班，不间断地盯着执着的象态橡栗象。我必须不惜一切代价了解到它的秘密。

我幸亏找了帮手，他们留意地帮我仔细观察。连续不断地观察了八个小时之后，将近夜幕降临时分，监视哨在叫我。象态橡栗象看样子已经干完活儿了。它确实在往后撤，谨慎小心地在抽回钻杆，生怕把它弄折。钻具抽出头了，又笔直地伸向了前方。

那一时刻到了。唉！没到哩。我又一次上当了。我那一轮一轮的八小时值班监视没见结果。象态橡栗象走了，没有利用自己钻探的成果便遗弃了那个橡栗。没错儿，我完全有理由怀疑自己在树林里所观察到的结果。在绿橡树中，忍受烈日的烤炙，全神贯注地待着，简直是一种难以忍受的折磨。

整个十月份，必要时求助手们帮忙，我查看了没被下卵的许多钻井。观察的时间长短不一，一般是两个小时，有时候达到或者超过半天。

钻这些劳民伤财而多数又不下卵的井的目的何在？我们先来了解一下虫卵的位置以及幼虫最初几口食物的情况，或许答案就有了。

那些住有象态橡栗象卵的橡栗是挂在树上，嵌在橡栗壳里的，仿佛没有发生任何有损于绒毛叶的不正常事情。稍加留意，你很容易地便能辨认出它们来。在离栗壳斗不远处的光滑而仍绿油油的外壳上，可见一个小点，确系一灵巧的针所刺。由于坏死而产生的一个窄小的褐色乳晕很快便把这个小孔洞包围起来。那就是钻井口。另外还有几次，但并不多见，洞穴是穿过壳斗钻出来的。

咱们挑选那些新近钻孔的橡栗，也就是那些苍白针孔尚未因日久天长由褐色乳晕围起来的橡栗。我们把它们的壳剥去。其中不少并未见有什么东西：象态橡栗象钻探了它们，但并未在里面产卵。它们同我网罩里的那些橡栗一样，被钻了无数小时，但然后却并未加以利用。有许多里面有一只卵。

无论壳斗上面的井口有多么远，这只卵总是待在井底，在一堆绒毛叶那儿。那儿有柔软的绒呢，是由壳斗提供的，被滋养品源泉——叶柄的渗液所润湿。我看见一条很小的象态橡栗象的幼虫，是我亲眼看着它孵出来的，它最初几口是在轻轻地咬那堆絮状的食物，那个用丹宁酸调了味儿的新鲜面包。

这种如同新生有机物一样多汁、易消化的小糕点，只有那儿才有，而象态橡栗象也只是在那儿，在壳斗和绒毛叶之间安放自己的卵。象态橡栗象十分清楚最适合其新生儿那虚弱的胃的食物在什么地方。

上面是相对而言较粗糙的绒毛叶面包。幼虫在头几小时的餐厅里增强了体力，然后并非直接地，而是通过其母用探针捅开的狭道钻进面包房。狭道中满是面包屑和吃了一半的残渣。吃了这种沿路备好的稍微粗糙的可口面粉，力气倍增，幼虫于是便完全钻进橡栗那坚硬的果肉中去。

所掌握的这些情况说明了产卵的象态橡栗象是如何干活儿的。在钻探之前，它上下左右，前前后后地仔细地查来看去，这时它的目的是什么？它是在了解这个橡栗是否已经被占据了。诚然，食橱很丰盛，但两个人吃就不太够了。我确实还从未发现有两只虫子在同一个橡栗中的。只有一只，始终都只有一只，这一只在吃完丰盛的食物，消化完后将食物变成橄榄绿色的小团团之后，离开橡栗，下到地上。绒毛叶面包最多也就剩这么一丁点儿的面包屑了。原则是：每只象态橡栗象都有自己的圆形大面包，每个消费者都有自己的一份橡栗口粮。

把卵安置进去之前，先得检查一番，看看这个橡栗是否被占据了。可能存在的那个占据者在这个地下墓穴的底部，由满是鳞片的壳斗遮掩着。这个狭小的藏身处无什么秘密可言。但是，如果橡栗表面没有那细小的针眼的话，再尖的眼睛也猜不到里面藏着一个隐居者。

这个小点不明显，但可仔细辨出，它就是我的向导。有它在，我就知道橡栗有主儿了，或至少，是被做过与产卵有关的试验；它不存在，我就深信这个橡栗尚未有任何人占据。毋庸置疑，象态橡栗象也是根据这同样的方法获知情况的。

我目光锐利，仔细地观察一切，必要时还动用放大镜。我把观察对象拿在手里转来转去地看这么一会儿，情况便一清二楚了。而它，这个近视的象态橡栗象观察者，却不得不到处查来验去，最后才确切地找到那个能说明问题的小孔。再说，它这是家族利益在迫使它慎之又慎，而我只是好奇心使然。因此，它对橡栗的检查是极费工夫的。

橡栗一旦被确定完好无损，这就成了。钻头在往下钻，一干就是好几个小时。然后，有好多次，象态橡栗象对自己的活计不屑一顾地走开了，钻探完了没有随即产卵。这么卖力地干了这么久又有何用呢？它只是为了饮水解渴、恢复体力才这么找一个橡栗随便钻钻吗？它嘴上的吸管会下到井底深处，在满意的角落吸了几口富有营养的饮料了吗？它这么忙乎一番只是为了个人进食吗？

一开始，我真是这么想来着，因为我毕竟对它为了一大口饮料而这么坚韧不拔颇觉惊讶的。但是，雄性象态橡栗象的情况告诉了我实情，我便抛弃了这一想法。雄性象态橡栗象也长有长嘴，必要时也能钻出一口井来，但我从未见

写作手法
作者针对象态橡栗象钻完橡栗却遗弃的行为颇为不解，疑问句引发读者阅读兴趣，转入下文的分析。

过雄性象态橡栗象有谁趴在一个橡栗上面，吭哧吭哧地在掘井的。为什么要这么费劲乏力呢？这些节制饮食的昆虫有一点点吃的就足够了。用长鼻尖端稍稍刺破一张嫩叶，就足以维持它们的生命了。

如果说它们这些无所事事、无须为吃费神的雄虫无过多需求的话，那么那些忙于产卵的雌性又是怎么回事呢？它们来得及又吃又喝吗？不，被钻了孔的橡栗并不是一个小酒馆，任你在那儿没完没了地喝个够。长嘴伸进橡栗喝上这么一小口那倒有可能，但是，那些碎屑并不是它的初衷。

真实目的我想我隐约地发现了。我前面说了，卵总是置于橡栗底部，在一些由叶柄渗出的液汁润湿的絮状物中间。幼虫刚孵出时，还啃不动挺硬的绒毛叶，只能咬壳底柔软的毛毡，以其液汁为食。

但是，随着橡栗长大成熟，这个蛋糕也就变得很硬了，味道以及液汁的量都随之有所变化。柔软部分变硬了，湿润的部分干燥了。在一个时期，新生儿所需的舒适条件是极具备的。稍早些，舒适条件未达到标准；稍晚些，那些条件也过分成熟了。

在外边，在橡栗的绿壳上，这种内部厨房的烹饪情况丝毫显现不出来。为了不让幼虫吃不合适的食物，做母亲的因为只是从外表查看了橡栗而不太了解情况，只好自己先用长鼻尖端尝尝粮仓底部的食粮。

妈妈在喂婴儿喝粥之前，也都先用嘴唇去试试粥的凉热。雌性象态橡栗象也是以同样的慈母心去对待自己的幼虫。它把长鼻尖端伸到井底深处，看看里面的食物情况，然后再留下给自己的孩子。如果井底食物令它满意，它就把卵产下来；如果食物令它不满意，它就不再多往下钻探，弃之而去。这就可以解释为什么它钻了半天而弃之不用的原因了。那是因为再钻下去也没有用处，井底的食物经仔细鉴定不符合要求。为了自家孩子的第一口食物，这些象态橡栗象多么细心、多么挑剔啊！

把新生儿放在将能找到多汁而柔软的、易于消化的食物的地方，这些细心挑剔的母亲还觉得不行。它们的关怀照顾还远胜于此。一个折中的办法也许有用，就是让小幼虫从最初的吃软糕点改变成吃硬面包。这个折中办法就在母亲钻出的那个坑道里。那儿有一些碎屑，是长嘴上的剪刀剪碎了的。另外，坑道内壁受损、变软，比其他东西更适合新生儿娇嫩的颚。

在啃咬绒毛叶之前，幼虫的确是先钻入这个坑道的。它以沿途找到的粗面粉为食；它收集悬于壁上的褐色微粒；最后，它已足够壮实，便弄破果仁那圆形大面包，钻进里面去，不见了踪影。胃已经锻炼好了，剩下的事就是放开肚皮吃了。

这种管状婴儿哺乳室应有一定的长度，以满足初生婴儿的需要。因此，做母亲的便用那把钻孜孜不倦地干活儿。如果探测只是局限于品尝一下食物，了解橡栗底部的成熟程度的话，操作就会简便得多，只须透过外壳在这块底部不

写作手法

将象态橡栗象寻找合适的橡栗与母亲为孩子准备合适的食物作比，表现了象态橡栗象为孩子挑选食物时的细心和挑剔，一个称职的母亲形象跃然纸上。

远处进行就可以了。这一点象态橡栗象并不是不知道：我偶尔也发现象态橡栗象正在对坚硬外壳这么干哩。

我从中看到的只是急于了解情况的产妇的一种试验。如果橡栗合用，钻探就将在稍高处，在壳斗外面重新开始。当卵应该产下时，按惯例确实是钻橡栗，尽可能地在高处，只要钻杆够长就行。

花了大半天时间仍未完工的那个长钻洞是怎么回事呢？它干吗这么坚持不懈地干呀，就在离叶柄不远处，少用许多时间和少许多劳累钻头就可以钻到那个理想的地点，那个新生幼虫得以饮用的清泉？做母亲的这么费劲乏力、疲劳不堪自有道理：它这么做可以到达橡栗底部那理想之地，因此也就获得了最佳的效果，可以替自己的孩子准备好一个吃不完的面粉口袋。

这是些鸡毛蒜皮的事！不，对不起，这可是一些大事呀，这是在告诉我们象态橡栗象在储存最微不足道的东西时的细致入微，向我们证明了一种调节细枝末节的高级逻辑。

象态橡栗象像一个优秀的教育家，它有自己的好主意，值得尊敬。这起码是乌鸫的看法，乌鸫一到秋末，浆果开始短缺时，便美滋滋地拿这种长嘴昆虫充饥。虽说不够塞牙缝的，但味道却十分鲜美，没有尚未被严寒冻坏的橄榄苦涩。

如果没有乌鸫及其竞争对手的话，春天树木复苏时会成一幅什么景象呀！即使人因自己所干的蠢事而从地球上消失了，乌鸫用其鸣唱来庆祝万物复苏也同样是庄严隆重的。

除了满足森林欢乐之鸟——乌鸫的朵颐而很值得赞扬，象态橡栗象还有另一个功用——调节植物的无序生长。如同所有真正名副其实的强者一样，橡树是个慷慨大度者，它大量地提供橡栗。这么多的橡栗大地如何处理它们呢？森林缺少空间便会窒息；树木过多则会殃及所有树木。

不过，鉴于食物充沛，急于使过度生产保持平衡的消费者从四面八方纷纷赶来，田鼠这个原住民在一堆碎石中，在其草料床垫旁存储起橡栗来。松鸦这种外来户也不知如何获得消息的，成群结队地从远方飞来。一连几个星期，它们逐一地对橡树大加叨啄，还像被掐住的猫似的呱呱叫嚷着以表现自己的欢乐与兴奋，任务完成之后，便飞回自己北方的故乡。

象态橡栗象比大家动手更早。它把卵产在还很青的橡栗中。现在，橡栗落在地上，提前变成褐色，还被钻了个圆孔，象态橡栗象幼虫吃光了橡栗里面的食物便从这个小圆孔里爬出来。光一棵橡树下，很容易地就能捡满一篮子这种被掏空的橡栗。对于清理过剩物资的活计，象态科昆虫远胜于松鸦和田鼠。

人为了养猪，很快也来了。在我们村子里，当市镇击鼓宣读公告的人宣布某日为在市镇树林里采摘橡栗的开始日时，那可是件大事哩。前一天，最起劲儿的人便先行跑去查看地点，为自己选定最佳位置。第二天，天蒙蒙亮，全家人便都跑到选定的地点。父亲用长竹竿敲打高处的树枝；母亲围着麻布大围裙，可以进入林子深处，采摘手能够得着的橡栗；孩子们则捡拾掉落在地上的。一篮篮装满了，倒进筐里，装入大布袋中。

继田鼠、松鸦、象虫以及其他许多动物之后，现在轮到人们开心了，他们在计算采摘了这么多橡栗自己的猪该能长多肥。但是，一份开心之中也藏着一种遗憾，就是眼见这么多的橡栗散落地上，一个个都被钻了孔，被糟蹋了，一点用处也没有了。于是人们便对造成这种破坏的肇事者诅咒起来。听他们的口气，好像这森林只属于他们所有似的，似乎橡树只是为他们的猪才结果的。

我想告诉这些人，守林人是不会记录轻罪犯人的罪状的，而这样做是非常好的，因为人太自私，在收获橡栗中看到的只是猪长肉，肉做肠，这种态度后果是严重的。橡栗在邀请大家全都来利用它的果实。我们人从中获得了最大的一份，因为我们是最强者。那是我们唯一的权利。

但是，在不同的消费者中进行平衡的分配，这是高于一切的大原则。在这个世界上，大家都各有自己的作用，无论强大与弱小。如果说乌鸫为万物复苏而欢快、鸣唱是大好的事的话，我们也别认为橡栗被蛀空是件坏事。蛀坏的橡栗里在为鸟儿准备饭后甜食哩，象态橡栗象肉质鲜美，能让鸟儿臀肥歌美的。

我们让乌鸫去歌唱吧，还是回过头来谈我们象虫科昆虫的卵。我们知道卵所在的地方：橡栗底部，在最鲜嫩多汁的果仁中。它是怎么住到那儿去的，那儿离壳斗边缘上方的入口可是够远的，这确实是个小小的问题，甚至可以说是幼稚的问题。但也别对它不屑一顾，因为科学就是由一些幼稚可笑的事物构成的。

第一个用一块琥珀在衣袖上摩擦，随后便得知这块琥珀能吸麦秸的人，绝没猜想到我们今天的电的奇妙。他只是在天真地自得其乐而已。但这种儿童游戏经过反复地做，以各种各样的方法进行探索之后，就变成了世界上的强大力量之一。

观察者对什么都不应该忽视，因为我们永远也不会知道会从最不起眼的事物中产生出什么来。因此，我又对自己提出了这个问题：象态橡栗象是通过什么办法在离入口那么远的地方住了下来的。

对于尚不知晓卵的位置但可能知道幼虫首先是从其底部咬吃橡栗的人来说，答案可能是这样的：卵产在管道入口，在表面处，而幼虫则在母亲钻好的坑道里爬动，自己爬到储存幼儿食物的那个偏僻地点。

在掌握足够的资料之前，我自己起先也是这么解释的，但我很快就认为这种解释是错误的。当产妇把腹尖贴在刚用钻钻出的孔口便退走不久，我便摘下了这个橡栗。卵好像应该就在那儿，在入口处，紧贴表面的地方……可并非如此，那儿并没有卵，卵在坑道的另一端。如果我大胆假设的话，卵是像一块石头似的掉进坑底的。

我们还是快点抛开这种愚蠢的想法吧！坑道极其狭窄，又堵满锉屑似的东西，这么直接掉下去是不可能的。再说，根据叶柄那直的或颠倒的方向，在一个橡栗里下落那就会在另一个橡栗里上升。

佳**句品**析

世间的万物都是平等的，善待生命，维护万物的和谐共生是人类应该遵循的自然法则，这也是人类为了建设和谐大自然应该具备的生态精神。

出现了第二种解释，同样是大胆的。我在想：布谷鸟在草地里任何地方下蛋，然后用嘴把蛋叼起，放到黄莺的狭小的窝里去。象态橡栗象会不会也用的是类似的法子呢？它会不会利用它的长喙把它的卵送到橡栗底部去呢？我看不到它身上还有其他什么工具能够达到这个深洞的底部。

然而，我们还是赶快抛开因想不出道理来而产生的这种怪诞的解释吧。象态橡栗象是从不会公开地产下卵，然后再去用喙叼住它的。如果它这么做的话，那娇弱的卵在狭窄而又堵塞的坑道里被往下放的时候准会被挤压，必死无疑。

我感到非常尴尬。对象态橡栗象的身体结构很有研究的任何一位读者都会有此尴尬的。蚱蜢长有一把大刀，那是它产卵的工具，可以把卵送到地下它所希望的深处去；褶翅小蜂配备着一个探头，可以钻穿石蜂筑成的水泥建筑，把自己的卵放到后者半睡半醒的胖幼虫的茧内去。但象态橡栗象却没有这类短剑、匕首，它的腹部什么都没有，绝对没有。然而，它只需把腹尖贴在井的狭小的孔眼上，就能立刻把卵送到橡栗底部去。

解剖将会告诉我们用其他办法所无法获知的谜底。我剖开象态橡栗象产妇。我看到的令我瞠目结舌。那儿有一部古怪的机器，一根僵硬的棕红色尖头桩，与身体一样长，我觉得几乎像是一个喙，因为它与头部的喙很相似。那是一根管子，细如毛发，空尖端有点张开，状如榴弹发射筒，始端鼓起，呈卵形泡状。

这就是产卵工具，与钻孔器大小粗细相同。钻孔喙钻到哪儿，这个内喙——卵探测器便可下到哪儿。当产妇在橡栗上下钻时，它选择的攻击点就必须让这两个相辅相成的工具都能够到达理想的地点——果仁底部。

现在，其他的就不言自明了。产妇的手摇曲柄钻干完活儿后，坑道完工，它便回转身来，把腹部末端贴在那钻孔上。然后，它拔出剑来，内喙显露出来，毫无困难地钻入锉屑堵塞的坑道。引导探头上什么都没有显现，因为它运转敏捷而小心。把卵安置好之后，这个工具逐渐回收，缩回腹内，同样是滴水不漏。大功告成，产妇离去，而我们却一点也没有看出它的破绽。

我强调坚持是有道理的吧？一个表面看来无足轻重的情况刚刚以毋庸置疑的方式告诉我菊花象使人狐疑的地方。长吻管象虫有一个内探头，一个外部无任何痕迹的腹部喙。它们在其腹部秘密处藏有类似于蚱蜢和姬蜂的刺刀般的工具。

写作手法

介绍蚱蜢、褶翅小蜂的产卵工具，与象态橡栗象进行对比，引出象态橡栗象的产卵过程到底是怎样的，同前两种昆虫是否一样的问题，引发读者阅读兴趣。

读后思考

文中提到象态橡栗象"向我们证明了一种调节细枝末节的高级逻辑"，请结合相关情节，谈谈你对这一说法的认识和感想。

导读

雌性豌豆象往往采用粗放型的方式在豌豆上大量产卵，孵化出的幼虫都向着豌豆中心不断行进，最终最快占据豌豆中心的豌豆象会在其他幼虫自主牺牲后独占豌豆的成长空间。作者对豌豆象大量产卵及成长方式的相关疑问进行了探究，推测这与豌豆象最初寄生的豆类种类有关。具有生存智慧的豌豆象会开凿神奇的"安全门"，豌豆象虽然到处为非作歹，但是在小蜂的面前只能束手待毙……

豌豆象

人一向对豌豆有很高的评价。自远古时起，人通过越来越专业的精耕细作，细心管理，想尽办法让豌豆结的果实更大，更嫩，更甜美。这种作物很善解人意，遂人心愿，终于满足了园丁的奢望，提供了他们想要的东西。我们今天离瓦罗❶和科吕麦拉们有多么遥远啊！我们尤其是离第一个也许是用岩穴熊的半颌骨（因为颌骨上的牙齿如同铧犁）扒划土地以便种下这种野生果实的人有多么遥远啊！

这种豌豆的始祖植物究竟在野生植物世界中的什么地方呀？我们所在的各个地区都没有类似的这种植物。在别的地方能找得到它吗？在这一点上，植物学缄默不语，或含糊其词。

另外，对于大多数可食用的植物人们同样是一无所知。向我们提供面包的备受颂扬的小麦来自何处？没人知晓。我们除了精耕细作，就不再费劲乏力地在这儿寻根溯源了。也不到外国去探究来龙去脉了。在东方这片农业诞生之地，采集植物标本者从未在没被犁铧翻耕过的土地上见到过这种独自繁衍增长的圣麦穗。

同样，对于黑麦、大麦、燕麦、萝卜、小红萝卜头、甜菜、胡萝卜、笋瓜以及其他许多作物，我们也不甚了解。我们不知道它们原产于何地，顶多也就是根据几百年来的以讹传讹的说法去加以猜测罢了。大自然在把它们交付给我们时，它们饱含着野生的生命力和不太高的营养价值，如同大自然今天把桑葚和灌木丛的黑刺李提供给我们一样，它们是处于一种吝于施舍的粗胚状态，我们得通过辛勤劳动和运用才智使它们的果实饱含养分。这是我们投入的第一笔

写作手法

人们虽然重视植物带来的实际价值，却并不关心植物的来源和产地情况，可见植物的生长也是一个神奇的存在。

佳句品析

大自然原始状态的植物营养价值较低，正是人们通过智慧不断改良加以优化，才赋予植物更高的价值。

❶ 瓦罗：古罗马学者，作家。著有涉及各个学科的著作620卷，代表作为《论农业》。

资本，这资本始终通过耕耘者的出色劳作在那特殊的银行里在不断地翻本增息。

谷物和豆类植物作为储存食物，大部分是人工生产的。其初始状态极不发达的那些改良对象，我们是照原样从大自然的宝库中提取的。经过改良的品种向我们提供大量的食物，这是我们的技术创造的成果。

如果说小麦、豌豆以及其他的作物对我们来说是不可或缺的，那么我们的精心照料作为正当回报对于它们来说也是绝不可少的。这些植物在生命的激烈搏斗中没有抵抗能力，是我们的需求使它们在成长发育，如果我们弃之不顾，任随其自生自灭，尽管它们的种子无以计数，但也会很快灭种的，如同愚蠢的绵羊，没有精心圈养放牧，很快就会消失的。

它们是我们创造的产物，但并非总是我们所专有的财产。在食物大量积存的任何地方，都有大批的食客从四面八方奔来，不管不顾地大快朵颐，食物愈丰盛，食客来的愈多。只有人类能够促进农业的发展，进而成为各方食客蜂拥而至的盛宴的操办者。人在创造更美味、更丰盛的食物的同时，无可奈何地也把千千万万的饥肠辘辘者招引到粮仓谷堆中来，它们的利齿尖牙令人无以为抗。人生产得越多，上贡得也就越多，大规模的耕作，大量的作物，大量的积存，养肥了我们的竞争者——虫子。

这是事物固有的规律。大自然以同样的热情向所有的婴儿提供乳汁，既喂养生产者也喂养剥削他人财富者。大自然为我们这些辛勤耕耘、播种和收获，并因此而累得筋疲力尽的人在使小麦成熟的同时，同样也在为小象虫们让麦子成熟。这种小象虫不在田间劳作，却在我们谷仓里安家落户，用它那尖嘴在麦垛里一粒一粒地嚼食麦粒，把麦子都吃成麸子。

大自然为我们这些因翻地、锄草、浇灌而累得腰酸背疼、日晒雨淋的人催促豆荚快快饱满，也为小象虫让豆荚赶快成熟。豌豆象对田园劳作一窍不通，但照旧在春回大地的时刻，按时从收获物中提取自己的那一份儿。

让我们好好瞧瞧豌豆象这个税务官是如何卖力地干活儿的。我是个主动纳税者，我任由豌豆象自由行事：我正是为了它才在我的荒石园中播种了几垄它所偏爱的植物种子。除了这不多几垄的豌豆，我没有任何别的可召唤豌豆象的东西，但它五月里便按时前来了。它知道在这个不适宜辟作菜园的荒石园里，头一次有豌豆在开花。这位昆虫税务官急匆匆地奔来履行自己的职责了。

它是从何处而来？这可是无法说得准确的。它应是来自某个隐蔽之所，在那儿呈僵直状态地度过了寒冬腊月。盛夏酷暑自己脱皮的法国梧桐，用它那微微翘起的木栓质皮片为无家可归的虫子提供避难所。我经常在这种冬季避难所里看见我们的豌豆象。只要寒风凛冽，严冬肆虐，豌豆象就躲在法国梧桐的这些微翘的枯皮下，或者用别的方法以求躲过劫难，直到和煦的阳光初抚它几下，它便苏醒过来。这是它的生物钟在通知它。它们像园丁一样，知道豌豆的花期，于是，它们便几乎从各个地方，迈着细碎的快步，心急火燎地向着它们所钟爱的植物奔来。

小头，大嘴，身着缀有褐色斑点的灰衣裳，长有扁平鞘翅，尾根有两个大黑痣，身材矮粗，这就是我的访客的大致模样。五月的上半月刚过，豌豆象的尖兵已到。

它们在长有蝴蝶般白翅膀的花上安营扎寨：我看见有一些居于花的旗瓣上，另有一些则藏于龙骨瓣的小盒子里。还有一些数量较多，盘于花序中吮吸着，产卵时刻尚未到来。早晨天气温和，太阳虽明亮，但却不晒人。这是明媚阳光下举行婚配、开心享受的美妙时刻。它们因此在享受点生活的乐趣。有一些在成双配对，但立刻又分了开来，随后又聚在一起。将近晌午时分，烈日当空，男男女女全都退避到花褶的阴处。这种阴凉的地方它们非常熟悉。明天，它们又要开始寻欢作乐，后天依然乐此不疲，直到一天天鼓胀起来的豌豆果实撑破龙骨瓣的小盒子为止。

有几只比其他更着急的豌豆象产妇，把卵托付给了新生豆荚，而后者扁平而细小，刚刚才褪掉花蒂。这些匆忙产下的卵也许是因卵巢已无法等待而被迫如此的，我觉得它们的处境极其危险。豌豆象的幼虫将安于其中的种子此时此刻还只是个脆弱的细粒，既无韧性又无粉质堆。除非豌豆象幼虫颇有耐心，能扛到果实成熟，否则在那儿就找不到吃的。

但是，幼虫一旦孵化出来，它能够长时期不吃不喝吗？这令人怀疑。我所看见过的一些幼虫表明，新生儿一出来便忙着要吃的，如果没有吃的，便会死去。因此，我认为在尚未成熟的豆荚上产下的卵是必死无疑的。但种族的兴旺繁衍并不会受到多大的影响，因为豌豆象妈妈是多产的。我们一会儿就会看到豌豆象妈妈是如何满地下种，而其中大部分都注定是要夭折的。

五月末，当豌豆荚在籽粒的促动下变得多节，达到或接近成熟的时候，豌豆象妈妈的重任也就完成了。我急切地盼望着能看到豌豆象是如何以我们昆虫分类学所给予它的象虫科昆虫的身份工作的。其他的象虫是一些带嘴象、带喙象，它们配备有一根尖头桩，用它来修筑产卵的窝巢。而豌豆象则只有一个短喙，在吸食点甜汁方面非常有用，但论起钻探来则是毫无用处。

因此，豌豆象安顿家小的方法是不同的。它不像橡树象、熊背菊花象、黑刺李象等那样做一些细致灵巧的准备工作。豌豆象妈妈没有配备钻头，所以只好把卵产在露天里，没有任何保护以防风吹日晒雨打。它这么做简直是太简单方便了，但这却是风险极大的，除非卵有特殊体质，能抗御酷热严寒、干燥潮湿。

上午十点，阳光和煦，豌豆象妈妈步伐急促，忽大步忽小步，从上到下，又从下到上，从正面到反面，又从反面到正面地把自己选中的豌豆荚看个遍。它不时地把一根细小的输卵管伸出来，左探探右触触，像是要划破豆荚的表皮似的。然后便产下一个卵，随即便弃之不顾了。

豌豆象妈妈的输卵管就这么在豌豆荚的绿皮上左点一下右点一下的，就算

写作手法

生动地描绘了豌豆象妈妈产卵时挑挑拣拣、仔细观察的场景，然而产下卵后随即便弃之不顾了，令人极为费解。

完事了。卵就留在那儿，没有任何保护，任随太阳暴晒。在帮助未来的幼虫，使之在必须自己进入食橱时缩短寻觅时间方面，豌豆象妈妈没有任何考虑，没有想到为孩子找个合适的地方。有的卵产在被豌豆种子鼓胀起来的豆荚上，有的则下在像贫瘠小山谷似的豆荚隔膜内。在豆荚上的卵几乎与食物直接接触着，而豆荚隔膜内的卵则离食物较远。以后就靠幼虫自己去辨别方向，寻找食物了。总之，豌豆象这种无序产卵让人想到粗放式播种。

更严重的是：产在同一个豆荚上的卵的数量与豆荚内的豌豆粒的数量不成比例。首先我们得知道，一个幼虫就得有一粒豌豆，这是必需的定量，这一定量对一个幼虫来说是富足有余，但是好几个幼虫同时消受，哪怕只是两个幼虫，那也很勉勉强强的了。每个幼虫一粒豌豆，不要多也不能少，这是永远不变的规定。

这就要求豌豆象妈妈产卵时必须探知豆荚内的含豆量，以限制自己的产卵数。但是豌豆象妈妈根本就不理会这种限制。对一个定量，豌豆象妈妈总是产下许多的小宝宝。

我所有的统计在这一点上都是一致的。在一个豆荚上产下的卵总是超过，而且常常是大大地超过可食的豌豆粒的数量。无论粮食多么瘪，上面都有大量的卵。我把豆粒和卵的数量分别数了数，发现一粒豆子上总有五到八个卵，有时甚至有十个，而且看不出豌豆象妈妈不会在一个豆荚上产下更多的卵来。真是僧多粥少！在一个豆荚上下这么多的卵干什么？它们肯定是要被逐出宴席的呀！

豌豆象卵呈琥珀黄色，挺鲜艳，圆柱状，很光滑，两头圆圆的。它长不过一毫米。每个卵都用凝固的蛋清细纤维网黏附在豆荚上。无论是风还是雨都吹不掉，打不下来。

豌豆象妈妈产卵常常是成对的，一个卵在上另一个在下，而往往是上面的那个卵得以孵化，而下面的那个则干瘪而死。为了孵化出来的卵不死，需要什么呢？也许是需要阳光的沐浴，而下面的卵正好被上面的遮挡着，没有了这种温暖孵育。或者是由于不合适的挡板遮挡的影响，或者是由于其他什么原因，反正孪生卵中的先产下者很少能得到正常的发育，它们大部分是在豆荚上干瘪，没有出世便灭于无形了。

这种夭折也有例外的时候；有时候，成对的卵两个都发育良好，但这种情况实属罕见，所以如果总这么成对地产卵，豌豆象的家庭成员差不多要减少一半。有一项不利于我们的豆荚但却有利于象虫科昆虫的临时措施可以减少这种毁灭：大部分的卵都是一只一只地产下的，而且是独自待在一处。

新近孵化的标记是一条弯弯曲曲的苍白或淡白色小带子，它在卵壳附近翘起，撑破豆荚的表皮。这是幼虫的产物，是皮下通道，幼虫在其中蠕动，寻找钻入点。找到这个钻入点之后，身长刚刚一毫米、全身苍白、头戴黑帽的幼虫便在豆荚上钻孔，钻入豆荚宽敞的肚腹中。

它爬到豆粒处，在最近的那颗豆粒上安顿下来。我用放大镜观察它，同时观察它的豌豆地球——它的世界。它在豌豆球面上垂直地挖出一个井坑。我曾看见过一些幼虫半个身子下到井坑中去，后半身则在井坑外边蹬踢加力。不大的一会儿工夫，幼虫便不见了，钻进了自个儿的家中。

入口很小，但一眼就能认得出来，因为它在豌豆淡绿色或金黄色的衬托下呈褐色。入口没有固定的位置，总的说来，除了豌豆的下半部而外，在豌豆表面的任何地方都可以钻洞，因为下半部的顶端是悬韧带的肥硕之处。

豌豆的胚胎就在这个部分，可它却没受到幼虫的损害，并且还发育成为胚芽，尽管豆粒上面被豌豆象成虫钻了个大窟窿。为什么这个部位会完好无损呢？是什么原因使之免遭幼虫的侵害的呢？

豌豆象肯定不是在关心园丁的利益。豌豆是为它而生，只为它而生。它之所以不去咬那几口使种子死亡，目的并非减轻灾害。它克制自己是有其他一些原因的。

请注意，豌豆是一粒一粒相互紧贴在一起的，寻找下嘴部位的幼虫在豆粒上行走并不自如。还应注意，豌豆的下端因肚脐的瘿瘤而变厚，钻孔就变得很困难，而在只有表皮保护的其他部分就没有这种困难。甚至也许在肚脐这一特殊部位有一些特别的液汁是幼虫所讨厌的。

毫无疑问，这就是豌豆既被豌豆象蚕食却又照样能够发芽的秘密之所在。豌豆虽破损，但却并未死亡，因为入侵是针对空着的上半部，那是既容易钻入又无伤大雅的区域。另外，由于整粒豌豆对于单独一个消费者来说是绰绰有余的，而受害部分只是这个消费者所喜爱的部分，但又不是豌豆生命攸关的部位。

在其他的一些条件下，在种子个头儿太小或非常大的情况下，我们可能会看到大不相同的情况。在种子个头儿太小的情况下，由于幼虫几乎吃不着什么，到嘴的东西不够塞牙缝的，于是胚芽就一块儿被吃掉了；在种子个头儿非常大的情况下，食物丰盛，可以招待多个食客。如果豌豆象偏爱的豌豆短缺，它就退而求其次，去吃野豌豆和马蚕豆，这两种植物也向我们提供了类似证据。野豌豆颗粒小，被吃得只剩下一层皮，根本无望发芽生长；马蚕豆个头大，尽管其上有豌豆象的多间住屋，但照样能破土发芽。

我们已知豆荚上的虫卵数量总是大大多于荚内豆粒的数量，我们也知道每个被占有的豆粒是一只幼虫的私有财产，那就要问，多余的那些幼虫是什么下场呢？当最早成熟的幼虫一个个在豆荚食橱里占好位置时，多余的那些幼虫是不是在外面死去了？它们是否被先行占领阵地的幼虫无情地咬死了？都不是。情况是这样的。

就在此一时刻，在豌豆象成虫钻出来时留下了一个大圆孔的老豌豆上，用放大镜可以辨别出一些棕红色的斑点，它们的数量有所不同，斑点中央都有钻孔。我数过，每粒豌豆上有五六个甚至更多的钻孔。那么这些斑点又是什么呢？我不会弄错的：有多少钻孔就有多少个幼虫。有好几个幼虫钻进了一个豆粒中，但能存活的、长大长肥、变为成虫的却只有一个。那么其他的呢？我们马上来看看。

五月末和六月份是产卵期，豌豆仍然又嫩又绿。几乎所有被幼虫侵入的豆粒都向我们展示出许多斑点，这我们已经从被豌豆象遗弃的那些干豌豆上看到了。这是不是好些幼虫聚在一起的标记呢？没错儿。我们把所说的那些豆粒，把子叶分开，必要时再加以细分。我们将好几个蜷在豆粒内的很小的幼虫暴露出来。

聚在一起的这些幼虫似乎相安无事，幸福安详。邻里间和睦相处，互不相争。进餐开始，食物丰盛，就餐者被子叶尚未被触动的部分所形成的隔膜分开着，各自待在自己的小间里，不会互相争斗，没有任何用无意的触碰或有意的寻衅引发的大动干戈。对所有的占有者来说，所有权相同，胃口相同，力量相同。那么共同享用同一个豆粒的情况将如何结束呢？

我把一些被认为有豌豆象居民的豌豆剖开之后放在玻璃试管里。我每天再剖开另一些。我通过这种办法了解到共居一处的豌豆象的生长发育状况。一开始并无任何特别的情况。每只幼虫独自在自己的狭小的窝里，嚼食自己周边的食物。它省俭着吃，不吵不闹。它还太小，稍微吃一点点食物就饱了。然而，一粒豌豆无法供养这么多幼虫吃到长大为止。饥饿有可能发生；除了一只而外，其余的全都得死去。

事情确实很快就发生了变化。幼虫中居于豆粒中心位置的那一只发育得比其他的幼虫要快。当它稍稍比自己的竞争对手们个头儿大一点点时，后者便全都停止进食，克制着自己不再往前探索食物。它们一动不动，听天由命；它们就如此这般地静静地死去了。它们消失了，溶解了，灭亡了。这些可怜的牺牲者是那么小！从此，那粒豌豆整个儿地属于那个唯一的幸存者了，在这个享有特权者的身边，其他的都一个个地死去了，到底是怎么回事呢？我没有确凿的答案，只能提出一种猜测。

豌豆的中央比其他地方更多地受到太阳的光合作用的抚爱，那儿会不会有一种婴儿食物，一种更适合豌豆象幼虫那娇弱的胃的松软食物呢？在豌豆的中央，幼虫的胃也许会因为受到一种松软、味美、甜甜的食物的滋养而变得强壮，能够消化一些难以消化的食物。婴儿在吃流质食物，吃大人吃的面包之前，吃的是奶。豌豆的中心部分会不会就像是豌豆象妈妈的乳汁？

豌豆粒的所有占据者雄心相同，权利相等，所以全都往最美味的部分爬去。行程充满艰辛，临时的栖身之所反复出现，以便休息。在期盼更好的食物的同时，它们凑合着吃点自己身边已成熟了的食物；它们更多的是用牙来为自己开辟通道而非进食。

最后，那个掘进方向正确的掘土工便抵达了豆粒中心的乳制品厂。于是，它便在那儿安顿下来，而一切便已成为定局：其他的幼虫只有死路一条。其他的幼虫是如何得知中心部位已被占据了的呢？它们听到自己的那位同胞在用大颚敲击其小屋的墙壁了吗？它们老远地就感觉到有啃啮的动静了吗？大概出现过某种类似的情况，因为自这时起，它们就不再往前探路了。迟到的幼虫们没有去与幸运的优胜者拼抢，没有去试图将它赶走，而是自己选择了死亡。我很喜爱太晚赶到的幼虫们的那种淳朴的忍让精神。

另有一个条件，空间的条件，在这件事中起着作用。在我们的那些豆象中，豌豆象是个头儿最大的。当它到了成年时，它就需要一种较宽敞的居所，而其他的那些豆象成年时并无这种要求。一粒豌豆可以为豌豆象提供很宽敞的一个居所，但是要住两个人就不行了，因为即使紧挨着也不够宽。这样一来，就必须毫不留情地精简人数，所以在一粒被侵入的豌豆里，除了一只幼虫而外，其他的竞争者一个不剩地被清除了。

而蚕豆则不同，它几乎像豌豆一样深受豌豆象的喜爱，但它却可以接纳好些个豌豆象同时下榻一家旅馆。刚才所说的那种独居者在蚕豆这儿就成了共居者。蚕豆地方宽敞，可住下五六只甚至更多的幼虫而又互不侵犯邻居的领地。

另外，每只幼虫都有最初几日的松软蛋糕在自己的嘴边，也就是说远离表面、硬化缓慢、味道保存得很好的那一层。这内里的一层是面包心，其余的则是面包皮。

在豌豆中，这松软的一层位于中心部分，是豌豆象幼虫必须到达的很小的一个点，到不了那儿，就必死无疑；而在蚕豆这块大圆面包里，这个内层覆盖着两片扁平的豆瓣。如果在这硕大的豆粒上随处吃上一口的话，每只幼虫只需在自己面前往下钻，很快就能钻到想吃到的食物。

这样的话会出现什么情况呢？我统计了一下固定在一个蚕豆荚上的虫卵，又数了一下豆荚里的蚕豆粒，两相比较，我便得知按五六只幼虫计算，这只蚕豆荚有足够的空间容纳全部家庭成员。这就不存在几乎从卵中孵出之后便死去的多余者了；人人都有一份丰盛的食物，个个都能家兴人旺。食物的丰富保证了这种粗放式的产卵方法。

如果豌豆象始终都是以蚕豆作为自己全家的住所的话，我就很清楚它为什么在同一个豆荚上产下那么多的卵了：食物丰盛，又容易吃到，所以便能招引豌豆象产下大量的卵来。而豌豆就让我困惑不解了。是什么原因促使豌豆象妈妈昏头昏脑地把孩子生在缺粮的地方，活活地饿死呢？为什么有那么多食客围着只坐一人的餐桌呢？

在生命的进程中事情可不是这么发展的。某种预见性在调节着卵巢，使之根据食物的多寡产下自己的卵。金龟子、泥蜂、葬尸虫以及其他为孩子们储备食品罐头的妈妈们，都是严格控制自己的生育的，因为它们面包铺里的松软面包，它们一筐筐的野味肉，它们埋尸坑中的腐肉块等是通过艰辛劳动获得的，而且数量不多。

相反，肉上的绿头苍蝇则成包成包地堆积它的卵。它深信尸肉是取之不尽的财富，所以便在其上大量下蛆，根本不在乎下了多少。另外，昆虫要狡诈地抢掠食物，经常会导致死亡事故的发生，因此昆虫妈妈也就用大量产卵的办法来抵消意外死亡的损失，以保持均衡。芜菁科昆虫就是属于这种情况，它常在极其危险的情况下抢劫他人财物，因此它的繁殖能力就极强。

豌豆象既不了解被迫减少家庭人口的劳作者之艰辛，也不清楚被迫大量增加家庭成员的寄生者的苦难。它自由自在，不费劲乏力地去寻找，只是在明媚的阳光下在自己所偏爱的植物上溜来荡去，便给自己的每个孩子留下了足够财物。它是做得到的，而且还疯婆子似的想让超量的孩子生在一个豌豆荚上，致使多数孩子饿死在这间营养不足的哺乳室里。这种愚蠢的做法我不甚理解：它与昆虫妈妈的母性本能的固有的远见卓识背道而驰。

因此我倾向于认为，在世上的财富分享中，豌豆并非豌豆象初期所取得的那一份，可能是蚕豆才对，因为一粒蚕豆就能够供养半打甚至更多点儿的食客。种子个头儿大，昆虫产卵与可食食物之间的明显的不协调也就不复存在了。

另外，毋庸置疑，在我们园中种植的各种豆类中，蚕豆是历史最悠久的。它个头儿特别大，而且口感又特别好，肯定自古以来就引起人类的注意。对于饥饿的种族来说，它是现成的，很有营养价值的食物。因此，人们急不可耐地在自己宅旁园地里大量地种植它，这就是农业的开始。

中亚地区的移民用他们那长满胡须的牛拉着的牛车，一站一站地长途跋涉，给我们的蛮荒地区首先带来了蚕豆，然后把豌豆，最后把防止饥荒的谷物也带来了。他们还给我们带来了牛群羊群；他们让我们了解青铜，那是最早的制作工具的金属。就这样，在我们这里文明的曙光就出现了。

这些古代的先驱在给我们带来蚕豆的同时是否不知不觉地也把今天与我们争夺豆类植物的昆虫给带来了呢？这种怀疑不无道理。豌豆象似乎是豆类植物的原住民。至少我发现它就曾对当地的许多豆科植物在征收贡税。它尤其是在树林里的山黧豆上大量繁殖，因为山黧豆有一串串花朵和长长的、美丽的豆荚。山黧豆的籽粒个头儿不大，大大小于我们的豌豆粒。但是，它的籽粒皮软，幼虫能吃，所以每粒籽粒都足以让其居住者长大长胖。

也请大家注意，山黧豆的豆粒数量很多。我曾数过，每个山黧豆的豆荚内含有二十来颗豆粒，这是豌豆即使产量最高时也达不到的数字。因此，无太多渣滓的优质山黧豆一般可以供养下在其豆荚上的昆虫家庭。

如果树林中的山黧豆突然缺乏了，豌豆象便会转往其他一种味道相同的植物，但这种植物的豆荚又无法喂养其全部幼虫，例如在野豌豆上或人工种植的豌豆上产卵。在食物不丰富的豆荚上产下的卵也不少，因为起源时期的植物或因种类繁多，或因籽粒个头儿大，可以提供丰富的食物。如果豌豆象真的是外来者，它初始阶段的食物就假定为蚕豆；如果豌豆象是原住民，那就假定它的初始食物为山黧豆。

古老岁月中的某一天，豌豆到了我们这里。它起先是被在先它而来的史前的那同一个小园子里收获的。人们发现它优于蚕豆，后者在为人做出那么多贡献之后让位于豌豆了。象虫也是这种看法。象虫虽未完全撤弃蚕豆和山黧豆，但却把自己的大本营建立在一个世纪一个世纪以来逐渐广泛种植的豌豆上。今天，我们得与豌豆象共享豌豆：豌豆象是提取它中意的一份之后把剩下的一份留给了我们。

我们产品的丰富和优质所产生的儿女——昆虫的这种繁衍兴旺，从另一方面来看却是衰败没落。对于象虫来说如同对我们来说一样，食物方面的进步，并不总是完美的。省吃俭用，种族则更得益；食不厌精，种族遭殃。豌豆象在蚕豆和山黧豆这种粗糙食物上建立了婴儿低死亡率的移民地。在它们上面，人人都有吃饭的地方。而在精美食品——豌豆上，大部分食客则因饥饿身亡。豌豆上，份额不够，而食客却多。

我们不必在这个问题上过多地耽搁时间了。我们来看看由于兄弟姐妹全都死去而成为唯一的主人的豌豆象幼虫吧。它在这种大死亡中毫发未损，是机遇帮了它的忙，仅此而已。在豌豆粒中央这个丰润的僻静处，它干起了自己的唯一的本行——吃。它先吃自己周边的食物，继而扩大范围，只见它的肚子越来越鼓，它的窝儿在变大，但也随即被大肚子填满。它身轻体健，丰满迷人，透着健康的丰采。如果我撩拨它，它便在自己的宅子里懒散地打着转儿，头还轻轻地点着。这是它表达讨厌被我打扰的一种方式。我们让它安静，别打扰它了。

它发育得又快又好，以致酷暑来临时，它已经在忙着即将到来的外出了。豌豆象成虫没有配备足够的工具为自己在豌豆中打开一条通道钻出去，因为豌豆此时已经完全变硬了。幼虫知道自己将来的这种无奈，便早有所预见，用一种绝妙的技艺摆脱困境。它用自己有力的颌钻出一个安全门，圆圆的，四壁十分光洁。我们用最好的雕琢象牙的刀具也干不出这么好的活来。

事先准备好逃跑的天窗还不够，还必须很好地考虑蛹干细致活儿时所需要的宁静。擅闯民宅者会从开着的天窗溜进来，进而损伤毫无防卫能力的蛹。所以这个天窗必须关上。怎么关呢？窍门在这儿。

幼虫在钻逃逸的出口时，啃啮面粉状物质，连一点儿渣渣都不剩。待钻至豆粒表皮时，它便突然停下。这层表皮是一层半透明的薄膜，是幼虫变态用的凹室的防护屏，以防外来的不法之徒进入其间。

这也是成虫迁居时将遇到的唯一的障碍。为了使这道屏障易于脱落，幼虫曾在里层细心地围绕着盖子刻画出一道阻力不大的沟槽。发育成成虫后，只需用肩膀一顶，用额头稍稍一撞，圆盖就微微顶起，像木锅盖似的掉了下来。出洞口穿过豌豆那半透明的表皮展露出来，宛如一个宽大的环状斑点，因室内阴暗而不很明亮。下面发生的事因为隐没于类似毛玻璃的下面，所以看不清楚。

这种舱窗盖构思真巧妙，既是抵挡入侵者的街垒，又是豌豆象成虫在适当时机用肩膀一顶即开的活门。我们将会因此而向豌豆象表示敬意吗？这灵巧的昆虫会想出这么个高招儿，思考出一个计划，进而一步一步地付诸实行吗？象虫的小脑袋有这本事可是了不得。在下结论之前，我们还是先进行一下实验吧。

我把被豌豆象幼虫占据的那些豌豆的表皮剥掉，再把这些豌豆放在玻璃试管里，免得它们过快地变干。幼虫在其中同在没有剥去表皮的豌豆里一样发育良好，到时候便开始准备出屋。

如果幼虫矿工是由自己的灵感所指引的话，如果那被不时地仔细检查的顶板已被认为已很单薄而不再继续挖它的通道的话，那么在现在的种种条件之下，会发生什么情况呢？幼虫感觉到自己已经贴近表面，将停止钻探；它将不会损坏无表皮的豌豆的最后的那一层，从而获得了不可或缺的保护屏。

类似的情况并没有出现。井坑在被充分挖掘；出口在外面张开，如同表皮仍在保护着豌豆似的一样宽大，一样精雕细琢。安全的原因一点儿也没有改变幼虫的习惯劳作。敌人能够进入这间来去自由的小屋，幼虫对此并不担心。

当它没有把有表皮的豌豆钻透时，它也没有更多地想到这个。它之所以突然停下来，是因为没有面粉的薄膜合它的胃口。我们不也是把那些并无营养价值的豌豆皮从豌豆泥中弄出去吗？因为豌豆皮并没有什么用。看上去，豌豆象幼虫同我们一样：它讨厌豌豆粒上那层如羊皮纸似的咬不动的表皮。它到了表皮那儿便驻足不前了，知道那玩意儿不好吃。从这种厌恶的心情中却产生出一个小小的奇迹。昆虫没有逻辑。它被动地听从一种高级逻辑。它只是听从，而并未意识到自己的技艺，它的这种无意识如同可结晶物质有条不紊地聚集其大量原子一般。

八月份，或稍早些或稍晚些，一些黑斑在豌豆上出现，每粒上始终都是一个，毫无例外，这就是出口舱。九月份，其中绝大部分都会打开。好像是钻孔器钻出的舱门盖整齐划一地分离，落在地上，住屋的出入口便畅通无阻了。豌豆象以最终的形态衣着光鲜地爬了出来。

季节很美好。经雨水浇灌的花朵盛开。从豌豆上来的移民在秋天的欢悦中前来探花。然后，寒冬来临，移民们便纷纷寻找避难所躲藏起来。其他的一些与这些移民数量相当，并不急于离开自己出生的豆粒。整个寒冬腊月，它们滞留在出生的豆粒里，躲在不敢触动的保护屏下面，一动不动。小屋的门只待酷暑回来时才在铰链上，也就是说在抵抗力较弱的沟槽上发挥作用。到那时，迟到的幼虫才大搬家，与先期到达者们会合，待豌豆开花时节，共同准备干活儿。

理解感悟

安全门既可以顺利出去，又可以成为抵御入侵者的街垒，可见设计的精妙，两个疑问句表达了作者的赞叹，抒发了对豌豆象的敬意。

要点提示

豌豆象因为讨厌豌豆表皮的味道不去破坏它，从而保护了自己的安全，这种独特的生存逻辑可以说是大自然造物的奇迹。

从方方面面去观察昆虫本能的无穷无尽、变化多端的表现，对于观察者来说是对昆虫世界的观察的最大乐趣，因为没有任何东西比这更能展现生命中的种种事物那奇妙的配合一致了。我知道，这么去了解昆虫学，并非人人都赞赏的；人们对一心扑在昆虫的一举一动上的这个天真汉是嗤之以鼻的。对于急功近利的功利主义者来说，一小把没被豌豆象糟蹋的豌豆远胜于一大堆没有直接利益的观察报告。

缺乏信仰的人呀，谁告诉你今天没用的东西明天就不是有用的？了解了昆虫的习性，我们将能更好地保护我们的财富。如果我们轻蔑这种不注重功利的观念，我们可能会追悔莫及的。正是通过这种或立即可以付诸实践的或不能立即付诸实践的观念的积累，人类才会而且会继续变得越来越好，今天比从前好，将来比现在好。如果说我们需要豌豆象与我们争夺的豌豆和蚕豆，那我们也需要知识，因为知识如同巨大而坚硬的和面缸，进步这种面包就在其中揉拌，发酵。思想观念同蚕豆一样地重要。

思想观念还特别告诉我们说："贩卖谷物者无须费心劳神地去与豌豆象进行斗争。当豌豆运到谷仓时，损失已经造成，无法弥补，但这种损失不会扩展的。完好无损的豌豆丝毫不用担心与受损害的豌豆为邻，无论它们混居一起多久。豌豆象到时候会从这些受损害的豌豆中出来；如果有可能逃走，它们会从粮仓中飞走的。如果情况相反，它们会死去而不对完好无损的豌豆造成丝毫的损害。在我们食用的干豌豆上从来没有豌豆象卵，从来没有新的一代豌豆象出现。同样，也从来未见豌豆象成虫所造成的损害。"

我们的豌豆象并非定居于粮仓之中；它们需要新鲜空气、阳光、田野的自由。它吃得不多，蔬菜的硬的部分它们是绝对不吃的。对于它那细小的嘴来说，在花间吮吸几口蜜汁就足够了。另外，幼虫需要的是正在豆荚里发育成长的绿色豌豆这松软的面包。正是由于这些原因，粮仓中没有碰到开始时进入其中的豌豆象卵发育成长之后又在繁殖下一代的现象。

灾害的根子在田野里。在与这种昆虫进行斗争时如果我们不想总是束手无策的话，就特别应该在田野上监视豌豆象的为非作歹。豌豆象数量惊人，个头儿又小，且极其狡猾，所以很难消灭，因此，它对我们人的愤怒不屑一顾。园丁又叫又骂；象虫则无动于衷。它仍旧一如既往地继续干它那收税官的行当。幸好，有一些助手前来帮我们的忙，它们比我们更有耐心，更加卓有成效。

八月的第一个星期，当成熟的豌豆象开始搬迁时，我看到了一种很小的小蜂，它是我们的豌豆的保卫者。我看见它在我的那些作培育用的短颈大口瓶里，大量地从象虫那儿出来。雌性小蜂头和胸呈棕红色，肚腹黑色，并带有长长的螺钻。雄性小蜂个头儿稍小一些，一身的黑衣裳。雌雄两性都有泛红的爪子和丝状触角。

为了钻出豌豆，豌豆象的歼灭者自己在豌豆象为最终解脱而在豌豆表皮上雕刻出的天窗圆封盖上开启一扇小天窗。被吞食者为其吞食者铺平了出去的道

写作手法

拟人化手法，写出豌豆象虽然个头儿小危害却极大，面对人们的愤怒依旧我行我素，用语幽默风趣。

路。看到这一细节，其余的就不难猜测了。

当豌豆象幼虫变化的最初阶段结束时，当出口已经钻通时，小蜂急匆匆地突然而至。它仔细检查还长在茎上的豆荚中的豌豆；它用触角探来探去；它发现了表皮上的薄弱部位。于是，它便竖起它的探测尖桩，插进豆荚，在豆粒的薄薄的封盖上钻孔。象虫的幼虫或者蛹，无论躲在豆粒多深的部位，小蜂的长尖桩都能触到。小蜂在象虫的幼虫或蛹上产下一只卵，大功便告成了。象虫现在还处于半睡眠状态或者呈蛹状，所以不可能进行反抗，所以这个胖娃娃将被吸干，直到只剩下一个皮囊。

真遗憾，我们不能随心所欲地帮助这种热情的歼灭者大量繁殖！唉！这就是令人大失所望的恶性循环，我们无法放开手脚，因为如果想有许多的豌豆的探测者——小蜂来帮忙，首先就得有大量的豌豆象。

读后思考

1. 请结合前文的相关描写，分条简要概括豌豆被豌豆象蚕食却又照样能够顺利发芽的原因。

2. 前文作者提到："如果我们轻蔑这种不注重功利的观念，我们可能会追悔莫及的。"请结合相关内容，谈谈你对这句话的理解。

导读

　　作者以诗意化的语言介绍菜豆这种神圣的豆子，发现菜豆并不是欧洲原产，而是从美洲引入的物种。接着，作者对菜豆的消费者——外来物种菜豆象进行了观察和研究。作者发现菜豆象喜欢阴暗环境，多代群居，且对豆类危害极大。所幸其并不食用所有谷物。菜豆象繁殖速度极快，有着旺盛的生命力。

菜豆象

　　如果上帝在世间创造过一种蔬菜，那就是菜豆。菜豆有种种的优点：口感绵软，味道甜美，产量很高，价格低廉，营养丰富。它是植物性的肉，但却不会令人看着不舒服、不血腥，不像屠户在砧板上切下的肉那样。为了记住它的好处，普罗旺斯方言称它为"穷人的点心"。

　　你是神圣的豆子，是穷人的慰藉，你价格低廉，你让劳动者，让从来得不到好运的善良而又有才的人食以果腹；敦厚的豆子，加上两三滴油和一点点醋，曾是我青少年时代的美味佳肴；现在我已年迈，可你仍然是我那粗茶淡饭中最受欢迎的蔬菜。让我们直到我生命的终结都是好朋友吧。

　　今天，我并不打算颂扬你的功绩，我只想问你一个令我好奇的问题。你的祖籍是哪里？你是不是同马蚕豆和豌豆一起从中亚地区来的？你是和那些农作物先驱者从他们的小园子里为我们带来的那些种子一起的吗？古人知道你吗？

　　公正的、消息灵通的昆虫对此回答道："不，在我们这一带，古人并不知道菜豆。这种珍贵的豆子不是同蚕豆一起经过同样的路径来到我们这里的。它是个外来客，很晚才引入旧大陆的。"

　　昆虫的话语值得认真考虑，因为这番话言之有理。情况是这样的，我很久以来一直在关注农业方面的事情，我就从来没有见到有菜豆受到昆虫科中任何一种抢劫者，特别是受到专爱侵犯豆科植物的象虫的劫掠的。

　　我就这个问题询问过我的那些农民邻里。一涉及其收获物，这些农民就非常警觉。触及他们的财产，那简直是罪不容恕，他们很快就能发现是谁干的坏事。另外，农妇们就在家里，在盘子里一粒一粒地剥出准备下锅的菜豆，她们心细手巧，触到歹徒很快就能把它捉出来的。

　　喏，他们全都一致地以微笑来回答我所提出的问题，那笑容是在笑话我有

写作手法

　　以诗意化的语言介绍了菜豆这种神圣的豆子，以第二人称的称谓来进行描述，令人感到亲切，表现了作者对菜豆的喜爱之情。

写作手法

　　通过昆虫之口介绍了菜豆的知识，用"公正""消息灵通"来形容昆虫，拟人化手法极富情趣。

关小虫子方面的知识少得可怜。他们说："先生，您要知道，菜豆里是从不长虫的。它是受上帝赐福的一种豆子，象虫不敢伤害它的。豌豆、蚕豆、扁豆、山黧豆、小豌豆是都生虫子的。可菜豆是穷人的点心，是从不生虫的。我们是穷苦人，如果虫子也来同我们抢夺它的话，我们可怎么活呀？"

的确，象虫科昆虫确实瞧不起菜豆，如果大家看看其他的豆类是如何受到它们的疯狂侵害的，就会觉得这种对菜豆的蔑视极其奇怪。所有豆类，连最小的小扁豆都难逃一劫，而菜豆个头又大，味道又美，却安然无恙。这可真让人难以理解。无论好的次的豆粒豆象都毫不犹豫地要吃，为何唯独不吃最美味的菜豆呢？它吃了山黧豆吃豌豆，吃了豌豆吃蚕豆和野豌豆，无论豆粒大小它都感到满意，可偏偏却对菜豆的诱惑无动于衷。这是为什么呀？

显然，它并不了解菜豆。而其他的豆类，无论是当地的还是来自东方都适应了当地水土的，几百年来它都已经很熟悉了。它每年都要尝尝这些豆类是否优质，而且深信过去所获得的经验教训，按照古代的习俗对未来做出安排。对于它来说，菜豆作为它根本就不了解其优点的新来者，是令人生疑的。

昆虫完全证实了菜豆属于新来者这一点。它是从很远的地方，肯定是从新大陆来的。任何可食用的东西都会招引一些有意者来食用它。如果菜豆源自旧大陆，它就会像豌豆、小扁豆和其他豆类一样招来自己的消费者。就连豆类植物中最小的、往往没一个针尖大的还供养自己的豆象——一种矮小的昆虫，它能耐心地咀嚼这种小豆粒，并在其间造窝筑巢；可菜豆却是肥嘟嘟的，味道又美，怎么就被放过了呢？

对这种奇特的豁免权，除下面的解释外没有其他的解释：同土豆和玉米一样，菜豆是新大陆的一件礼物。它来到我们这里时没有昆虫伴随，它的合乎规定的开发者留在了当地。而在我们这儿的田野里，它遇到了另外一些吃豆粒的昆虫，可这些昆虫又不认识它，所以便对它不屑一顾了。同样，玉米和土豆在我们这儿也未受侵害，除非有从美洲输入的它们的打劫者突然而至。

昆虫上面所说的那番话也由一些古老的经典作者中的证词所证实：在农民们那粗茶淡饭的餐桌上，菜豆从未出现过。在维吉尔的第二首牧歌中，特斯悌利丝为收割庄稼的人准备饭菜：

特斯悌利丝的饭菜
丰盛多样。

多种多样的饭菜如同普罗旺斯人爱吃的蒜泥蛋黄酱。这写在诗中很美，但却华而不实。这儿的人爱吃的是抗饿的食物——用切成细丝的洋葱拌的红菜豆。这种菜看好极了，既保持了乡村风味，又能填饱肚子，不比大蒜差。填饱肚子之后，收割庄稼的农民们在露天地里，在麦堆的阴凉处，小睡一会儿，慢慢地消食。我们现代的特斯悌利丝们同她们古代的姐妹们没有多大差别，很留意不忘记那穷人的点心，不忘记大肚汉们的这种经济实惠的好吃的东西。诗人笔下的特斯悌利丝没有想到这一点，因为她不了解穷苦的大肚汉。

维吉尔还向我们描述了殷勤招待自己的朋友梅里贝住了一夜的蒂迪尔；梅里贝被渥大维的士兵赶出家园，一瘸一拐地跟在羊群后面离去。蒂迪尔说："我们将会有栗子、奶酪、水果的。"这则故事没有说明梅里贝是否被诱惑了，这很遗憾。但在这顿清淡的饭菜中，我们清楚地得知古代的牧羊人是没有菜豆可充饥的。

奥维德 ❶ 在一个美妙动听的故事中向我们讲述了菲雷蒙和波西斯款待他们陋屋的客人——两个不认识的神明的情景。在用一块瓦片垫稳的三条腿的餐桌上，他们端上来圆白菜汤，在热炉灰里焐了一会儿的鸡蛋，在盐卤中腌渍的小冠花、蜂蜜、水果等。在这些美味的乡村食物中，缺少我们农村里的波西斯们不会忘记的一道主菜。在猪肉汤之后，必然要上一盘菜豆。擅长描写细腻情节的奥维德因为什么而没有提到非常适合放在菜单中的菜豆呢？原因是一样的：他大概不知道有这种豆子。

我回忆了我读到的有关古代农村膳食的那一点点知识，但一点结果都没有，想不起有菜豆什么的。在葡萄种植和收割庄稼的农民的砂锅里，倒是提到了羽扇豆、蚕豆、豌豆、小扁豆，唯独没有这种优质的菜豆。

另外，豆子享有美名。有人说："它让人吃着开心，你吃了之后，就去放松放松。"因此它适合黎民百姓用它来说些粗俗的玩笑，特别是当这些玩笑由一个像阿里斯托芬 ❷ 和普劳图斯 ❸ 这样的天才不顾廉耻地说出口来，就更是这样了。对蚕豆吃多了能让人放屁的隐喻会产生什么样的舞台效果呀！雅典内河航船上的水手们和罗马的挑夫们听了会发出多么朗朗的笑声啊！这两位喜剧大师在他们忘乎所以时，用一种不如我们那么雅致的语言谈到菜豆了没有？根本没有。他们对这种也能引起声响的豆子只字未提。

菜豆一词本身就发人深省。这是一个很怪的词，与我们的词汇无亲缘关系。它的形态与我们的音节组合不一样，使我们在脑子里联想到加勒比海地区的方言俚语，比如橡胶和可可。菜豆一词确实是源自美洲的印第安人吗？我们是否连同这种豆子一起接受了或多或少地保留着其乡土气息的名称？也许是这么回事，但这又怎么能知晓呢？菜豆，怪诞的菜豆，你向我们提出了一个奇怪的语言学方面的问题。

法语称菜豆为 faséole，flageolet；普罗旺斯方言称它为 faiou̅ 和 faviou̅；卡塔卢西亚语称它为 fayol；西班牙语称它为 faseolo；葡萄牙语称它为 feyseo；意大利语称它为 fagiuolo。为此，我在想，拉丁语系中的各种语言虽然词尾都必不可避免地有所变化，但却保存了 faseolus 这一古词。

---

❶ 奥维德：古罗马著名诗人，代表作为《变形记》。

❷ 阿里斯托芬：古希腊喜剧作家和诗人，人称"喜剧之父"。

❸ 普劳图斯：古罗马喜剧作家，代表作为《一罐金子》。

如果我查阅我收集的词汇卡片，我就能找到表示"菜豆"的词汇有 faselus，faseolus，phaseolus 等。词汇学者，请允许我告诉您：您翻译得不妥，faselus，faseolus 不能表示"菜豆"。我有不容置辩的证据：维吉尔在他的《农事诗》中告诉我们什么季节适合种 faselus。他说道：

> 如果想种 faselus，
> 那就等着牧羊星座把黑夜的
> 征兆传达给你，
> 你就开始播种，
> 继续耕作至一周期之中间。

没有什么能比这位深谙农事的诗人的告诫更清楚的了：必须在夕阳西下牧羊星座消失的时期；也就是说将近十月底开始播种 faselus，直到降霜中期才停止耕耘。

按这种说法，菜豆则与之无关：菜豆是一种弱不禁风的植物，稍一受冻就忍受不住了。冬季对它来说是要命的季节，即使是在意大利南方的气候条件下。而豌豆、蚕豆、山黧豆和其他的豆科植物则不然，由于其发源地的关系，它们能够抵御寒冷，秋季播种，冬季长势旺盛，只要不是太冷就行。

那么，《农事诗》中的 faselus 这种把其名称传给拉丁语各种语言中的"菜豆"这一有争议的豆子到底是何物呢？鉴于诗人在诗中曾用"鄙俗"一词来贬斥它，我不由得想起了应该是指鼹黑豆，也就是普罗旺斯农民不怎么欣赏的那种煤玉豆。

我正在做如是想，而且在这种豆子的昆虫这唯一的证据几乎要澄清了时，突然，一份意想不到的资料替我把这个谜的谜底彻底揭开来了。又有一位诗人，也就是那位闻名遐迩的约瑟—玛利亚·德·埃雷迪亚帮了博物学家一把。我的一位朋友，村里的小学老师，给了我一本小册子，他没料到这竟然帮了我的大忙。我在这本小册子里读到这位十四行诗的名家与一位询问他最喜欢的作品是哪一部的女记者的如下一番对话：

诗人说："您让我怎么回答您呢？我很犯难的……我不知道自己偏爱的是哪一首十四行诗：我写所有的诗时都殚精竭虑，耗尽心血……您呢，您更喜欢哪一首呀？"

"亲爱的大师，件件珠宝都美不胜言，怎么可能从中进行挑选呢？您让珍珠、绿宝石、红宝石熠熠生辉，看得我目不暇接，我又怎么可能决定喜欢绿宝石而不喜欢珍珠呢？整条项链都让我爱不释手。"

"对！可我，有一件事却使我对它比对我所有的十四行诗都感到自豪，而且它比我的诗更让我享有荣誉。"

女记者瞪大了眼睛问道：

"是什么事？"

大师狡黠地看了看女记者，然后，他眼睛充满了得意的亮光，脸上洋溢着青春的光芒，大声说道：

"我找到了菜豆一词的词源！"

女记者惊愕得都忘了哈哈大笑了。

"我跟您说的可是正经的事呀。"

"亲爱的大师，我早就知道您享有盛名，学识渊博，但我却并未因此而联想到您会为找到菜豆这个词的词源而感到无比自豪。啊，不，不，我未曾料到是这么回事！您能告诉我您是怎么发现的吗？"

"当然。是这样，我在研读埃尔南德斯的十六世纪的那本自然史佳作《新世纪植物史》时，找到了一些有关菜豆的资料。直到十七世纪以前，菜豆这个词在法国尚不为人所知。大家一直把它称之为'蚕豆'或'菜豆属'，而墨西哥语中则有'阿雅科特'（ayacot）一词。墨西哥在被征服之前，那儿就种植有三十种菜豆。今天，那儿的人仍然称这三十种菜豆，特别是那种带红斑或紫斑的红菜豆为阿雅科特。有一天，我在加斯东·帕里斯家中遇上一位大学者。他一听见我的名字，便走上前来问我是不是找到了菜豆这个词的词源。他一点儿也不知道我也写过诗，还发表过《战利品》这部诗集……"

啊！把十四行诗这一瑰宝置于菜豆之下，这可真是绝妙的俏皮话！该我因阿雅科特一词而心花怒放了。我怀疑菜豆这个怪诞的词儿中有印第安语的成分该是多么在理呀！以自己的方式向我们证实这种珍贵的种子源自美洲大陆的昆虫真是言之确确！蒙特儒马的蚕豆，阿兹特克人的阿雅科特，在几乎保留着自己原始的名称的同时，从墨西哥来到了我们的菜园子里。

但是，它没有由其消费者——昆虫陪伴着来到我们这里，而在它的故乡，肯定应该有一种专门征收这种丰产豆子的税的象虫科昆虫。我们土著的豆粒消费者不接受这个外来者；它们还没来得及与这个外来者熟悉起来，来不及评价其优点；它们谨慎小心地克制着，不去碰这个因其新来乍到而颇受怀疑的阿雅科特。因此，直到今天以前，这种墨西哥蚕虫一直安然无恙，这与我们的其他豆子全然不同，其他豆子全都被象虫侵害。

这种状况没能持续下去。如果说我们的田间地头没有喜爱这种豆子的昆虫，那么新大陆却有它的爱好者。通过商业交易，某一天总会有这么一两袋生虫的菜豆给我们把它带来的。这是不可避免的事。

根据我所掌握的资料，新近的这种入侵似乎不乏其例。三四年以前，我从罗讷河口地区的马雅内弄到了我一直在我家附近徒劳地寻找的东西。我当时在寻找时曾问过家庭主妇和农民，他们对我所提的问题感到十分惊讶。他们谁都没有见过什么菜豆虫，也从来没有听说过有这种虫。我的一些朋友听说我在寻

写作手法

人物的神态描写极其生动，富有情趣。

写作手法

植物的传播往往会带来相关动物的迁移。将本地的食豆昆虫比喻为谨慎克制的消费者，拟人化手法极具趣味性。

217

找这种虫子，给我从马雅内寄来了可以说是大大地满足了我的博物学者好奇心的东西。那是一斗受到严重蛀蚀的菜豆，千疮百孔，简直像是海绵。这些豆子里蠕动着一种无以计数的象虫，小得就像小扁豆中的小象虫。

寄豆子来的那些朋友跟我谈到在马雅内所遭受的损失。他们说，这种可恶的虫子毁掉了大部分庄稼。真是一种从未见过的大灾害，把菜豆给毁得差不多了，几乎让主妇们没有菜豆可供煮食的了。至于这罪魁祸首的习性、活动情况，大家都不清楚。这得由我去进行实验，以便搞清是怎么个情况。

得赶快进行实验。环境和条件很适合做实验。现在是六月中旬，我的园子里有一块地上长着早熟菜豆，是比利时黑菜豆，是种了自家吃的。即使损失了这宝贵的豆子，也得把这可怕的虫子放到这片绿色植物上去。根据我所看到的豌豆象的情况来判断，这些比利时黑菜豆已经成熟：花繁叶茂，豆荚也十分饱满，青翠欲滴，大小不一。

我在一只盘子里放了两三把马雅内菜豆，并把在太阳下蠕动着的一堆虫子放在比利时黑菜豆地边儿上。将要发生的情况，我觉得我已猜到了。获得自由的虫子和很快就被阳光刺激而解脱的虫子将会飞起来。它们将在附近寻找供养它们的植物，然后便停在上面，据为己有。我将看到它们探测豆荚和豆花；无须等得太久，我就会看到它们产下卵来。豌豆象在这样的条件下，也会这么做的。

可是，事情并非如此。我很困惑，为什么情况与我预料的会不一样。昆虫们在太阳下动来动去了有几分钟的工夫，微微张开鞘翅，然后又闭合上，以利飞行机械的运行，然后便起飞了，一只又一只；它们飞向明晃晃的空中；它们慢慢飞远，不一会儿便不见了踪影。我一个劲儿地紧盯着，但一无所获，飞走的一只也没停在菜豆上。

获得自由的欢快满足了之后，它们今天晚上、明天、后天还会飞回来吗？没有，它们没有飞回来。整整一个星期，我都在最佳时刻检查一垄一垄的菜豆，一朵一朵的花，一个一个豆荚，挨个儿地查了一遍，都没见着有菜豆象，也没发现有虫卵。可是，这正是产卵的有利时期，因为此刻被我囚于短颈大口瓶内的孕妇们正在把它们的卵大量地产在干菜豆上。

我们换个季节再试一试。我安排了两块地，种上了晚熟菜豆——红科科特豆，有点是为居家食用的，但首先是为菜豆象准备的。这两块地相隔开来，弄成梯形，一块八月成熟，另一块九月或更晚些时间成熟。

我用红菜豆重新进行先前用黑菜豆所做的实验。我多次适时地把一窝一窝的菜豆象放进绿叶丛里。它们是从总货仓——我的短颈大口瓶里取出来的。每次的结果都宣告失败。整个收获季节里，我几乎每天都在延长研究的时间，直到两次收获全部结束，全都以失败告终。我到最后也没能发现一个有虫子占据的豆荚，甚至连一只在植物上驻足的象虫都没看见。

但我并未中断监视。我还嘱咐我的家人尽心尽力地看管我为自己研究所专门种植的那几垄地，并要他们采摘时留意豆荚上可能会有卵。我自己则先用放大镜仔细查看之后再把豆荚交给妻子去剥豆。但这都是在白忙乎，哪儿也未见菜豆象卵的踪迹。

我除了在露天地里做这些实验，还在玻璃瓶子里做过一些实验。我用长形瓶子装了一些还挂在枝上的新鲜豆荚，有一些是青翠碧绿的，另有一些呈胭脂红色，里面的豆粒接近成熟。每个瓶子里都放了不少的菜豆象。这一回，我获得了一些菜豆象卵，但我对这些卵不太有信心：菜豆象妈妈把这些卵下在了玻璃瓶内壁上，而不是下在豆荚上。但不要紧，反正它们也在孵化。我看见孵出的幼虫游来荡去了几天，以同样的兴奋劲儿探测豆荚和瓶子内壁。最后，它们一个个全都悲惨地死了，没有触动放在瓶内的那些食物。

这种结果是必然的：鲜嫩的菜豆并非它们之所爱。与豌豆象相反，菜豆象不愿把自己的孩子们托付给不是自然成熟和因干燥而变硬的豆荚；它不屑于在我的苗圃上停留，因为它在那儿找不到它所需要的食物。

那么它到底需要些什么呢？它需要老的、硬的、掉在地上像石头子儿似的嘭嘭响的豆子。我马上就满足它。我在我的玻璃瓶里放进一些熟透了的、硬邦邦的、经太阳长时间照射而晒干了的豆荚。这一回，菜豆象人丁旺盛，幼虫们在干干的豆荚壳上，触到了豆粒，在豆粒上进行钻探，这之后一切都如愿地在发展。

从观察到的情况来看，菜豆象就是如此这般地侵入农民们的谷仓的。收获时在田野里，留下了一些菜豆，让太阳把枝茎和豆荚晒得又干又透。这样一来脱起粒来就容易得多。也就是在这个时候，菜豆象找到了自己中意的东西，便在上面产下卵来。农民们稍后把豆子收回去时，顺带着也把其侵害者带回家中。

不过，菜豆象主要是吃我们存入谷仓的豆子。同专爱嚼咬粮仓中的麦粒而不喜欢田野里麦穗上的麦粒的象鼻虫一样，菜豆象也讨厌鲜嫩的谷粒而喜欢定居在谷堆上那又暗又静的环境之中。这虽说是农民的敌人，但更是储粮商的可怕的敌人。

这种侵害者一旦在我的宝贵的谷仓中安顿下来，它们的破坏劲儿可大着哩！我的小瓶子就充分地证明了这一点。光一粒菜豆上面就住上一大家子，常常有二十来个。而且还不只是一代，一年之中足有三四代安居其上。只要是豆皮下有可食物质，就有新消费者定居其上，一直吃到菜豆粒只剩个空壳，惨不忍睹。豆粒表皮幼虫不屑去吃，最后豆粒成了一个满是窟窿眼儿的空袋子，而袋内的物质用指头一触，便立即成了一摊令人作呕的粉状物团团。菜豆被完全毁坏光了。

豌豆象是一粒豌豆上只有一只，它只吃掉为自己挖掘狭小的孵化室所必须弄掉的物质，而其余部分则完好无损，因此豌豆粒仍可发芽，并且还仍可以食用，只要你不厌恶它就行，再说，这也没什么可以觉得厌恶的。美洲的菜豆象则不会这么手下留情；它要把自己那颗豆子吃个干干净净，只剩下一堆连猪都不吃的垃圾。美洲在把它的昆虫灾害给我们带来时，可是来势凶猛的。美洲就曾给我们带来过根瘤蚜这种害人不浅的虱子，我们的葡萄种植者们一直在同这种害虫进行斗争；今天，美洲又给我们带来了菜豆象，这将给未来造成严重的威胁。我做了几次实验，可以看出其危害之严重。

近三年以来，在我的昆虫实验室的桌子上，大大小小的瓶子排列了好几十只，全都是由纱罩罩住瓶口的，既可防止入侵者又可让空气保持流通。这些瓶子是我的野兽笼子。我在瓶子里培育菜豆象，并随意改变其饮食供应。我从这些瓶子中特别获知菜豆象对居所的选择并不是专一的，除了几个罕见的例子而外，它们对我们的各种豆子都很适应。

各种菜豆，无论白的和黑的，红的和杂色的，大的和小的，当年收获的和好几年前收获的几乎煮都煮不烂的，都适合于菜豆象。脱了粒的菜豆则更受青睐，因为容易侵入，但是如果脱了粒的数量不足时，有豆荚保护着的豆粒也同样受到菜豆象的喜爱。刚孵化出来的幼虫会钻透往往又皱又硬的豆荚触及豆粒。在田间地头菜豆象就是这样侵害菜豆的。

长荚果扁豆的优良品质也得到菜豆象的认可。这种扁豆在我们这里称作独眼菜豆，因为在豆荚的梗洼处有一黑点，好似带眼囊的眼睛，因此而得名。我甚至在我的那些菜豆象寄宿者中间看出它们对这种扁豆更加情有独钟。

直到这之前，没有出现任何异常情况：菜豆象没有越出菜豆属植物这一食物范围。但是，这之后，情况变得危险了，菜豆象向我展示出它的意想不到的一面。它毫不犹豫地去吃干豌豆、蚕豆、山黧豆、野豌豆、鹰嘴豆；它总是津津有味地从这一种吃到那一种；它的孩子们同吃菜豆一样，吃这些豆类也吃得膘肥肉壮的。唯独小扁豆不受欢迎，也许是因为小扁豆个头儿太小。这种美洲来的象虫科昆虫真是个可怕的侵害者！

如果像我一开始所担心的那样，菜豆象总这么贪吃，从豆类吃到谷物，那灾害就更加严重了。但并未严重到如此地步。居于我的短颈大口瓶，与小麦、大麦、稻谷、玉米等在一起的菜豆象全都无一例外地没留下后代便死去了。它同油性种子，如蓖麻、向日葵等在一起时情况也是如此。除了豆类，再没有别的什么适合菜豆象的。尽管有此局限，但它的胃口仍是一种大胃口，而且吃起来极其疯狂，祸害不浅。

菜豆象的卵是白色的，呈小圆柱形。它产卵无序，对产卵地点也不作任何选择。菜豆象妈妈产卵时，或只产下一个，或产下一小堆，既产在短颈大口瓶的内壁上，也产在菜豆上。在粗心大意时，它甚至把卵产在玉米、咖啡、蓖麻和其他种子上，孩子们因在其上找不到合乎口味的食物而很快死去。在这里，妈妈的远见又有何用？卵只要是下在豆荚堆中的任何地方，都是合适的，因为新生儿自己会去寻觅并找到侵入点的。

卵顶多五天就孵化。刚孵出来时是个有着棕红色脑袋的白色小家伙，是个勉强可以看得出来的一个小点点。幼虫上身鼓起，让自己的工具——大颚这个圆凿更加有力，因为它要利用这一工具在坚硬如木头似的种子上钻孔。树干上的矿工——吉丁和天牛的幼虫也是这么挺着上身的。小爬虫一出生便以一种我们不相信这么小小年纪就会有的积极劲头儿随意地闲逛着，它这是想着尽快地找到栖身之所和食物。

一到第二天，大部分幼虫都办好自己的事了。我看见它们在种子的坚硬表皮上钻孔；我观看着它们的执着劲头儿；我还偶然看到幼虫半个身子下到刚凿出一点的坑道的开口处，坑口边有白色粉末，那是钻孔时弄出的粉屑。它钻进洞中，钻到种子的中心部位。五个星期后，它长大成为成虫后再爬出洞来，因为它长得很快。

菜豆象的快速发育成长使它一年能有好几代。我就见过四代。另外，单单一对夫妇便给我提供了八十个孩子。我们就只按一半来统计，因为夫妇双方是两个人，我是按两个性别的等量加以计算的。那么，到了年底，这第一对夫妻所生之后代就将是四十的四次方，那么幼虫时期的菜豆象总数就是五百多万只。这么一个强大的军团要糟蹋掉多大一堆菜豆呀！

菜豆象的本领从各个方面来看都与我们所了解的豌豆象并驾齐驱。每只幼虫都在菜豆内为自个儿凿个小屋，但并不伤及菜豆的表皮这个保护屏障，待长成成虫要出去时，只需稍稍一顶，封盖便会脱落。到了蛹的末期，一个个的小屋宛如暗淡的星星似的在菜豆表面上闪现。最后，封盖脱落，幼虫爬出屋外，菜豆上留下一个个小洞，里面有多少幼虫就有多少个小洞。

尽管菜豆象成虫吃得很少，有点粉质碎屑就足够了，但在这大堆的食物上只要有可供利用的东西，它似乎就不想弃之而去。它们在菜豆堆中交尾；菜豆象妈妈随意地在菜豆上产卵；孩子们在菜豆中安顿下来，有的住在完好无损的豆粒里，有的则栖息于被钻了洞但并未被吃光耗尽的豆粒中；每隔五个星期，在美好的季节里，就有新的幼虫重新开始钻来钻去。最后，最后的那一代，也就是九月或十月的那一代，便得在小屋中昏昏欲睡，等待热天的归来。

如果菜豆的毁坏者一旦变得过分的危险，对它们进行一场歼灭战并非难事。从它们的生活习性中我们得知应采取什么手段。它以收回来存在谷仓里的干燥豆类为食。在田间地头是很难对付它的，而且也是很难奏效的。它干坏事主要是在我们的谷仓里。这时候，敌人就待在我们家里，在我们力所能及的范围内。只需用农药喷洒，很容易就能将它们除尽。

写作手法

作者描述菜豆象从幼虫到成虫的发展过程，观察仔细而认真。

写作手法

运用列数字的说明方法，表现了菜豆象繁殖速度极快。

读后思考

前文作者提到："词汇学者，请允许我告诉您：您翻译得不妥，faselus，faselus 不能表示'菜豆'。"请结合前文的相关语段，阐述作者这样说的理由。

⊟ 导读

作者通过研究古币的历史价值，发掘其承载着的丰富的人类历史，接着转入对自然的古币——化石的研究。作者向我们展现了科学研究的魅力，丰富的自然化石，倾情诉说着自然历史和生命的演化进程。作者重点对老象虫化石进行介绍，象虫自然进化出对自身有益的独特器官，生命的进化奇迹令作者惊叹，发出"本能的不变性应该是伴随着形态的恒久性的"感慨。

老象虫

冬季，当昆虫蛰伏时，古币学的研究让我度过了一些美好的时光。我不无乐趣地反复琢磨古币那金属小圆块，那可是人们称之为历史的灾难的档案。在普罗旺斯的这片土地上，希腊人栽种了油橄榄树，拉丁人制定了法律。农民们在这片土地上翻耕时，却发现了这些几乎散落得到处都是的金属小圆块。他们把这些金属小圆块拿来给我，问我它们价值几何，但却从来不问我它们有多大的意义。

农民们发现的这些小圆块上的铭文跟他们有什么关系！人们从前受苦受难，今天仍在受苦受难，将来还是受苦受难，对他们来说，这就是对历史的概括，其余的全是瞎扯淡，纯粹是闲散无事的人的消遣而已。

我对过去的事物则无如此高的冷漠的达观态度。我用指甲尖刮擦小圆古币，小心翼翼地把上面的泥土弄干净，然后用放大镜仔细观察，试图解读上面的说明文字。当我读懂了这青铜古币或银质古币上的说明时，我可真是心花怒放，喜形于色啊。我刚刚读了一页有关人类的记载，但不是从书本那个令人生疑的叙述者那儿读到的，而是从与人物和事实同时代的几乎是活生生的档案中读到的。

理解感悟
作者用客观的眼光去看待历史，而不是迷信"令人生疑的叙述者"的权威，保持独立的判断，可见其严谨求实的作风。

这点银子被冲头冲压成扁平状，上面的说明文字标明 VOOC——VOCVNT，也就是维松，说明它是来自附近的那座小城维松的，博物学家普利尼有时就去那儿度假。在维松，这位著名的博物学编纂者普利尼也许在主人的饭桌上品尝过莺，那是古罗马美食家们赞不绝口的美味，就是在今天，在普罗旺斯的美食家眼里，它也是大名鼎鼎的，被称作"后腿子肉"。非常恼火的是，我的这点银子没有记录这些情况，这些情况可比一次大的战役更值得记忆。

这枚古币一面是头像，另一面是一匹奔马。整个古币非常粗糙，头像、奔马都刻得不像个样子。一个第一次用石块在墙壁新抹的灰浆上练习画画的孩子也不至于刻画得这么差劲儿的。不，那帮勇猛剽悍的粗人肯定不是艺术家。

来自弗凯亚的那些外国人要比他们花样多得多！这是马萨里亚人的一枚德拉克玛❶，该钱币正面是以弗所的狄安娜❷的头像，双颊丰腴，圆胖，下唇厚突，额头扁塌，戴着一顶凤冠，头发浓密，披在颈后，如瀑布一般，耳垂上吊着耳坠，脖颈上戴着珍珠项链，肩头挎着一张弓。在叙利亚的女信众眼里，这个偶像就应该是这样一副装扮。

说实话，这并不美。假如说这样很豪华气派的话，那倒还说得过去，不管怎么说，这总要比我们今天那帮风雅女子让驴子耳朵戴上什么玩意儿摆来荡去的要强得多。时尚真是一种奇怪异常的癖好，在丑化人和物方面真是花样繁多！商业神说道：做买卖就不顾什么美不美的，在美和利之间，做买卖讲的是个利字。

这枚德拉克玛的背面是一头爪抓地、口大吼的雄狮。这种用某种猛兽来象征强大的未开化的行径并非自今日始，它好像是在说恶是力量的最高表现。老鹰、雄狮以及其他一些强徒恶兽经常被雕刻于钱币的反面。光现实中的还不够，还要凭空臆造出一些凶恶的怪兽来，比如半人半马的怪兽、凶龙、半马半鹰的带翅异兽、独角兽、双头鹰等什么的。

这些怪兽饰物的创造者们比用熊掌、鹰翅、插在头发上的豹牙来表示其英勇善战的印第安人更高明吗？这颇令人怀疑。

我们最近投入使用的银币背面的图像比上述可怕的怪兽要让人喜爱千百倍！我们今天的银币背面有一位播种女神，她在旭日东升时用灵巧的手在犁沟里播撒思想的良种。这种图像虽简朴但却崇高伟大，发人深省。

法国马赛的德拉克玛的长处就在于它那华美的浮雕。雕刻这枚古币头像轮廓的艺术家是位版画大师，但是他却缺乏灵气。双颊丰腴的狄安娜像个既放荡又凶蛮的悍妇。

这是已沦为尼姆殖民地的沃尔西人的纳马萨特。奥古斯都❸与其朝臣阿格里帕的脸部侧面相对。奥古斯都眉毛硬挺，脑袋扁平，鹰钩鼻子，让我感觉不出其威名显赫，尽管敦厚的诗人维吉尔说他是"成功造就的神"。假如奥古斯都的罪恶计划没有成功的话，奥古斯都神明也就成了凶徒渥大维了。

他的朝臣阿格里帕倒让我更喜欢一些。他是一位伟大的摆弄石头的人，他以他那泥瓦工程、引水渠、修桥铺路让粗野的沃尔西人稍稍开化了一点。离我们村子不远，一条宽阔的大道从埃格河岸边起，笔直地前伸，逐渐往上爬去，越过塞里昂丘陵。这条大道漫长而单调乏味，但却在一座强大的古罗马要塞的保护之下，该要塞很久之后变成了著名的古堡。

---

❶ 德拉克玛：古希腊银币名，2001年以前希腊货币也称此名。

❷ 狄安娜：古罗马神话中的狩猎女神。

❸ 奥古斯都：屋大维，古罗马的开国皇帝。

这是阿格里帕修筑的大道之一段，它把马赛和维恩连接起来。这条具有两千年历史之久的宽阔纽带始终车水马龙，来往繁忙。我们在那儿已看不见古罗马军团的那些身着褐色战袍的步兵了。我们今天在那儿看见的是那些赶着羊群和不听话的小猪崽前往市集的农民。在我看来，这样反倒更好。

让我们把这枚满是铜绿的苏翻转过来。我们可以看见它的背面有"尼姆的移民地"的字样。文字说明的旁边有一条锁在一棵棕榈树上的鳄鱼，棕榈树上挂着一顶王冠。这是埃及被移民地的"开国元勋们"征服的一个象征。尼罗河的鳄鱼在这棵棕榈树下咬牙切齿。它向我们讲述了酒色之徒安东尼❶。它跟我们叙述了克娄巴特拉❷的故事，说如果她是塌鼻子的话，本来是会把世界面貌改变的。这只背有鳞片的爬行动物——这条鳄鱼引起的回忆，成为我们的一堂很绝妙的历史课。

这种金属古币学的高级课程多种多样而又不出我们村子附近一带，就这样长期延续着。但还另有一种古币学，更加高深但却花费不多，它用它的那些纪念章——化石向我们讲述生命的历史。这就是石头的古币学。

我的窗户边缘这个古老岁月的知己独自在同我交谈一个消失了的世界。这是个地地道道的尸骨埋葬地，它的每一小块地方都留有逝去的生命的印迹。这堆石头已无生命。海胆的尖头、鱼类的牙齿和脊椎、贝类的残壳、石珊瑚的碎片在此形成了一个墓葬群。对我家宅子的砾石逐一观察研究，便知这座宅子是一只圣骨箱、一个古代活物的旧衣堆。

人们在这儿开采建筑材料的那个岩石层，用它那坚硬的甲壳覆盖附近这座高原的大部分。不知从多少个世纪之前开始，也许自从阿格里帕在此为奥朗日剧院的阶梯和面墙让人切割大青石的那个时期起，采石工就在那儿挖掘了。

铁镐每天都得从那儿挖出一些稀奇古怪的化石来。最引人注目的是一些牙齿，它们外表粗糙，里面光滑，简直棒极了，釉质像新牙时一样地光亮。此外，也可能见得到一些很不错的化石，呈三角形，边缘为轧齿状花边，几乎与手掌般大小。

瞧这张牙像耙子似的嘴，而且牙齿排成数列，一层一层的，直达喉咙，好大的一张嘴呀！这嘴里被利齿咬住，撕碎的是什么东西呀！你只要在脑子里复制一下这台可怕的杀人机器，就会浑身发颤的。这个全副武装的凶神恶煞属于角鲨族。古生物学称之为巨噬人鲨。看看今天那称之为海中霸王的鲨鱼，你就会有一个类似的概念了，正如看见侏儒你就知道巨人似的。

在这同一块石头中，还有不少其他的角鲨化石，全都是满嘴利齿。你可以看到利齿如尖刀的尖额鲨，下颚长着弯曲带齿的爪哇顶重器的半锯鲼，嘴里满是弯曲锐利、一面平一面凹的尖刀的鼠鲨，扁平牙齿上有发光锯齿的鳃鲨。

---

❶ 安东尼：克娄巴特拉的丈夫，古罗马的一位统帅。

❷ 克娄巴特拉：埃及艳后，曾为恺撒的情妇，后嫁给安东尼。

这座利齿武库是古代杀戮的有力证明，犹如尼姆的鳄鱼、马赛的狄安娜、维松的奔马一样的有价值。这座武库以其屠杀武器向我讲述着这种屠杀是如何在各个时代消灭泛滥成灾的生命的。它还告诉我说："就在你对着一片石块思索的那个地方，从前曾是一湾海水，水中住满了凶狠的嗜血者和温驯平和的被吞食者。一个长长的海湾曾经一直占据着后来成为罗讷河谷的那个地方。就在离你家不远的地方，曾经是一番波涛汹涌的景象。"

这儿海岸的悬崖峭壁确实保存完好，以至我在沉思默想时，会以为听见了隆隆的涛声。海胆、石蛏、海笋、住石蛤都在那儿的岩石上面留下了自己的印迹。这是一些半圆形的凹窝，可以放进一只拳头。这是一些洞口狭窄的圆形巢室，隐居者在其中接受不断更新且满载着食物的水流。有时候，有古代居民住在其中，已经矿化，直至其条痕和小鳞片这样的脆弱的饰物都完整地保存着。而更经常的则是，其中的古代居民溶解了，不见了踪影，屋子里为已变硬了的细海泥钙核所填满。

在这个宁静的小海湾里，旋涡把形状各异、大小不等的贝壳冲积在一起，并将它们淹没在日后变成泥灰岩的淤泥中。这是以一些小丘作为坟冢的软体动物的坟场。我曾挖到过一些长约半米、重两三公斤的牡蛎。用铁锹在这坟堆里翻动，就会见到扇贝、芋螺、骨螺、锥螺、笔螺以及其他各种各样的海洋生物。看到这么一个偏僻角落，竟然藏有从前的激情充斥的生命所能提供的这么一大堆的圣物，真让人惊叹愕然。

长有贝壳的埋葬虫还向我们证实，时间这个事物秩序的有耐心的革新者，不仅毁灭了早生早灭的单个生物，而且还毁灭了整个的物种。今天，毗邻的大海——地中海几乎已不再有任何与消失的海湾中的居民相同的东西了。要想找到现在与往昔之间的一些相类似的容貌，可能得到那些热带海洋去寻找了。

气候已经变冷了，太阳在慢慢地熄灭，物种在灭绝。我家窗户边缘的石头古币学就是这么告诉我的。

我们不要离开我那极不起眼、极其狭小但却极为丰富的观察场所，继续向石头讨教，但这一次是要讨教有关昆虫的问题。

在阿普特周围，一种奇特的岩石遍地皆是，它已风化得像书页了，类似于浅白色的硬纸板片。这种岩石用火点燃会冒出黑烟，有一股沥青味儿，它沉积在鳄鱼和巨龟经常出没的一些大湖的湖底。这些大湖人类从未亲眼见过，湖盆被山脊所替代。湖泥平静地沉积成一层层的薄地层，变成了又大又硬的礁石。

我们从这礁石上分离出一块石板来，然后再用刀尖把这块石板分成一些薄片，这工作十分容易，就像把重叠在一起的硬纸板一层层地剥开似的。我们这样做就像是在查阅从大山图书馆取出的一部书。我们在浏览一本配有精美插图的书。

这是一部大自然的手稿，比埃及那纸莎草纸手稿更加有趣得多。它几乎每一页都有一些插图，而且更妙的是，那是一些变成图像的现实。

理解感悟

历史经历沧海桑田的巨变，在无情的岁月侵蚀下，生命的激情如今变得沉寂，这不能不令人惊讶感叹。

理解感悟

运用比喻的修辞手法，表现了化石内容丰富、极具价值的特点，它在向人们诉说着往事，生动地记录着历史。

在这一页上，展现的是随意聚集在一起的鱼类。你会以为那是用石油煎炸过的鱼。鱼刺、鱼鳍、脊椎架、鱼头小骨、已变成黑色小球的晶状眼球等全都印在上面，与其生前的自然形态一模一样。唯一缺少的是：鱼肉。

这无伤大雅。鱼这道菜让人大饱眼福，使人禁不住想要用指尖去刮擦刮擦，再尝上一口这种保存了数千年的鱼肉罐头。我们来发挥一下奇思异想：让我们放一点这种石油煎炸的矿物鱼在牙齿下面。

插图四周没有一点文字说明，思考代替了文字说明。思考在对我们说："这些鱼成群结队地在那儿的平静的水里大量地生活过。湖水突然猛涨，夹带着厚厚的淤泥的浪涛令它们窒息而死。它们很快就被淤泥掩埋起来，因而逃过了暴风雨的毁灭性打击，从而穿越了时空，并将在裹尸布的庇护下永远地继续穿越这时空隧道。"

这突然暴涨的湖水还夹带来附近被雨水冲刷的泥土以及一大堆一大堆的植物或动物的残肢碎屑，因此这湖泊的沉积物也告诉了我们那些陆地生物的情况。这是当时的生命的总汇。

我们再翻过我们的石板或者说我们的画册的一页。里面有长着翅膀的种子、有着褐色印迹的叶子。石头植物集与专业植物集在比试着植物的清晰度。

这石头植物集在向我们重述贝壳已经告诉过我们的情况：世界在变化着，太阳的烈焰在减弱。现在的普罗旺斯的植物并非从前的那些植物。现在的普罗旺斯的植物中不再有棕榈树、散发出樟脑味的月桂树、带羽毛饰的南洋杉以及其他的许许多多现已属于热带植物的乔木和灌木。

我们继续往下翻阅。现在看到的是昆虫。最常见的是双翅目昆虫，个头儿很小，常常是一些不起眼的小飞虫。大角鲨的牙齿的粗糙石灰质外表的中间却十分细滑，让我们看了非常惊讶。对这些嵌于泥灰岩圣骨箱中而完好无损的娇小飞虫又该说些什么呢？我们用手去抓必定会使之粉身碎骨的这种娇小生命竟然在群山峻岭的重压之下躺在里面没有变形！

那六只细爪张开在石头上，形状、姿态完全处于休息之中，稍稍一碰，爪子肯定会断。爪子很完整，包括指头上的双爪也都在。两个翅膀是展开来的，用放大镜对双翅的纤细脉网进行研究，同用大头针把这只昆虫固定住加以研究是异曲同工的。触角的羽毛饰丝毫未失其纤巧美丽。腹部的体节可以数清，有一排微粒围着，这些微粒也就是它的纤毛。

乳齿象的骨架在其沙床上躺着，年深日久而不损毁，这就够让我们惊讶不已的了。一只娇弱小巧的飞虫竟然完好无损地保存于厚厚的岩石中，这简直是让我们瞠目结舌。

当然，蚊虫并非来自远方，不是由上涨的湖水卷带而来的。在大水到来之前，涓涓细流本来就会将它化为已极其接近的乌有状态的。它在湖边结束了生命。它被一个早晨的欢乐杀死了，因为一个早晨对于蚊虫来说就已算是长命百岁了。它从灯心草顶端掉下来淹死了，而这个溺水者即刻便消失在淤泥坟地之中。

其他的那些虫子，那些粗短的，长着坚硬的凸状鞘翅的虫子，那些数量仅次于双翅目昆虫的虫子，它们是些什么样的虫子呢？看看它们延伸成喇叭状的狭小的脑袋，我们就一清二楚了。它们是长鼻鞘翅目昆虫，是有吻类昆虫，说得稍许文雅点，就是象虫。细小的、中等个儿的、大个头儿的全都有，与它们今天的同类的大小一样。

它们在石灰质岩片上的姿态没有蚊虫的姿态端正。爪子乱伸，喙或藏在胸下，或向前伸出。它们当中，有的露出喙的侧面，更多的是通过颈部的一绺浓毛把喙歪在一边。

这些肢体残缺不全、身体扭曲着的象虫不是突然地、平静地被埋葬的。虽然有许多象虫是在湖边植物丛中了却一生的，但大部分其他象虫则是来自周围地区，被雨水冲带来的，在途中遇到细枝碎石，把肢体给弄得残缺不全。它们虽然身有铠甲，使身子完好无损，但肢爪上细小的关节却被弄弯弄残，而污泥这块裹尸布把它们在途中被弄成什么样儿就什么样儿地裹起来。

这些外来的象虫也许来自远方，它们向我们提供了宝贵的资料。它们告诉我们，如果说湖边昆虫类的最主要代表是蚊子的话，那么树林中昆虫类的代表则是象虫。

除了吻管科昆虫，我的那些岩石书页特别是在鞘翅目昆虫方面的确没再向我展示什么。那么，其他的那些陆地昆虫族，如步甲虫、食粪虫、圣金龟等被雨水不分彼此地把它们像象虫一样地带到湖中来的那些昆虫现在都在哪儿呢？这些今天繁荣昌盛的昆虫族类没有留下一点点蛛丝马迹。

水龟虫、豉虫、龙虱这些水中居民都在何处？关于这些湖泊昆虫，很可能在我们发现它们时，它们已在两块泥炭岩中间变成了木乃伊。假如当时有这种昆虫存在的话，那它们就生活在湖泊中，而湖中的淤泥就很可能把这些带角的昆虫比小鱼，尤其是比双翅目昆虫更加完整地保存下来的。喏，关于这些水生鞘翅目昆虫，也没有留下任何的踪迹。

这些地质圣骨箱中找不到的昆虫，它们究竟在哪里呢？荆棘丛中的、草丛中的、被虫蛀蚀的树干中的这些昆虫——会钻木的天牛、滚粪球的金龟子、对猎物开膛破肚的步甲虫，它们都在哪里呢？它们全都处于正在变化中的未成形者。在当时还没有它们：未来在等待着它们。假如我相信我闲暇时查阅的那些简单的档案资料的话，象虫就可能是鞘翅目昆虫中的长者。

在其初始阶段，生命制造出一些可能与现今和谐状态中的情景相去甚远的奇特的东西。当生命创造蜥蜴类动物的时候，它一开始热衷于一些长达十五至二十米的怪兽。它让它们鼻子上、眼睛上长上角，让它们的背部披上鳞片，让它们脖颈凹成有刺的袋子，脑袋可以像是戴风帽似的缩到里面去。

生命甚至还试图让这些巨兽长上翅膀，但却未能遂愿。经过这些可怕的事情之后，生殖的激情平静下来，于是便出现了我们藩篱上的可爱的绿色蜥蜴。

写作手法

作者用语严谨客观，在探究相关问题时，用"很可能""假如"等限定词进行推测和假设，体现了说明文用语准确的特点。

当生命创造鸟的时候，它让鸟喙上长有爬行动物的尖利的牙齿，让鸟的臀部拖着饰有羽毛的尾巴。这些未定型的、丑陋不堪的生物是红喉雀和鸽子的远祖。

所有这些原始动物，头都很小，智力很差。远古的野兽没有别的，只是一部捕捉猎物的机器，一只消化食物的胃。智力当时尚无关紧要，那是后来的事。

象虫就在以自己的方式稍微在重复这类畸变。看看它小脑袋上的那个怪异的延伸部分。那上面这儿有又厚又短的吻，别处有很粗的圆形吻管或切削成四棱面的吻管。另外，这个延伸部分就像北美印第安人那奇模怪样的长烟袋，它极其纤细，长如身子，甚至超过身长。在这个奇特的工具末端，在末端口里，是上颚那把精巧的剪刀。其身体两侧为两根触角。

这个喙，这个嘴，这个怪模怪样的鼻子有什么用处呀？象虫是在哪儿找到这种器官的模型的？它哪儿也没找到过这种模型，它自己就是这种模型的创造者，它拥有这种模型的专利。除了它这一种族，其他任何鞘翅目昆虫都没有这种奇形怪状的嘴。

我们还要注意它脑袋之狭小异常。那是在鼻子底部膨胀起来的一个球球。那球里面会有什么呢？一个可怜的神经工具，那是极其有限的本能的标志。在看到这些小脑袋的家伙干活儿之前，没人注意它们智力方面的事。它们被归入木讷迟钝、没有本领的昆虫之列。这种看法以后并未遭到否定。

尽管象虫科昆虫在才能方面没人恭维，但并不能因此就对它们不屑一顾。正如湖中岩片书页告诉我们的那样，它们是位居长鞘翅的昆虫之前列的。它们早就在预防突发事件方面领先于在孵育方面最为灵巧的昆虫。它们向我们展示了一些原始昆虫形态，有时是极其怪异的形态。它们在自己那小小的世界中就如同长着齿形大颚的猛禽和长着有角的眉毛的蜥蜴在它们那高级世界中的情况一样。

它们一直繁荣昌盛，繁衍至今，但特征未变。它们今天的形态就是它们在各大陆的古老年代的形态。这一点由石灰岩书页高度地证明了。我敢于把其属，有时甚至是其种的名称标注在岩片书页的那些图像下面。

本能的不变性应该是伴随着形态的恒久性的。通过查阅现代象虫科昆虫的资料，我们将就它们祖先的生物单方面写出与其实际情况较接近的一个章节。在它们祖先的那个时代，我们的普罗旺斯还有棕榈树在遮蔽着鳄鱼出没的辽阔的湖泊哩。讲述现代的历史将向我们叙述往昔的历史。

读后思考

作者在文末提到：“本能的不变性应该是伴随着形态的恒久性的。”你是如何理解这句话的？请结合全文相关描写谈谈你的看法。

🔄 导读

天牛既没有视觉也没有听觉和嗅觉，虽然说它是有味觉的，但是它的味觉应该是残缺不全的，与触觉一样迟钝。天牛虽然对自己的现状昏昏然，但能预知未来，具有神奇的预测能力。天牛在幼虫期时便开始利用身上的钻头挖掘逃生通道，在将逃生之路准备完毕后，便精心布置舒适的蛹室，然后头朝出口进入蛹期。最终，天牛成虫顺利走出黑暗，见到了光明……

天 牛

年轻时，我曾经面对著名的肯迪拉克[1]的雕像顶礼膜拜。肯迪拉克认为天牛具有很强的嗅觉，它嗅着一朵玫瑰花，然后仅仅依靠所闻到的香气便能产生各种各样的念头。对于这种推理，我曾经一直深信不疑了整整二十年，对这位富有哲学思想的传教士的神奇说教佩服得五体投地。我以为，只要嗅一下这个伟人的雕塑，他就会活过来，能使我增强视觉、记忆、判断等方面的能力。然而，经我的良师们——昆虫的耐心教导，我抛弃了这种幻想。昆虫们提出的问题比起教士的说教来，更深奥，更使我受益匪浅。天牛将要告诉我的就是这种颇有教益的知识。

冬天即将来临，天老是灰蒙蒙的，这是明显的冬日前兆。我开始储备树段、木头，以备过冬取暖之用。我还向樵夫们订购了一些被蛀虫蛀得千疮百孔的朽木树段。樵夫们以为我是傻子，暗地里嘲讽我。我当然知道好木头更禁烧，但是我自有用处，他们也就按照我的要求去做了。

我有了一些满是虫眼儿的树干，有的是一条条伤痕，有的是一道道深沟，树枝被咬烂，树干遭啃噬。我观察到，在干燥的沟痕里，各种要过冬的昆虫都已经做好了宿营的准备——吉丁已经准备好了扁平的长廊；壁蜂用嚼碎的树叶在长廊里为自己修建好了房屋；切叶蜂在前厅和蛹室里用树叶做好了睡袋；我在这一章中要介绍的天牛，正在多汁的树干里休憩，它可是毁坏橡树的罪魁祸首。

天牛的幼虫非常奇特，它们就像一段蠕动着的小肠。每年仲秋时节，我都能看到两种年龄段的天牛幼虫：年长些的幼虫有一根手指头那么粗；年幼些的

写作手法

作者将对神奇说教的沉迷与昆虫的耐心教导相对比，指出昆虫给其带来的实用知识更有教益意义。

写作手法

运用排比和比喻等修辞手法，详细地描绘了在树干沟痕里准备过冬的各种昆虫的情况，可见作者观察极其细致认真，同时表现了其知识的渊博。

---

❶ 肯迪拉克：法国人，著名的传教士，一译凯迪拉克。

幼虫则粗如粉笔。此外，我也见到过颜色深浅各不相同的天牛蛹，以及一些完全成形的天牛。它们的腹部都是鼓鼓的。待到春暖花开的时候，它们就会爬出树干。它们在树干里大约要生活三年。天牛是怎么度过这漫长而孤独的囚徒似的生活的？它们缓慢地在粗壮的橡树干内爬行，挖掘通道，以挖掘出来的东西充饥。天牛的上颚如同木匠的半圆凿，黑乎乎的，短短的，但非常坚硬有力，虽无锯齿，却像一把边缘锋利的汤勺，是天牛用来挖掘通道的有力工具。被凿出来的木屑，经幼虫消化之后被排泄出来，堆积在其身后，留下一条被啃噬过的深痕。幼虫一边挖掘通道，一边进食。随着工程的进展，道路开通了；随着残渣不断地阻断后路，幼虫在不断地向前。就这样，幼虫既获得了食物，又得到了安身之所。

天牛幼虫将肌体的全部力量都集中到身体的前半部，使之成为杵头状，这样，两片半圆凿形的上颚便可顺利地进行工作。上颚既然充当挖掘的工具，就必须有很强大的支撑力。天牛幼虫便用围绕其嘴边的黑色角质盔甲来加固它那半圆凿形的上颚。除了这硬硬的上颚以外，天牛身体其他部位的皮肤是非常细腻的，而且白如象牙。皮肤之所以如此细腻洁白，全都是其体内所含的丰富脂肪所致。确实，幼虫每天唯一要做的事就是不停地啃噬，不停地进入幼虫胃里的木屑在不断地给它补充营养。

幼虫的足分三个部分：第一部分呈圆球状，最后一部分为细针状，这两部分都是退化的器官。它的足长只有一毫米，对于爬行并不起什么作用，因为身体肥胖，足够不着支撑面，连身体都支撑不住，又怎么能用来爬行呢？幼虫用来爬行的器官属于另一种类型。它既可以仰面爬行，也可以腹部冲下爬行，非常灵活自如。它用爬行器官取代了胸部那软弱无力的足。这种爬行器官与众不同，长在背部。

天牛幼虫的身体有七个环节，上下长着一个满是乳突的四边形平面。这些乳突可使幼虫随心所欲地鼓胀、凸出、凹陷、摊平。上面的四边形平面又一分为二，从背部的血管分开来；下面的四边形平面则看不出有两个部分。这就是天牛幼虫的爬行器官。如果幼虫想要往前，它就得先让后部的步带鼓胀起来，也就是说，让背部和腹部的步带鼓胀起来，压缩前半部的步带。由于表面很粗糙，后面的几个步带便把身体固定在狭窄的通道壁上，以得到支撑。在压缩前面的几个步带时，幼虫尽量地把身子伸长，缩小身体的直径，使身体能够向前滑动，爬行半步。当它走完一步时，它还要在身体伸长之后把后半部身子向前拖。为此，幼虫必须让前部步带鼓胀起来，作为支点，同时让后部步带放松，让体节自由收缩。

幼虫凭借背部与腹部的双重支撑，交替收缩和放松身体，能够在自己所开凿的隧道里进退自如。但是，假如上方和下方的行走步带中只能动用一个时，幼虫就无法前进了。假如把幼虫放在表面很光滑的桌面上，它便会慢慢地屈起身子，动弹个不停。它一会儿伸长身子，一会儿收缩身子，却总也无法向前爬去。等你把它放到有裂痕的橡树干上时，它便神气起来，因为橡树皮很粗糙，凹凸不平，像是被撕裂开似的，它可以在上面从左往右、从右往左地缓缓地扭动身子的前半部，抬起，放低，一再重复这一动作。这是幼虫最大的行动幅度。幼虫那已经退化了的足一直没有动，一点儿作用也起不了。

如果说这些残肢作为成年天牛的前身而存在的话，成虫那敏锐的眼睛在幼虫身上却未见丝毫雏形。在幼虫身上，看不到任何微弱的视觉器官的痕迹存在。幼虫生活在树干内，黑漆漆的一片，视力又有何用？与此同时，幼虫也没有听觉。在橡树树干那黑暗的深处，没有任何声响，与视觉一样，听觉自然也失去了作用。如果谁对此心存疑惑，我们不妨来做一个实验，以释疑解惑。我把树干剖开，留下半截通道，便可以跟踪监视在树干里面正在劳作的居民。环境十分安静，幼虫忽而挖掘前方的长廊，忽而停下活计，歇息一会儿。休息的时候，它便用步带将身子固定在通道的两壁上。我趁它休息之机想测试一下它对声音的反应。我先用硬物互相敲击，继而用金属击打发出回响，最后改用锉刀锉锯子，但是未见天牛幼虫有什么反应。它对这种种声响无动于衷，既不见它的皮肤有任何颤动，也不见它有何警觉的表现，即使我用尖尖的硬物刮擦它身旁的树干，模仿幼虫啃噬树干发出的声音，也不能奏效。这就足以证明天牛幼虫毫无听觉。

那么，天牛幼虫是否有嗅觉呢？各种情况都在表明它不具有嗅觉能力。嗅觉只是作为寻找食物的辅助功能，但天牛幼虫用不着费心劳神地去寻找食物。它的住所就是它的食物，它所栖身的木头就在向它提供活命的东西。另外，我也对此做过实验。我找了一段柏树，把树干挖了一条沟痕，直径与天牛幼虫所挖掘的长廊的直径一样大小，然后，我就把幼虫置于其中。柏树的气味浓重，具有大多数针叶植物的那种很浓烈的树脂味。当我把幼虫放到那条沟痕里去的时候，它很迅速地爬到了通道的尽头，然后就一动不动了。它的这种静止不动不正是它没有嗅觉的证明吗？天牛幼虫长期生活在橡树干里，树脂这种独特的气味应该会引起它的不适或厌恶的，它本应通过身体的颤动或逃跑的企图来表达自己的厌恶，但是它并没有做出这种反应。它在找到合适的位置后便立刻停下脚步，待着歇息。然而，我又做了另外一个实验。我把一小包樟脑放在长廊里，离天牛幼虫很近，仍然未见它有什么反应。然后，我又用萘做了同样的实验，结果依然与前面相同。做了这么多实验之后，我觉得天牛幼虫没有嗅觉是毋庸置疑的了。

当然，它肯定是有味觉的。只是这种味觉应该是残缺不全的。天牛幼虫在橡树树干中一直生活了三年，其食物很单一，就是橡树木纤维，别无其他。那么，幼虫对这唯一的食物又会有什么评价呢？顶多也就是吃到新鲜多汁的橡树干时会觉得很鲜美，而吃到干燥无汁的树干时便觉得没太大滋味罢了。

剩下的就是它的触觉了。它的触觉点分布得很散，而且是被动的。任何有生命的肉体都具有触觉，一旦被尖刺刺着，就会觉得疼痛，就会抽搐、扭曲。总之，天牛幼虫的感觉只有味觉与触觉，而且都非常迟钝。

我不禁想，既然如此，天牛幼虫这种消化功能很强但感觉功能极弱的昆虫的心理状态又是什么样的呢？触觉与味觉会给那些已经退化了的感觉器官带来些什么呢？很少，几乎什么也没有。天牛幼虫只知道，好的木头有一种收敛性的味道，未经精心刨光的通道壁会刺痛皮肤，仅此而已。这就是天牛幼虫的智力所能达到的最大限度。而肯迪拉克却错误地认为天牛可以回想往事，可以比较、判断，甚至推理。可是，现实中这个似睡非睡、似醒非醒的大腹便便的昆虫真的会回忆、会比较、会推理吗？我就认为天牛幼虫犹如一截会爬行的小肠而已，我觉得我的这一比喻十分贴切，天牛幼虫的全部感觉能力就是一截小肠所能拥有的能力罢了。

不过，也别小看了这个小家伙，它虽然对自己的现状昏昏然，但能预知未来，具有神奇的预测能力。关于我的这一奇怪的观点，请读者允许我慢慢地道来。在整整三年的时间里，天牛幼虫在橡树干里过着流浪生活。它爬上爬下，忽而在这里，忽而又在那里。为了另一处的美味，它会放弃眼下正在啃噬的木块，不过它始终不会远离树干深处，因为那儿温度适宜，环境幽静而安全。当危险的日子来临时，它将被迫离开隐蔽所，去面对外界的种种危险。光吃还不够，它还得离开自己的生活居住地。天牛幼虫有着精良的挖掘工具和强健的身体，钻入另一处去躲灾避祸，对它来说并不犯难。但是，未来的成虫天牛将去外界度过它那短暂的时光，它是否具有这样的能力呢？在橡树干内那幽暗的环境中诞生的长角昆虫知道替自己挖掘一条逃离的通道吗？

这就需要天牛幼虫凭借自己的直觉去解决这一难题了。我又做了些实验，以便弄清这一问题。在实验中，我发现，成年天牛若想利用幼虫挖掘的通道从树干深处逃逸，是不可能的事。天牛幼虫的通道犹如一座迷宫，十分复杂，非常长，不见尽头，而且堆满了坚硬的障碍物，另外，其直径又是从尾部往前逐渐地缩小。幼虫钻入橡树干时，只有一段麦秸那么长那么细，而此刻它已变得如手指头一般粗细。它在树干里三年的挖掘工作，始终是根据自己的身体大小进行的。结果不言自明，幼虫钻入树干的通道和行动路线对于成年天牛的离去已经起不了作用。成年天牛触角很长，足也不短，而且甲壳也无法折叠，原先的那条通道对它来说已经是一个无法逾越的障碍；它若想以这通道作为逃逸之路，就必须清除掉坑道内的障碍物，并且还要大大地拓宽通道。这么一来，倒不如另辟蹊径，挖掘一条新的通道来得便当一些。但是，成年天牛有这种能力吗？我们不妨做一个实验来观察一番。

我把一段橡树干一劈两半，并在其中挖掘出一些适合成年天牛的洞穴。在每一个洞穴中，我都放了一只刚刚成年的天牛。这些天牛是我十月从冬储木柴中发现的。

然后，我便把两半树干用铁丝紧紧地捆在一起。六月已经来到。只听见树干里传出敲击的声音。它们能够出来吗？它们是不是没法从里面逃出来呀？我原以为从里面逃出来对它们来说易如反掌，因为它们只要钻一个两厘米长的通道便可逃生。可是，竟然未见一只天牛从树干里跑出来。等到树干里面听不见一点动静时，我颇觉蹊跷，便把捆着的树干松开，却发现里面的俘虏们全都死了。洞穴里只有一小撮木屑，还不足抽了一口烟的烟灰量。这就是它们全部的劳动成果。

我对成年天牛的上颚估计过高，以为它是无坚不摧的利器，但是，工具好并不一定就能造就一名好的工匠。尽管良好的挖掘工具在握，但是长期隐居者缺少技艺，只能在洞穴里等死。然后，我又找了一些成年天牛，对它们进行比较缓和的实验。我把它们拘于直径与天牛的天然通道直径相同的芦苇管里。我找了一块天然隔膜作为障碍物，这隔膜很薄，只有三四毫米厚，一捅就破。经实验发现，有一些天牛能够从芦苇管里逃生，有一些则死于其中。这就说明，遇到障碍，勇往直前者胜。一层膜这么小的障碍都闯不过去，待在坚硬的橡树干里岂不必死无疑？

从这些实验的结果来看，我相信，天牛成虫徒有其表，外强中干，靠自己的力量全然无力逃离树干监牢。劈开逃生门，还得仰仗貌不惊人的肠子状的天牛幼虫的智慧。这种情况告诉我们，天牛幼虫在以另一种方式再现卵蜂的壮举。卵蜂的蛹身上带有钻头，为以后长翅无能的成虫挖掘通道。天牛幼虫不知是由于何种神秘预感的驱动，离开其安然宁静的隐蔽所，离开其无法攻破的城堡，爬向橡树表面，不顾正在寻找美味多汁的昆虫的天敌——啄木鸟对它的威胁。幼虫就这么冒着生命危险，勇敢无畏地挖掘着通道，一直挖到橡树表层，只留下一层薄薄的阻隔作为窗帘，遮挡自己。有些冒失的幼虫甚至把这层窗帘捅破，干脆留出了一个洞口。这儿就是天牛成虫的出口，它只需用上颚和额角轻轻地一触，就能把窗帘捅破，得以逃生。刚才已经说了，有的幼虫连窗帘也不留，干脆就留出一个洞口，天牛成虫无须劳作，便可直接逃离。每到春暖花开时，身披古怪羽饰、笨手笨脚的成虫便从黑暗中出来了。

天牛幼虫在把逃生之路准备完毕之后，又开始忙乎眼前的活计。挖好逃生通道，它就退回到长廊中不太深的地方，在出口一侧凿了一个蛹室。这间蛹室陈设豪华，壁垒森严，前所未见。蛹室为一扁椭圆形的宽敞的窝，长近百毫米，扁椭圆结构的两条中轴长度不同，横向轴长二十五至三十毫米，纵向轴则只有十五毫米。这么大的空间，比成虫的体积要大，使成虫的足部可以自由伸展。当打破壁垒逃出牢笼的时刻到来时，这样的蛹室是不会让天牛成虫感到任何不便的。

这儿所说的壁垒是指蛹室的封顶，那是天牛幼虫为了防御外敌入侵而建造的。封顶有两层或三层。外层由木屑构成，那是天牛幼虫挖掘树干时留下的残留物；里面的一层是一个矿物质的白色封盖，呈凹半月形。通常，在最内侧还有一层木屑壁垒与前两层连在一起。有了这种多层壁垒的保护，天牛幼虫便可在房间里踏踏实实地为变成蛹做准备工作了。天牛幼虫从房间壁上锉下来一条条木屑，这便是细条纹木质纤维的呢绒。天牛幼虫又把这些呢绒贴回到房间四周的墙壁上去，铺成壁毯，厚度几近一毫米。这就是天牛幼虫在自己蛹室墙壁上挂的精细双面绒挂毯。我们不难看出，天牛幼虫为了变成蛹，不停地劳作，做了精心的准备。

我们再来看看这间房间布置得最奇特的那个部分——那层堵住入口的矿物质封盖。这个封盖是个椭圆形帽状封盖，呈白石灰色，系坚硬的含钙物质，内部十分光滑，外面有颗粒状突起，犹如橡栗的外壳。这种颗粒状突起表明，这层封盖是天牛幼虫用糊状物一口一口地筑成的。由于无法触碰到封盖外部，幼虫无法对其加以修饰，因而凝固成了细小的突起。而内侧的那一面在天牛幼虫力所能及的范围内，所以被抹得光滑平整。这种封盖像钙一样，既坚硬又容易破碎。不用加热，它就能溶于硝酸，并且立即释放出气体。不过，溶解过程比较缓慢，一小块封盖往往需要几个小时的时间才能逐渐地溶化掉。溶化之后，剩下一些泛黄的沉淀物质，看上去像是有机物。如果对封盖进行加热，它就会变黑，足见其中含有可以凝结矿物的有机物。如果在溶液中加入草酸氨，溶液会变得浑浊，并留下白色沉淀。这种情况说明，其中含有碳酸钙。我原想从中发现一些尿酸氨的成分，因为在昆虫变成蛹的过程中常见有尿酸氨存在，可是，我在封盖的溶液里并未发现有尿酸氨。因此，我认为，封盖仅仅是由碳酸钙和有机凝合剂构成的，这种有机物大概是蛋白质，使钙体变得十分坚硬。

我相信，天牛幼虫的胃部是分泌这些石灰质物质的器官，而这一能乳化的生理器官为幼虫提供了钙质。胃从食物里把钙分离出来，或者直接得到钙，或者通过与草酸氨的化学反应来获得。在幼虫期结束时，它便将所有的异物从钙中剔除，并将钙保存下来，留作构筑壁垒之用。这一点并不令人惊讶，某些芜菁科昆虫，如西塔利芜菁，通过化学反应能在体内产生尿酸氨；飞蝗泥蜂、长腹蜂、土蜂等，就是在自己体内生产茧所需要的生漆的。

通道修筑完工，房间粉刷装饰完毕，用三重壁垒封好之后，灵巧而勤劳的天牛幼虫便完成了自己的使命，挖掘工具也完成了其历史使命，幼虫便进入了蛹期。褴褛状态之下的蛹十分虚弱，躺在柔软的睡垫上，头始终冲着门的方向。这一点看似无关紧要，实际上至关重要。天牛幼虫身子柔软，伸缩翻转随心所欲，因此，在这个小房间里，头无论朝向何方，都无关紧要。可是，从蛹中出来的天牛成虫没有随心所欲地翻来倒去的自由，它浑身披挂着坚硬的角质盔甲，无法在小房间内将身体从一个方向转向另一个方向，甚至因房间太狭小，连弯曲一下身子都办不到。所以，它的头必须始终冲着出口，否则便会在

理解感悟 从作者精心制作化学实验来研究天牛房间矿物质封盖的成分，可以看出他对科学研究充满好奇之心，在观察中勇于探索，注重观察和实验。

写作手法 解释褴褛中的蛹始终头冲着门的方向的原因，这一切都是为了成虫顺利出洞所做的准备，可见大自然生命无意识且神奇的诞生过程。

自己所建造的蛹室里等死。

不过，不必担心发生这种意外，因为这节小肠向来知晓未雨绸缪，早就为将来做好了准备，不会出此差错——头朝里进入蛹期。到了该出洞的时节，向往光明的天牛面前没有太大的障碍，只不过是一些细碎的木屑，扒拉几下便可以清理掉。然后，便是那层矿物质封盖，它也用不着费心去把它打碎，只要用其坚硬的前额一顶，或者用脚一推，封盖便会整体松动，从框框里脱落。我发现，被弃置的封盖全都完好无损。最后就是那第二层壁垒了，是木屑构成的，这更不在话下，比第一层更加容易清除。这么一来，通道畅通，天牛成虫只要沿着通道便可准确地爬到出口。如果窗帘没有掀开，它只需用牙一咬，那薄薄的窗帘也就破了，这对它来说易如反掌。它终于走出了黑暗，见到了光明，它那长长的触须由于激动，不停地颤抖着。

天牛成虫终于顺利出洞了，拟人化手法，写出其出洞后极其激动的心情。

读后思考

文章谈到天牛成虫仅靠自己的力量是无力逃离树干监牢的，这都仰仗天牛幼虫的智慧，天牛幼虫表现出的未雨绸缪的天性令作者赞叹，请结合天牛出洞的情节描写概括这一过程。

☰导读

蟹蛛是个残忍而冷酷的刽子手。蟹蛛虽然服装色彩不那么丰富，但是就简明、精致和色彩搭配而言，往往比彩带蛛优雅许多。蟹蛛具有高超的筑巢手艺，警惕性极高。蟹蛛母亲对孩子的爱只是出于一种机械性的爱，没有真正的温情孕育其中。蟹蛛母亲在小蟹蛛出世前会时刻守护在卵袋旁边，等里面的孩子们急于出来时，它便将卵室咬开，孩子顺利出生后便坦然逝去……

蟹　蛛

写作手法

开篇将蟹蛛与螃蟹进行类比，解释其名称的由来。

蟹蛛爬行时像螃蟹一样，横行霸道，因此得名。它也像螃蟹一样，前步足比后步足粗壮，只是它的两条前足不像螃蟹前足那样戴着"拳击手套"。

这种蟹蛛不会织网捕猎。它的捕猎方法是，埋伏在花丛中窥视着，一旦猎物出现，便飞快地掐住猎物的脖子。它尤其喜爱捕捉蜜蜂。一贯爱好和平的蜜蜂，为了采蜜来到花间草丛，用舌头先在花丛中探测，选好一处花粉多的开采区，立刻忙于收获。待它的花篮里装满了花粉，肚子慢慢鼓起来的时候，蟹蛛便从花丛下的隐藏处突然蹦出来，纵身跃起，掐住蜜蜂的后脖颈儿根部。后者无助地拼命挣扎，用蜇针乱扎一气，但攻击者始终不肯放手。

写作手法

描述了蟹蛛捕食蜜蜂的画面，生动地表现出蟹蛛残忍而冷酷的特点。

蜜蜂的奋力挣扎、反抗未能奏效，由于颈部的神经被死死地掐住，脖子被以迅雷不及掩耳之势咬住，没一会儿便蹬着小腿儿一命呜呼了。刽子手满意地吮吸着被害者的血，吸干之后便不屑一顾地将蜜蜂的干尸弃置一旁，然后又继续埋伏在花丛中，伺机捕捉下一个采集花粉者。

受肠胃制约的动物和人，简直像恶魔。他们为了获得鲜美肉嫩的猎物，根本不会去顾及对方工作的神圣、生活的快乐、母性的温柔、临终时的痛苦，只要自己能大快朵颐就可以了。我们所说的这种蟹蛛，可能很像古罗马执法官手下的手持束棒的侍从，专司捆绑犯人于行刑柱上。许多蜘蛛都是这样，为了制服猎物以便随心所欲地把它吃掉，就用"绳子"先把猎物捆绑结实。从这一点来看，上述比喻还是挺恰当的。但关键的问题是，蟹蛛名实并不相符，它并没有用绳子捆绑蜜蜂，蜜蜂是被它咬伤脖子而死的，而且蜜蜂几乎没有对刽子手进行任何反抗。

蜘蛛几乎总是有着一个大肚子，里面储存着大量的丝，有些蜘蛛用腹中的丝来制细丝线，而所有的蜘蛛都会用自己的丝来织卵袋中的莫列顿双面呢。蟹蛛也不例外，也同其他的蜘蛛一样，用肚子里的丝为自己的婴儿编织保暖服装，只是它的肚子不像其他蜘蛛那么大，那么臃肿。

蜜蜂的杀手很怕冷，在法国，它几乎没有离开过橄榄树的故乡。它尤其喜欢一种名为岩蔷薇的灌木。这种灌木开出的花呈粉红色，花朵很大，有点儿皱巴巴的，保持的时间不长，只有一个上午。第二天，凉爽的黎明来临时，新开的花便取代了昨日的花，花期通常要持续五六个星期。

蜜蜂很爱到这片花丛来采花蜜。它们在雄蕊宽大的管圈上飞来飞去地忙碌着，满身都蹭上了黄色的花粉。蟹蛛闻讯匆忙赶来，躲藏在一片由花瓣构成的粉红色帐篷下，随时准备着向猎物发动进攻。我朝这片花丛望去，只见四处的花上都落着蜜蜂。如果我发现有一只不动弹了，伸直了舌头和腿脚，我便赶忙赶过去，凶手无疑是蟹蛛，它刚杀了"人"，正在吮吸尸体里的血。

话说回来，蜜蜂的这个捕杀者长得十分的漂亮。尽管它那金字塔形的躯干上坠着个大肚子，下端左右两侧各隆起一个驼峰状的乳突，但它的皮肤看上去简直比绸缎还要柔软。有些蟹蛛的皮肤呈乳白色，有的则呈柠檬色；有一些挺讲究的蟹蛛还在腿上戴上不少粉红色的镯子，背上饰有胭脂红的曲线，胸部两侧有时还佩戴着一条淡绿色的细带子。蟹蛛的服装色彩虽然不如彩带蛛那么丰富，但是就简明、精致和色彩搭配而言，要比后者的服装色彩优雅许多。即使对蜘蛛感到恐惧和厌恶的没有经验的人，也不得不承认蟹蛛的优雅，忍不住要抓起一只看似温顺平和的蟹蛛来观赏一番。

蜘蛛类昆虫中的这个宝贝有何才干呢？首先，它会建造适合自己的巢穴。金翅鸟、燕雀以及其他建筑师善用植物的侧根、植物纤维、棉絮团等在枝丫上构建贝壳形的巢。蟹蛛也喜欢在高处盖房造屋。为了建造自己的屋子，它在自己平时捕猎的岩蔷薇上选择一根长得很高、因炎热而枯萎的树枝，枝上还挂着一些卷成小窝棚的枯叶。蟹蛛便在其上搭建巢穴，生儿育女。

蟹蛛肚子呈梭子状，里面装满了丝，它的肚子上下轻轻地摆动，把丝拉向四周。它织成一个袋子，袋壁与周围的干树叶浑然一体。这个白色的不透明的巢，一部分露在外面，一部分被树叶遮掩，插在树叶间的夹角里，呈圆锥形，像丝蛛所织的袋子，但是体积要比丝蛛的袋子小些。

当卵产入袋子里之后，一个用同样的白丝织成的盖子便把这个袋子口盖严实，蟹蛛再用几根丝织成一幅薄薄的帘子，在卵袋上做成一个华盖，然后用弯曲的叶尖做成一间凹室，母亲便居于其间。这不仅是疲劳的产妇产后休息之所，还是一个很好的掩蔽所、一个监视哨所。母亲就坚守在这个监视哨所之中。它平趴着，直到自己的孩子大批地迁移。它因产卵以及筑巢建窝耗费了大量的丝，所以身体变得十分消瘦。现在，它只是为了保护自己的窝巢而活着。

如果有不速之客从附近经过，它会立即冲出哨所，抬脚踢蹬，把不速之客赶跑。当我用一根草去撩拨它时，它便奋力地反击，用拳头击打我所使用的武器，仿佛在跟那根草进行拳击。如果我想做些试验，故意让它挪挪窝，那就得花费点儿工夫，因为它会死死地抱住丝质地板不放，让我无法得逞。我因害怕伤着它，也不敢太用力。这个顽强的家伙刚被逗引出窝，便会立即返回自己的岗位，它放不下自己的宝贝们。蟹蛛同纳博讷狼蛛一样，当别人夺它的宝贝时，它会奋力反击。这两种蜘蛛都同样勇敢，同样忠诚，但也同样糊涂，分不清宝贝是自己的还是别人的。

我们也无法用母爱来形容它们，因为它们那样做只是出于冲动，只是出于一种机械性的爱，没有真正的温情孕育其中。生活在岩蔷薇上的高雅的蟹蛛，也不见得就比狼蛛聪明。如果把它移到另一个与它的窝形状相同的窝里去，它就会在那儿安下家来，不再挪窝，尽管那个袋子上排列规则有所不同的叶子已经明显地告诉它，那儿并不是它原先的家。它只要脚下踩着丝，就不会发现自己摸错了门，被弄到别人的家里了，它像监护自己的巢穴一样谨慎有加地监视着这个新家。

阅读笔记

＿＿＿＿＿＿＿＿＿

＿＿＿＿＿＿＿＿＿

＿＿＿＿＿＿＿＿＿

＿＿＿＿＿＿＿＿＿

＿＿＿＿＿＿＿＿＿

在母性的盲目这一点上，狼蛛表现得尤为突出。它把我用锉刀锉成的软木球、纸团和线团当成了自己的卵袋，粘在纺丝器上，带着走来走去。我想了解一下蟹蛛是不是也会这么犯糊涂，便在封闭的圆锥形卵袋里放了一些蚕茧的碎片，把碎片较细较平的那一面朝上。我的诡计未能奏效。离开了自己的家，被安置在人造袋子上的雌蟹蛛死活不肯在那儿安家。这么看，它好像比狼蛛要聪明一些吧。也许是这样，但是也别因此过于对它大加赞扬，因为那个巢模仿得不够标准，过于粗糙。

五月底，产卵的任务完成了，平趴在巢顶上的雌蟹蛛无论白天还是黑夜，都不离开其掩体。见它那么干瘦，我便准备为它提供几只蜜蜂，它一定会开心的，因为我以前就这么做过。可是我推断错了，这并不是它需要的。此前它一直偏爱的蜜蜂已经引不起它的兴趣了，尽管被我放进网罩里的蜜蜂唾手可得，但它无动于衷，任由蜜蜂嗡嗡地叫。尽管如此，它并未擅离职守，仍在坚守着自己的岗位，靠着母爱的执着维持着生命。因此，我只能眼睁睁地看着这个蟹蛛母亲日益衰弱，越来越干瘪。这只消瘦的蟹蛛究竟在死死地等待什么呀？

它是在等着自己的孩子出世，它这个垂死者对它的孩子还有用。彩带蛛的孩子们从"气球"里一出来便无人照看，成了孤儿。这些孤儿根本无力从自己的袋子里挣脱出来，必须靠气球自行爆裂，气球爆裂时，会把小彩带蛛和棉床垫一股脑儿地弹出来。蟹蛛的袋子外面大部分都加了一层树叶，它永远不会自动爆裂，只要封条仍贴在盖子上，它就不会自行打开。当小蟹蛛获得解放后，我发现盖子周围有一个小洞口，宛如天窗。这个天窗原先并不存在，是谁把它打开的？

袋子的布料质地很好，非常厚实牢固，关在里面的年幼体弱的小蟹蛛根本就扯不破。是它们的母亲解救了它们。母亲感觉到丝绵顶篷下的孩子急于出来，在乱蹬乱踢乱拱，就帮它们把袋子捅破了。蟹蛛母亲拖着病体坚持了三星期，就是在等这一天，好最后用牙把卵室咬开。母亲的天职完成之后，它便欣慰地坦然逝去，并紧紧地贴在自己的窝上，变成干尸。

七月到来，小蟹蛛出世。我预知它们有表演杂技的习性，便在它们出生的那个罩子顶上放了一束很细的枝条。它们果然全都钻过纱网，聚到那把枝条上，并很快地在那上面用自己的丝交错地编织出一个宽阔的临时营地。开头两天，它们躲在营地里，比较安静，随后便在一个物体与另一个物体之间架设起天桥来。这是我进行观察研究的大好时机。

我把一束爬满小蟹蛛的枝条置于开着的窗户旁的一张桌子上，放在背阴的地方。不一会儿，它们便开始大迁移，但是速度缓慢且毫无秩序。小蟹蛛们有些迟疑，它们有的在向后退，有的则吊在丝的一头垂直坠落，然后丝往上收，又把吊在半空中的小蟹蛛带了上去。总之，一片忙碌，不见成效。

大约十一点，我灵机一动，想把急于迁移的小蟹蛛所盘踞的那束枝条放到烈日照射的窗台上。被太阳暴晒了几分钟之后，情况便大不相同了。这帮小移民爬到小树枝的顶上，十分活跃，动弹个不停。这儿简直成了一个令人眼花缭乱的制丝绳的车间，几千条腿都在从纺丝器里往外拉丝。丝绳制好后，便被甩了出去，任凭风儿带走。我得实话实说，我并未看见丝绳，只是凭借自己的猜想。三四只蟹蛛同时出发，然后分道扬镳，各行其道。看着它们的爪子灵巧地忙碌着，我就知道它们都在往上攀爬，顺着一个支撑物攀缘着。但是它们身后的那根丝仍然可以看得出来，因为这是一条复线。等到达某一高度时，它们便停止了攀登，在空中荡了起来。经阳光一照射，它们一个个闪闪发光，缓缓地晃动着，然后突然飞了起来。这是怎么回事呀？原来，外面微风吹来，飘荡的丝断了，小蟹蛛吊在"降落伞"上，被吹走了。我看着它们远去，像光点似的闪着光亮，落在二十步开外的那片墨绿的柏树林中。第一只小蟹蛛消失了，其他小蟹蛛也随之消失不见了，它们有的飞得高一些，有的飞得低一些，飞向不同的方向。

在阳光的照射下，骤然发出耀眼光芒的小蟹蛛犹如焰火一般。它们紧攥住飘荡的飞丝，飞向了辽阔的世界。但是或早或迟、或远或近，它们都得落地。唉！为生活所迫，必须降落，哪怕是降落到很低洼的地方。这就如同带冠毛的夜莺，为了填饱肚子，不得不将路上的驴粪蛋捣碎，从中觅食。它在天上飞时唱着动听的歌，其实，那是它饥肠辘辘找不到燕麦粒充饥所导致的，它必须落到地上寻找食物充饥，以解燃眉之急。这是动物求食的本能使然。小蟹蛛也是同样的原因不得不降落，它们因有降落伞的保护，削弱了重力作用，不致摔伤。

在有能力捕捉蜜蜂之前，小蟹蛛能够抓获多少小飞虫？采用什么方法捕捉？是靠一些雕虫小技吗？它们最后将去哪儿过冬？凡此种种，我不得而知。春天到来时，我们还会见到它们的，但那时它们已经长大，并潜伏在蜜蜂采花粉的花丛中。

> **理解感悟**
>
> 小蟹蛛随风飘落，飞向辽阔的世界，开启了它们新的人生之路……

> **理解感悟**
>
> 新的生命开始延续，作者对昆虫的探究却一直没有终止，他一直执着于对生命的关注和思索。

读后思考

前文作者对蟹蛛保护自己宝贝的行为进行了描述，后文又说"它们那样做只是出于冲动，只是出于一种机械性的爱，没有真正的温情孕育其中"，作者为什么这么说呢？结合相关情节进行分析说明。

⊟导读

纳博讷狼蛛的居所酷似堡垒，里面阡陌纵横，是它居住和捕猎的重要场所。狼蛛会利用居所附近的材料建造豪华住所，并精心建造住宅出口处的顶盖，它常常潜伏在特殊的塔楼中耐心等待伺机突击……狼蛛的家园被毁坏后，往往选择到处流浪漂泊。小狼蛛在雌狼蛛的精心照顾下健康成长，能够独立进食后便纷纷离开母亲的城堡去远方旅行……

纳博讷狼蛛

纳博讷狼蛛又称黑腹舞蛛。它们选择加里哥宇群落❶为定居点，那儿土地荒芜，遍地卵石，是百里香喜爱的环境。这种狼蛛的居所是酷似堡垒、深约一米的地穴，直径只有瓶颈那么宽。在当地土质条件下，如不遇障碍物，它所挖掘的洞穴是垂直的。如果遇到一块小砾石，倒是可以弄出洞外；但是，如果遇到较大一些的卵石，无法挪动，就只好改道、拐弯；如果多次遇到障碍，它挖出的地下居室就会成为带有石拱门的地下堡垒，弯来绕去，阡陌纵横，大街小巷相连。

如果地下居室的主人能够凭着长期养成的习惯知道哪儿是拐角、有多少层，这种不规则也就无关紧要。如果屋外有引起屋主注意的响声，屋主就会从蜿蜒曲折的洞里爬出来，犹如爬出垂直竖井一样身手敏捷。甚至可以说，当狼蛛需要把尚具有反抗能力的猎物生拉硬扯地带入地下进行杀害时，这个曲里拐弯的洞穴反而更显现出其优越性来。

通常，洞穴底部较宽大，成为一间厢房，是狼蛛沉思默想的处所，也是它酒足饭饱之余享受清闲的地方。

为了防止风化松散的泥土掉落，洞壁上涂抹了一层丝浆，但是狼蛛很会精打细算，不事铺张，因为它不像纺织娘那样盛产丝，所以它必须厉行节约，巧于安排。这层防止松土掉落并使凹凸不平处平滑的丝浆，主要抹在与出口处相邻的洞穴顶部。白日里，周围十分安静时，狼蛛喜欢待在门口，晒晒大阳（这是它的一大乐趣），或者窥伺经过自家门前的猎物。必要时，它在洞口一待就是几小时，或沐浴在温暖的阳光中，或突然跃起捕捉猎物。纵横交错地布于洞壁上的防护丝网，使它的小爪子能在任何地方找到依托。在洞口四周有一圈护

---

❶ 加里哥宇群落：地中海常绿矮灌丛，此为法国南部的地方说法。

栏，忽高忽低，是用细石子、碎木片以及周围禾本植物的干树叶纤维垒砌起来的，由丝加以固定。

狼蛛成年后，一旦定居下来就很少外出。我观察研究狼蛛已有三年。我把它安放在我的工作室窗台上的一个大罐子里，每天都可以看到它。我很少见它爬到外面来，它在离洞口不远的地方时，只要一有响动，便立即钻入洞中。由此可以断定，在野外时，狼蛛也不会跑到老远的地方去寻找建筑材料整修护栏，而是就地取材，在家门口寻找。因此，洞口附近的砾石很快就会告罄，狼蛛不得不停工待料。

我想观察一下，如果狼蛛能够不断地得到建材的供应，它能把护栏修到多高。我可以利用被我囚禁的狼蛛，亲自担任它的供货商，这件事很好办，没有什么困难。

我把一个一拃深的大罐子装满含有大量碎石子的黏性红土，这种黏性红土与狼蛛经常出没的地带的土质相仿。我把黏性红土加上适量的水，和成泥团，然后一层层地放在一根直径与狼蛛洞穴一样粗的芦苇周围。当罐子完全装满之后，我便把芦苇拔出来，泥土里就留下了一口竖井。一个用来代替野外洞穴的居所就算大功告成了。然后，我在附近用小铲子把一只狼蛛从它的住所里挖了出来，把它移到我刚为它建成的新居中来。一到新居，它便迷恋其中，乐不思蜀，不再出门，也不再去别的地方寻找更好的住所了。我把罐子用金属纱网罩好，以防它逃逸。不过，我这纯属多此一举，因为这个对自己的新居非常满意的囚徒对原先的天然居所没有丝毫眷恋的表现，根本就没有逃出牢笼的企图。但是得补充一句，每个罐子里只能住一只狼蛛。狼蛛极具排他性，在它的眼里，邻居即猎物，当它认为自己强于对方时，便会毫不客气地把对方吃掉。到了交配期，这种排他性表现得尤为突出。我曾经亲眼看见过在同一个罩子下生活的狼蛛相互残杀的场面。

现在，让我们来看看那些独居的狼蛛。它们并没有对我用芦苇建造的居所加以改造，顶多也就是不时地从洞里扔出一些土来，也许是想在洞底为自己扩建间休息室。被扔出的这些小土块，渐渐地堆积在洞口周围，形成了一个土石井栏。

我为这些独居的狼蛛提供了不少它们非常偏爱的材料，比它们自己寻找到的材料要好得多。在我所提供的材料里，有打地基用的光溜的小石子，其中一些大若杏仁，我还往砾石堆里掺了一些酒椰短纤维。这种纤维很柔软，很容易折，可以代替狼蛛通常所用的细胚茎和禾本植物的枯叶。最后，我还为它们准备了一些一寸长的粗毛线，这可是它们从未使用过也从未听说过的好东西。

我在想，狼蛛那豆大的明亮眼睛能不能辨别色彩？它们是否对某种颜色情有独钟？因此，我把不同颜色的毛线混在一起，红、黄、绿、白都有，如果它们对颜色有所偏爱，它们会从中加以选择的。

狼蛛总是在夜间工作，这对我的观察十分不利。我只能根据结果去判断。

写作手法

狼蛛常常独居，具有排他性，狼蛛相互残杀的行为表现了其残忍无情的本性。

即使我掌灯前往它们的工地进行观察，也无法获得更多的信息。狼蛛见到亮光，会一下子躲进洞穴，我非但观察不到它的劳动情况，反而白白地搭上了自己的睡眠时间。再者，狼蛛工作劲头儿并不大，很爱磨蹭，一个晚上也只能用掉两三束毛线或酒椰纤维。

两个月过去了，材料的消耗大大地超过了我的预期。那些我认为只会利用就近找到的材料的狼蛛，用其家族从未使用过的方法为自己建造起了堡垒。洞穴周围稍微有点儿倾斜的斜坡上，光溜的石子被断断续续地铺成了石板路，即使那些最大的——对搬动它们的狼蛛来说显得巨大的石头，也都同其他光溜的小石子一样被用掉了不少。

砾石堆上立起了一座塔，是一座用酒椰纤维和随手拾到的毛线垒成的塔，红、黄、绿、白杂乱无章地混杂在一起。由此可见，狼蛛对颜色并没有什么偏好。

建筑物成形后的样子就像一个套筒，高约两寸。纺丝器吐出的丝把一块块散料黏合在一起，整个儿看来，它像一块粗布。这虽说算不上是一件完美的作品，有些不好处理的材料不很服帖，露在外面，但是它仍旧有长处，比鸟儿筑的巢、搭的窝漂亮得多。别人来参观时，见到罐子里那一座座别致的彩色建筑，还以为那是我自己搭建的呢。当我把实情告诉他们时，他们全都感到惊讶，没想到狼蛛竟然是建筑行业的高手。

当然，自由的狼蛛在贫瘠的硬叶灌木群落时根本就造不出这么豪华的建筑。个中原因我已经说过了，因为它们不太喜爱外出，所以不会心甘情愿地去寻找建筑材料，只能利用身边仅有的那么一点点资源。因此，它们所能够使用的材料也只是小土块、碎石子、细枝条、干枯的禾本植物呀之类的东西，建起的建筑物当然也就相当简陋，只能是个引不起人们注意的石井栏而已。

我囚禁的那些狼蛛告诉我们，只要有足够好的材料，特别是有可以防止坍塌的纺织材料，它们会喜欢建高塔豪宅。它们了解建塔的方法，一有机会就会建高塔。

这种艺术与另一种艺术不无关系，而且似乎是从另一种艺术中衍生出来的。太阳光过于强烈时，或者雨水威胁洞穴的安全时，狼蛛就会用丝网把洞口封住。丝网上挂着各种各样的材料，有时还挂着吃剩下猎物的残渣。古代的盖耳人把俘虏的头颅钉在茅屋门扉上，野蛮凶残的蜘蛛也把被它残杀的猎物的头盖骨嵌在洞顶盖上。

猎物的头盖骨镶嵌在圆屋顶上颇为合适，但别因此认为这是好战者的战利品，狼蛛根本就不了解我们人类那种野蛮的虚荣心，它只不过是利用自己洞口边所能找到的建筑材料而已，诸如蝗虫的残骸、植物的残渣，特别是小土块，它对材料的使用完全是不经意的，信手拈来的。一个被太阳晒干的蜻蜓脑袋，对狼蛛来说，就相当于一个石头子儿，大小正好合适。

狼蛛用丝和其他任何细小物体建造其住宅出口处的顶盖，我不明白它们为什么这么谨慎小心地把自己围在居室里，再说，它们的住所还是临时性的，隐居于此的时间长短又大不相同。我在对一个狼蛛家族内家庭分布情况进行研究之后发现，仍有许多成员居住在这个围墙之中。这个家族在这一方面为我提供了一些确切的资料，我以后会加以介绍。

八月来临，炎热酷暑，我发现有些狼蛛不时地爬到洞口去垒砌一个很高的凸面，但它与周围地面又很难区别开来。垒砌这个凸面干什么用呢？是为了遮挡毒日头吗？这不太可能，因为没过几天，尽管太阳仍旧很毒，但是那块天花板被挖掉了，狼蛛又出现在洞口，任由强烈的阳光照射自己。

很快便进入了十月，雨天多了，狼蛛的那个屋顶尚可遮风挡雨，似乎它们未雨绸缪，早就有所防备。但是，这也不尽然，有好几次恰逢阴天下雨，狼蛛硬是把屋顶捅破了，让住所大门洞开。也许是家里有重大事情发生，特别是母狼蛛产卵时，需要把洞口关上。我的确也看到，有些尚未成为母亲的年轻雌狼蛛把自己关在洞穴中。一段时间过后，它们出现在洞口时，身后已吊着一个卵袋了。这么说，它们之所以把门关起来，是为了在编织卵袋时有个安静的环境，不受外界干扰，可是，这似乎又跟大多数狼蛛无忧无虑的性格不太相符。我看见过狼蛛在洞中产卵时不关门，我还看见过狼蛛在拥有自己的住所之前在露天地里编织丝袋，并把卵装进去。总之，这似乎与天气无关，无论天冷天热、天晴天阴，狼蛛都会关闭洞口，个中原委，我尚不清楚。

不管怎么说，反正洞口封盖还是时而打开，时而关闭，有时甚至一天内多次关关开开。封盖上是泥土，但封盖底下就是丝网，因此，封盖是软的，一顶就可以把它顶开，还不会顶塌。顶盖上的泥土被顶开时，会向外翻倒在洞口边缘。由于一次次地被顶翻，洞口边上的碎土碎石便越聚越多，形成一道石井栏，狼蛛便利用闲暇时间一点儿一点儿地把井栏加高。洞口上方的堡垒最初就是源于这个临时封盖，捅破的天花板渐渐地变成了小塔楼。

这个小塔楼有何作用呢？我的那些大罐子会给大家答案的。狼蛛在拥有固定住所之前热衷于围猎，一旦定居下来，便宁可守株待兔，等待猎物送上门来，我每天都能看到它们不畏酷暑从地下爬出洞外，趴在羊毛筑成的小城堡的碉楼上，表情严肃，姿态优美。它们的身子藏于洞中，只是脑袋露在外面，呆滞的目光死死地盯着前方，爪子收拢着，随时准备蹿起来。它们如此这般地死守着，一小时又一小时，任凭烈日暴晒。

只要看到一只合乎口味的猎物经过，我们的窥伺者便会立即冲出塔楼，势如离弦之箭。它先对我提供的蝗虫、蜻蜓或其他猎物的脖子上来一刀，然后把猎物掐死，随即把猎物拖回堡垒，速度之快，令人叹服。

只要有猎物进入它的伏击圈，距离适当，它就很少会失手。如果猎物离它较远，譬如说是在金属罩的网纱上，狼蛛就不予理睬。它不屑于追击，任凭猎物游荡，该下手时才下手。它是凭着智慧计谋获取猎物的。它隐蔽着、窥伺着，然后以出其不意的方法把猎物捕获到手，万无一失。猎物无论是会飞的还是会跑的，只要进入它的埋伏圈，飞也飞不掉，跑也跑不脱。

这种伺机突击是对耐心的一种考验。洞穴里并没有什么可以作为诱饵来勾引猎物的，顶多也就是那个作为栖息地的凸出的城堡还能引来少许疲劳不堪、寻觅歇息处的过往路人。不过，今天等不到猎物，明天、后天或以后几天，总会等来的，因为在硬叶灌木群落，欢蹦乱跳的蝗虫可不少，它们总会冒冒失失地跳到狼蛛窝边来。狼蛛必须时刻警惕地坚持到这一美好时刻来临。

狼蛛并不害怕等待，因为它的胃很听话，有得吃的时候可以吃得撑破肚皮，没东西吃时空着肚子也能熬上多日。有时，我故意一连几星期不向它们提供食物，它们并未因此耷拉脑袋，浑身无力，体力不支。狼蛛节食一段时间之后，遇到食物便暴饮暴食。今天的大吃大喝，是为明天的缺食挨饿做准备。

狼蛛年纪轻轻尚无洞穴时，谋生手段则与此不同。它跟成年狼蛛一样身着灰衣服，但是没穿黑丝绒围裙，要等达到生育年龄时才会穿上这种围裙。它在青草稀疏的草地上流浪，这是真正的追猎。它发现合适的猎物时，立刻追过去，把猎物从藏身之处驱赶出来，穷追不舍，待猎物爬上高处准备起飞时，它便猛地一纵身，把对方扑落在地。

我的那些今年刚出生的小狼蛛，见我所提供的双翅目昆虫逃到两寸高的草地上，便立刻扑了上去，比猫捉老鼠的动作都要敏捷迅猛。当然。这只是年轻狼蛛所特有的不凡身手。它们身轻体健，当它们挺着装满卵和丝的大肚子时，就玩不了这种漂亮的体操动作了。这时候，它们就只能替自己建造一个固定居所，一个捕猎的隐蔽处，在它的小城堡顶上守株待兔。

狼蛛是在何时，又是如何获得地下居所，由流浪者变为隐居者，在洞中度过漫长的一生的呢？是在天气由炎热转为凉爽的秋季。田野上的蟋蟀也是如此，只要天气晴朗，夜间又不太凉，蟋蟀们就会在休耕的田间游荡，不为住所发愁，遇到阴天下雨，便找片树叶藏身，也就挺过去了。直到寒冬将至，它们才会把那个永久居所建好。

狼蛛在这一点上倒是与蟋蟀习性相同。它们同蟋蟀一样，喜欢自由自在的流浪生活。将近九月时，狼蛛身上那种婚配年龄的标记——黑丝绒围裙才会出现。夜幕降临，在皎洁的月光下，它们频频约会，彼此调情，等过了洞房花烛夜，柔情蜜意顿失，彼此凶相毕露，相互残杀。白天，它们漂泊四方，在草丛中追猎，享受温暖阳光的沐浴，这比孤孤单单地藏于阴暗的洞穴之中要惬意得多。因此，腆着大肚子甚至拉家带口的年轻母亲尚无居所的情况并非少见。

到了十月，安家的时刻来临，这时，我们可以观察到两类洞穴，它们直径不同，最大的有瓶颈那么粗，是老妪们居住的，它们拥有这种居所至少两年；最小的直径只有粗杆铅笔那么粗，屋主系当年生的年轻母亲。年轻母亲们的居所经过不断加工修缮，深度和宽度都有所增加，变得与前辈们的豪宅一样宽敞。这两类住宅的女主人都有孩子，有的已经出生，有的则仍在那个丝袋中。

我没发现狼蛛有挖土所必需的工具，我猜想，它们也许是在利用一些现成的洞穴，比如蝉或蚯蚓的洞穴。但是我猜错了，狼蛛的洞穴完全是凭借它们自己的劳动挖掘而成的。

那么，它的挖掘工具究竟藏在哪儿呢？我首先想到的是它的腿和爪子。可是，转念一想，我又觉得不妥，这么长的工具在这么狭小的空间里如何施展得开呢？这种洞穴需要用矿工们使用的那种便于敲击硬物的短柄镐头，镐头深入土里，往上一撬，就能挖出一块土来。那就只有狼蛛的螯牙了。这两只锋利弯曲的螯牙闲着的时候，像弯着的手指似的藏在两根大柱子后面。那两根柱子垂直地立在面前，里面有控制锋利爪子的肌肉。

我无法到地下去观察它们如何挖掘，只好耐心地等待它们把土屑弄到地面上来。挖掘工程基本上是在夜晚进行，中间自然是干干歇歇的，如果我坚持不懈地一大清早起来观察它们，最终会碰上它们负着重物从地下爬到地面上来。

可是，与我期盼的恰恰相反，狼蛛的爪子根本就没有参与载物，而是它的嘴巴起着独轮车的作用。它的螯牙咬着一个小泥团，底下有用来进食的短手臂似的触角托着。它小心谨慎地走下堡垒，走出一段距离之后才把重物卸下来，随即又返回洞中，继续把剩下的废物运到地面上来。这一下我明白了，狼蛛的螯牙不怕黏土和砾石，把挖掘出来的泥土揉成团，然后叼在嘴里，运到洞穴外面。它是在用自己的螯牙敲击、挖掘、运土，这就说明它的螯牙既锋利又坚硬，不怕磨，不怕碰，既能掘土，又能刺杀敌人。

由于地下挖掘工程干干歇歇，拖得较久，地面的石井栏自然是隔相当长的时间才会加高一点儿，而住所的加深加宽所需的时间就更长了，通常，这个地下庄园好几个季度一直保持着原样。到了冬末，尤其是三月，狼蛛看起来比在其他任何季节都更想扩大自己的住所。

我把一只当天从野地里捕捉到的狼蛛放到用纱罩罩住的洞穴里，我事先已替它准备好了合适的泥土。如果我先用一根芦苇做一个洞穴，与它原来在野外的洞穴基本一样，它被放进洞中之后，就会立刻对新居表示满意。它丝毫不做任何修改，就在其中安顿下来。随着日子一天天地过去，唯一可见到的变化就是洞口建起了一座堡垒，洞穴顶部也用丝加固了。住在这个人工建造的地下住宅的狼蛛的行为举止，仍旧与在自然状态下生活时一样。

但是，如果我们事先不为它挖好洞穴，而是把它放在泥土表面，它会如何行事呢？它大概会为自己建造一个小屋，它完全具有这种能力，它充满活力。而且，我为它准备的土质也同它老家的土质没有两样。我企盼着看到它很快以它自己的方式安顿到一口竖井里去。

可是，我的希望落了空。都好几个星期了，它什么都没有干，它因无处埋伏而沮丧，几乎对我提供的猎物不予理睬。它在绝食，在苦恼，在慢慢地消耗

要点提示

狼蛛的螯牙锋利坚硬，用途广泛，可以用于日常工作又能作为锋利的武器，可见螯牙的重要。

自己，最后它死去了。

它为什么会这样呢？因为已经忘记了过去的挖掘技艺；因为年岁大了，无法持之以恒地坚持挖掘了；因为它的智商有限，记忆力欠佳，将以前做过的事重做一遍，非它力所能及。它看上去一副深沉的模样，却解决不了重整家园的问题。

现在，让我们来观察一下比较年轻的、正值挖掘能力旺盛的狼蛛的情况，看看是怎么回事。大约在二月底，我挖到了六只年轻的狼蛛，个头儿只有老狼蛛的一半大。它们的洞穴只有一个小指头那么粗，井口四周抛撒着一些新鲜泥土，说明是新近挖掘出来的。

我给它们中的几只提供的只是一口刚开始挖掘的竖井，只挖了一寸深。有了这个地基，这些年轻狼蛛就可以毫不迟疑地继续它们先前正在田野里进行而又被我打断的工作。入夜，它们便开始勤奋地挖掘起来。我是从它们抛撒在洞外的一大堆泥土中看出来的。最后，它们终于建好一所新住宅，洞口同样立着一个堡垒。

而另外几只则完全相反。我没有向它们提供用铅笔做模子、按照自然洞穴的特点建造的竖井，它们就坚决拒绝干活儿。尽管我向它们提供了丰富的食物，但是它们最终还是死了。

前面那几只狼蛛在野外建造住宅时，我把它们抓住，然后立刻让它们在我的实验器里继续干活儿。它们被我刚开始挖了一点儿的井蒙骗了，沿着我埋下的铅笔留下的印迹往深处挖去，还以为是在继续建造野外的住宅呢。它们这不是重新挖掘，而是继续未竟的事业。

后面的那几只狼蛛没有这种圈套，没有可以当作类似于自己的作品的洞穴，因此拒绝开工，宁可死去。这是因为它们得回到先前的一系列工序中去，要重新用镐头挖。重新开始就需要重新思考，这就超出了它们的能力范围。

昆虫做完的事就算完了，绝不会再去重复。这种特点，我们在许多昆虫身上都发现了。手表的指针不会自己倒转，昆虫的行为方式也与之有点儿大同小异。它们的行为牵着它们朝一个方向走，它们总是向前而不许后退，即使出现意外，也不返工。

狼蛛的情况向我们证实了这一点。当第一个家园被毁坏后，由于无力重新再建一个家园，它将会到处流浪，四处漂泊；它会闯进邻居的家中，如果它不是最强大的，就会被强过它的昆虫吃掉。即使如此，它也不准备重建一个家园。

现在，就让我们来观察一番纳博讷狼蛛的家吧。狼蛛得把它那吊在纺丝器上的卵袋拖带着三个多星期，母亲受此拖累，却乐此不疲，其母爱不禁令人惊叹。

无论是从井下爬到井口晒太阳，还是遇有危险立即返回地下，或者安家之

写作手法

自问自答，运用排比手法，写出对狼蛛不再挖掘行为的猜测，此刻的狼蛛正如一个垂暮的老人，慢慢地走向生命的终点。

理解感悟

作者用"手表的指针不会自己倒转"相类比，形象地说明昆虫不会重复做事，只会向前的特点。

前四处流浪，狼蛛始终没有把那妨碍它行走、攀登、跳跃的东西扔掉。万一意外造成卵袋脱落，它会惊慌不已地扑上去，紧紧地搂抱住，并且准备去咬任何敢于夺取自己宝贝的敌人。

通常，狼蛛在洞口晒太阳，只是为了自己，它趴在堡垒上，上半身伸出洞口，下半身藏于井内；狼蛛一旦有了卵袋，情况就不同了，狼蛛上半身藏在井里，下半身露出井外，用其后足支撑着卵袋，并轻轻地转动它，让它每一面都能晒到太阳。只要气温高，这种姿势可以保持半天。这种日光浴会在三四个星期内反复进行。九月初，封闭了一段时间的卵已经成熟。不久，一窝小狼蛛一下子全部从卵袋中钻了出来，立即爬到母亲的背上，而那个空卵袋则被扔出洞穴，无人理会。母亲将日夜不歇地驮着自己的孩子长达七个月。小家伙们倒也乖巧，在母亲背上也不乱折腾，彼此也不争斗，相互交错，构成了一张完整的帷幔、一件粗布衣服，把下面的母亲完全遮掩住了。

母亲饿了，自顾自地大吃大喝起来，不管背上的孩子是否肚子饿。而孩子们在母亲的背上显得十分平静，不吃不喝，这表明它们的胃不需要食物。那么，在漫长的七个月时间里，它们靠什么维持生命呢？有人会以为它们靠吮吸母亲体内的分泌物发育成长，将母亲身上的营养吸食殆尽，榨干自己的母亲。

其实不然。我从未看见它们把嘴贴在母亲的"乳房"上，而且，狼蛛母亲也没被吸干，它的体态依然十分丰满，与往日一样大腹便便，它非但没瘦，反而胖了，并为下一次生育吸收够了营养，等到来年夏天又将生下一大堆宝贝。

我们还是来观察一下小狼蛛吧。它们自出生之日起直到脱离监护的这段时间里，根本就没有长大。我看见过一些小狼蛛，它们出生都七个月了，仍然如刚生时一样大。小狼蛛在漫长的七个月里，没有吃任何东西，有时还在运动中消耗能量。它们为了恢复肌肉的肌理，直接依靠光和热来恢复体力。当卵袋还挂在雌狼蛛腹部末端的时候，雌狼蛛就趁白天太阳最好的时候把卵袋暴露在太阳下，让它充分地接触阳光。它用两只后足把小卵袋托出洞口，轻轻地转动它，使之每一面都受到日光的照射。这种唤醒生命萌芽的日光浴，现在仍在继续维持着稚嫩的新生儿的生命。

只要天气晴朗，雌狼蛛每天必然背着孩子爬出洞穴，趴在洞口边，一连晒上数小时。小狼蛛在母亲的背上，又打哈欠又伸懒腰，获得了充足的热量，储存了动力，充满了活力。

它们在母亲背上待着，一动不动，但是我只要朝它们吹上一口气，它们便待不稳了，纷纷落到地上。但是，不一会儿，它们又迅速地聚集到母亲的背上了。这足以证明，这些小家伙尽管没有消耗食物，但在迫不得已的情况下仍然能够像机器一样照常运转。待到天色渐晚，母亲才带上吸足了阳光的孩子们回到地下家园里。即使在冬天，只要天气晴朗，有太阳的日子，它们就要爬出洞来。天天如此，直到小狼蛛的监护期结束，能够自己用餐进食为止。

写作手法

一系列的关联词，写出狼蛛对自己的卵袋的精心保护，用拟人手法写出狼蛛在突发情况下小心翼翼的状态。

写作手法

将爬在雌狼蛛身上的众多小狼蛛比喻为"完整的帷幔""粗布衣服"，形象地写出小狼蛛相互交错的生动场景。

理解感悟

雌狼蛛精心照顾卵袋，使之能充分接受阳光的照射，"托出""轻轻地转动"体现出谨慎小心之态。

三月过去了，四月来临，在一个晴朗的正午，太阳高照，小狼蛛们开始出发了。雌狼蛛从洞中爬出来，趴在洞口的石井栏上，似乎对眼前的事无动于衷，既不鼓励孩子们走，也不挽留它们，没有任何的离情别绪，一切顺其自然，孩子们想走就走，想留就留。

小狼蛛一旦开始讨厌阳光，便会一伙伙地离开母亲，一批又一批地离去。它们穿过网纱，爬到高处。它们一定看到了纱罩顶上那个垂直的环，以为那儿是健身房，就纷纷向那高处攀爬着。它们在圆环的里面拉了几条丝线，又从那儿往四周拉出几条丝线，这就做成了它们的钢丝绳，它们在上面练习走钢丝的技巧，不停地走来走去，腿不断地伸开，似乎想要往更高更远的地方爬去。我把一根树杈架在网罩上，高度比原先增加了一倍。只见小狼蛛拼命地往上爬，一直爬到树杈的最高点，然后立即拉上几根悬丝，丝的另一端系在周围的物体上，这样，一座座吊桥便出现了。小家伙们又纷纷地往吊桥上爬去，在桥上来回地走动着，似乎还想往高处去。

为了满足它们的愿望，我拿了一根三米长的芦苇，把它接到小树杈上。这根芦苇垂直竖在纱罩上，小狼蛛们一见，便向上面爬去，一直爬到芦苇顶端。小狼珠们从那儿又拉下来更长的丝来，有的荡在半空中，有的则把另一头系在周围的支撑物上变成了桥。走钢丝的小演员们站在桥上，形成了一个花环，微风吹来，花环轻摇慢晃着。当丝线桥没有暴露在光线下时，丝线桥是看不出来的，这么一来，你就会发现这些小家伙像在空中跳芭蕾舞似的。

突然，一阵风吹来，丝线固定的一端脱落，丝线荡在空中，悬于其上的杂技演员们就要出发了。如果是顺风，它们会到很远很远的地方着陆。在一两个星期内，根据气温与日照的变化，它们组成一个个大小不等的小组，陆续出发。如果遇到阴天下雨，谁都不想起程，因为起程的小狼蛛需要得到给予它们生机与活力的阳光的抚慰。

最后，孩子们全都走了，被索道车带走了，只剩下母亲孤身一人，形单影只，但是，它并未因孩子们的离去而忧伤。它依然光鲜亮丽，体态丰满，这说明作为母亲，它并未经受太多的煎熬苦痛。我甚至还发现，它捕捉猎物的热情更高了。身背一大群孩子时，它真是非常节俭；在攻击猎物时，它非常谨慎，这也许是因为寒冷季节不易得到丰盛的食物，也许是因为背着孩子碍手碍脚，施展不开。

现在，孩子们走了，它一身轻快。天气晴朗加上行动自如，使它的活力得到了恢复。当我在洞口让它喜食的猎物发出响声时，它就会从洞中爬上来，从我手中叼走猎物。只要时间允许，我能够照顾它，我每天都这么做，它就每天出洞叼食。经过一个冬天的节衣缩食，也该轮到母亲大快朵颐了。

母亲胃口大开，说明其死期尚未到来。如果死期将至，它的食欲就会减退，不会大吃大喝。我喂养的狼蛛已经进入了第四个年头。冬天，我见到过一些带着孩子的母亲和另一些个头儿小一半的母亲，它们是三世同堂。

孩子们离去后，我罐子里的老母亲还活着，仍和从前一样健壮、硬朗。种种迹象表明，狼蛛尽管已当上了祖母，但是仍旧保持着生育能力。事实也证实了我的这种推断。秋季到来时，我的这些囚徒又拖上了卵袋，大小与头年一样。雌狼蛛每天都爬到洞口边来晒它的卵袋，即使其他的卵已经孵化了几个星期，它仍坚持这么做了很久。它这么坚持不懈，并未见成效，没有小生命再从卵袋中爬出来。卵袋里无任何动静。这是怎么回事呀？这是因为囚禁在纱罩中的卵没有父亲。雌狼蛛等得太久，已经厌烦了，并且也意识到剩下的卵是无法孵化的，便把卵袋堆放到洞外，弃置不顾了。春暖花开，春意浓浓，老狼蛛死了。如果它的那些孩子出生了，此时应该已经长大了，该独立生活了。与其邻居圣甲虫相比，硬叶灌木群落里的狼蛛算是很幸福的，它们至少活了五年，够长寿的了，该满足了。

我们回过头来再讲述一下雌狼蛛的孩子们吧。注定要先生活在矮草丛中，然后长期居住在地下的狼蛛，一开始喜欢耍杂技，攀高枝。在入地之前，它们需要攀登，越高越好。我所提供的那根三米长的芦苇秆儿比较粗糙，便于攀登，但这并不是它们攀登高峰的极限。攀登至顶端的小狼蛛正在用爪子摸摸探探，试探着是否还有高枝可攀。小狼蛛到了该迁徙的时候，一种本能会突然地在它们的身上表现出来，但是几小时过后，这种本能就会消失，不再出现。成年狼蛛丧失了攀登的本能，并且很快就会被小狼蛛们忘却。小狼蛛们成为无家可归的流浪者，注定要在地上长期四处漂泊。

无论是成年狼蛛还是年轻狼蛛，它们都不会冒冒失失地爬到禾本植物的顶端上去。成年狼蛛潜伏在塔楼里，一旦发现猎物就会立刻蹿上前去捕杀；年轻狼蛛则在草地上追捕猎物。这两种捕猎方法都用不着织网，所以无须高高的黏接点。这么一来，登高的必要性就不复存在了。

但是小狼蛛在离开母亲的城堡去远方旅行时，需要登高远望。这种情况，我前面已经叙述过了。我似乎明白它们的目的，因为登到高处，可以看到辽阔的空间，可以让随风飘荡的丝线带着自己游荡。我们人类可借助热气球飞行，狼蛛也有它们自己的飞行器具。旅行结束之后，这种绝技就没有用处了，也就渐渐地丧失了。登高的本能会在需要时突然出现，也会在不需要时突然丧失。

读后思考

作者在前文提到"这种艺术与另一种艺术不无关系，而且似乎是从另一种艺术中衍生出来的"，请结合上下文的相关内容，谈谈你对这句话的理解。

⊟ 导读

圆网蛛是位高傲而美丽的胖夫人，会利用空中的网进行捕猎。圆网蛛会巧妙地编织具有弹性且黏性极大的螺旋丝网，它便在这个中心区域驻守监视……圆网蛛有神奇的"电极线"，用特殊的丝线监测附近蛛网上的动静，这神奇的信息接收仪器令人惊叹……

圆网蛛

圆网蛛的才能不因年龄变化而发生变化。小圆网蛛未成年时如何工作，老年圆网蛛即使积累了一年的工作经验，也同幼年时一样工作。在它们的行会中既无师傅也无徒弟；圆网蛛从铺第一根丝时起，个个都对自己的行当非常精通。

七月初的一个傍晚，暮色苍茫，当新居民们正在我的荒石园的迷迭香上编织蛛网时，我突然在门前发现一只肚大腰圆、高傲而美丽的蜘蛛，它是一位胖夫人，头年刚出生，其威风凛凛之态在此季节实属罕见。我认出它是角形蛛，它一身灰衣服，两根暗色饰带嵌于身体两侧，于后部相会，聚成一个尖。它短时间就能从左右两侧把肚子底部胀得鼓鼓的。

我注意观察它，看到它拉出了一批丝。整个七月以及八月的大部分日子，每晚八点到十点，我都可以追踪观察它的织网过程。每晚都有小飞虫冲撞落网，蛛网或多或少地都会有些破损，所以它每天都得加以修补，免得洞越弄越大，难以修补，影响捕猎。晚间，我提着灯笼，很容易观察它的各种作业。它藏身于一排柏树和一丛月桂之间的高处，面对着飞蛾经常飞临的狭窄通道。它的网设置的位置极佳，在整个夏季里，虽然它每晚都得修补破网，十分辛苦，但是这也说明它的猎获成绩斐然。有时候，黄昏时分，我们全家都会跑去看它。看到它在颤动不已的绳网上大胆地做着那惊险的杂技动作，大人孩子都惊服。在我的提灯的照亮下，蛛网变成了一个美丽的圆形花饰，仿佛是由月光编织而成的。

我把角形蛛的业绩记录下来，每日一记，从不遗漏。从这些大事记中，我们可以了解到建造这个圆形建筑物的丝线是如何取得的。圆网蛛白天就蜷缩在柏树的绿叶中，到晚上八点，它便走出自己的隐居地，来到树梢上。它立于这片高地上，先仔细地观察现场，制订计划，还要观云望天，看看夜间天气是否晴朗。

之后，它便突然完全伸展开它的八条长腿，身子悬吊在从纺织器里拉出来的丝桥上，直线坠落。在下坠的过程中，丝也随之抽出。它就把自身重量作为拉力。但是下坠并不因重量而加速，而是由纺织器进行调节。它边下坠边收缩，或扩张或闭合纺织器的毛孔。这样缓缓地下降时，这条充满活力的垂直丝线就越拉越长。

降到离地面两寸高时，它突然停下，纺织器停止了工作。它抓住自己刚刚拉出来的丝，回转身来，一边纺织一边沿原路往上爬去。但是这一次体重却帮不上忙，它得另外想法拉丝：后面的两只步足迅速地交替运作，把丝从丝囊里拉出来，再逐渐地把丝抛弃掉。

它回到了两米高处的出发点。它已拥有一根双股丝线，结成环柄状，在空中轻轻地飘荡着。它把这双股丝线的一端固定在适当的地点，等着丝线的另一端被风吹起来，把环柄黏结在附近的细树枝上。

也许要等待很久才能得到预期的结果。圆网蛛看上去倒挺有耐心，一点儿也不着急，我却按捺不住，便走上前去助它一臂之力。我用麦秸把飘荡着的环柄挑起，把它搭在高度适当的一根细树枝上。经我这么一弄，丝桥搭建成功了，圆网蛛看来颇为满意。当它感到丝的另一端已经粘住时，它便从桥上一连跑了几个来回，每跑一趟它都会在丝桥上加上一股丝线。它就这么不停地编织着框架的主要构件，把悬挂缆绳铺设好。这丝缆很细，看起来也很简单，它的两端却像开花似的分散开来，形成树枝状。圆网蛛来回多少趟，便有多少个分叉。这一股股的分叉丝线，黏着点各不相同，使丝缆两端十分牢固。

悬挂缆则比整个蛛网的其他部分都更加牢固，所以它留存得也就更久。经过一夜的捕猎，蛛网一般都会受到不同程度的损坏，第二天晚上几乎都得加以织补。在彻底清理过的地方，圆网蛛打扫完了战场，就得重起炉灶，只有丝缆除外，因为重新编织的网还得悬挂在这根粗粗的丝缆上。这条丝缆架设起来并非易事，因为架设成功与否并不完全凭借圆网蛛的技艺，还得依靠空气的流动，把细丝吹到灌木丛中去寻找一个依托。所以，架设起来会费不少时间，而且还无法保证必然成功，一旦架设好了一条既牢固、方向又好的丝缆之后，是轻易不会更换掉它的，除非发生了严重的事件。每天晚上，圆网蛛都从丝缆上走过来走过去，用新的丝加固它。

当圆网蛛无法下坠到必需的位置，丝线太短，不能将环柄固定在远处，因此形不成双股丝，搭不成丝桥的时候，它便采用另一种方法。它仍然下坠，然后又爬上来；不过，这一次丝的一端像蓬松的毛笔，各个分叉没有粘在一起，宛如从莲蓬头里洒出来的水似的。然后，这根如同浓密的狐狸尾巴似的细丝，像被剪刀剪断了一样伸展开来，整根丝拉长了一倍。现在，它的长度达到了要求，圆网蛛便把丝的一端固定起来，另一端则随着分散的枝杈随风飘荡，不一会儿就会很容易地黏结到灌木丛上去。

圆网蛛无论是以何种方式铺设丝缆，只要铺设成功，它就有了一个基地——可以随时接近或离开作为依托的枝丫。这根丝缆是它扩建工程的上限。圆网蛛从这根丝缆可以变换降落点，往下滑一点儿，边滑边抽丝，再沿着抽出的丝往上攀爬，同时抽出丝来，形成双股丝。圆网蛛在大丝桥上行走时，这双股丝便一直延伸到系着丝桥的细枝，它随即把双股丝自由的一端或高或低地系在细枝上，从而在左右两边造出了几个斜向横档，把丝缆和枝丫连在了一起。而这些斜向横档转而又支撑着其他的方向都有变化的横档。待到横档达到一定数量的时候，圆网蛛就无须再用下坠的方法抽丝了，它可以从一根丝索到另一根丝索，用它的后足拉丝，逐渐地把丝架设起来，因此出现了一系列的直线组合。这种组合并无一定之规，但却保持在几近垂直的同一平面上。一个极不规则的多边形空地就这样圈定了，蛛网就编织在这片空地上，应该指出，网本身是一个非常有规则的作品。

圆网蛛都是以中心瞄准点作为标杆来铺设等距离的辐射丝的，在铺设时都有辅助螺旋丝作为脚手架，但这种脚手架只是临时的，用完就丢弃。而且蛛网上还有许多圈相互紧密靠拢着的捕捉飞虫的螺旋丝。铺设这种捕捉飞虫的螺旋丝是一项极其精细的工作，因为工程要求必须有规则。这么精细的工作是否需要极其安静的环境，不受外界的干扰，以免走神出错呀？它是不是需要安静的环境边干活儿边思考呀？其实用不着。我在一旁观察，而且手里还提着提灯，但是圆网蛛并未因此分心走神，照样细心地工作着。它就像一架在黑暗中转动着的纺车，即使被光线照射着，仍旧继续忙着自己的活计，既没加快速度，也没放慢步伐。

八月的第一个星期日是主保圣人节。星期二是庆祝活动的第三天，这一天晚上九点，村里得放烟花庆祝节日的结束。烟花燃放点正巧设在我家门前的大路上，离我的圆网蛛的工作地点只有几步远。当大家敲着鼓，吹着号，手持树脂火把，再加上村里的小孩的欢闹，真的是一片熙熙攘攘的景象。这时，我的纺织姑娘正好在铺设它的大螺旋丝。我提着灯在观察着，但是，我仍旧看见纺织姑娘在静静地专心工作着，人群的喧闹声、鞭炮的噼噼啪啪声、烟火的嗞嗞声，以及五颜六色的火花散落时的亮光，这些没有使纺织姑娘有丝毫的惊慌不安，它继续有板有眼地忙碌着，如同平常在寂静的夜里一样。

圆网蛛刚刚在休息区边上结束了铺设大螺旋丝的活计，便把用节余的丝头做成的中央坐垫吃掉了。但是，在把这顿标志着织网工作结束的夜餐吃掉之前，蜘蛛目中只有两种蜘蛛——彩带蛛和丝蛛——还要对自己的工程进行最后的检查、认定，也就是说，它们还要从中心到休息区下部边缘铺设一条紧密相靠着的白色之字形带子。有的时候，甚至在上部也会再铺设一条同样形状但稍许短些的带子。这种带子看似古怪，其实是用来加固蛛网的。年幼的圆网蛛开始时并不做这种加固工作，因为它们并未达到考虑未来的年龄，还不懂得节约用丝的重要性，所以，尽管网并未完全损坏，仍可以使用，但是它们每晚都要重新编织新网。既然还要重织新网，那么加固不加固旧网又有什么关系呢？

可是，到了秋末冬初，成年蜘蛛感到产期临近，便不得不勤俭节约了，因为不仅卵袋的耗丝量很大，而且成年蜘蛛的网做得也大，需用的丝也就多，因此，它们不得不厉行节约，使网用的时间长些，免得筑巢搭窝要用丝时捉襟见肘，日子难熬。

也许是出于这一考虑，或者有其他我尚不知晓的原因，反正彩带蛛和丝蛛认为有必要建造持久耐用的工程，用一根横向贯穿的带子来加固它们的捕虫网。而其他的圆网蛛的卵袋只不过是个简简单单的小弹丸，用丝不多，所以没有必要去编织加固丝网的之字形带子，它们与年轻蜘蛛一样，每天傍晚都要重新编织一个蛛网。

我们再来看看角形蛛是如何进行重新织网工作的。日暮时分，角形蛛便从其隐居地小心翼翼地爬出来，离开遮蔽着它的柏树叶，来到捕虫网的悬挂缆上。在上面稍稍待上一会儿，它便下到网上，大把大把地收拢废网，把螺旋丝、辐射丝和框架也全都扒拉到步足下面来，只把悬挂丝缆留着，因为这个结实的部件是原建筑物的基础，稍事加工，仍可留作结新网之用。

收拢来的废网被揉捏成一小团，被蜘蛛像吃猎物似的吃掉，一点儿不剩。这再次表明圆网蛛是多么会过日子，多么克勤克俭。这些废网丝经过蜘蛛胃的加工，又变成液体，将留作他用。

清扫完场地之后，角形蛛便在留下的那根悬挂丝缆上开始编织框架和网。晚上九点，角形蛛把网编织好了。晚间天气甚好，树梢纹丝不动，正是飞蛾夜巡、自投罗网之时。刚才我已经说了，在大螺旋丝弄好之后，圆网蛛就将中央小坐垫吃掉了，然后回到休息区去守株待兔。这时候，我便用小剪刀沿着一条直径把蛛网剪成两半。辐射丝立即收缩回来，网上便出现了一个可以伸进三个指头的空洞。

躲藏在丝缆上的蜘蛛看着我搞破坏，倒也并不太惊慌。当我剪完之后，它便平静如常地爬了回来，在剩下的那半张网上停下，待在整个圆面的中央。由于身体一侧的步足没有地方可以支撑，它便明白这张网已经破损，立即拉了两根丝横穿在缺口，没有地方支撑的步足伸到这两根丝上，它就不再动弹了，一心窥伺着飞虫落网。

这个纺织姑娘整个晚上都没有像我所企盼的那样去把破网织补好，而只是死守在那半张剪剩下来的残缺不全的网上，等着捕获猎物。因为第二天早晨我又去看时，那半张网仍旧与我头天晚上离开时一模一样，没有任何织补的迹象。

蜘蛛在缺口上横拉那两根丝，并不是因为它想修补破网。由于身体一侧的那些步足失去依托，要去打猎时，它便从裂缝中穿过去。在它往返的路上，它像其他圆网蛛一样留下一根丝。但是这也并不能说明它想织补破网，而只是心情不佳，来回走动，借留丝以消怒而已。我用剪刀剪坏它的网，它却固执地不去织补，那好，一计不成，我另施一计。

第二天，蜘蛛把头一天的网吞吃下肚之后，又织出了一张新网。工作完毕之后，我趁它回到中央区待着时，用一根麦秸小心翼翼地拨动螺旋丝，把它拉出来，但并不破坏辐射丝和休息区。螺旋丝晃动着，一截截地断了。捕虫螺旋丝损毁，蛛网就没有用了，尺蛾飞过也捕捉不到。面对这场灾难，圆网蛛会怎么做呢？它什么也没干。它只是一动不动地待在我给它预留的休息区里，等待捕捉猎物。但那张网已经起不了捕捉飞虫的作用了，它白白地守候了一夜。翌日清早，我去查看时发现那网仍破损如昨日那样，足见圆网蛛虽饥肠辘辘，但仍不思修补自己的大本营。

也许它在铺设好那根大螺旋丝之后，纺织器里的丝已经告罄，不可能再连续不断地吐丝了。但我希望不是这个原因造成的，盼着另有原因。我坚持不懈地等待着，终于有了结果。在我紧紧地盯着它绕大螺旋丝时，有一只猎物傻乎乎地落入这个残缺不全的陷阱。圆网蛛一见，立刻放下手上的活计，冲向那个倒霉的冒失鬼，用丝把它缠住，美美地吃了起来。在与那个挣扎的倒霉蛋搏斗时，圆网蛛看到网的一角撕破了，出现了一个会影响捕猎的大洞。面对这个大洞，它会如何处置？这时候必须赶紧修补，否则就永远无法进行修补了。事故就出现在它的脚下，它不会不知道，再说，此刻它的纺织厂正在开工，纺织器里不会没有丝。可它根本就没去理会，它把猎物吮吸了几口之后便撇下了，回到因捕食尺蛾而中断工作的地方，继续去铺设它的大螺旋丝。有些人不知出于什么理论的需要，竟然大肆颂扬蜘蛛的织补能力，我所做的实验却完全证明不是这么回事：蜘蛛根本就不会织补破网。它尽管苦恼，若有所思，但不会去修补破洞。

其他一些蜘蛛不会编织大网眼的网，经它们织出的绸缎上，丝线随意地交叉着，形成了连续不断的丝绸料子。这类蜘蛛包括家蛛。它们在我们的墙角上铺就一块宽大的丝绸布，固定在墙角突出的地方。它就躲在侧面的角落里，那是它的住所。这住所是一根丝管，它就藏在管口呈锥形的一个长廊里，窥伺外面的情况。这块丝绸布胜过我们最柔软的平纹布，极其精细，但并不是捕猎工具，而是一座平台，蜘蛛可在上面巡逻，特别是在夜晚。真正的捕猎器是张在这个平台上的一堆乱丝线。这类蜘蛛编织捕猎器的规则与圆网蛛不同，因而运作方式也有所不同。那上面没有黏稠的线，只有简单的线圈，由于铺就得密密麻麻，猎物一旦落入，就甭想溜掉。一只飞虫落入此陷阱，越是挣扎，就越被缠得紧紧的。家蛛见状，立刻冲上前去，把它掐死。

我做了个实验。我把家蛛这块丝绸布弄了个圆洞，直径有两指宽。一整天，洞就这么敞开着。但是，到了第二天，我发现洞已经被盖住了。盖着洞口的是一片细密的薄纱，薄得看不出来，必须用一根麦秸去挑一下才能感觉得到，因为麦秸往那儿一戳，丝绸布便会晃动，我便知道是遇到障碍物了。

事情是明摆着的：夜里，家蛛把破损建筑物修补过了，给破丝绸布添了个补丁，这可是圆网蛛所不具备的才能。家蛛的这块丝绸布既是它的监视哨所，又是它的捕猎网，猎物一旦被上面的吊索抓到，便会坠落到这块丝绸布上。这个捕猎场不断地会有猎物坠落，但是这个场地并不很牢固，因为墙皮斑驳，有细泥灰落下，把网坠破，所以家蛛得经常加工这个网，每天夜晚都要在上面加上新的一层。

它每次从管状隐蔽所出来或进去，总要把系在身后的一根丝拉长，留在走过的路上。不管家蛛随心所欲走的是直道还是弯路，我都能看见搭在表面的丝线，其方向全都汇聚在管状隐蔽所的入口处。这就表明，它每走一步，都要给这块丝绸布添上一根丝线。这与松毛虫倒是同出一辙，松毛虫夜晚从其丝屋里出来进食或返回屋里休息时，总要在其住所的表面留下一条丝线，每次出征都要为自己的住所"添砖加瓦"。

家蛛正是如此，无论平台上是否出现空洞，它每天夜晚都会到平台上溜达，同时也就给平台加厚了一层。它这并非有心在为撕破的地方织补一块，只是继续在做自己的习惯动作。如果说破洞终于补上了，那么也只是说明是习惯使然，而非家蛛特意为之。

再者，如果说要把破洞织补好，它就该集中全部注意力把丝全都用在破洞上，一下子把损坏处弄得与其他地方一样平展。可我所看到的是，破损的地方只留下一层薄薄的几乎看不见的薄纱。显然，它在破洞上的所作所为与它在别处一模一样，不多也不少。它并没有把丝全用在破洞上，它这是在节约材料，以便留着丝好织一整张网。它要把损毁处逐渐修补好，得花好长的时间。

足见，无论是地毯女工还是纺织姑娘，都不懂织补这门手艺。

现在，我们还是来仔细观察一下圆网蛛是如何巧妙地编织自己的螺旋丝网的。只要稍加留意，你就会发现，组成捕虫网的丝与构成框架的丝是不一样的。它们在阳光下闪烁着，显现出其中的结节，状似一串小颗粒编成的念珠。因为一有点风吹来，网就飘来荡去的，无法用显微镜直接观察。于是，我把一块玻璃片放在网下，抬起那张网，取下几段丝来，平放在玻璃片上，然后把它们放在放大镜和显微镜下面仔细地观察。

我简直无法相信，这些肉眼看不太清的丝的末端竟然是一圈圈密实的螺旋丝，而且，这种丝是空心的，是一根极细极细的管子，管内满是类似于阿拉伯树胶的黏液。这黏液是半透明的液体。我用玻璃片压住它，放在显微镜下的载物台上，只见螺旋卷便延伸成细带，带子从一头到另一头全都卷曲着，中间有一道暗线，即为空腔。

丝里面的黏液就透过这种卷曲的管状丝的壁，一点儿一点儿地往外渗，使整张网都具有黏性，而且黏性很强。我用一根细麦秸轻轻地触碰了一段丝的第三、第四节。尽管是轻而又轻地一触，麦秸还是被粘住了。我拉高麦秸，丝被拉起，长度比原先增长了一两倍，最后，由于绷得过紧，丝便脱落了，但并没有断，只是缩回到原先的长度。丝被拉长时，螺旋卷便松开来；缩回去时，螺旋卷又卷曲起来。最后，黏液渗到丝的表面，使丝变成了黏合物。

总之，这种螺旋丝是我从未见过的纤细如发丝的细管。它卷成螺旋状以便具有弹性，使之经得住猎物的挣扎而不致被拉断，以免猎物逃脱。丝管里储存着大量的黏性物质，不断地渗透出来，在丝的表面因暴露于空气中而减弱黏附力的时候恢复丝的黏性。这简直太奇妙了。

圆网蛛并不是在一般的网上捕食，而是在带黏胶的网上捕猎。其黏性之大，令人叫绝，就连蒲公英的冠毛轻轻擦过，也会被粘牢的。可是，圆网蛛天天在这张网上爬来爬去，怎么没被粘住呢？

我前面已经介绍过，蜘蛛在其捕虫网的中央留着一个区域，黏性螺旋丝是不进入这一区域的，它们在离这个中心区域尚有一定的距离时便终止了。这个中心区域在整张网中占有掌心那么大的面积，它由辐射丝和辅助螺旋丝的开端构成，不具有黏性。我用麦秸在这个中心区试探过，在这个中心区内的任何地方都不会被粘住。

圆网蛛只是驻守在这个中心区域，这个休息区内几天几夜地监视着，等待猎物自投罗网。但是，猎物经常是在大网的边缘被粘住的，蜘蛛一见，就立即冲上前去，把猎物五花大绑，让它挣扎不了。那么，它是如何在那黏性丝上行走的呢？我见它行动时快如闪电，毫不犯难，黏性丝并未因其步足的移动而被带起来。这到底是怎么回事呀？

我小的时候，每逢周四下午不上课时，同学们都会三五成群地跑到田野里去抓金丝雀。我们在给竹竿头上涂黏胶之前，总要先用点儿油抹抹手，以免粘住自己的手。圆网蛛是不是也了解油脂的这个用途呢？

我用纸沾了点儿油擦了擦麦秸，再把它拿到螺旋丝上试了试，果然，麦秸没被丝粘住。于是，我从一只活圆网蛛身上取下它的一只步足，把它放在涂了油的麦秸上让它与黏丝接触，它就像在非黏性丝上一样，没有被粘住。圆网蛛在任何情况之下都不会被粘住，这一点我们早就应当预料到。

我又做了一个实验，结果却完全不一样了。我把这只步足先放在油脂物的最佳溶解剂——硫化钠中浸泡了一刻钟，再用一支浸泡了这种溶解剂的毛笔把这只步足仔仔细细地清洗了一番，然后把它与捕虫网的螺旋丝一接触，它就立刻被粘得牢牢的了。我因此得出结论，圆网蛛之所以不会被黏性极强的螺旋丝粘住，说明它身上肯定有着一种脂肪物质。仅仅由于出汗，蜘蛛身上也会有一些这样的脂肪性物质。蜘蛛身上涂着一层特殊的汗液，在网上就能行动自如，不用惧怕那黏性螺旋丝。

不过，即便如此，圆网蛛也不能在螺旋丝上待得太久。与这种黏性丝接触得太久，就会造成黏附，从而妨碍它行动自由，而它必须保持敏捷的身手，才能在猎物挣脱掉之前尽快地把猎物捆绑起来。因此，它用来长时间窥伺的地方是绝对不会有黏性极强的螺旋丝的。

圆网蛛只是在这块休息区里才这么静止不动地长时间待着。它伸开自己那八只步足，时刻准备着发现蛛网晃动，有猎物落网，然后冲出去。即使用餐进食时，它也是待在这个休息区里。因为有时猎物较大，得吃上好长时间，只能把猎物弄到休息区里美美地细嚼慢咽。它在把猎物五花大绑，使之失去挣扎能力之后，把它拖到一根丝的末端，以便在没有黏性的中心区里享用。

这种黏性胶数量很少，无法对它的化学特性加以研究。我们从显微镜下可以看到从断丝里流出一种略带粒状的透明液体。我通过实验了解到这种液体的情况。

我用一块玻璃片穿过蛛网，采集到了一些固着成平行线的黏性丝，然后把这块玻璃片放在水面上，用一个罩子把它罩起来。罩子里湿度很高，不一会儿，蛛丝边缘便伸展开来，在一种可溶于水的套管中逐渐膨胀，变成了流体。这时候，丝管的螺旋形状消失了，在蛛丝的管道里出现了一种半透明的圆珠，也就是出现了一些极小极小的颗粒。

二十四小时后，丝里面的液体没有了，丝变成了几乎难以看出的细线。我如果在玻璃片上滴上一滴水，几乎立即便会看到一种黏性分解物。由此可见，圆网蛛的黏胶是一种对湿度极其敏感的物质，在湿度饱和的环境下，它会大量地吸收水分，然后通过丝管渗透出来。因此，圆网蛛通常不会在大雾天里织网，更不用说在雨里了，因为捕虫网被雾浸湿便会溶解成黏性碎片，从而失去效用，但是这并不妨碍它们构建总的框架，架设辐射丝，甚至绕辅助螺旋丝，因为这些部件不会因湿度过大而受到损毁。

在毒日头的暴晒下，捕虫网为什么没有变干、萎缩，变成僵硬而无活力的细丝呢，反而始终是那么具有弹性，而且黏附力越来越强呢？这完全是由于它对湿度的极大的敏感性导致的。空气中永远都会存在湿气，湿气会慢慢地浸入到黏性丝里，湿气随着丝里原有的黏性的逐渐消失，它会按照要求稀释丝管里浓稠的胶汁，并让胶汁渗透到管外来。这就解决了螺旋丝变干变硬的问题。尽管如此，我仍旧没有弄明白这个出色的拉丝厂是如何工作的。丝质的东西怎么会铸造出极细的管子来？这管子又怎么会充满着黏胶，而且卷成螺旋形？这同一家拉丝厂怎么既能提供普通丝，用来加工框架、辐射丝和螺旋丝，又能提供彩带蛛丝袋里的那种棕红色的丝以及装饰在丝袋上的横条黑色饰带？我看见了许许多多不同品种的产品，却不了解这部机器是如何运作的。我才疏学浅，这个问题只好留待解剖学家和生物学家去解决了，现在我们还是来看看圆形蛛身上是否有电极线吧。

在我所观察的六种圆网蛛中，只有彩带蛛和丝蛛这两种蜘蛛即使烈日当头，也始终待在自己的网上，而其他蜘蛛一般都是在夜晚出现。它们在离网不远的灌木丛里有自己的简易隐蔽所，通常白天都待在那儿静止不动，专心窥伺外面的动静。

但是，它们毕竟离得较远，它们到底怎么发现猎物落网的呢？其实，网的颤动比亲眼看到猎物更会引起它们的警觉。我做了一个实验，在彩带蛛的黏胶网上放了一只刚刚死去的蝗虫。不管我怎么放，蜘蛛都没有任何反应，即使我把蝗虫放在它前方不远处，它仍旧一动不动，似乎毫无知觉。于是我用一根长麦秸轻轻地拨动了一下死蝗虫，彩带蛛和丝蛛立即从中心区冲了过来，其他一些蜘蛛也从树叶下面钻出来，奔向猎物，用丝把猎物捆个结结实实，如同平常捕捉活物一样。这就证明，必须让网震动才能使蜘蛛发动冲击。

会不会是因为蝗虫体色泛灰，不太能引起蜘蛛的注意？那么，就给它换一个颜色鲜亮的猎物。蜘蛛捕食的猎物中还出现过穿红颜色外衣的，我便用红毛线绕了一个小圆团，大小与蝗虫一般，粘在蛛网上。

此计甚妙。只要红毛线团一动，蜘蛛就立刻冲过来；没让毛线团动弹时，蜘蛛就静止不动地待在其中心区域。有一些冲过来的蜘蛛，傻乎乎地用脚尖触碰红毛线团，用丝把它捆绑了起来，甚至还咬了咬这个诱饵。这时候，它们才发现那不是什么猎物，便悻悻地离去了。另外一些蜘蛛比较狡猾，虽然也被这个用红毛线制作的诱饵吸引了过来，但是它们先用触须和步足进行了试探，便立刻发现那不是什么可吃的东西，就没浪费自己的丝去捆绑诱饵。一番检查后，它们便弃之离去了。

但是，不管怎么说，聪明的也好，愚笨的也好，反正它们都冲了过来。那么，它们究竟是怎么获得情报的呢？肯定不是靠视觉。在发现错误之前，它们必须先用步足抓住猎物，甚至要咬一咬。蜘蛛的视力极弱，诱饵不动弹，即使近在咫尺，它们也看不见，何况多数情况之下捕猎是在夜间进行的，即使视力再好，夜晚也看不清东西。所以，它一定配备着一个远距离接收信息的仪器。我们随便找一只蜘蛛来观察就会发现，当它白天躲在隐蔽处窥伺时，有一根丝从网的中心拉出来，斜向拉到蛛网平面之外，一直通向蜘蛛白天的隐蔽哨所。这根丝线除了与中心点相连之外，与蛛网的其他部分没有任何关系，与框架的线也不发生交叉。这条线通常长约半米。角形蛛因为高踞于树上，它的这根丝线就更长些，达两米。显然，这根斜向丝线是一座丝桥，当蜘蛛遇紧急情况时，便会迅速地从桥上跑到网上来，待巡查结束后又从桥上返回隐蔽哨所。实际上，这就是它来回往返所走的路。但是，可能不仅如此。如果圆网蛛只是为了在隐蔽所和蛛网之间搭建一条快速通道，把丝桥搭在蛛网的上部边缘不就行了吗？这样的话，路程既短，斜坡又不陡。

再者，这根丝为何总是以黏性网的中心为起点，而不设在别处呢？因为这个中心点是辐射线的汇聚处，是一切震动的震中，蛛网上的所有东西都会把其颤动传到这个中心点上，因此，中心点上的这根斜向丝线就可以把猎物挣扎震颤的信息传到远处。这根线是个信号器，是根电极线。

我们再来做个实验。我把一只活蝗虫放到蛛网上，被粘住的猎物拼命地挣扎。只见蜘蛛立即兴冲冲地爬出隐蔽所，从丝桥上下来，扑向蝗虫，把它捆绑住，注射麻醉药，然后用一根丝把俘虏固定在纺织器上，拖到隐蔽所，美滋滋地享用起来。

过了几天，我又对它进行实验。用的仍旧是一只蝗虫。但这一次我先把信号天线给剪断了。猎物被放到网上后，同样拼命地挣扎，震颤着蛛网，蜘蛛却一动不动，好像无动于衷似的。这并不是因为丝桥断了，它来不了了，它有几十条道通往该去的地方，因为蛛网由许多丝系在枝丫上，通道多的是，来去自由，方便至极。可是，捕猎者就是没动窝。为什么呀？因为它的电极线被我剪断了，它没有获得猎物引起震颤的消息。整整一个小时了，蝗虫仍旧踢蹬着腿挣扎着，捕猎者仍旧一动不动地待在原地。最后，它发觉那根信号线绷得不紧，很是蹊跷，便顺着框架上的一根丝，毫不困难地来到网中了解情况。于是，它发现了猎物，立即将它捆绑起来，然后又去架设电极线，取代被我剪断了的那一根。它通过这条新丝桥，拖着战利品回到了隐蔽处。

这之后，我又对其电极线长达三米的粗壮的角形蛛进行了实验，后来，又对另一种圆网蛛——漏斗蛛进行了实验。这两次用的猎物是蜻蜓，实验的方法相同，结果也完全一样。实际上，各种蜘蛛都有这种捕猎所必需的电极线，只是到了喜欢休息和长时间地打盹儿的年龄才会有。年幼的圆网蛛则没有，一来是因为它们比成年蜘蛛警觉，二来它们也没有掌握收发电极线的技术。再者，年幼蜘蛛编织的网存在的时间短，没等到第二天就都不能用了，所以没有架设电极线的必要。

埋伏着的蜘蛛一直踩在电极线上，这样一来，它就不必总是强打起精神时刻警惕着，可以安然地休息了。其实有了这根电极线，蜘蛛背朝着网也能知晓网上的动静。我就观察过一只胖大的角形蛛，它在两棵月桂树中间编织了一张直径一米的大网。阳光照射在蛛网上，而角形蛛在黎明时分便已离开了网，躲藏在它白天休息的庄园里。我顺着那根电极线查过去，很容易地就发现了它的庄园。那是一个用几股丝连起来的枯叶建成的隐蔽所。此屋极深，除了角形蛛那圆乎乎的屁股之外，它的身子都隐蔽得看不见了，而它那肥臀把隐蔽所的大门堵了个严严实实。

它把前半身整个儿地藏进隐蔽所里，根本就看不到它的那张大网，即使它视力再好，而非弱视，它也无法看见猎物。这并不说明在这阳光普照的时刻它只顾歇息，不想捕获，我们再来仔细地观察一下。只见它的一只后步足伸到屋外来，而那根电极线就连在这只步足的足尖上。突然间，有只猎物撞到蛛网上，这只步足立刻接收到了震颤的消息，角形蛛睡意顿失，立即惊醒过来，冲了出去。是我故意放上的一只蝗虫，引得它匆匆地赶来了。它见了那只蝗虫，

写作手法

通过一系列动作描写，刻画出蜘蛛从隐蔽所爬出捕食猎物的有趣场景，"兴冲冲""美滋滋"极具人格化，富有情趣。

非常满意，而我则因为刚才所获得的资料比它更加开心。

第二天，我切断了电极线。然后，我放了两个猎物（一只蜻蜓和一只蝗虫）在那张大网上。蝗虫那带刺儿的长腿拼命地踢蹬着，而蜻蜓的翅膀则一直在颤抖着，几片离蛛网很近的树叶由于与蛛网框架的丝线连在一起，也跟着晃动个不停。这么大的动静就发生在离角形蛛非常近的地方，却没有引起它的注意，它根本就没有扭转身子来探看一下发生了什么事情。报警线断了，角形蛛成了睁眼瞎，什么都不知道了，整整一天，它就这么待着，一动不动。晚上八点，它爬出隐蔽所来重新织网时，才突然发现这两只天赐的猎物。

另外，我也想介绍一下圆网蛛的"洞房花烛夜"的情况。圆网蛛同其他昆虫一样，也要交配，也要繁衍后代。不过，这虽然十分重要，可我也不想赘述，因为圆网蛛野性十足，它们神秘的一夜情很容易变成悲剧性的葬礼。

说实在的，我只见过一次蜘蛛交尾，这还得感谢我的胖邻居——角形蛛，是它给了我这次观察的机会，因为我经常去拜访它。

事情的经过是这样的：八月的第一个星期，晚上九点左右，天气晴朗，炎热无风。我的这位胖邻居还没织网，一动不动地待在悬挂丝上。此刻本应是忙着干活儿的时候，它却如此悠闲自在，我好不纳闷儿，觉得必定会有什么事情发生。果不其然，我看到一只雄蜘蛛从附近的灌木丛中奔来，爬上了缆绳。来者是个侏儒，矮小瘦弱，却跑来向胖夫人献殷勤。这个小东西待在偏僻的角落里，怎么会知道这儿有一只已达结婚年龄的雌蜘蛛呢？夜深人静，没有呼唤，没有信号，它们是怎么了解到的？大孔雀蝶是闻到神秘的气息才从方圆几公里的地方飞到我的房间里来，拜访被我罩在玻璃罩下的雌性大孔雀蝶的。今晚的这个小家伙也是个夜间朝圣者，它越过乱七八糟的树叶，准确无误地直奔那位走钢丝的女杂技演员。它具有可靠的指南针，指南针在为它指引方向。它在悬挂丝缆上小心翼翼地一步一步地向前爬着，爬到一定的距离，它却停了下来。它在犹豫不决？它还会更靠近些吗？时机成熟了吗？不是的，只见雌蜘蛛举起了步足，来者便吓得连忙走下丝缆。过了一会儿，害怕的劲儿过去了，它又爬了上来，走得更近了些。它这么忐忑不安地来来回回地爬来爬去，正是热恋者一种求爱的表示。

坚持就是胜利。现在，它们俩面对面地停住了：胖夫人一动不动，表情严肃凝重，而侏儒则显得十分激动。它胆大包天，竟敢用脚尖去撩拨胖夫人。它也真是太过分了，它自己也吓了一跳，竟顺着挂在安全带上的垂直线突然坠落下去。这都是顷刻之间发生的事情。现在，侏儒又爬了上来。它心里有数，对方对自己的一再恳求有所让步。

雌蜘蛛在雄蜘蛛的挑逗下奇怪地跳开了，用前跗节抓住一根丝向后连翻了几个跟斗，如同体操运动员在单杠上向后滚翻。胖夫人这么一翻，大肚子的下部便呈现在侏儒的面前，后者便用触角去触碰了一下。就这么一下，事情便宣告结束。侏儒见目的已经达到，便匆匆地逃走，仿佛有复仇女神在它身后穷追不舍似的。

侏儒走了，新娘从悬挂丝缆上下来，织好网，准备捕猎。必须吃点儿东西才会有丝，有丝才能织网捕猎，才能织出安家的茧。因此，洞房花烛夜，尽管心情激动，但新娘无暇歇息。

写作手法

细腻的动作描写，生动地描绘出雄蜘蛛向雌蜘蛛求爱的场景。

读后思考

探究的过程中需要"大胆地假设，小心地求证"。法布尔在本章节记录了几处细心观察、精心实验的内容，请你结合相关文段的描写，概括性地介绍一下他为验证圆网蛛的某个习性而做的一个实验流程。

☰导读

迷宫蛛看似平凡、常见、易于追踪，但是却极不寻常。迷宫蛛会建造纵横交错、错综复杂像迷宫似的网，它的网像一件精美的艺术品，但编织时并不讲究章法。迷宫蛛捕捉食物时冷静而果断，将猎物吸干榨尽后却不食用猎物的肉。迷宫蛛母亲会用心制作精致的卵袋并时刻精心守候，它比其他蜘蛛更有爱心，会认真负责地守候到小蜘蛛出生的那一天……

迷宫蛛

诚然，圆网蛛是设置垂直陷阱的好手，是无可比拟的纺织娘，其他许多种类的蜘蛛则善于运用生物界首要的法则，即想办法填饱肚皮和繁衍后代。这类蜘蛛在这方面久负盛名，其中有一种名为蜓蛛，它仿效纳博讷狼蛛，住在洞穴里，但其洞穴远比硬叶灌木群落里粗俗的狼蛛洞穴要强得多。狼蛛只是在自己的洞口建起一个简陋的石井栏，而蜓蛛则在洞口安了一个可以活动的盖子，宛如一扇带铰链半糟边和插销装置的百叶窗。蜓蛛回到家中，盖子便落下来，卡在半糟边里，卡得严丝合缝，令人叫绝。一旦有来犯者执意要打开盖子，洞中的蜓蛛便会把门闩插上，也就是说，它把自己的小爪子插入与铰链相对的另一边的一个孔里，把身子紧紧地压在洞壁上，致使那扇门无法打开。

另一种知名的蜘蛛是银蛛，它能用丝在水里为自己建造一个潜水罩，以储存空气。依靠这种呼吸装置，它便能在阴凉的地方窥伺猎物了。可是，在我生活的地方没有银蛛，所以我无法对它的建筑技艺加以介绍。不过，我们这一带倒是有深谙制造铰链门技术的蜓蛛出没。我在灌木林中的那条小径上见过它，但是只见过一回，因为忙于其他方面的观察研究，我只是瞥了它一眼，见它溜走了，也就算了。

写作手法

过渡段，承上启下，极其普通的迷宫蛛也是了不起的，值得大书一笔，引入下文对迷宫蛛的介绍。

现在，我就用一些看似平凡、常见、易于追踪的蜘蛛来补偿这一缺憾吧。不过，话说回来，平凡普通并不等于无足轻重。通过观察，我们会发现，再不起眼的昆虫也是了不起的，值得我们大书一笔。我在这里想介绍的就是那种极其普通的迷宫蛛。

迷宫蛛并不藏身于牧场或幽静的树篱下，而是出没于光秃秃的荒野之中，主要是在高低起伏的丘陵地带，在那被樵夫砍得光秃秃的山坡上。它们喜欢栖息在荆棘丛中，比如岩蔷薇、薰衣草、不凋花和被羊群啃得又短又直的迷迭香丛里。

七月里，我每个星期都要到那种地方去观察几次迷宫蛛。我一般都是在早晨太阳还不太毒的时候带着孩子们一起去。他们眼睛尖，腿脚利索，眼明手快，对我帮助很大。很快，孩子们便发现了远处高高悬挂着一张丝网，闪闪发亮。像节日里的彩灯一样美丽，我们全都高兴极了。

经半小时的阳光蒸晒，网上的珠光随着露珠的消失而消失了。这张蛛网张在一大簇岩蔷薇上，如手帕一般大小。蛛丝不仅仅固定在杂乱的荆棘丛中某一束突出的枝梢上，而且在荆棘丛中纵横交错地绕来绕去，把那簇荆棘罩住，给它蒙上一层密如细纹布的白色的网。网周围的每个支点都向外突出，支点之间的距离各不相同，各支点之间是一个圆锥形的深坑，如同一个颈部逐渐变狭窄的漏斗，垂直地插在茂密的绿色植物中间，深约一拃。迷宫蛛就待在阴暗危险的管口处，看见我们，也不惊慌。它浑身呈灰色，胸廓上有两条黑饰带，饰带正中央带着微白或棕色的斑点，腹部末端有两个附属器官，会活动，如同尾巴，在蜘蛛家族中，这倒是不常见的。

这张火山口状的丝网各处编织方法不一样，边缘较稀疏，往中间去渐渐地变成了轻柔的细纹布，接着又变成了绸缎，在最陡的地方则是粗棱形格状网，最后，迷宫蛛经常待着的漏斗颈部变成了一种十分结实的塔夫绸。

迷宫蛛织这张地毯织得十分用心，在它看来，这就是它的工作台，每天夜晚它都要到这儿来，走过地毯，监视它设下的陷阱。它还要用新丝把它扩大。它移动着身体，把始终挂在纺丝器上的丝不停地拉出来。它在这个漏斗颈部走动得最多，地毯也织得最厚，而次厚实的地毯当属火山口的斜坡，那儿也是它经常走动的地方。辐射丝均匀分布，对准洞口、迷宫蛛靠尾部附属器官的晃动与配合加以导向，在辐射线上织出棱形网格。在其余不常走动的地方，地毯就显得很薄很薄了。

我们原以为会在插入荆棘丛的走廊尽头发现一个密室——一个分隔开来的小房间，供蜘蛛闲暇时休息用，可是情况并非如此。漏斗颈部底端是开放的，那儿有一扇暗门始终敞开着，蜘蛛可以穿过那扇暗门，经由草丛到达野外。如果想要捉住它而又不被它伤到，就必须了解这个住所的布局。当遇到正面攻击时，迷宫蜘蛛就会向下跑，从底部的出口逃走。它逃跑的速度极快，待到它钻入杂乱的荆棘丛中，再去寻觅它就十分困难了。要捉住它，就必须略施小计。

我发现它待在管口上。待到可以下手时，我便用手抓紧网的底部，也就是漏斗颈部往下延伸的地方。当它发现自己的后路被切断，自然就会一头钻进我为它准备的圆锥形纸袋里去。如果它实在不愿就范，我用一根麦秸伸进网里，刺激它几下，就可以把它逼进纸袋中。我正是采用这一高招把一些神气的迷宫蛛毫发无损地抓住了。为了捕捉猎物，圆网蛛用的是它那厉害无比的黏性网，而荆棘丛中的迷宫蛛用的是它的迷宫，其凶险程度绝不逊于圆网蛛的黏性网。

再观察一番这张网的上方，那简直就是绳索交织的密林，如同遇难船只上的缆索。丝线从树枝的每一根小细枝连到每根树枝的顶端，长短不一，有垂直线，也有斜向线，有直线，也有曲线，所有的线交织在一起，有密有疏，错综复杂，向上延伸大约一米。这是一个杂乱无章的乱绳套，一个谁也逃不出的迷宫，除非昆虫具有极强的弹跳力，否则谁也逃不过这一劫。

这座迷宫与圆网蛛的黏性网不同，它没有一点儿黏性，靠它的错综复杂取胜。我把一只小蝗虫扔进了这座迷宫，只见它在晃动不停的蛛网上失去了平衡，拼命地挣扎着，越挣扎越弄不开，反而把绊索踢蹬乱了。迷宫蛛躲在洞口窥伺着，不去理睬正在挣扎的小蝗虫，它不想立即上前捕捉那个落入陷阱的可怜虫，它要等被蝗虫弄得越抽越紧的丝绳把猎物弹到网上来。

小蝗虫终于掉了下来，迷宫蛛一见就立刻爬了出来，向落网猎物扑去。向猎物扑上去并不是没有危险。小蝗虫只是突然中计，有点儿沮丧，士气低落而已，它并没有被捆绑住，只是腿上拖着几根被它挣断的丝。迷宫蛛没有像圆网蛛那样用丝将猎物绑上，而是拍拍猎物，觉得货色挺好，便用牙去咬，嚼而食之。

它通常从猎物的大腿根下手，也许是因为这个部位的肉质尤为鲜嫩。我观察了好几张蛛网，想看看迷宫蛛究竟吃些什么食物。我发现除了有双翅目昆虫和小蝴蝶外，还有像并未动过的蝗虫尸体。这些猎物全都少了前腿，起码少了一条前腿。在蛛网边缘的吊肉钩上，我们往往可以看到蝗虫类昆虫被掏空了之后剩下的肚皮。

迷宫蛛一旦开始对猎物的大腿根下手，就绝对不会松口，死咬住不放，喝它的血，通过吮吸汲取营养，吸干一处伤口之后，再换一个地方。在吮吸第二条腿的时候，它吸得更加来劲儿，使得猎物最后只剩下一个保持原形的空壳。但是，迷宫蛛与圆网蛛有所不同，它把猎物吸干榨尽之后就会弃之而去，而不是再去把它的肉也吃个精光。进食时间很长，但是并无危险，因为它在下第一口时毒液已经要了猎物的命。

迷宫蛛的网虽说像一件艺术品，但其结构没有圆网蛛所编织的网那么对称。它只不过是个没有形状、无一定之规的捕猎器，编织时不讲究章法，比较随意。不过，话虽这么说，它毕竟还是有审美原则的，它的那个安着漂亮网纱的"火山口"就是一个证明，而那通常被视作母亲的杰作的卵袋将向我们做更充分的展示。

产卵期临近时，迷宫蛛就要另换住处。它丢弃了它那不很结实的网，不再回去；它需要一个更好更合适的房屋。它的新房建在何处了？我花了好几个早晨在小树丛中寻觅，四下探查，最终还是一无所获。后来，我终有所悟，便在原先的那张网周围几步远的范围内仔细搜索，在一片茂密的低矮植物丛中发现了它隐蔽的产卵窝巢。这种窝巢只是用枯树叶和丝线混合而成的一种袋子；这种并不雅致的袋子里，或者说套子里，有一个装着卵的细布袋。整个卵袋显得破破烂烂，因为它是被从荆棘中取出来的，难免被撕扯得厉害。不过，也不能光凭外表就断言它一无是处，难道纺织方面的行家里手迷宫蛛，在编织婴儿的帐篷时，就不知道讲究美观雅致吗？我想，这一定是荆棘丛的恶劣环境造成的。如果把它放在不受束缚的环境中，它会表现出自己的高超技艺。为了证明这一点，我进行了实验。

八月中旬，产卵期将至，我把十二只迷宫蛛分别放在装有沙土的罐子里，上面用金属网罩好。纱罩中央插了一根百里香小枝杈，供它们编织卵袋时做支撑物，当然四周的纱网也同样可以作为支撑物。罐内没再放其他任何东西，连一片枯树叶也没有，这样"母亲"只能在我所设的支撑物上做卵袋外套。我每天提供一些肉质鲜嫩、个头儿不大的蝗虫让它们尽情享用。

八月末，我终于获得了十只卵袋，形状优美，色泽雪白光鲜，简直是工整雅致的艺术品。这是一种用精致的白色细纹布编织成的半透明的袋子，迷宫蛛母亲将长期居住于此，监护其卵。卵袋约有一只鸡蛋那么大。小房间两头敞开；前面的洞口延伸成一条宽阔的长廊；后面的洞口变得细长，呈漏斗状。前面比较大的那一头显然是供应食品的门户，后面这个颈状漏斗的功能，我尚不得而知。我看见迷宫蛛不时地在前门停留，窥伺猎物。它通常会出去吃猎物，免得把自己的房间弄脏。

卵袋的结构与捕猎时期的住所也有相似之处。那个漏斗状细长的后门厅，通向附近地面，作为紧急出口；前面的那个大厅，敞开如一个大的火山口，四面都绷着丝，让人想到以前用来捕猎的陷阱，老住所的特点在这里可见一斑。这儿甚至也有一座迷宫，只是规模很小很小。火山口的前面，丝线纵横交错，猎物一旦经过此处，必然会被捆缠住。不过，这个纺织的殿堂只是个哨所，在柔和的乳白色丝墙后面，存放卵的"圣物盒"影影绰绰，外表布满模糊不清的法国荣誉骑士团勋章图案。这是一只宽大美观的微白色袋子，四周有闪光立柱把它固定在帷幔中央，与外层是隔离着的。立柱中间较细，上端膨胀成圆锥形的柱头，底端与上端形状相同。十二根立柱一一相对，中间形成走廊；走廊与四面相通，与房间周围的任何地方连接。迷宫蛛母亲在内院拱廊内认真仔细地巡视着，这儿停一会儿，那儿停片刻，长时间地把耳朵贴在卵袋上。听听袋内有何动静，我简直不忍心打扰这位尽心尽职的母亲工作。

为了进一步观察，我便利用从野外带回来的那些破破烂烂的卵巢。我观察到，卵袋是倒圆锥体，与圆网蛛的卵袋相似。其布料具有一定的柔韧性，我用镊子使劲儿地拉才把它撕扯开来。卵袋中只有一团极细的白丝绵和卵，卵约有一百来个，还比较大，直径约有一点五毫米。看上去，它就像一粒深黄色的琥珀珍珠。卵与卵互不粘连，当我把丝绒被揭开时，它们便会自由地滚动。我把卵都装进了玻璃试管里，以观察其孵化情况。

不过，我还是想再说说迷宫蛛另辟新居的原因。原先的网很好，挂在高处，自投罗网者肯定不少，迷宫蛛为何弃之不用，非要不怕麻烦地在僻静处另设新巢呢？

我想，个中原委也不难理解，旧居虽有诸多优点，猎物会很多，但也正因如此，敌人也不在少数。挂在高处很显眼的那个捕猎器暴露在绿色灌木上，是个标记，必然招来别有用心者。有这个网指路，它们轻易就能发现迷宫蛛视为生命的宝贵袋子。万一来了只什么虫子，尽情享用破布袋里的卵，岂不让迷宫蛛断子绝孙了吗？到底是什么样的敌人让迷宫蛛这么担心，我因为没有资料，尚不得而知。

而我所知道的是，迷宫蛛母亲不仅要到偏僻难寻的地方去做巢产卵，而且，它比其他蜘蛛更有爱心，更加认真负责，所以它产卵时所采取的保护措施还得满足另一个条件，因而巢更加复杂。它像蟹蛛一样，并不是把卵产下就弃之不理，它还要守护着自己产下的卵，直到它们孵化出来。蟹蛛产完卵后就不吃不喝，最后只剩下皮包骨了，等到孩子们出世离去，自己已一命呜呼。迷宫蛛则不然，它要聪明得多，产完卵之后，非但不会消瘦、干瘪，反而始终保持着丰满富态的样子，肚子微微有点儿鼓凸。它每天都准备着捕杀猎物，胃口仍旧很好。因此，它的新居用作护婴房的同时，它还得另辟一个捕猎场所。

现在，让我们再回想一下我上面所描述的那只优美雅致的卵袋。卵袋两头延伸成门厅的球形哨所。卵袋悬于中央，十二根立柱把它与周围隔开，前厅似火山口，看似捕猎器，边上竖着一圈圈紧紧绷着的网，透过半透明的围墙可以看见迷宫蛛母亲正在忙着做家务。迷宫蛛母亲可以通过带拱顶的回廊走到星形卵袋的任何一点，不知疲倦地来回巡视，时不时地停下脚步，慈爱地拍拍那只丝绸卵袋，听听这只圣物盒里有何动静。我试着用麦秸晃动一下某个地方，它就会立即奔过来，看看究竟发生了什么事。

迷宫蛛母亲细心呵护、寸步不离，但并未因此废寝忘食，不吃不喝。我时不时地要向它提供几只蝗虫，放进它的罩子里，其中有一只刚好被大厅里的丝线缠住了。只见迷宫蛛母亲飞也似的奔了过来，咬住这个可怜虫，把它的大腿卸下，将其内脏掏空，至于其他没内脏那么可口的部位，迷宫蛛根据自己当时的胃口如何，或弃之不食，或多少吮吸几口。它是在其哨所的外面进餐的，就在那道门槛上，而不是在住所里面进食。它的胃口如此之大，让蟹蛛难望其项背；傻蟹蛛也是个尽心尽职的母亲。但拒绝我为它提供的蜜蜂等猎物，宁肯忍饥挨饿，直至死亡。

迷宫蛛有必要这么大吃大喝吗？有必要，而且无可厚非。在开工建房之初，它就已经消耗了许多丝，也许把自己的所有库存消耗殆尽了。这两套住房——自己的再加上孩子的，可以说工程浩大，需要很多材料。不仅如此，在将近一个月的时间里，我还看见它一层层地加大加厚房间与中间的那间小屋的墙壁，以至织出来的布由最初的透明罗纱变成了不透明的绸缎。它似乎总认为围墙不够厚实，老是在不停地织呀织。既然消耗这么大，它就只好不停地进食，增加营养，以补充纺织时所消耗掉的丝。

一个月后，将近九月中旬，小蜘蛛孵化出来，但是尚未离开那只袋子，它们要在那条软软的暖和的丝绵被里过冬。迷宫蛛母亲仍旧守护在一旁，继续不停地编织，但是，可以明显地看出它有些心力交瘁，体力不支。它要隔好长一段时间才吃一只蝗虫，对我扔进罐子里的猎物并不那么兴奋了。这是它衰弱的征兆。它的工作节奏慢下来了，最终不再纺织。

最后，时值十月末，它终于抓住孩子们酣睡的卧房，幸福地死了。它已尽到了一个母亲所能尽到的责任，小蜘蛛们未来的命运就看它们自己了。春天来临时，小蜘蛛们将从自己温暖的房间里出来，乘着被风吹走的丝飞行，飞向四面八方，并将在茂密的百里香丛中试着织出第一座迷宫。

读后思考

本文重点介绍的蜘蛛为迷宫蛛，但在开篇却大篇幅介绍了蟋蟀、银蛛的习性，这么写的目的是什么呢？结合全文内容谈谈你的理解。

导读

克罗多蛛对生活质量十分讲究，居住小屋优雅而豪华。它不擅长用蛛网捕猎，却会按照人类的平衡定律在短时间内建造新的房屋。克罗多蛛母亲会精心照顾卵袋长达数月，直到小克罗多蛛顺利出生，在孩子们纷纷离去后，克罗多蛛母亲便会离开老宅，在网纱上建造新的房舍为繁育下一批新生儿做准备……

克罗多蛛

写作手法

开篇介绍克罗多蛛名字的来历，极具知识性和趣味性，吸引读者阅读兴趣。

克罗多蛛的名字是怎么来的？是因为专业词汇分类学者找不到合适的词来为之冠名而一时心血来潮采用的吗？这倒不完全是。这种蜘蛛也被称之为克罗多德杜朗。德杜朗是最早向人们介绍这种蜘蛛的人之一，为了纪念他，"克罗多德杜朗"这个名字就这么叫开了。而克罗多则是神话中编织命运的女神的名字，故以此来隐喻蜘蛛。神话中的这位女神的名字十分悦耳动听，而且又很适合为一位纺织姑娘命名。按照传说中的描绘，克罗多掌管生死大权，掌管着人的命运，是众女神中排行最小的一位。她手中握着人类命运的纺纱杆，纺纱杆上绕着许多下脚毛，一些丝束，偶尔还会有一根金色的线。

我们就不去管这位女神了，还是来观察一下我们的克罗多蛛吧。在橄榄树的故乡，在太阳晒烤着的多岩石的山坡上，不妨掀开一些平展展的大石头来看一看。说实在的，克罗多蛛并不多见，不是所有的地方都适合它们繁衍生长。如果我们坚持不懈，总会有所收获的，我们会在翻起来的石头下看见一个建筑物，其外表十分粗糙，状似一个倒置的圆屋顶，有半个橘子那么大，表面镶嵌着或悬挂着小贝壳和小土块，更多的则是干瘪的昆虫。

写作手法

把巢穴的形状比作倒置的圆屋顶，形象风趣；通过作比较的手法，将巢穴大小与半个橘子进行对比，通俗易懂，便于读者理解感知。

圆顶边缘有十二个角，呈放射状分布，扩张开来的尖角固定在石头上。在这些尖角之间，又展现出同样数目的圆拱，形状好似一座用毛编造的房屋，又像犹太人的帐篷，不过是倒置的，固定在吊带间紧绷着的平顶从上面封住了住所。它的门开在哪儿呀？边缘上所有的圆拱都是朝着屋顶张开的，没有一个通向内部。我用目光搜寻了好久，也没发现一条连接内外的通道。屋主人总得出门进门呀，它是从什么地方进屋的呢？只要用一把麦秸一试，就能解开这个谜团。

我用麦秸在每一个圆拱廊口上捅了捅，到处都是硬邦邦的，到处都是严丝合缝的，没有见到什么缺口缝隙。在巧妙地结合成月牙形的边饰中，只有一处看上去形状与别处没有什么不同，只不过边缘分成两瓣，如同两片微微张开的嘴唇，这儿就是门。此门可以依靠自己的弹性自动关闭。不仅如此，每当克罗多蛛回到家中，它还经常要把门栓插上，也就是说，用一些丝把两扇门粘上，固定住。

这扇门比蟋蟀洞穴上的那个盖子要严实得多，安全系数要大得多。不速之客不了解个中奥妙，是无法进入克罗多蛛家大门的。每当遇到危险，克罗多蛛就会慌忙地往家里跑，用爪子把门一推，门即开启一道缝，克罗多蛛便立刻钻了进去，门自动关上。必要时，它再用几根丝把门锁上。圆拱廊有那么多，又全都一模一样，不速之客很难知道被追踪者到底是怎么消失不见的。

把简单的创造变成防御系统的克罗多蛛，对生活质量十分讲究，远胜于蟋蟀。你不妨将它的小屋打开瞧一瞧。里面非常豪华。传说，古时候，有一位骄奢淫逸的人，因为床上有一片玫瑰叶，竟然觉得硌得不行，无法安睡。克罗多蛛不亚于此人，它对生活也非常挑剔，被子要比天鹅绒柔软舒适，比夏日里孕育着暴雨的云团白净，完全是一种非常高级的莫列顿双面呢。床的上方还有一个同样柔软洁白的华盖，克罗多蛛独自在华盖与莫列顿双面呢间的狭小空间里歇息。它的腿很短，呈灰色，背部饰有五个黄色徽章。

这座优雅小屋必须绝对平稳，否则无法让主人得到很好的休息，特别是在气候多变的日子里，常有穿堂风从石头下面钻进来。这间小屋完全达到了绝对平稳的要求，我们仔细观察一下就明白了。该住宅的月牙边似围栏一般把屋顶框住，以其尖端固定在石头上，支撑着建筑物的重量。另外，每个黏合点通过一束散射的丝粘在石头上，因而整条丝都粘在石头上，而且延伸得很长，约有一排。这些丝如同锚绳一般，相当于贝都因人用来固定帐篷的小木桩和绳子。这是一个个支撑点、着力点，非常密集，排列也非常规则，所以这张吊床是不会被连根拔起的，除非遭到意想不到的灾祸，但这种情况实属罕见。

小屋里干干净净，一尘不染，而外面却是垃圾满地，有小土块、烂木屑、小沙子，更有甚者，有时还有尸体堆——镶嵌和吊挂着一些奥帕特粉虫和阿西德粉虫的干尸，以及其他一些喜欢藏于岩石下面的粉虫——赤马陆，断成了一截一截的，被太阳烤得发干发白，也有生活在石堆里的朴帕虫的贝壳，还有很小很小的隧蜂。

不言而喻，这些尸体都是克罗多蛛吃剩下的。克罗多蛛不善于捕猎，常常从一块石头到另一块石头去寻找食物。若有冒失鬼趁月黑之夜擅自闯入克罗多蛛的石板下面，就会被它掐死，被榨干的尸体并不扔到远处，而是悬挂于丝墙上，像是借以吓退其他敢于冒犯者似的。

其实并非如此。吊在帐篷上的贝壳大部分都是空的，少数一些里面会有软体动物，尚好端端地活着。克罗多蛛是如何处置灰色朴帕虫和卡得力当斯朴帕虫，以及其他一些蜷缩在小塔螺里的动物的呢？

它既无法敲碎这些小动物的石灰质外壳，又无法从螺口把蜷缩于其中的软体动物掏出来，那干吗还要捡这些玩意儿呢？再说，这种软体动物的肉黏糊糊的，未必是它的所好。我猜想，它是不是以这些石灰质贝壳作为沙子？为了不让织在墙角的蛛网因风吹而变形，家蛛往往会往网里装石膏，把旧墙上掉落的粉末积在里面。克罗多蛛是否也在利用这些东西达此目的呀？为了解开这个疑团，我动手做了个实验。

喂养克罗多蛛并不繁难，不必把它已做窝的那块沉甸甸的石头搬至家中，只需用一种简单的办法就可以了。我用小刀尖把石头上的丝吊索割断，克罗多蛛多半不会逃跑，因为它非常讨厌外出，再说，我在搬动时也倍加小心。我小心翼翼地、平稳地把这座小屋以及屋主人装入一个纸盒里，托着带回家。我有时用柳条筐或者废弃的奶酪盒，有时用硬纸板，来代替小屋子下面的那块石板，因为那块石板既重又太占地方，不适合放在桌上。我把克罗多蛛的丝吊床分别放在这些石板代用品上，将其吊角全都用黏带粘好，再找三根短棍支撑着。眼前所见即为一个如同石桌坟的仿制品。在整个安装过程中，我一直小心翼翼，绝不使这小屋子受到敲击或晃动，否则克罗多蛛就会因惊吓而跑出屋来。安置完之后，我便把这个小屋子放进沙罐里去，外面再加上金属纱罩，以保万无一失。

第二天，我就有了答案。用柳条或硬纸板做吊顶的小屋子如果有个别的在采掘过程中有所破损或严重变形，克罗多蛛就会在夜里舍弃这个家，到别处去住，有时干脆就待在丝网上。

它花了几个小时搭建的新帐篷，顶多也就一枚两法郎的硬币那么大。而且，按照老宅建筑风格建造的新帐篷，是由两层重叠的薄网组成的，上面的一层很平展，作为床顶华盖，下面一层则呈弧形，这就形成了一个袋状物。由于这只小袋子布料十分考究、纤细，稍有不慎，就会变形，导致空间缩小，因为空间本来就不大，仅能容下一只克罗多蛛。

为了使这种纤细的薄纱保持紧绷状态，不致变形，克罗多蛛是怎么做的呢？确切地说，它是按照我们人类的平衡定律的要求去做的。它给其建筑安装压载物，并且尽可能地降低小屋的重心，在袋子突出的部分挂上一长串一长串用丝线串起来的沙粒。这些如钟乳石般悬吊着的用丝粘住的沙串，排得密密的，好似浓密的美髯。沙串末端坠着一块大石子，垂得低低的，起着压载物、平衡器和压力器的作用。

这座建筑物只是一夜之间匆忙完工的，是不久即可居住的新居的雏形，还得不断地给它增加一些压载物，最后，袋子的壁将变成莫列顿呢，便可保持住其弧形，保留必需的容积。这时候，克罗多蛛便放弃了刚开始编织袋子时所使用的对加压具有功效的钟乳石沙串，而采用一些较为沉重的东西作为新屋的压载物，主要使用的则是昆虫的尸体，因为这种材料取之较易，每餐饭后，脚下便留下一些昆虫尸体的残骸，克罗多蛛把它们当作碎石，而不是当作炫耀自己的赫赫战利品。另外，克罗多蛛还经常利用一些小贝壳和其他长串垂吊物来增强房屋的平衡性。由此，我们可以得出如下的结论：克罗多蛛具有自己的平衡原则，它会利用加重的方法降低建筑物的重心，使之既平稳而又有足够的空间。

房屋建造完毕，克罗多蛛在如此柔软舒适的屋子里都干些什么呢？据我的观察，它什么都不干。它吃饱喝足了之后，伸展开手脚，很惬意地在柔软的地毯上趴着歇息，什么也不干，什么也不想，它既没睡着也没醒着，处于一种似睡非睡、似醒非醒的恬适状态之中。这就像我们躺到松软舒适的床上快要入睡时一样。思维与印象开始模糊，即将消失的时刻是非常美好的，人也好，克罗多蛛也好，可能都有同样的感觉。

当我把克罗多蛛的房门打开时，总看到它这么一动不动地趴着，仿佛陷入了无尽的思索。为了使它从沉思中摆脱，我就必须用一根草或麦秸去撩拨它。只有饥肠辘辘时，它才会憋不住，走出舒适的屋子，不过，它善于节制饮食，所以出现在外面的机会并不多。我观察了它们整整三年之久，而且在我的实验室里，可以说是与它们朝夕相处，却一次也没看见它们大白天在沙罐里在网罩下捕食。只是等到夜深人静时，它才会壮着胆子外出冒险，寻觅猎物。

有一天，我耐心地等待着，终于在夜晚十点左右看见它在平坦的房顶上纳凉，也许它是在那儿窥伺着，等待猎物出现。我把烛光移过去，喜欢黑暗的克罗多蛛立刻飞快地返回屋里，不肯让我看见它是如何捕猎的。到了第二天，我发现它的小屋墙上又多吊出一具尸体来，这就证明我离开之后，它又爬出屋来，而且捕猎有所收获。

克罗多蛛如此羞涩腼腆，昼伏夜出，使我无法更多地了解它们的习俗。在十月份即将到来时，它们带回家的那窝卵是怎么产下的，我更是不得而知。产下的卵分别装于五六只如透镜般的扁袋子里，占据了克罗多蛛母亲房间的一大半面积。这些袋状包囊每个都有很高级的白缎子包壁，而包囊与房间的地板、包囊与包囊之间都粘连在一起，粘得很紧密，根本无法把它们分开。我们如果非要获得一个独立的包囊，那就得毁坏掉其他的包囊。所有包囊里的卵加在一起约有一百粒。

克罗多蛛母亲就趴在那堆小袋子上，如母鸡孵小鸡似的，恪尽职守。母亲并未因分娩而消瘦，只不过块头儿显得小了一点儿，但看上去仍旧十分健康。它的肚皮仍旧圆乎乎的，皮肤也很紧绷，并不垂坠，这就说明它的任务尚未完成。

卵很快就孵化出来了。还没到十一月，小包囊里已经有小克罗多蛛在往外爬了。它们一个个小模小样的，身着带有五个黄斑点的深色衣服，与成年克罗多珠长得一模一样。新生儿们并不离开各自的凹室，它们紧紧地挤在一起，就这么度过整个严寒的冬季。克罗多蛛母亲就蹲在包囊上，警惕地看护着自己的孩子，除了通过包囊壁可以感觉得到微小的颤动外，它还不知道自己的孩子到底长得什么样。我们知道，迷宫蛛在自己的观察哨所里会连续待上两个月，保护自己的那些永远也见不到面的孩子。克罗多蛛要守护近八个月，毫无疑问，而且是理所当然，它能够也应该在大房子里见到自己的孩子，看着它们奔来跑去，并且能见到它们最后吊在丝端飞离而去，也算是很幸福很知足的了。

六月的热天到来时，小克罗多蛛们也许是在母亲的帮助下捅破了包囊壁，才从母亲的帐篷里出来的，它们对那扇神秘大门的诀窍十分清楚。它们在大门口连续几个小时呼吸新鲜空气，然后相继地被丝绳厂的第一件产品——丝绳气球带着，飞向远处。

克罗多蛛母亲仍然留在老宅里，它的孩子全都离去了，只剩下它一个孤单单的老太婆，但它并未因此而沮丧绝望，它非但没有形神憔悴，反而变得更加开朗、活泼、年轻了。它气色红润，充满活力，简直可以说是神采奕奕，让人看了觉得它仍然还能活很久，还能再次生育。不过，一段时间过后，它便离开了老宅，在网纱上为自己建造起一座新的房舍。它为什么要丢弃老宅呢？老宅尚未破损，从外表上看还是一座很好的旧宅子。原因何在？我猜想，老宅尽管尚未破损，里面仍旧铺着厚实柔软的地毯，却存在着严重的问题，里面积满了残留下来的孩子们的小卧室。我试图用镊子去夹，想把它们清理出去，但是非常困难，因为它们与房间的其余部分连成了一体。我做不了，小小的克罗多蛛恐怕就更加没法完成这一棘手的清理工作了。这个问题令它伤透脑筋，所以它干脆把这旧宅舍弃，另建新屋。

如果克罗多蛛母亲只是为了独自居住，乱一点儿、挤一点儿也算不了什么，凑合一下也就行了，毕竟它只需要不大的一点儿空间，能够转开身就可以了。可是，在这些碍手碍脚的婴儿废弃凹室旁边生活了七八个月后，它怎么又突然心血来潮想盖新屋了呢？我想只有一个原因：它这样做并非为了它自个儿，而是为了它的第二批孩子，所以没有一间大屋子是不行的。

新生儿需要新房间，因为老宅已经被废弃的凹室占满了，小卵袋已无处安放。这也许就是克罗多蛛母亲要搬家的原因所在。它感到自己的卵巢尚未枯竭，所以需要空间，需要新屋，为它的又一批孩子出世做好准备。我没有像观察狼蛛那样继续深入观察克罗多蛛多次产卵的情况，虽然颇觉遗憾，但也确实出于无奈，因为我还有其他事情要做。再说，长期饲养克罗多蛛也确实有一些困难，所以也没再去研究它的寿命有多长。

克罗多蛛的孩子、迷宫蛛的孩子以及其他一些蜘蛛的孩子，也都与狼蛛的孩子一样，能够节食，不吃不喝，它们在运动，但不吃东西。在整个幼年时期，哪怕是时值严寒的冬季，它们也都如此。我曾在寒冷的冬天撕开过一只克罗多蛛的小囊袋和一只迷宫蛛的圣物盒，我原以为会看到一群因寒冷和饥饿而冻僵、没有一点儿生气的"婴儿",但是,我所看到的完全不是这个样子。关在小囊袋里的小家伙们,一见屋门洞开就赶忙往外跑,四下逃窜,如同适逢迁移期这个最佳时期一样活跃。它们的逃跑速度简直是快得不可思议,甚至比被狗惊飞的小山鹑逃得都快。

　　不吃不喝的小克罗多蛛到底是怎么活过来的呢?我们从狼蛛、迷宫蛛、圆网蛛的情况中都已经看到,它们确实不吃不喝,绝不是因为它们的母亲有什么诀窍喂养它们而我们没有观察到。我猜想只有一种解释,即通过小家伙们的身体器官,非物质特别是来自外界的热辐射,转化为了动力这一种解释。这是压缩到最简单形式的营养:这种热动力并不是从食物中释放出来的,而是能直接利用,如同一切生命物质的热能源泉——阳光。天然的物质具有令人感到困惑的秘密,镭就是一个明证;生物也有自己的秘密,而且更加富有神秘色彩,没有人能够说得准由蜘蛛引发的这种猜测会不会有一天被科学验证,并因此而产生生理学基础。

📖导读

　　意大利蟋蟀有别于普通的蟋蟀，常常在夜阑人静的夏日鸣唱，其歌声动听又美妙。意大利蟋蟀常常会发出不同的声音迷惑路人，使人无法确定声音的来源。原来蟋蟀这个腹语者有高超的艺术手段，可以通过声音强弱、响亮、沉闷的变化令人产生错觉。小小的蟋蟀令作者感到生命的颤动以及大自然的神奇，引发了他对大自然的思考，以及对生命的歌颂。

意大利蟋蟀

　　我们这儿见不着面包铺和乡间灶屋间的常客的那种家蟋蟀。不过，如果说在我们村子里壁炉石板下面的缝隙里没有蟋蟀的叫声的话，那么作为补偿，夏夜的田野里却响着美妙的歌声，那是北方所听不到的。春季里，阳光灿烂时，田间地头的蟋蟀便唱起交响曲；夏日里，在夜阑人静时，则有树蟋蟀或称意大利蟋蟀鸣唱。一个是昼间蟋蟀，一个是夜间蟋蟀，它们平分那美妙的季节。在前者停止歌唱期间，后者便开始唱起小夜曲来。

　　意大利蟋蟀没有黑色外套，而且体形也无一般蟋蟀那种粗笨的特点。恰恰相反，它细长，瘦弱，苍白，几乎全白，正适合夜间活动的习惯要求。你捏在手里都生怕把它捏碎。它在各种小灌木上，在高高的草丛中，跳来蹦去，很少待在地上生活。从七月一直到十月，它们日落时分开始歌唱，一直唱到大半夜，是一场悦耳动听的音乐会。

　　这儿的人们都非常熟悉这种歌声，因为无论多小的荆棘丛中都有这种交响乐的演唱者。它们甚至还在粮仓里歌唱，那是因为运草料时把它们夹带了来，使它们迷了路径，无法回返。这种苍白的蟋蟀习俗神秘，所以谁也不能确切地知晓是什么蟋蟀可以唱出这么好听的小夜曲的，人们误以为是普通的蟋蟀唱的，可是这个季节普通蟋蟀尚小，还不会歌唱。

　　意大利蟋蟀的歌声是"格里——依——依""格里——依——依"这种缓慢而柔和的声音，唱起来还微微发颤，使歌声更加悦耳动听。你一听就会猜想到它的振动膜是极其细薄而宽大的。如果它待在叶丛中无人惊扰的话，它的声音就不会变化，但稍有动静，这位歌手便立即改用腹部发声。你刚才听见它一直在你面前歌唱，可突然间，你听见的是它在那边二十步开外的地方继续鸣唱，但音量减弱了，你还以为是距离使然。

写作手法

　　运用拟人的修辞手法，生动形象地描写出春夏时节蟋蟀歌声的美妙动人，表达了作者对蟋蟀美妙歌声的喜爱之情。

写作手法

　　运用第二人称的手法，行文具有亲切感，可拉近作者与读者之间的距离。

你跑过去，但什么也没发现，声音仍旧是从原来的地方发出来的。还不仅仅如此。这一次声音是从左边传来的，也许是从右边或者是从后面传来。你完全给弄糊涂了，无法凭借自己的听觉去辨别蟋蟀到底是在何处鸣叫的。你必须提着提灯，而且要极有耐心，还得小心翼翼，不出任何响动，才能在灯光的帮助下捉到这个歌唱家。我就如此这般地捉到了几只，放进笼中，从而多少了解了一点点迷惑我们听觉的演唱家的情况。

两片鞘翅都是由一片宽大的半透明干膜构成，薄如白色洋葱片，能够整个儿地震颤。鞘翅状如圆的一端，上端略小。圆的这一端按一条粗重纵翅脉折成直角，再以鞘翅凸边沿体侧往下，在蟋蟀休息时，包住其身体。

右鞘翅覆盖在左鞘翅上。右鞘翅内侧靠翅根处有一块胼胝，辐射出五条翅脉，两条冲上，两条往下，而第五条几乎呈横向，略微泛红，是基本部件，也就是琴弓，这从其上横向的细锯齿一看便知。鞘翅的其他地方还有几条不太粗的翅脉，功用在于绷紧薄膜，但不是摩擦器的组成部件。

左鞘翅，或者说下鞘翅，结构与右鞘翅相同，但区别在于琴弓、胼胝以及由胼胝辐射出去的翅脉位于上部表面。此外，我们还可以看到左右两把琴弓呈斜向交叉。

当蟋蟀放声歌唱时，左右鞘翅高高地竖起，宛如一张薄纱船帆，只是内边缘相互接触。这时候的左右两把琴弓是彼此斜着咬合着的，它们相互摩擦便使得绷得紧紧的薄膜产生强烈的震颤。

根据每把琴弓是在另一个鞘翅的胼胝（其本身也是粗糙的）上还是在四条光滑的辐射翅脉中的一条上摩擦，蟋蟀发出的声音则有所不同。这也许部分地解释了为什么胆小的蟋蟀怀疑遇到危险时会用声音迷惑我们，让人觉得声音发自前后左右，难以捉摸。

声音的强弱、响亮、沉闷变化，使人产生距离上的错觉，这是蟋蟀这个腹语者的高超艺术手段，而这种错觉的产生还有另一个原因，这是很容易发现的。声音响亮时，鞘翅是完全竖起的，声音沉闷时，鞘翅则多少有点下垂。当鞘翅处于下垂状态时，其外侧边缘不同程度地压在蟋蟀柔软的侧部，从而随之减小了振动部分的面积，声音也就随之变小。

用手指触摸敲响的玻璃杯，它便声音发闷，仿佛是从远处传来。灰白色蟋蟀深谙这个声学奥秘。当有人去捉它时，它便把振动片的边缘压在柔软的肚腹上，使人不知它身在何处。我们的乐器有制振器、消音器，意大利蟋蟀的制振器、消音器可与之媲美，而且结构简单，功效奇佳，胜我们一筹。

田间地头的蟋蟀及其同类昆虫也使用这种消音办法，把鞘翅边缘压在肚腹或高或低处，以减轻振动，但是它们中没有谁能像意大利蟋蟀的本事那么大，能产生如此神奇的效果。

我们的脚步声一靠近，哪怕是极轻极轻的，蟋蟀就会用这种办法对付我们，使我们产生错觉。除此之外，它的声音还非常纯正，带有柔和的颤音。仲

写作手法

将蟋蟀鸣叫说成歌唱，运用了比喻的修辞手法，将左右竖起的鞘翅比喻为船帆，生动形象地介绍了蟋蟀歌唱的原理。

写作手法

运用对比的手法，将人类乐器中的制振器、消音器与意大利蟋蟀的制振器、消音器进行对比，突出了意大利蟋蟀生理结构虽然简单却功效奇佳的特点，表达了作者的赞美之情。

夏夜，万籁俱寂时，还有哪种昆虫的鸣叫能胜过意大利蟋蟀的？它是那么优美，那么清脆。我不知有多少次，席地躺在迷迭香花丛中躲着，偷听那美妙迷人的音乐演唱会！

我的花园里夜间歌唱的蟋蟀非常地多。每一簇红花岩蔷薇都有其合唱队员；每一束薰衣草中也都有自己的乐队。那枝繁叶茂的野草莓树丛中，那笃耨香树丛中，都成了蟋蟀们的演唱场地。这个小天地中的小生物们在以自己那优美清亮的声音彼此探问，相互应答，或者可以说是对别的歌手无动于衷，只是自顾自地在抒发自己的情怀。

高处，我头顶上方，天鹅星座在银河中伸长它那巨大的十字架；下方，就在我的四周，蟋蟀在演唱交响曲，此起彼伏，抑扬顿挫。唱出自己欢乐心声的这些小小的生命使我忘记了群星璀璨。天空中的那些眼睛平静冷漠地眨巴着，在看着我们，可我们对它们却一无所知。

科学告诉我们它们离我们有多远，它们的速度有多快，它们的体积有多大，它们的质量有多重，还告诉我们它们不计其数，令我惊愕不已，但是这并未使我们有一丁点儿的激动。为什么？因为科学缺少了那个巨大的秘密，即生命的秘密。天上有什么？太阳在温暖着什么？理性告诉我们说，有一些类似于我们的世界，有一些生命在其间进行无穷变化的大地。这种宇宙观可谓宏大无比，但却是一种观念而已，并没有确凿的根据。确凿的事实才是至高无上的，是看得见摸得着的。所谓"可能"，甚至"极其可能"，都不是"明显"，并不是显而易见，无懈可击的。

可我的蟋蟀们却是我的伴侣，它们使我感到了生命的颤动，而生命正是我们的灵魂。正因为如此，我才身子倚着迷迭香树篱，只是心不在焉地随意向天鹅座瞥上一眼，我的全部心思都集中在你们那小夜曲上了。

一小块注入了生命的能感受苦与乐的蛋白质，远远超过庞大的无生命的原料。

读后思考

作者在文中提到"因为科学缺少了那个巨大的秘密，即生命的秘密"，那么你认为"生命的秘密"是什么呢？请结合文中相关描写谈谈你的看法。

导读

蟋蟀的产卵过程非常缓慢，产卵数量虽然很多，但是孵化后小蟋蟀常常遭遇壁虎和蚂蚁的凶残杀戮。蟋蟀会用前爪和颚钳筑巢做窝，并在有生之年不停地进行修葺。蟋蟀作为出色的歌唱家有着特殊的生理结构，精巧而神奇。令人啼笑皆非的是，蟋蟀引以为豪的歌唱本领在求偶的时候却不能发挥重要的作用。

田野地头的蟋蟀

谁想观看蟋蟀产卵都用不着做什么准备工作，只要有点耐心就行。布封说，耐心是一种天赋，我却谦虚地称之为观察者的优秀品质。四月份，最迟五月份，我们给它们配对，单独放在花盆里，放一层土，压实。食物只是一片莴苣叶，要常常换上新鲜的。花盆上盖上一块玻璃，以防它们跳出来跑掉。

这种装置简单有效，必要时还可以加一个金属网罩，那就更加高级了，这样我们就可以获得一些极其有趣的资料了。我们以后再谈这些。眼下，我们要盯着看它产卵，必须时刻警惕着，不让有利时机溜掉。

我持之以恒的观察有了初步满意的结果是在六月的第一个星期。我突然发现雌蟋蟀一动不动，输卵管垂直地插入土层里。它并不在意我这个冒失的观察者，久久地待在那同一个点上。最后，它拔出输卵管，漫不经心地把那小孔洞的痕迹给抹掉，歇息片刻，溜达了一会儿，随即便在其花盆内它的地界儿里继续产卵。它像白额螽斯一样重复干着，但动作要慢得多。二十四小时之后，产卵似乎结束了。为了保险起见，我又继续观察了两天。

于是，我翻动花盆的土。卵呈淡黄色，两端圆圆的，长约三毫米。卵一个一个地垂直排列于土里，每次产卵的数目不等，有多有少，相互靠紧在一起。我在整个花盆的两厘米深的土里都发现有卵。我用放大镜勉为其难地尽量数清土里的卵，我估计一只雌蟋蟀一次产卵有五六百个。这么多的卵肯定不久就会被大大地淘汰的。

蟋蟀卵真像是个绝妙的小机械。孵出后，卵壳似一只不透明的白筒子，顶端有一个十分规则的圆孔，圆孔边缘是一个圆帽，作为孔盖用。圆帽并非由新生儿随意顶开或钻破的，而是中间有一条特别线条，闭合不紧，可自动启开。看卵孵出会挺有趣的。

卵产下之后大约半个月，前端出现两个又大又圆的黑黄点，那是蟋蟀的眼

写作手法

作者详细地描述了雌蟋蟀产卵的整个过程，观察了二十四个小时后又继续观察了两天，表现出作者在研究工作中极有耐心和毅力。

睛。在这两个圆点稍高处，在圆筒子的顶端，出现一条细小的环状肉。卵壳将从这儿裂开。很快，半透明的卵就能让我们看到婴儿那孵化中的小样儿。这时候就必须倍加小心，增加观察次数，尤其是早晨。

幸运垂青耐心的人，我的孜孜不倦终于有了报偿。稍稍隆起的肉在不停地变化着，出现了一拱就破的一条细线。卵的顶端被其中的婴儿的额头顶着，顺着那条细肉线抻着，像小香水瓶一样微微启开，分落两旁。蟋蟀便像小魔鬼似的从这个魔盒中钻出来了。

小魔鬼出来之后，壳儿还鼓胀着，光滑而完整，呈纯白色，圆帽挂在孔口。鸟蛋是由雏鸟喙上专门长着的一个硬肉瘤撞破的；蟋蟀的卵则是一个高级小机械，犹如一只象牙盒子似的自动启开。小蟋蟀额头一顶，铰链就启动，壳就张开了。

小蟋蟀一脱掉身上的那件精细外套，浑身发灰，几近白色，立刻便与上面压着的土搏斗开来。它用大颚拱土；它蹬踢着，把松软的碍事的土扒拉到身后去。它终于钻出土层，沐浴着灿烂的阳光，但它如此瘦小，不比一只跳蚤大，在弱肉强食的世界上经历风险。二十四个小时，它体色变化，成了一个漂亮的小黑蟋蟀，乌黑的颜色可与成年蟋蟀一争高下。原先的灰白色只剩下一条白带围着胸前，宛如牵着婴孩学步的背带。

它十分敏捷，用它那颤动着的长触须在探查周围空间；它奔跑，蹦跳，开心得很，以后体态发胖就没这么欢蹦乱跳的了。它年幼胃嫩，该给它吃些什么呢？我全然不知。我像喂成年蟋蟀一样，拿嫩莴苣叶喂它。它不屑吃它，或者也许是吃了点我没看出来，因为它咬的印迹不明显。

不几天工夫，我的十对蟋蟀大家庭成了我的一大负担。一下子就是五六千只小蟋蟀，当然是一群漂亮的小家伙，可它们都需要如何照料我却一无所知，这叫我如何是好。

啊，我可爱的小家伙们，我将给予你们充分的自由，我将把你们托付给大自然这个至高无上的教育者。

我就这么办了。我找到花园里最好的一些地方，把它们这儿那儿地放生一些。如果它们一个个都活得很好，明年我的门前会有多么美妙动听的音乐会呀！但是，这美景并未出现，可能不会有什么美妙动听的音乐会了，因为雌蟋蟀虽然大量产仔，但随之而来的是凶残的杀戮。幸存下来的很可能只有几对蟋蟀。

首先奔来抢掠这天赐美味、大开杀戒的是小灰壁虎和蚂蚁。尤其是蚂蚁这个可恶的强徒恐怕不会在我的花园里给我留下一只蟋蟀的。它抓住可怜的小家伙们，咬破它们的肚皮，疯狂地大嚼一通。

啊！该死的恶虫！可我们一直把它视为第一流的昆虫呢！书本上在赞扬，对它还赞不绝口；博物学家们把它们捧上了天，每天都在为它们锦上添花；动物界同人类一样，让自己威声远扬的办法有千万种，但最可靠的办法却是损人利己。

　　谁都不了解弥足珍贵的清洁工食粪虫和埋葬虫，可吸血的蚊虫、长毒刺的凶狠好斗的黄蜂以及专干坏事的蚂蚁却无人不知无人不晓。在南方的村子里，蚂蚁毁坏房屋椽子的热情如同它们掏空一棵无花果树一样。我无须赘述，每个人都能从人类的档案馆中找到类似的例证：好人无人知晓，恶人声名远扬。

　　由于蚂蚁以及别的一些杀戮者的屠杀之无情，我花园中开始时数量多多的蟋蟀日渐稀少，使我的研究难以为继。我只好跑到花园以外的地方去进行观察了。

　　八月里，在尚未被三伏天的烈日烤干的草地上一小块绿洲的落叶中，我发现了已经长大了的小蟋蟀，与成年蟋蟀一样全身墨黑，初生时的白带子已经全褪去了。它居无定所，一片枯叶、一片砖瓦足可以遮风避雨，犹如不考虑何处歇足的流浪民族的帐篷一样。

　　直到十月末，初寒来临，它才开始筑巢做窝。据我对囚于钟形罩中的蟋蟀的观察，这个活儿非常简单。蟋蟀从不在其中的一个裸露地点筑巢，而总是在吃剩的莴苣叶遮盖着的地方做窝，莴苣叶代替了草丛作为隐藏时不可或缺的遮檐。

　　蟋蟀工兵用前爪挖掘，利用其颚钳挖掉大沙砾。我看见它用它那有两排锯齿的有力的后腿在蹬踢，把挖出的土踹到身后，呈一斜面。这就是它筑巢做窝的全部工艺。

　　一开始活儿干得挺快。在我的囚室的松软土层里，两个小时的工夫，挖掘者便消失在地下了。它还不时地边后退边扫土地回到洞口。如果干累了，它便在尚未完工的屋门口停下来，头伸在外面，触须微微地颤动着。休息片刻之后，它又返回去，边挖边扫地又继续干起来。不一会儿，它又干干歇歇，歇息的时间也越来越长，我观察的劲头儿也随之减低了。

　　最紧迫的活计完成了。洞深两寸，目前已够用了，余下的活计费时费力，得抽空去做，每天干点。天气日渐转凉，自己的身体在渐渐长大，巢穴得逐渐加深加宽。即使到了大冬天，只要天气暖和，洞口有太阳，也能常常看见蟋蟀在往外弄土，说明它在修整扩建巢穴。到了春光明媚时，巢穴仍在继续维修，不停地修复，直至屋主去世为止。

　　四月过完，蟋蟀开始歌唱，先是一只两只，羞答答地在独鸣，不久便响起交响乐来，每个草棵棵里都有一只在歌唱。我很喜欢把蟋蟀列为万象更新时的歌唱家之首。在我家乡的灌木丛中，在百里香和薰衣草盛开之时，蟋蟀不乏其应和者：百灵鸟飞向蓝天，展放歌喉，从云端把其美妙的歌声传到人间。地上的蟋蟀虽歌声单调，缺乏艺术修养，但其淳朴的声音与万象更新的质朴欢快又是多么和谐呀！它那是万物复苏的赞歌，是萌芽的种子和嫩绿的小草能听懂的歌。在这二重唱中，优胜奖将授予谁？我将把它授予蟋蟀。它以歌手之多和歌

写作手法

　　作者将蟋蟀列为"万象更新时的歌唱家之首"，蟋蟀那"万物复苏的赞歌"令作者赞叹，表达了他对蟋蟀的喜爱和赞美之情。

声不断占了上风。当田野里青蓝色的薰衣草如同散发青烟的香炉，在迎风摇曳时，百灵鸟就不再歌唱了，人们只能听见蟋蟀仍在继续低声地唱着，仍在庄重地歌颂着。

现在，解剖家跑来啰唆了，粗暴地对蟋蟀说："把你那唱歌的玩意儿让我们瞧瞧。"它的乐器极其简单，如同真正有价值的一切东西一样；它与螽斯的乐器原理相同：带齿条的琴弓和振动膜。

蟋蟀的右鞘翅除了裹住侧面的皱襞而外，几乎全部覆盖在左鞘翅上。这与我们所见到的绿蚱蜢、螽斯、距螽以及它们的近亲完全相反。蟋蟀是右撇子，而其他的则是左撇子。

两个鞘翅结构完全一样，知道一个也就了解了另一个。我们来看看右鞘翅吧。它几乎平贴在背上，但在侧面突呈直角斜下，以翼端紧裹着身体，翼上有一些斜向平行细脉。背脊上有一些粗壮的翅脉，呈深黑色，整体构成一幅复杂而奇特的图画，形同阿拉伯文似的天书。

鞘翅透明，呈淡淡的棕红色，只是两个连接处不是如此，一个连接处大些，三角形，位于前部，另一个小些，椭圆形，位于后部。这两个连接处都由一条粗翅脉围着，并有一些细小的皱纹。第一处还有四五条加固的人字形条纹；后一处只是一条弓形的曲线。这两处就是这类昆虫的镜膜，构成其发声部位。其皮膜的确比别处的细薄，是透明的，尽管略呈黑色。

那确实是精巧的乐器，比螽斯的要高级得多。弓上的一百五十个三棱柱齿与左鞘翅的梯级互相啮合，使四个扬琴同时振动，下方的两个扬琴靠直接摩擦发音，上方的两个则由摩擦工具振动发声。所以，它发出的声音是多么雄浑有力啊！螽斯只有一个不起眼的镜膜，声音只能传到几步远的地方，而蟋蟀有四个振动器，歌声可以传到数百米以外。

蟋蟀声音亮度可与蝉匹敌，而且还不像蝉的叫声那么沙哑，令人讨厌。更妙的是，蟋蟀的叫声抑扬顿挫。我们说过，蟋蟀的鞘翅各自在体侧伸出，形成一个阔边，这就是制振器；阔边多少往下一点，即可改变声音的强弱，使之根据与腹部软体部分接触的面积大小，时而是轻声低吟，时而是歌声嘹亮。

只要是不爆发交尾期间本能的争斗，蟋蟀们便会在一起和平相处。但求欢者们之间，打斗是家常便饭，而且互不相让，但结局倒并不严重。两个情敌相互头顶着头，互相咬脑袋，但它们的脑壳是一顶坚硬的头盔，能够顶住对方铁钳的夹掐，只见它俩你顶我拱，扭在一起，然后复又挺立，随即各自离去。战败者逃之夭夭；得胜者放开歌喉羞辱对方，然后转而柔声低吟，围着情人轻唱求欢。

求欢者很会搔首弄姿。它手指一勾，把一根触须拽回到大颚下面，把它蜷曲起来，用其唾液作为美发霜在其上涂抹。它那尖钩、镶着红饰带的长长的后腿，焦急地跺着，向空中蹬踢着。它因激动而唱不出声来。它的鞘翅在急速地颤动着，但却不再发出声响，或者只是发出一阵凌乱的摩擦声。

求爱无果。雌蟋蟀跑到一片生菜叶下躲藏起来。但是，它还是微微撩起门帘在偷看，而且也想被那只公蟋蟀看见。

> 它向柳树丛中逃生，
> 但却在偷窥着求欢者。

两千年前的一首牧歌就是这么温情地唱颂的。情人间打情骂俏到处都一个样儿！

导读

萤火虫虽然看上去弱小，却是猎取野味的高手，且捕猎方式颇为残忍。萤火虫主要以蜗牛为食，在猎杀前会对其施以麻醉手术，并用独特的消化液将蜗牛肉液化后食用。然而真正令萤火虫名扬四海的却是它尾部的那盏灯，作者对萤火虫的发光原理进行探究，认为萤火虫发光的主要目的是召唤伴侣，同时雌雄萤火虫的发光器官有着明显差异……

萤火虫

写作手法

将萤火虫与其他昆虫进行对比，表明萤火虫的知名度非常高，作者列举不同地区对萤火虫的有趣称谓，表现了萤火虫的主要特点，也反映出萤火虫在各地都极为常见。

在我们这个地区，萤火虫可谓无人不知，无人不晓，没有什么昆虫像它那么家喻户晓。这种人见人爱的小东西，为了表达生活的欢乐，竟然在屁股上面挂了一只小小的灯笼。炎热的夏夜里，没有人没见过它的。古代希腊人把它称为"朗皮里斯"，意为"屁股上挂灯笼者"；法语中则称它为"发光的蠕虫"。

其实，萤火虫绝对不是什么蠕虫，即使是从外表上来看，它也不像蠕虫。它有六只短小的脚，而且它十分明白如何使用自己的脚。它是可以用小碎步奔跑的昆虫。雄性萤火虫发育完全后，如同真正的甲虫一样，长着鞘翅。但雌性萤火虫却无此造化，享受不到飞翔的快乐，终身保持着幼虫的形态。不过，雄性萤火虫在到达交尾期之前，形态也是不完全的。即使如此，称它为"蠕虫"也是不恰当的。法国有句俗语，叫"像蠕虫一样一丝不挂"，用以形容身上未有任何保护性衣物的生灵。但是，萤火虫可是穿着衣服的，就是说它有略为坚韧的外皮，而且它还有斑斓的色彩，身体呈棕色，胸部呈粉红色，环形服饰的边缘还点缀着两个红红的小斑点。这哪儿会是蠕虫呢？

写作手法

通过对比萤火虫的体型和捕猎行为，突出表现了萤火虫虽弱小却残暴的特点，这种鲜明的反差令人惊叹，引出下文对萤火虫猎食行为的描写。

我们先来看看萤火虫以什么为生吧。萤火虫看上去既小又弱，像是与他人无害，可它却是个最小最小的食肉动物，是猎取野味的猎手，而且，捕猎时还相当地狠毒。它的猎物通常是蜗牛。昆虫学家们早已知道萤火虫的这一习性。但是，我从他们书中的介绍中，总感到人们对这一点了解得很不充分，特别是对萤火虫的奇怪的攻击方法，几乎是一无所知。

萤火虫在啃食猎物之前，先对它施以麻醉，使之失去知觉。它的猎物通常是很小的蜗牛，个头儿还没有樱桃大，是处于变形状态的蜗牛。夏日里，这种蜗牛一大群一大群地聚集在稻子和麦子的茎秆上，或者其他植物的干枯的长茎上，在上面一动不动地要待上整整一个炎热的夏季。正是在这种时候，在猎物处于这种状态中，我不止一次地观察到萤火虫对猎物发动攻击，对之施以灵巧的外科麻醉手术，使猎物在颤动着的茎秆上昏死过去，然后，对之下口，美餐一顿。

萤火虫对猎物的其他藏身处所也了如指掌。它经常飞到沟渠旁边，因为那儿土地潮湿，杂草丛生，是蜗牛喜爱的栖身之所。在这种情况下，萤火虫便在地上对蜗牛施以麻醉手术。我在家中也饲养了一些萤火虫，它很容易被捕捉到，也很容易喂养，因此，我可以仔细地观察研究这位外科医生做手术的详细过程。

我在一个大玻璃瓶里放上一些草，把捉到的几只萤火虫和几只蜗牛也放了进去。蜗牛个头儿正合适，不大不小，正在等待变形，正符合萤火虫的口味。我寸步不离地监视着玻璃瓶中的情况，因为萤火虫攻击猎物是瞬间的事情，转瞬即逝，不高度集中精力，必然会错过观察的机会。

我终于发现是怎么个情况了。萤火虫稍微探了探捕猎对象。蜗牛通常是全身藏于壳内，只有外套膜的软肉露出一点点在壳的外面。萤火虫见状，便立刻打开它那极其简单、用放大镜才能看到的工具。这是两片呈钩状的颚，锋利无比，细若发丝。用显微镜观察，可见弯钩上有一道细细的小槽沟。这就是它的工具。它用它的这种外科手术器械不停地轻轻击打蜗牛的外膜，其动作不像是在施以手术，而像是在与猎物亲吻。用孩子们的话来说，它像是在与蜗牛"拉钩"。它在"拉钩"时，有条不紊，慢条斯理，不慌不忙，每拉一次，都要稍事休息，似乎是在观察"拉钩"的效果如何。它"拉钩"的次数并不多，顶多五六次，就足以把猎物给制服，使之动弹不得。然后，它就要动嘴进食了，它很可能也是要用弯钩去啄，因为我几次都未观察清楚，所以对这一点我也说不太准。总之，萤火虫在施行麻醉手术时，动作麻利，立竿见影，快如闪电，不用问，它利用带细槽的弯钩已经把毒液注入蜗牛体内，使之昏死过去。

我检查了一下猎物。在萤火虫与蜗牛拉了四五下钩之后，我便立即从它口中夺下它的猎物，用针尖刺蜗牛的前部，亦即缩在壳内的蜗牛所暴露在外的身体。我没看到它有任何反应，仿佛是一具没了生气的尸体。

我还发现一个令我信服的例子。有一次，我幸运地看到一只蜗牛正在爬行，其足正在蠕动着，突然，萤火虫向它发动了袭击。蜗牛十分惊慌，乱动了几下，然后便一动不动了。它的脚不再爬行，身体的前部也失去了如同天鹅脖颈那种优美的弯曲状，触角软软地耷拉下来，如同一只折断了的手杖。它一直保持着这种状态。

蜗牛是否真的被蜇死了呢？没有，根本没有。我可以让这只表面上看似已死的蜗牛活过来。我把这位处于半死不活状态下的病人隔离开来，给它洗个澡，尽管这对于取得实验的成功并非绝对必要。

两天过后，这只被萤火虫施以麻醉手术的蜗牛终于复活了，它又能动弹

理解感悟

萤火虫攻击猎物是"转瞬即逝"的事情，表现其攻击速度非常迅速，而作者"寸步不离地监视着"，表现他观察细致认真，投入了极大的耐心、毅力和专注力。

写作手法

详细描述了萤火虫的麻醉工具及为猎物施行麻醉手术的过程，表现了萤火虫施行麻醉手术时动作麻利、立竿见影、快如闪电的特点，突出萤火虫手段十分高明。

了，又有感觉了。我用针尖刺它，它有反应，它开始蠕动，爬行，伸出触角，仿佛什么危险都没有发生过，像个没事人似的。那种昏昏沉沉、如死一般的全麻状态已经消失，它苏醒过来了。

对于蜗牛这样的一个与世无争、平和温顺的对手，萤火虫有何必要先要对之施以麻醉手术呢？这使我想起了另一种昆虫，名叫德里尔虫，生活在阿尔及利亚。这种昆虫虽说不会发光，但其身体结构，尤其是在习性方面，与我国的萤火虫颇为相似。德里尔虫以陆生软体动物为食，它所捕食的是一种圆口类的动物。这种动物有着美丽雅致的陀螺形外壳。一块结实的肌肉把一个石质封盖固定在这种圆口类动物身上。这个石质封盖把甲壳闭合得严严实实。这个封盖是个活动的门。居于甲壳内的隐居者只需缩回身子，封盖便立即盖上。当隐居者想要外出时，此门也很容易打开。德里尔虫被黏附器（我们下面将会看到萤火虫也具有这种同等器具）固定在蜗牛的甲壳表面，耐心地等待着、窥伺着，等着甲壳里面的蜗牛憋不住，露出身子，便立刻冲到门边，把门挡住，使其关闭不上，自己则进入门内，占领了这个城堡。我并没有经常见到这种德里尔虫，但我认为，它的进攻策略与我们的萤火虫颇为相似。它钻进甲壳内，身子扭动几下，里面的隐居者也就丧失了反抗的能力。

我们还是回过头来谈谈我们的萤火虫吧。如果蜗牛在地上爬行，甚至就龟缩在壳里，萤火虫袭击它是很容易的事，因为蜗牛的壳没有封盖，而且，蜗牛身体的前部暴露在壳外，因此它无法自卫，很容易被伤害。即使蜗牛待在高处，紧贴在一棵禾本植物的茎秆上，或者紧贴在一块光滑的石头上，袭击者无从下手，但是，只要是这个外界的封盖稍有缝隙，它仍然难逃厄运。

萤火虫施以麻醉手术时，总是非常小心、轻手轻脚地对待它的猎物，不想引起对方的注意，免得它挣扎、乱动，从高处掉到地上。如果猎物掉到地上，萤火虫也就不会再想方设法地寻找它了，因为它只是依靠运气去捕捉落入口中的猎物，而不想费心劳神地去寻来找去。因此，萤火虫在发动袭击的时候，从不掉以轻心，总是小心谨慎地不让猎物感到疼痛，使其肌肉失去反应，否则猎物便会从高处掉下地来，到嘴的猎物便化为乌有了。由此不难看出，突然对猎物施以深度麻醉，一针见血，是它捕捉猎物的绝招。

萤火虫如何享用其猎物呢？它是不是真的在吃它？也就是说，它是不是把蜗牛切成细小的碎块，然后用自己的所谓的咀嚼器把它们嚼烂、咽到肚子里去？我看并非如此。我所捕捉到的萤火虫，嘴上从未发现有固体食物的碎渣细末什么的。萤火虫的所谓"吃"，并不是真正意义上的那种吃，而是吮吸，如同蛆虫那样，把猎物化为汁液，然后吸入肚里。与双翅目昆虫爱吃肉的幼虫一样，萤火虫也是先把猎物变为流质，对之进行液化处理、加工，然后食之。我把我所见到的萤火虫"吃食"的过程介绍如下：

萤火虫对蜗牛施行了麻醉。它几乎总是单独操作，即使是遇到一只个头儿很大的蜗牛，它也不找助手。在它施行完麻醉手术后，总会有宾客不请自来，两三位，四五位，甚至更多。众宾客来到餐桌前，与食物的真正主人并无纷争，毫不客气地尽情享用，不分彼此。两天后，主人与食客都离去了，我便把蜗牛壳口冲下翻倒过来，只见壳里的东西如同锅口朝下倒浓汤似的，全流了出来。主客吃饱喝足了之后，不屑一顾地把残羹剩饭给撒下了。

事情很明显，我先前所说的"拉钩"之后，也就是萤火虫东一口西一口地轻轻拍击蜗牛之后，蜗牛昏死过去，然后，众宾客齐上阵，都在用特有的消化素对猎物进行加工，最后，蜗牛肉便变成了蜗牛肉粥了，接着，大家便一起尽情享用，尽兴而去。这样看来，萤火虫嘴上的那两只弯钩外表上看去并无保护层，是其进攻猎物的利器，刺入对方体内，注入麻醉药剂，并使对方的肉质液化，而这麻醉药剂很有可能就是萤火虫的体液。在放大镜下仔细地进行观察，可以很清楚地看到它的这种微型器械，可我认为它们不像是钩子。它们的中心是空的，与蚁蛉的那对工具颇为相似；蚁蛉就依靠这种工具吸食猎物的肉，而并不把猎物肉切成小细块。不过，萤火虫又与蚁蛉的表现颇为不同：蚁蛉用餐完毕，会从沙地的漏斗状陷阱中抛出大量的丰盛食物；而萤火虫有液化装置，绝不糟蹋食物，或者说，几乎不糟蹋食物。二者掌握着类似的工具，但是，一个是用来吮吸猎物的血液，而另一个则采用液化设备，使食物变成流质，全部食之。

有时候，蜗牛所处的位置不太好，难以保持平衡，但是，萤火虫毕竟是动作敏捷，不以为意，干净利落地就处理完了。我透过喂养着萤火虫的那个大口玻璃瓶，清楚地看到了全过程。大口瓶上盖着一块玻璃，蜗牛沿着玻璃瓶内壁往上爬，一直爬到瓶口边沿，停了下来，用少许黏液把壳体粘挂在那儿。它只是在那做短暂的停留，所以舍不得用太多的软体组织所生产出来的胶黏剂。这样一来，只要稍微地震动一下瓶子，蜗牛壳口就会松脱，从粘黏的地方摔到瓶底上。

我看到瓶子里的那只萤火虫也在不断地往高处爬去，爬到蜗牛暂时停留的地方。它依靠某种攀缘器官在沿着瓶子内壁爬着，这种攀缘器官弥补了萤火虫足爪此刻的功能缺陷。萤火虫已经来到了蜗牛的身旁，找到了一处可以下手的缝隙，便轻轻地拍击了几下躲在缝隙内的蜗牛，使之昏死过去，随即开动其液化装置，使蜗牛肉变为蜗牛肉汤，美美地吮吸起来。

当萤火虫吃饱喝足之后，蜗牛就剩下一个空壳了，肉没有了，汤也没有了。但是，这只空壳虽然只用了少许黏液粘在玻璃上，却并未开胶，仍然牢牢地粘在那里，没有丝毫的移位。壳中的那个隐居者没有挣扎，没有反抗，一点一点地从固态变成了液态，全都从萤火虫开始发起攻击的那个点上流了出来，流得干干净净，只剩下一个空壳了。由此，我们不难看出，萤火虫的麻醉手术之高超、之快速，简直是迅雷不及掩耳，让对方防不胜防。而且，我们还可以看出，萤火虫吃蜗牛的手段之奇妙，让人叫绝，都没有让蜗牛空壳从极其光溜而又垂直的玻璃瓶内壁上掉落下来，甚至都没让只有些许胶黏着的空壳有丝毫的晃动、移位，这真的是不可思议。

萤火虫要在玻璃上或草茎上攀爬，它的又短又笨的爪子显然是无法承担这一重任的，必须拥有一种特殊的工具。这种特殊工具必须不怕光滑，能攀住无法抓住的物体。萤火虫确实拥有这种特殊工具。它的后腿末端有一个白色的点，用放大镜仔细观察，可以看到那上面约有十二个很短小的肉刺，它们有时收拢起来，缩成一团，有时却又伸展开来，好似玫瑰花瓣。这就是它的吸附并移动的器官。萤火虫想要把自己附着在某个地方，甚至是个极其光滑的表面上，比如固着在禾本植物的茎秆上，它就把这十二个短小的肉刺展开来，呈玫瑰花瓣状，就可以牢牢地铺展在所吸附的物体上了，用自己的身体的黏性，把自己紧紧地贴附在支撑物上。这个特殊器官通过抬高和放低，张开和闭合，帮助萤火虫行走。总而言之，萤火虫可以说是一个双腿残疾者，它在自己的后腿上放上一朵漂亮的白色玫瑰花，一种没有关节、可向四下里活动的有十二个趾肢节的爪子，而这种管状的趾肢节，并非抓住而是黏附着物体。这个器官还有一个用途，它可以当做海绵和刷子来使用。萤火虫在进餐之后，便使用这把刷子刷头、背、尾及两侧。它之所以全身上下地刷来刷去，是因为它的脊椎很柔韧，可以弯来弯去，哪儿都能够得着。萤火虫在这儿进行全身擦拭时，非常仔细，一处不漏，足见它对这种运动颇感兴趣，乐此不疲。它这样做的目的究竟是什么呢？很显然，它这是要擦去沾在身上的灰土或者蜗牛肉的残渣剩汤。

如果萤火虫只会像亲吻似的轻拍蜗牛，对它施以麻醉手术，而没有其他什么本领的话，那它也就不会这么出名，这么家喻户晓了。它真正名扬四海的原因，是它能在尾部亮起一盏灯。我们来特别仔细地观察一番雌性萤火虫吧。它在达到婚育年龄，在夏季酷热期间发出亮光的过程中，一直保持着幼虫状态。它的发光器是在腹部的最后三节处。其中的前两节的发光器呈宽带状，另外一个组群是最后一个体节的两个斑点。具有那两条宽带的只有发育成熟了的雌性萤火虫——未来的母亲用最绚丽的装束来打扮自己，这亮灿灿的宽带锃亮，以庆贺自己的婚礼，而在这之前，自刚孵化的时候起，它只有尾部的那个发光斑点，这种绚丽的彩灯显示着雌性萤火虫那惯常的身体变态。身体的变态使之长出翅膀，能够飞翔，从而宣告其生理演变过程的结束。这盏亮灿灿的灯点亮时，还标志着其交尾期即将来临。这之后，雌性萤火虫就没有了翅膀了，不能再飞翔，一直保持着这种幼虫的可怜的卑屈形态，但是，它的那盏明灯却始终点亮着。

雄性萤火虫则有所不同，它得到了充分的发育，改变了形态，拥有着鞘翅和翅膀。与雌性一样，从孵化时起，它的尾部就有这盏明灯。总之，萤火虫不管是雌性还是雄性，不管是处在发育时期的什么阶段，其尾部均可发光，这就是整个萤火虫大家族的一大特点。而且，这个发光点从背部或腹部都可以看见，但只有雌性萤火虫才有的那两条宽带，才在腹部下面发光。

我的手和眼仍然很听使唤，做起解剖来还算得心应手，因此，我便想解剖一下萤火虫的发光器官，以便彻底搞清楚其构造。我终于成功地把一根发光宽带的大部分给剥离开来。我在显微镜下仔细地观察了这条宽带，发现其上有一种白色涂料，系极其细腻的黏性物质构成。这白色涂料显然就是萤火虫的光化物质。紧靠着这白色涂料，有一根奇异的气管，主干很短却很粗，下面长了不少细枝，延伸至发光层上，甚或深入到体内。

发光器受到呼吸气管的支配，发光是氧化所导致的。白色涂层提供可氧化的物质，而长有许多细枝的粗气管则把空气分送到这物质上。现在，我很想搞清楚这个涂层的发光物质究竟为何物。起初，人们以为那是磷，还把它加以燃烧，以化验其元素，但是，据我所知，这种办法并没获得理想的效果。显然，磷并非萤火虫发光的原因，尽管人们有时把磷光称为萤光。这个问题的答案肯定不在这里，而是另有原因。

萤火虫能够随意地散布它的光亮吗？它能否随意地增强、减弱、熄灭其亮光？它怎么做的呢？它有没有一个不透明的屏幕朝着光源，把光源或遮住或暴露呢？现在，我们对这个问题的答案已知道得很清楚，萤火虫并没有这样的器官，这样的器官对它来说是没有用的，它拥有更好的办法来控制它的明灯。若想增强光的亮度，遍布光化层的光管就会加大空气的流量；如果它把通气量减缓甚至停止供气，光度就变弱，甚至熄灭。总之，这个机理犹如油灯的机理一样，其亮度是由空气进入灯芯的量来调节的。

遇到激动的情况，气管就运作起来，灯也就亮了。需要加以区别的是光带和尾灯这两种情况。其一，发光的是那漂亮的宽带，即已到婚育年龄的雌性萤火虫的独特的饰物；其二，也就是那盏尾灯，萤火虫无论雌雄，无论长幼，都在其最后一个体节上点着一盏小灯。在后一种情况下，由于突然的刺激而引起萤火虫的情绪变化，使其变得惊恐不安，这盏尾灯或完全地或近乎完全地熄灭。我曾经在夜晚捕捉过萤火虫，眼见那盏尾灯在草上发着亮光，可是，只要我稍不留神，碰着了那棵草，草一晃动，灯立即就熄灭了，我想要捕捉的这只昆虫也就不见了踪影。但是，发育完全的雌性萤火虫身上的宽光带，即使受到惊吓，也毫无影响，照样亮着。

我捉了几只雌性萤火虫，把它们关进笼子里，放到屋外，笼子旁边放了一把枪。我放了一枪，但枪声并未产生效果，宽带依旧在发光，与没有放枪前一样明亮。然后，我又用喷雾器把水雾喷洒到它们身上，它们身上的光带依然光亮闪闪，没有一盏灯熄灭的，顶多也就是亮度上有短暂的减弱而已，而且也只是个别的雌性萤火虫这样，并不是每只都如此，我猛抽了一口烟斗，把烟吹进笼子里，光带的亮度倒是更加弱了，甚至灭了一会儿，但时间非常短暂。很快，萤火虫便平静下来，恢复了常态，灯又亮了起来，而且比先前还要明亮。这之后，我又用指头抓住它，把它翻过来掉过去地折腾，又轻轻地摆弄它，只要是捏得不太重，它照旧在发光，亮度也保持不变。即将处于交尾期的萤火虫，对于自己的灯的光亮十分地沾沾自喜，没有极其严重的情况发生，它们是不会把自己的灯完全熄灭掉的。

从各种实验的结果来看，极其明显的是，萤火虫是自己在控制着其身上的发光器，它可以随意地使之或亮或灭。不过，在某种情况之下，有无萤火虫的调节都无关紧要。我从其光化层上弄下来一块表皮，把它放进玻璃管里，用湿棉花把管口堵住，免得表皮过快地蒸发干了。只见这块表皮仍在发光，只不过其亮度不如在萤火虫身上那么强而已。在这种情况下，有无生命并不要紧。氧化物质，亦即发光层，是与其周围空气直接接触的，无需通过气管输入氧气，它就像是真正的化学磷一样，与空气接触就会发光。还应该指出的是，这层表皮在含有空气的水中所发出的亮光，与在空气中所发出的亮光的强弱一样。不过，如果把水煮开，使之沸腾，没了空气，那么，表皮的光就熄灭了。这就更加证明，萤火虫的发光是缓慢氧化的结果。

萤火虫发出来的光呈白色，很柔和，但这光虽然很亮，却不具有较强的照射能力。在黑暗处，我用一只萤火虫在一行印刷文字上移动，可以清楚地看出一个个字母，甚至可以看出一个不太长的词儿来，但是，在这小小的范围之外的一切东西，就看不见了，因此，夜晚，以萤火虫为灯看书，那是不可能的。

如果把一群萤火虫放在一起，彼此紧挨着，每只萤火虫都放着光，那么，它的光就会通过反射而可以照亮旁边的萤火虫，我们似乎也就能够看清一只只的萤火虫了。但是，事实又并非如此。这群萤火虫只是杂乱无章地聚集在一起，就算彼此离得很近很近，我们也无法看清萤火虫的模样，因为这所有的亮光把萤火虫全都混在了一起，成了模模糊糊的一片。

我通过照相技术非常清楚地证实了这种情况。我用钟形金属网罩罩住二十来只充分发光的雌性萤火虫，把它们置于露天地里。罩子里，有一丛百里香插在其中央，形成一片小林子。夜晚时分，那二十来只雌性萤火虫全都爬到罩子顶上去了；它们在竭力地朝着各个方向展示着它们那发光的服饰。因此，沿着百里香小枝形成了一串串的花序。我指望这一串串花序能够对相板和相纸产生作用，但是，我却未能遂愿，只得到了一些不成形的白色斑点，根据萤火虫群体的不同情况，有些地方浓些，有些地方浅些，而萤火虫的模拟斑点却一点也没有影现，连百里香丛的痕迹也没有显现出来。因缺乏充足的光照，美妙如画的光彩只显现出一团模糊不清的黑乎乎的水浆似的东西来。

由此看来，雌性萤火虫的灯光并不是用来照明的。那么，它到底是干什么用的呢？我想，它是用来召唤情郎的。但是，雌性萤火虫的灯是在其肚子下面冲着地面发光的，而雄性萤火虫则是在随意乱飞，它是在上面，在空中，有时是在老远的地方往下看的，应该说它是看不见雌性萤火虫的那盏灯的。但是这种不正常的情况却被巧妙地予以纠正了。雌性萤火虫自有其高明的调情手段。每天晚上，天完全黑下来的时候，被我拘于钟形罩里的囚徒们就去我用来作为监狱的百里香丛中。到了这个花丛中，它们便爬到显现得很清楚的细枝上，不像在灌木丛下时那样老老实实、安安生生地待着，而是在那儿做着激烈的体操运动，一个个把小屁股扭来扭去，一颠一颠地，朝这边扭一下，再朝那边扭一下，把灯光向各个方向打去，这么一来，寻偶求欢的雄性萤火虫从附近经过时，无论是在地上还是在空中，肯定都能看到这盏随时都在亮着的灯。这一招儿，有点像捕捉云雀的旋转镜子的运作方式。这面旋转小镜静止不动时，云雀对它并无什么反应，但是，它只要一旋转起来，把它的光弄成迅速闪动的碎裂的光亮，云雀见了就会激动起来。

写作手法

文字诙谐有趣，形象地描绘出雌性萤火虫为了招引情郎时的动作特点，富有情趣。

雌性萤火虫自有其召唤求欢者的绝招，而雄性萤火虫也不甘示弱，它有着一种光学器具，能够老远就看到雌性萤火虫那盏灯所发出的最微弱的光。其护甲胀大成盾形，大大地超出了头部，像帽檐或灯罩似的伸向前去，它的作用就在于缩小视野，把目光集中于需识别的光点上去。而在其颅顶下面，长着两只大眼睛，非常鼓凸，呈球冠形，彼此接近，中间只有一条狭窄的槽沟，以便收放触须。它的这个复眼几乎占据了它的整个面孔，缩在大灯罩所形成的空洞里，真像库克普罗斯❶的眼睛。

雌雄交配的时候，那盏灯的灯光会变弱，几近熄灭，只有尾部那盏小灯还亮着。春暖花开、暖意融融的时节，田野里，昆虫们都在求欢寻爱，低吟婚庆颂歌，陶醉于男欢女爱之中，萤火虫的这盏尾灯虽能通宵达旦地亮，但也没有哪位会去注意它，不会发生任何的危险。待交配完毕，萤火虫便立刻产卵，它们并无夫妻感情，没有什么家庭观念，没有慈母之爱，它把白白的圆圆的卵产在——或者更确切地说是抛撒在随便什么地方。

写作手法

作者将昆虫的交配行为赋予人类的情感，生动传神的描写使文章斐然有趣。

有一点却是非常奇怪的：萤火虫的卵，甚至还在其母的体内时，就是发光的。如果我在捕捉时，一不小心，捏破了雌性萤火虫那装满了卵的肚子，就会看到一道道汁液，闪闪发光地流在我的指头上，好像我把一只装满着磷液的囊给捏破了似的。我用放大镜仔细地进行了观察，确实是被挤出卵巢的虫卵所发出的光亮。此外，临产时，卵巢里的荧光已经显现出来了，雌性萤火虫肚皮表面已经透出一种柔和的乳白色的光。

卵产下不久就会孵化。萤火虫幼虫雌与雄的尾部都有一盏小灯。寒冬将至时节，幼虫欲到地下不太深的地方，顶多也就是三四寸深。我在大冬天里，从地下挖出过几只幼虫，发现它们的尾灯一直亮着。四月将要来临，天气转暖，

❶ 库克普罗斯：古希腊传说中掌管雷霆的独眼巨人。

幼虫便钻出地面，继续完成其演化过程。

总而言之，我通过观察研究得知，萤火虫自生下来起，一直到寿终正寝时止，都一直在发光。它的卵在发光；它的幼虫在发光；雌性萤火虫亮着的是华丽的灯；雄性萤火虫保留着幼年时期的那盏已有的小灯。对于雌性萤火虫的光带的作用，我可以说是已经有所了解了，但是，它的尾灯又是干什么用的呢？我很遗憾地说，尚不得而知。昆虫物理学要比我们书本上的物理学更加深奥，这个问题可能在很长的时间里，甚至在永远的将来，也都是个不解之谜。

要点提示

人类在长期探索中不断认识和改造着自然，但是还有很多未知的领域需要探索，我们对大自然要心存敬畏之心。

读后思考

作者在前文描写萤火虫在对蜗牛进行猎杀前对其施以麻醉手术的原因时，先插入了一段关于德里尔虫的捕食过程，这段描写是否多余呢？请结合相关描写谈谈你的看法。

导读

作者在与科学家巴斯德的交往中获得启示，着手进行对朗格多克蝎的观察。他着重介绍了朗格多克蝎的孵化过程，在对其究竟是胎生还是卵生的问题进行探究后，介绍了幼蝎的成长经历和生活习性。在小蝎子获得新生与灵活的蜕变之前，会受到蝎妈妈的百般呵护和照顾，但是当它们成长起来后，就要逃离蝎妈妈而各奔东西独立生活了。

朗格多克蝎的家庭

在解决生活中的问题时求助于科学书籍收获是不大的；这时候，应孜孜不倦地对事实进行探讨，这比藏书丰富的书橱有用得多。在许多种情况下，无知反倒更好，脑子可以自由思考，无先人为主之见，不致陷入书本所提供的绝境。我刚刚再一次地体会到这一点。

一篇解剖学论文，而且还出自大师之手，告诉我说，朗格多克蝎九月份有家庭之累。唉！我要是没翻阅这篇论文该多好！至少在我们地区的气候条件下，朗格多克蝎的繁殖期要大大地早于论文中所说的月份。不过，好在我没太受这篇论文的影响，要不然我傻等到九月份，那就什么也看不到了。我苦苦地观察了三年，简直等得人困马乏，心灰意冷，但还是没有看到我预想会是非常有意思的那个场景。环境并无异常，可我却莫名其妙地坐失良机，白白地浪费了一年时间，而且我也许都想放弃对这个问题的研究了。

没错儿，无知可能有益；抛开老路，可以发现新东西。我们的著名大师之一从前曾这么教导过我，他就不怎么相信已知的课本知识。有一天，巴斯德[1]未事先通知，突然按响我家的门铃，就是那位很快就将闻名遐迩的巴斯德本人。我当时已深知其名了。我早就拜读过这位学者的有关酒石酸不对称结构的大作了；我也怀有浓厚的兴趣一直关注着他对纤毛虫纲生殖问题的研究。

每个时代都有其科学的奇思妙想。我们今天有进化论，而那个时代却有自生论。巴斯德凭借自己人为决定其有菌无菌的烧瓶，按照自己那严谨而简单的绝妙实验，把一个无理的谬论给彻底推翻了，依据这一谬论，腐败物内部的一种冲突性化学反应可以激发出生命来。

我知道那个被巴斯德成功地予以澄清的有争论的问题，所以我极其热情地欢迎了这位著名的来访者。他跑来找我最主要的是想请教我几个问题。我能享

阅读笔记

---

[1] 巴斯德：法国化学家，微生物学的奠基者。

有这份实不敢当的荣幸，应归功于我乃物理和化学上的同行身份。唉！我只不过是他的一个小小的、默默无闻的同行罢了！

巴斯德巡视阿维尼翁地区的目的是了解养蚕业。几年来，各个养蚕场一片惶恐，被一些搞不清的灾害弄得凋敝不堪。蚕宝宝们无缘无故地就发生溃烂，继而变硬，成了一些石灰膏壳的蚕仁硬皮豆了。蚕农们手足无措，眼看着自己的一项主要收成化为乌有，付出这么多心血和钱财，落得个把一屋一屋的蚕扔进肥料堆里去。

我们就猖獗的灾害进行了一番交谈。谈话开门见山：

"我想看看蚕茧，"来访者说，"我还从来没见过蚕茧，只是知道其名而已。您能帮我弄一些来看看吗？"

"这很好办。我的房东就是经营蚕茧生意的，我们门对门。请您稍等片刻，我去给您弄一些来。"

我三步两步地就跑到邻居家里。我衣服口袋里装满了蚕茧后回来了，把蚕茧拿出来给大学者看。他拿起一个，在手指间翻过来掉过去地观看，那份好奇劲儿，犹如我们在看一件来自天涯海角的奇异物品似的。他在耳边摇了摇。

"还响哩，"他极为惊讶地说，"里面有东西。"

"当然有。"

"什么东西呀？"

"蚕蛹。"

"什么，蚕蛹？"

"是一种木乃伊似的东西，幼虫在里面逐渐变化，最后变成蝴蝶。"

"在所有的蚕茧里面都有这个东西吗？"

"当然，蚕吐丝结茧就是要保护蛹的。"

"啊！"

他没再说什么，就把蚕茧装进衣兜里去了，大概留待空闲时去探究蚕蛹这个重大的新生事物。他的这种胸有成竹的非凡自信令我惊叹。巴斯德不了解蚕、茧、蛹变形的知识，却前来为蚕谋求新生。古代的体育教师们出场表演时是一丝不挂的。我们的这位与养蚕业灾害作斗争的神奇勇士同他们一样，奔向角斗场时也是赤身裸体的，也就是说他对欲救其出灾难的那种昆虫连最起码的常识都没有。我为之惊讶不已，而且远胜于此，我感到为之叹服。

对下面的问题我就不怎么惊奇了。巴斯德当时还关心一个问题，就是通过加温提高酒的质量的问题。他突然转换话题说道：

"带我看看您的酒窖。"

带他看我的酒窖？我那寒酸的酒窖？凭我那当教师的微薄薪水我连喝点酒都喝不起，所以我常常抓把红糖和苹果丝放进一只坛子里发酵，为自己弄点酸不溜丢的劣质苹果酒喝喝！我的酒窖！要看我的酒窖！何不看看我的一桶桶陈年佳酿呀！我的酒窖！那还能叫酒窖吗？！

我感到狼狈不堪，一再地支吾躲闪，试图转换话题。但是他却不肯罢休，说道：

"请您带我看看您的酒窖。"

他这么一个劲儿地坚持，我也就没法拒绝了。我用手指指厨房角落里的一把没有椅垫的椅子，上面放着一只容量有十二升左右的大肚坛子。

"我的酒窖，那就是，先生。"

"这就是您的酒窖？"

"我没别的酒窖了。"

"都在这儿了？"

"唉！是的，都在这儿了。"

"啊！"

他没再说什么。学者没有发表任何看法。看得出来，巴斯德并不了解这种平民百姓称之为"疯奶牛"的口味重的菜肴。如果说我的酒窖——那把旧椅子和拍着空空响的大肚坛子没就利用加热来抑制发酵的问题发表看法的话，那它却雄辩地谈到了我那位赫赫有名的来访者似乎也不懂得的另一件事情。一种微生物逃过了他的眼睛，而且是最可怕的微生物中的一种：扼杀坚强意志的厄运这种微生物。

尽管出现了酒窖这令人扫兴的插曲，但我仍对他那镇定自若的自信深为叹服。他一点儿也不了解昆虫的蜕变；他这是生平头一次刚刚看到一只蚕茧，并获知这只茧里有点东西，那是未来蝴蝶的雏形；我们南方农村小学一年级的小学生都知道的事他却全然不知；然而，这个问了一些莫名其妙的问题的大专家，不久即将让养蚕场的卫生状况发生翻天覆地的变化；同样，他也将使医药和公共卫生产生革命性的变化。

他的武器就是思想，不拘泥于细枝末节而凌驾于全局之上的思想。对他来说，变形、幼虫、若虫、蚕茧、蛹壳、蛹虫以及昆虫学的数千种小秘密有什么要紧的！在他思考的问题中，不知道这一切也许更好一些。这样，他的思绪就能更好地保持其独立见解，以及大胆的腾飞；其行动摆脱了已知的东西的羁绊，将会更加自由。

受到巴斯德摇动蚕茧，听到里面发出声响这绝佳范例的鼓励，我便立下了一个信条，把无知的这种方法运用在我对昆虫本能的研究上。我很少看书。与其用翻阅书本这种我力所不能及的费时耗力的办法，与其向别人讨教，倒不如自己坚持不懈地与我的研究对象亲密地接触，直到让它们开口说话为止。我什么都不清楚。这样反倒更好，我的探询也就更加自由，可以根据已获知的启迪，今天从这个方面去探究，明天则进行反向思维。如果我偶尔翻开一本书，我便有心地在自己的思绪中留下一个向怀疑大大敞开的空间，因为我所开垦的土地上长满了蒿草和荆棘。

理解感悟

巴斯德虽然不懂关于蚕及其他昆虫的常见知识，却能让养蚕场的卫生状况、医药和公共卫生产生重大的改变，可见在某种情况下，无知可以自由思考，让思想不拘泥于细枝末节而凌驾于全局之上，摆脱已知认知的羁绊。

理解感悟

作者将无知的方法运用于对昆虫本能的研究，其本质是为坚持实地研究和自由探寻，摆脱常规的束缚，大胆尝试和探索，而并非盲目胡乱地进行观察与研究。

因为未曾这么去做，我已差点儿浪费了一年的时间。当时因过于相信书本，我在九月之前，没想过朗格多克蝎的家庭的出现，可我却在七月里无意之中发现了这个家庭。实际日期与预见的日期之间的这段差距，我把它归之于气候差异造成的：我今天是在普罗旺斯进行观察，而曾为我提供信息的雷翁·迪弗尔则是在西班牙进行观察的。尽管这位大师是个大权威，我还是本应该多存个疑问的。但我没有这么做，以致差点儿错失良机。幸好，那普通的黑蝎子以前并不是这么告诉我有关它的家庭的。啊！巴斯德不知蚕蛹是怎么回事真是太好了！

普通黑蝎子比朗格多克蝎个头儿小，且比后者安静，我一直把它们养在一些小的大口瓶中，放在我工作室的桌子上，用作参照的蝎子。这些普通的瓶子不占地方，也便于观察，所以我每天都要看看它们。每天早晨，在开始往记录本上记录情况之前，我总要掀起点为它们藏身用的硬纸板，看看头天夜里有什么状况。天天这么观察在大玻璃笼子里就难以办到，因为大玻璃笼子里有许多的小格间，必须颇费周折，大动干戈才能逐一地进行检查，而且检查完之后再恢复原状也不容易。而用小的大口瓶装黑蝎，检查起来就易如反掌了。

有一天，我眼前一亮，突然看到母蝎背着一群小蝎。那是七月二十二日早晨六点钟光景的事。我在掀开硬纸板遮盖物时，竟然发现一只黑蝎妈妈背上背着一群小蝎，仿佛背脊上披着一件白色短披风。我顿感一种温馨、甜蜜、满足，而这种时刻是观察者隔好久好久才能遇上的。我生平头一次亲眼看见黑蝎妈妈背着自己小宝宝们的弥足珍贵的场面。黑蝎妈妈是刚分娩的，大概是头天夜里的事，因为头一天它身上还是光溜溜的。

接二连三的好事在等待着我：第二天，又有一只黑蝎妈妈披上了一件白色短披风；第三天，又有两只黑蝎妈妈同时披上白色短披风。总共是四只。这比我所奢望的要多。有四个黑蝎家庭做伴，再加上几天的安静日子，我可以说是颇觉生活之甜蜜了。

特别是好运接踵而至。当我一发现小的大口瓶中有了重大收获之后，我便立刻想到大玻璃笼子；我在思考朗格多克蝎是否会像黑蝎一样早熟。我顿生感悟，赶紧跑去查看。

笼中的二十五片瓦都翻开来了。大获丰收！我都一副老骨头了，但我此刻却立即觉着硬化的血管里有二十岁的年轻人的热流在涌动。在二十五块瓦片中的三块下面，我发现了有蝎妈妈带着自己全家。有一只的孩子们已经长大了，有约一个星期大了，这是我后来连续观察才弄明白的；另外两只是刚分娩不久，就在头一天的夜里，这从蝎妈妈的大肚子下面还精心保留着的一些残留物就可以看得出来。我们一会儿将要看一看这些残留物是怎么一回事。

七月逝去，八月、九月也过去了，我再没有收获到什么。因此，两种蝎子的生育期都在七月下旬。七月份过去之后，一切都结束了。然而，大玻璃笼子里面养的那些蝎子中，还有一些母蝎同已经给我生过蝎宝宝的母蝎一样，肚子大大的。我原指望它们能给我添人进口，因为种种表象都让我这么期盼着。冬天来了，它们中谁也没有满足我的愿望。看上去马上就要实现的事情却拖到了来年：这再次说明妊娠期很漫长，特别是在低等生物中，这种情况十分罕见。

我把每只母蝎及其蝎宝宝移到能够仔细观察的狭小的容器里。早晨我去查看时，发现头一天夜里分娩的那些蝎妈妈肚子下面又藏着一部分小宝宝。我用一根草尖把蝎妈妈拨开来，在那堆尚未爬上母亲脊背的小宝宝中我发现了一些东西，把我从书本上学到的有关这一问题的那一点点知识彻底地打翻了。据说，蝎子属于胎生，这种说法虽颇有学问但却缺乏准确性。实际上蝎子宝宝并非一生下来就是我们所熟知的那个样子。

而这一点是讲得通的。如果小宝宝伸着钳子，张开爪子，蜷起尾巴，你让它怎么能够进入母蝎的通道呢？这种碍手碍脚的小宝宝永远也通不过母亲那狭窄的通道的。所以它出生时必须紧裹着，少占空间才行。

母蝎腹下发现的残留物确实是一些卵，一些与解剖妊娠很长时间的卵巢所见到的卵一模一样。小宝宝紧缩成米粒状，以节省空间，尾巴贴在肚皮上，双钳回收胸前，足爪紧紧地贴于腰侧，这样一来，这椭圆形的小宝宝就可以顺顺当当地滑出来了。它额头上有墨黑的点，那是它的眼睛。小宝宝悬浮于一滴透明的液体中，此刻那液体就是它的天地，它的大气层，外面由一层精巧的薄膜包裹着。

那些残留物确实是一些卵。分娩刚结束时，朗格多克蝎有三四十个卵，而黑蝎的卵则要稍许少一些。我去查看时已经太晚了，只赶上个结尾。但是，所剩无几的卵也足以坚定我的看法。蝎子实际上是卵生的，只不过其卵孵化得非常之快，母蝎刚一产下卵来，小宝宝便破卵而出了。

那么，小宝宝是如何孵出的呢？我有得天独厚的特权亲眼看见这个过程。我看见蝎妈妈用大颚尖小心翼翼地挑起卵的薄膜，把它撕破，扯下，然后把薄膜吞下。在给小宝宝剥胎衣时蝎妈妈倍加小心，犹如温柔慈爱地舔食胎衣的母羊和母猫。尽管工具很粗糙，但宝宝那细皮嫩肉上没有任何伤痕，也没伤筋动骨。

我简直是惊呆了：蝎子是最先把近乎我们人类的母爱传给自己的孩子的。远在植物区系那远古时代，第一只蝎子出现时，生儿育女的那份爱心就已经在酝酿之中了。如同休眠状态的种子的卵，如同当时爬行动物和鱼类已经拥有的、而不久之后又将为鸟类和几乎全部的昆虫所拥有的卵，已经是一种极其微妙的有机体的等同体了，已成为高等动物胎生现象的前兆了。生命的孵化已不在各种事物的危险重重的外部或内部进行，而是在母体的腰间腹下完成了。

生命的进化并非循序渐进的，并非从低级到高级，再从高级往最高级。进化是跳跃形的，有的时候是在进步，有的时候却是在倒退。大海有潮起潮落。生命也是一种大海，比水的大海更加高深莫测，它也有过潮起潮落。它还将会有潮起潮落吗？谁能说它有？谁又能说它没有？

如果母羊不想法用嘴唇把胎衣剥下并吞食掉，羊羔就永远无法从胎盘中出来。同样，蝎宝宝也需要母亲的帮助。我就看见过一些蝎宝宝被黏膜粘住，在已经撕破了的卵囊中拼命地扭来扭去，怎么也挣脱不出来。必须有母亲的那一

理解感悟

由于蝎子产卵后孵化速度很快，导致人们一直误认为其属于胎生，对应上文作者说的"颇有学问但却缺乏准确性"，可见只有进行周密细致的观察才能得出准确的结论。

佳句品析

作者有着旺盛的求知欲与质疑精神，他以科学家的严谨与实事求是的态度探究生命的秘密，生命的进化是神奇而没有规律可循的，演化过程是漫长而复杂的。

下牙咬才能让宝宝彻底解放。认为宝宝在解放的过程中也起着作用，那也是错误的。宝宝软弱无力，虽然它的出生袋子像洋葱片内壁的皮膜一样细薄，但它就是挣脱不开这层细薄的皮膜。

雏鸡喙尖上有一个临时的硬茧，供它破壳而出时啄壳用的。而蝎宝宝为了节省空间，是蜷缩成米粒状的，它死死地等待着外援。一切都得由蝎妈妈去完成。蝎妈妈努力地完成着自己的工作，分娩中附带排出的东西也全部被它清理掉，甚至包括那些随之而出的未受孕的卵也被清理干净了。一点碎衣破片都见不着了；全都回到蝎妈妈的胃里去了，而产卵时占用的那块地方也都干干净净的。

蝎宝宝现在一个个被收拾得干干净净，欢蹦乱跳的。它们通体雪白。从头至尾，朗格多克蝎长九毫米，黑蝎长四毫米。随着产后清洗完毕，蝎宝宝们一个一个地往蝎妈妈背脊上爬去。它们沿着妈妈的双钳缓缓地往上爬。蝎妈妈把双钳贴地，以利于宝宝们攀登。宝宝们一个个紧紧挨挤着聚在一起，并无队形，但却在妈妈背上留下了一条覆盖层。它们凭借自己的小细爪子牢牢地攀附在上面。我用毛笔尖把它们扫下来而又不想碰伤这些细皮嫩肉的小家伙，还颇费了些工夫哩。蝎妈妈背着小宝宝们时，双方谁都一动不动，这正是进行实验的好时机。

身披蝎宝宝们组成的白色短披风的蝎妈妈是值得关注的一景。蝎妈妈一动不动，尾巴高高地翘卷起来。如果我把一根麦秸移近蝎子一家，蝎妈妈立即恶狠狠地竖起双钳，这种凶相只有在自卫时才显现出来。它竖起双臂做拳击状，钳子大张着，随时准备还击。它的尾巴翘着，挥动着，这在平时是难得一见的；尾巴不能突然放平，否则会带动背脊，也许会把背上的小宝宝们甩下一些来。拳头竖起就足以威胁敌人的了，那架势既勇猛，又突然，又威武。

我对此并不觉得好奇。我拨弄下来一个小宝宝，把它移至其母面前，离开有一指宽的距离。蝎妈妈好像并不在意这个事故；它原先一动不动，现在仍纹丝不动。掉下去几个小家伙有什么可大惊小怪的？小家伙会自己想法儿摆脱困境的。掉下去的小蝎子举手蹬腿，紧张焦急，然后，突然发现妈妈的一只钳子就在自己面前，于是，便迅速爬上去，回到了兄弟姐妹们的中间。它就又骑到妈妈身上，但动作笨拙得要死，与狼蛛的孩子们相去甚远，后者一个个都是高空杂技的好手。

实验又开始了，规模更大。这一次我拨弄下来一部分小蝎子，小家伙们散落一地，但相距并不太远。它们迟疑不决了挺长时间。正当它们不知如何是好，在转来转去的时候，蝎妈妈终于害怕会有不测了。它用我称之为胳膊的两只钳式触角合抱成半圆，搂住自己面前的沙子，把迷途的孩子们搂到自己的面前来。它干这种活儿时笨手笨脚，做得很粗糙鲁莽，根本没考虑会不会把宝宝们给压碎了。母鸡轻轻一声召唤，跑开去的鸡雏们就立即回到自己的怀前膝下；母蝎却是用耙子一把，把孩子们给耙回面前来的。但是，掉下去的小蝎子们全都安然无恙。它们一回到妈妈面前，便立即往它身上爬去，又聚集在妈妈的脊背上了。

即使并非自己的孩子，蝎妈妈也会像是对待自己亲生子女似的接纳它们。如果我用毛笔尖把一只蝎妈妈背上的蝎宝宝全部或部分地扫下来，弄到另一只蝎妈妈伸手可及的地方，后者也会把它们耙到自己面前，如同对待自己的亲生儿女似的，而且心甘情愿地让这些新来的小宝宝爬到自己的背上去。它好像把它们"收养"下来了，如果"收养"一词不算过分野心勃勃的话。"收养"谈不上。那是狼蛛的事，因为它分不清自己的孩子和别人家的孩子，所以凡是在自己爪子前面爬动的小狼蛛它都会全部接受下来。

我经常看到在地中海一带的常绿灌木丛中有母狼蛛背驮着小狼蛛们在散步，我一直也期盼着看到母蝎也这样驮着小蝎子们溜达。然而，母蝎并不了解这种消遣方法。一旦当了妈妈，母蝎有一段时间就不再外出了，即使晚上，其他人都外出嬉耍的时候，它也不出门。它把自己禁锢在自己的小屋里，不吃不喝，一心想着抚养子女。

小宝宝们也确实弱不禁风：可以说它们必须经历第二次出生。它们正一动不动地在准备着第二次诞生，它们对此已经熟悉，就像由幼虫蜕变为成虫一样。尽管小蝎与成年蝎外貌挺相像，但轮廓线条却不够清晰，仿佛是透过雾气看到的似的。我怀疑它们得脱去身上的衣服才能变得矫健，变得威武。

它们这第二次出生必须一动不动地待在母蝎背上一个星期。这时，"弃皮"（我不敢称之为"蜕皮"）完成了。这之所以称之为"弃皮"，是因为这与真正的蜕皮有所不同，真正的蜕皮以后还要经历许多次的。真正意义上的那几次蜕皮，是在胸廓上裂开一道缝，成虫从这唯一的一道裂缝中脱颖而出，把原先的空壳旧衣裳扔掉。这空壳的形状与刚从中爬出来的蝎子一模一样，二者惟妙惟肖，难分伯仲。

我们现在所看到的则完全是另一码事。我在一块玻璃片上放上几只正在弃皮的小蝎子。它们一动不动地待着，好像颇受煎熬，几乎支持不住了。外皮破裂，无特殊的破裂线，是同时在左右前后破裂的；足爪从护腿套中伸出，双钳抛开护手甲，尾巴抽出尾鞘。浑身的碎皮同时纷纷落下，像一堆破衣烂衫。这是一种杂乱无章的斑驳脱落。这之后，小蝎子才有了蝎子的正常外貌。此外，它们的行动也敏捷灵活了。尽管仍旧呈苍白色，但它们已蹦跳自如，急忙下地，跑到蝎妈妈跟前跑动，玩耍。最让人惊讶的进步是它们突然间长大了。朗格多克蝎的小蝎子通常身长九毫米，可它们现在就已经有十四毫米长了。黑蝎的小蝎身长从四毫米达到六七毫米。身长增加了半倍，体积增加了将近两倍。

在对这种突然增长感到惊讶之余，我就在寻思这种突然增长的原因何在，因为小蝎子尚未吃过任何食物。而且它们的体重并未增长，反而下降了，因为扔掉了一层外皮。体积增大，但质量未增。因此，这是一种产生一定程度的膨胀，与热处理的毛坯物体的膨胀相仿。体内产生了一种变化，把生命分子聚集成空间更大的结构体，所以虽无新的物质加入，体积却增大了。我想，谁如果有极大的

写作手法
当了妈妈的母蝎把自己禁锢在家中一心想着抚养子女，表现了母蝎的尽职尽责、任劳任怨。

写作手法
详细地描述了小蝎子弃皮的过程，将蝎子浑身的碎皮比作一堆破衣烂衫，形象地描绘出小蝎子身上的碎皮斑驳脱落的情形。

写作手法
运用列举数字及作比较的说明方法，直观地表现了小蝎子成长速度之快。

耐心并配备有一套合适的器械，就能够观察到这种结构的急速变化，从而获得某些有价值的材料。我才疏学浅，无此能耐，我把这道难题留给他人吧。

小蝎子弃掉的外皮是一些白色条状物，一些上了光似的碎布片，它们并不掉落地上，而是紧贴在蝎妈妈的背部，特别是附着在足爪根部附近，缠成一块柔软的毯子，刚弃皮的小蝎子就栖息其上。坐骑现在已披上马衣，骑手们坐在马上无须害怕身体摇晃。这层破衣烂衫做成的结实鞍辔为骑手们提供了把手足镫，任由它们上上下下，动作敏捷灵活。

当我用毛笔轻轻一拨，小蝎子们便纷纷落马，好玩的是它们又非常迅速地纵身上马，稳坐其上。它们抓住马衣垂条，尾巴做杆，纵身一跃，上得马来。这种奇异的马衣是真正的攀登绳梯，方便了小蝎子们迅速上马。它很结实，不会破裂，差不多可以使用一个星期，也就是说可以用到小蝎子脱离蝎妈妈的保护为止。

这时，小蝎子体色显现：肚腹和尾巴染上了金黄，钳子呈半透明的琥珀色的晶莹。青春使一切变得美丽。小朗格多克蝎确确实实非常美丽动人。如果它们一直像现在这种样子的话，如果它们不很快就配备上咄咄逼人的毒刺的话，它们就会是稀罕宠物，大家都会乐意喂养它们的。它们心中很快便升起了摆脱母亲监护的强烈愿望。它们很乐意爬下母亲的脊背，在附近疯玩乱耍。如果它们跑得太远，蝎妈妈便要呵斥它们，用双臂耙在沙土上划拉，把它们聚拢起来。

在小憩之时，蝎妈妈与宝宝们的那副架势犹如母鸡带着鸡雏们憩息一样。大多数小蝎子都在地上，紧挨着蝎妈妈；有几只待在白马衣那舒适的坐垫上。有的小蝎子在蝎妈妈尾巴上爬高，攀上螺旋峰的高处，像是在饶有兴趣地居高临下地观看脚下的小蝎子群。突然间，又有新的杂技演员登场，把它们赶下高峰，取而代之。每个小蝎子都想看看这观景台到底是怎么回事。

大部分家庭成员都围在蝎妈妈的身边；一个个不停地拱动着，钻在妈妈肚子底下，蜷缩着，额头露在外面，两只小黑眼睛闪烁着。最爱动弹的小家伙则喜欢妈妈的足爪，那是它们的体育器材，在上面做高空杂技训练。然后，歇下来时，大家便又往妈妈背脊上爬去，找好位置，坐定下来，不再动弹，妈妈及孩子们全都不动了。

小蝎子成熟和准备离开妈妈的监护的这个时期会持续一个星期，正好是不进食体积扩大两倍那奇特增长期的时间。一窝小蝎子待在蝎妈妈背上半个来月。母狼蛛驮着自己的小宝宝们长达六七个月，而小宝宝们虽然不吃不喝，却精神头儿十足，动弹个不停。蝎妈妈的小宝宝们至少在获得新生与灵活的蜕变之后，要吃点什么呢？蝎妈妈是否会邀请它们与它一道用餐？它是不是给它们留着自己的美食中更软嫩的佳肴？蝎妈妈谁也不邀请，它什么也没留着。

我给蝎妈妈放进一只蚱蜢，是我从我觉得适合小蝎子们的稚嫩的胃的小野味中挑选出来的。当母蝎毫不关顾自己的孩子们，自己独个儿地在细嚼慢咽那只蚱蜢时，一只小蝎子从其背上爬下来，伸出头去往下探看，想弄明白妈妈在干什么。它用爪尖触及妈妈的下颌；突然，它吓得连忙后退。它走开了，这是明智之举。正在津津有味地咀嚼的妈妈根本不会给它留下一口的，也许反倒会一把抓住它，毫不心疼地把它吞食掉。

蝎妈妈在吃蚱蜢脑袋，又一只小蝎子已经吊在了蚱蜢的尾部。小蝎子在轻咬轻拽蚱蜢，想吃上一点。最后，它未能如愿，因为这个部位太硬了。

我也见过一些这样的情景：如果蝎妈妈稍加关心，给小宝宝们一点吃的，那小宝宝们会很高兴享受一下的，特别是给的食物很适合它们那稚嫩的胃的话，然而，蝎妈妈只顾自个儿吃，其他的一概不管。

啊，我那让我度过美妙时刻的漂亮的小宝宝们呀，你们可怎么办呢？你们是想离家出走，去远处寻觅一些很不起眼的小虫子。我从你们焦急乱窜中便看出这一点来了。你们要逃离自己的母亲，而它也不再认你们了。你们长得已很健壮，是该各奔东西了。

如果我十分了解你们适合吃什么样的小活食，如果我时间充裕，可以为你们去寻找，我会很高兴地继续喂养你们的，但不是把你们继续养在你们出生的玻璃笼子里的瓦片下，跟大人们混在一起。我了解那些老家伙，它们容不下别人。那些老妖怪会把你们吃掉的，我的小宝宝们。甚至你们的母亲们也不会放过你们的。在你们母亲们的眼里，从今往后，你们就被视作陌路人了。来年，婚俗季节，你们的嫉妒成性的母亲们在干完好事之后，就会把你们吃掉的。该离去了，小宝宝们，三十六计走为上。

否则，我让你们住在哪儿？怎么喂养你们？我们最好还是分手吧！尽管我心中不免有点惆怅。过几天，我把你们送到你们的领地撒放出去，就是那个多石的山坡地，那里太阳可暖和啦。你们在那儿会找到一些伴儿的，它们同你们一样刚刚开始成长，但它们已经在自己的小石块下独立生活了，那些小石块有时只有指甲盖儿那么点大。在那里，你们比在我家里更能学会如何为生存而进行艰难的抗争。

写作手法

采用第二人称的写法，拉近了作者和小蝎子们的距离，便于直抒胸臆，将小蝎子人格化，表达了作者对它们的喜爱之情。

读后思考

作者在前文描述巴斯德研究蚕茧的行为时，提到他同"奔向角斗场时赤身裸体的神奇勇士一样"，作者这么形容是为了表现什么呢？他为之叹服的又是什么呢？

导读

朗格多克蝎习性充满神奇色彩，它的尾巴带有毒素，钳子具有极强的攻击力。但是，相比其惊人的体态，朗格多克蝎的交配行为令作者更感兴趣。在交配时，雄蝎往往千方百计吸引雌蝎，如同情侣一般愉快地散步，甜蜜地耳鬓厮磨、卿卿我我。然而，惨剧时刻在上演着，在洞房花烛夜过后，雌蝎会毫不留情地将情郎吃掉……

朗格多克蝎

要点提示

开篇交代了人们对朗格多克蝎的历史几乎一无所知的原因：沉默不语、习性蒙着神秘色彩、与之接触无趣味可言。这为介绍朗格多克蝎蒙上了一层神奇色彩，吸引读者阅读兴趣。

这种蝎子沉默不语，其习性蒙着神秘色彩，与之接触无趣味可言，因此除了通过解剖所得到的一些资料而外，对它的历史几乎一无所知。老师们的解剖刀向我揭示了它的机体结构，但是，据我所知，还没有任何一位观察者打定主意要持之以恒地研究它的隐秘习性。用酒精浸泡后开膛破肚的朗格多克蝎已清楚地为人所知，但是它在其本能范围内的活动情况却几乎鲜为人知。在节肢动物中，没有谁就生物学方面比它更应当被详加介绍的了。世世代代以来，它都让平民百姓浮想联翩，竟至成为黄道十二宫的标志中的一个。卢克莱修[1]曾说："恐惧造就神明。"蝎子通过令人感到恐惧被人们神化了，被尊为天上的一个星座，而且成为历书上十月的象征。我们试试让蝎子开口讲话。

在安排蝎子的住宿问题之前，我们先对它们做一个简单的体貌特征的描述。普通的黑蝎在南欧许多地方都有，大家都很熟悉。它经常出没于我们住处附近的阴暗角落。一到秋天阴天下雨的日子，它便钻进我们家中，有时候还钻进我们的被子里来。这可恶的昆虫给我们造成的不仅是疼痛，更是恐惧。尽管我现在的住宅中就有不少的黑蝎，但我观察时倒并没有遭遇什么意外伤害。这种恶名很大但又很可悲的昆虫更多的是让人厌恶而非给人带来危险。

朗格多克蝎生活在地中海沿岸各省，人们对它害怕有余而了解不足。它们并不骚扰我们的住处，而是躲得远远的，藏于荒僻地区。与黑蝎相比，朗格多克蝎可谓一个巨人，发育完全时，身长可达八九厘米。其色泽呈干麦秸的那种金黄。

它的尾巴——实际上就是它的肚腹系五节相连的状如酒桶的棱柱体，相互间由桶底板连接，形成粗细相同、错落有致的棱状条条，好似一串珍珠。这同样的纹络还遮盖着那举着大钳的大小臂膀，并把臂膀分割成一些条形磨面。还

---

[1] 卢克莱修：古罗马著名的哲理诗人和抒情诗人。

有一些纹络弯弯曲曲地分布在脊背上，好似其护胸甲结合部的绲边，而且是轧花绲边。这些凸出的小颗粒透出了盔甲那粗野厚重的架势，那也是朗格多克蝎的性格特征。就好像这个昆虫是用闪闪刀光砍削出来的似的。

它的尾端还有一个第六节体，表面光滑，呈泡状，是制作并存储毒汁的小葫芦。蝎毒外表看上去好似水一般，但毒性极强。毒腔终端是一个弯弯的螯针，色暗，尖利。针尖不远处有一细小的孔，用放大镜方能隐约瞥见，毒汁从这细孔流出，渗进被尖头刺破的对方伤口。螯针既硬又尖，我用指头捏住螯针，让它扎一张硬纸片，它就像缝衣针扎衣服似的容易。

螯针弯曲度很大，当尾巴平放伸直时，针尖是冲下的。要使用这件兵器时，蝎子就必须把它抬起来，反转过来，从下往上刺出去。这其实是它一成不变的攻击术。蝎尾反卷在背部，突然伸直，攻击被钳子夹住的对手。另外，蝎子平时几乎总是这种姿态，无论是在走动还是在歇息，尾巴都卷贴在背上。尾巴平拖在地上的情况十分罕见。

蝎钳从口中伸出，宛如螯针的大钳子，既是战斗的武器，又是获取信息的器官。蝎子往前爬时，便将钳子前伸，钳上的双指张开着，以了解和对付所遇到的东西。如果必须刺杀对手的话，双钳便先镇住对方，把对方吓得动弹不了，然后螯针从背部伸出来攻击。最后，如果需要长时间地撕咬猎物的话，那对钳子便被当作手来使用，把猎物抓送到嘴里。它们从未被当作行走、固定或挖掘的工具使用过。

双钳等于是起着真正的爪子的作用。它们好像是被突然截断的指头，指尖生出几只可以活动的弯爪尖，其对面还竖着一根细而短的爪尖尖，几乎可以起到拇指的作用。那张小脸上长着一圈粗糙的睫毛。身体各部件组合成一个绝妙的攀缘器，这就充分说明蝎子为什么能够在我的钟形罩网纱上爬来爬去，能够久久地仰着身子长时间地停在罩顶上，能够拖着沉重而笨拙的身子沿着垂直的罩壁攀上爬下。

蝎子身下，紧随爪子之后的是像梳子似的东西，那是奇特的器官，是蝎子独有的采邑。梳子的名称源自其结构。它们是一长排的小薄片，相互紧密地排列着，犹如我们日常所用的梳子的排齿。解剖学者们怀疑它们是一部齿轮机，旨在雌雄交尾时使双方紧连在一起。为了仔细观察它们亲热时的习俗，我把捉到的朗格多克蝎关在有玻璃壁板的大笼子里，并放进一些大陶片块，让它们作为藏身之用。它们一共是十二对。

四月里，当燕子飞来，布谷鸟初鸣时，我的那些此前一直平静地生活着的蝎子掀起了一场革命。在我的花园露天地安置的昆虫小镇子里，不少的蝎子跑出去做夜间朝圣了，而且一去不返。更加严重的是，在同一块砖头下面，我多次发现两只蝎子待在里面，一只在吞吃另一只。这是不是同类间打家劫舍的案子？美好季节开始了，生性好游荡的蝎子们冒失地闯进邻居家中，因为体弱而

写作手法
朗格多克蝎的螯针扎硬纸片竟然如缝衣针扎衣服一样容易，运用类比手法，表现了朗格多克蝎螯针既硬又尖的特点。

写作手法
本段为总分结构，首句概括性地介绍了朗格多克蝎钳子的功能，随后分别详细地介绍了钳子作为武器和获取信息器官的功能。

被对方吞食，丢了性命？几乎很像是这么个原因，因为闯入者被慢慢地吃了一整天，就像是被捉住的一个猎物似的。

那么，这就值得警惕了。被吃掉的，无一例外，全是中等个头儿的蝎子。它们体色更加金黄，肚腹稍小，证明是雄蝎，而且被吃的总是雄性。其他的那些蝎子体形要大，肚子滚圆，稍有点带暗色，它们的死并不像这么惨。那么，这儿发生的可能并不是邻里之间的斗殴，不是因为蝎子太喜欢独居而对任何来访者怀有敌意，随即把它吃掉，以此作为对任何冒失鬼的彻底的解决办法，而是婚俗的成规使然，在交尾之后由女方残忍地把男方干掉完事。

春回大地，我已事先准备好了一个宽敞的玻璃笼子，放了二十五只蝎子，每只蝎子一片瓦。一月到四月中旬，每天晚上，夜幕降临之后，七点至九点之间，玻璃宫中便闹腾开来。白天似乎像是荒漠，此刻却变成了欢乐的景象。刚一吃完晚饭，我们全家便奔向玻璃笼子。我们把一盏提灯挂在笼子前面，便可看见事件的全过程了。

我们经过一天的繁乱之后，现在有好的消遣了。眼前的是一场好戏。在这出由天真的演员表演的戏中，一招一式都极其有趣，以至刚把提灯点亮，我们全家老少就全都在池座就座了，连爱犬汤姆也前来观看。不过，汤姆对蝎子的事并不关心，坦然地躺在我们面前打盹儿，但只是一只眼睛闭着，另一只眼睛始终睁着，盯住它的朋友——我的孩子们。

让我想法儿给读者们描述一下所发生的事情。靠近玻璃壁板的提灯照得不太亮的那个区域，很快便聚集起不少的蝎子来。其他所有的地方，这儿那儿地游荡着一些孤独者，它们被亮光吸引，离开暗处，奔向光明的欢乐处。夜蛾子扑向灯火的场面也不如它们那么兴冲冲的。后来者混入先前的那些蝎子中去了，而另一些因懒于争抢，退到暗处，歇息片刻，然后激情满怀地回到舞台上去。

这个纷乱狂热的可怕场面犹如一场狂欢舞会，颇为引人入胜。有一些从老远跑来；它们端庄严肃地从暗处爬出来；突然像滑行似的迅疾而轻快地冲向亮处的蝎子群。它们的灵活劲儿犹如碎步疾走的小耗子。蝎子们在相互寻找着，但指尖稍一接触便像是彼此都被烫着了似的赶紧逃走。另有一些与同伴稍稍抱滚在一起，又赶紧分开，茫然不知所措，跑到暗处稳一稳神儿，又卷土重来。

不时地会有一阵激烈的喧闹：爪子相互缠绕，钳子又抓又夹，尾巴你钩我击，不知是威吓还是爱抚，谁也弄不清楚。在混乱之中，找到一个合适的视觉角度，就可以发现一对对的小亮点，像红宝石似的在闪烁。你会以为那是闪闪发光的眼睛，实际上那是两个小棱面，像反光镜似的光亮，长在蝎子的头上。蝎子们无论大小胖瘦全都参加了混战，那就像是一场你死我活的战斗，一场大屠杀，然而那却是一场疯狂的嬉戏。那就像是小猫咪们扭缠在一起一样。不一会儿，大家四散开来，每一只蝎子都在向自己的方向蹿去，没有丝毫的伤痕，没有一点伤筋动骨。

现在，四散而去的逃跑者们又聚集到灯光前面来。它们爬过来荡过去，离开了又回来，常常是头撞头脸碰脸的。最性急的常常从别人的背上爬过去，后者只是动动屁股算是在抗议。现在还没到大打出手的时候，顶多只是两人相遇，扇个小耳光罢了，也就是说用尾巴拍一下而已。在蝎子群中，这种不使用毒针的敲敲打打是它们常见的拳击方式。

还有比爪子相缠、尾巴互击更精彩的；有的时候，会有一种极其新颖别致的打斗架势。两强相遇，头顶头，双钳回收，后身竖起，来个大倒立，以至胸脯上的八个呼吸小气囊全部展现。这时，它俩垂直竖立的尾巴相互磨蹭，上下滑动，而两个尾梢相互微微钩住，并多次反复地钩住，解开，解开，钩住。突然间，这友谊的金字塔坍塌了，双方便没有任何寒暄地急匆匆溜掉了。

这两位摆出新颖别致的姿势意欲何为？是不是两个情敌在肉搏？看来不是，因为二人相遇时并非怒目而视。我从随后的观察中得知，它俩这是在眉目传情，私订终身。蝎子倒立起来是在倾吐自己的热情爱恋。

如果继续像我刚开始那样，逐日观察并把逐日积累的材料汇集在一起，是会有益处的，而且叙述起来也比较快，但是，这么一来，那各有特色且难以融会贯通的一幕幕细节就被省略掉了，叙述的趣味性也就丧失了。在介绍如此奇特而且又鲜为人知的昆虫习性时，什么都不应该忽略不提。最好是参照编年法，并把观察到的新情况分段叙述出来，尽管这样做有重复累赘之嫌。从这种无序中必然产生有序，因为每天晚上的那些引人入胜的情况都能提供一种联系，对先前的情况予以验证与补充。我现在就进行抽样叙述。

1904 年四月二十五日

啊！那是怎么了？我还从未曾见过。我一直没放松警惕，但这还是头一回让我亲眼看到了这番情景。两只蝎子面对面，钳子伸出，钳指互夹。这是友好的握手，而非搏杀的前奏，因为双方都以最平和友善的态度对待对方。这是一雌一雄的两只蝎子。一个肚子大，颜色发暗，是雌蝎；另一只相对瘦小，色泽苍白，是雄蝎。它俩都把长尾卷成漂亮的螺旋花形，有板有眼地在沿着玻璃墙边踱着步。雄蝎在前倒退着走，步伐平稳，根本不像是拖不动对方的样子。雌蝎被抓住爪尖，与雄蝎面对面，驯服地跟着走。

它们走走停停，但始终这么绞在一起。它们歇歇停停，然后又走动起来，忽而从这儿走，忽而从那儿走，从围墙的一头转到另一头。看不出它们到底要走到哪里去。它们闲逛着，开始发情，眉来眼去的。此情此景让我想到在我们村镇，每个星期日晚祷之后，年轻人一对一对地手挽手，肩挨肩地沿着藩篱墙散步。

它们常常掉转回头。总是雄蝎在决定往哪个方向走。雄蝎没有松开对方的手，亲切地转个半圆，与雌蝎肩并着肩。这时候，雄蝎展开尾巴轻轻抚摩雌蝎片刻。雌蝎一动不动，声色不露。

我一直兴趣不减地观察着这没完没了地来去往返，足足有一个钟头。家中有人帮我一起观察这番奇情妙景，世上还没有人见过这种场面，至少是没有以善于观察的目光看过这种表演。尽管天色已晚，而我们又是习惯早睡的，但是我们始终注意力高度集中，一点重要情节都没有逃过我们的眼睛。

最后，十点钟光景，雌雄要有结果了。雄蝎爬到一片它觉得合适的瓦片上，松开雌蝎的一只手，只松了一只手，而另一只手却仍旧紧攥着不放，用松开的一只手扒一扒，用尾巴扫一扫。一个洞口张开来了。雄蝎钻了进去，然后，一点一点地，轻而又轻地把在耐心等待着的雌蝎拉进洞内。不一会儿，它们便不见了踪影。一块沙土垫子把洞门封上。这对情侣入了洞房。

打扰它俩的好事是愚蠢的。我如果想要马上看到洞内所发生的情况的话，那就可能操之过急，不合时宜。耳鬓厮磨，准备入港也许就要持续个大半夜，而我已年近八旬，熬长夜已开始让我力不能支。双腿酸痛，眼睛发涩，先去睡上一觉再说吧。

我整整一宿都梦见蝎子。我梦见它们钻进被窝，爬到我脸上，但我并没太惊恐不安，因为我脑子里满是蝎子的奇情异事。第二天，天一亮，我便去揭开那块瓦片。只有雌蝎独自待在那儿。雄蝎没了踪影，那个洞里没有，附近也没见。这是我的第一个失望，后面的失望大概会一个接一个的。

五月十日

已是晚上将近7点钟的时候，天上乌云翻滚，大雨将至。在玻璃笼子的一块瓦片下面，有一对蝎子正脸朝脸，手指钩住手指，一动不动地待着。我小心翼翼地揭开瓦片，让这对居民暴露出来，我好随意观察它俩这种脸对脸后的一举一动。天渐渐地黑下来，我觉得不会有什么去搅扰没了屋顶的住所的安宁的。倾盆大雨哗哗泻下，我只好抽身回屋避雨。蝎子们有玻璃笼子防护，无惧雨之袭击。它们的凹室被揭去华盖，就这么被弃之于那儿干其好事，那它们将如何操作呢？

一小时过后，大雨停了，我又回到蝎子笼前。它俩走了。它俩选了旁边的一所有瓦顶的屋子住下了。雌蝎在外面等待着，而雄蝎则在里面布置新房，但头仍旧钩着。家中人每十分钟替换一次，免得错过我觉得随时都会进行的交尾。但这么紧张一点用也没有。将近八点钟时，天已经完全黑透了，这对蝎子由于不满意所选的新房，开始踏上朝圣之路，仍旧是手钩着手，往别处寻觅去。雄蝎倒退着引导方向，选择自己合意的住所；雌蝎则跟随着，温驯服帖。这和我四月二十五日所看到的一模一样。

终于找到了它俩都中意的瓦屋。雄蝎先闯进去，但这一次它两只手一会儿都没有松开自己的情侣。它用尾巴这么三扫两划拉，新房便准备停当。雌蝎被雄蝎轻柔和缓地拉着，随其向导之后也进了洞房。

两个钟头过去了，我满以为已经给了它俩足够的时间完成其准备，干成好事，便前去查看。我揭开瓦片。它俩就在里面，仍旧保持原先的姿势，脸对脸，手拉手。今天看上去是没再多的花样儿可看的了。

第二天，依然未见新鲜玩意儿。一个面对另一个，都若有所思的样子，爪子全都没有动弹，手指仍旧钩住，在瓦顶下继续那没完没了的脉脉含情。日影西斜，暮色已近，经过这么二十四个钟头的你我紧密相连之后，这对情侣总算分手了。雄蝎离开了瓦屋，雌蝎仍留在其中，好事未见一丝进展。

这场戏中有两个情况必须记住。其一，一对情侣相亲相爱地散步之后，必须有一个隐蔽而安静的住所。在露天地里，在熙熙攘攘的环境中，在众目睽睽之下，这等好事是永远也做不成的。屋瓦揭去，无论白天还是黑夜，无论如何小心谨慎，情侣们似乎在思考良久之后，最终还是离开原地，另觅新居。其二，在瓦屋中停留的时间是很长很长的，我们刚才已经看到，都等了二十四个小时了，但仍未见到决定的一幕。

五月十二日

今晚这一幕将告诉我们些什么？天气闷热，无风，很适合于夜间的幽会发情。两只蝎子已经成双配对，但我并未看见它俩是怎么勾搭上的。这一次，雄蝎体形比肚大腰圆的雌蝎要小得多。但雄蝎却是雄风不减。像约定俗成似的，雄蝎倒退着，尾巴卷成喇叭状，领着胖雌蝎在玻璃墙边悠然散步。它们转了一圈又一圈，忽而是向同一方向转圈，忽而回过去转圈。

它们常常停下歇息。停下时，二人头碰头，一个稍偏左，另一个稍偏右，仿佛是在交头接耳，窃窃私语。前头的小爪子磨蹭着，想轻抚对方。它俩在说些什么？那无言的海誓山盟怎么才能翻译出来？

我们全家都跑过来看这种奇特的勾搭景象，而且，我们的在场丝毫没有影响它们。那景象让人看着颇有情趣，这么说毫不夸张。在提灯的光亮下，它俩好像嵌在一块黄色琥珀之中的半透明的、光亮的物体。它们长臂前伸，长尾卷成可爱的螺旋形，动作轻柔，一步一步地开始长途跋涉了。

什么也没有打扰它们。如果有这么一个流浪汉晚间纳凉，正像它俩一样沿着墙边漫步，与它俩途中相遇，它知道它俩是准备干风流勾当，便会闪在一边，让它俩过去。最后，一处瓦片隐蔽所收留了它俩，于是，不言而喻，雄蝎首先倒退着走进去。时间已是晚上九点钟了。

随着这晚间的田园诗之后的是夜间的惨不忍睹的悲剧。第二天早晨，雌蝎仍在头一天晚上的那片瓦屋内，而瘦小的雄蝎就在其身旁，但已被雌蝎吞食了一部分。它的头、一只钳子、一对爪子没有了。我把这具残尸放在瓦屋门口。整整一个白天，隐居的雌蝎没有动过它。夜色重又浓重时，雌蝎出来了，在门口遇上死者，把死者拖至远处，以便隆重安排葬礼，也就是说把死者吃个干净。

这个同类相食的情况与去年我在昆虫小镇上所看到的情景完全一致。当时，我随时都能发现一只胖乎乎的雌蝎在石块下面津津有味地像吃大餐似的把自己的夜间伴侣给吃掉。当时我就在猜想，雄蝎一旦干完好事之后不及时抽身的话，必定被雌蝎或全部地或部分地吃掉，这要看雌蝎当时的食欲如何。现在，事实就摆在我的面前，我的猜想一语成谶。昨天我看见这对情侣在散步中充分准备之后双双入了洞房，可今天早晨，我跑去看时，在同一块瓦片下面，新娘正在消受自己的新郎哩。

毫无疑问，那不幸的雄蝎已经一命呜呼了。但是，由于繁衍之需要，雌蝎不会把雄蝎全吃掉的。昨晚的这对情侣处事干净利落，可我还看见其他的一些情侣时针都转了两圈了，它们仍在耳鬓厮磨，卿卿我我的。一些无法确定的环境因素，诸如气压、气温、个体激情的差异等等，会大大地加速或延缓交尾高潮的到来。而这也正是巨大困难之所在，使得一心想要了解至今仍未能为人所知的爪梳的作用的观察者，难以准确无误地捕捉时机。

五月十四日

肯定不是饥饿每天晚上都在使我的蝎子们激动不已的。它们每晚狂欢劲舞与寻找食物毫不搭界。我刚往那些忙忙碌碌的蝎群扔进花色繁多的食物，都是从它们看样子很对其胃口的食物中挑选的，其中有幼蝗虫的嫩肉段、有比一般蝗虫肉厚肥美的小飞蝗、有截去翅膀的尺蛾。天渐渐暖和时，我还捉一些蜻蜓来喂它们，那是蝎子极爱吃的食物，我还把同样受它们欢迎的蚁蛉也捉来喂它们，以前我曾在蝎子窝里发现过蚁蛉的残渣、翅膀。

对这么多高级野味蝎子却不为所动，谁都对之不屑一顾。在混乱的笼子里，小飞蝗在蹦跳，尺蛾以残翅拍打地面，蜻蜓在瑟瑟发抖，但蝎子们从这些野味身旁走过时却并不注意它们。蝎子们踩踏它们，撞倒它们，用尾巴把它们扒拉开，总而言之，蝎子们不需要它们，绝对地不需要。它们有别的事情要去忙。

几乎所有的蝎子都在沿着玻璃墙行走。有一些固执者试着在往高处爬，它们用尾巴支撑身子，一滑便倒下来，然后又在别处试着往上爬。它们伸出拳头击打玻璃墙；它们拼死拼活地非要抢在前头。不过，这个玻璃公园挺宽敞的，人人都有地方待着；小径一条又一条，足可供大家久久地散步。这它们不管，它们要往远处去游荡。如果它们获得自由，它们会散布在四面八方。去年，也是这个季节，笼中的蝎子离开了昆虫小镇，我也就再没有见到过它们。

春天交配期要求它们出游。此前一直形单影只地生活着的它们现在要抛开自己的囚牢，去完成爱情朝圣，它们不在乎吃喝，一心只想着去寻找自己的同胞。在它们的领地的砖石堆里，大概也会有一些可以幽会、可以聚集的优选之地。如果我不担心夜间在它们的乱石岗上摔折腿的话，我还真想去看看它们在自由的温馨甜蜜之中的男欢女爱哩。它们在光秃的山坡上干些什么？看上去与在玻璃笼内干的没什么不同。雄蝎选好一位新娘之后，便手牵手地领着新娘穿行于薰衣草丛中，悠然漫步。如果说它们在那儿享受不到我昏暗小灯的暗光的话，它们却有月光那无可比拟的提灯为之照亮。

五月二十日

并不是每天晚上都能看到雄蝎邀请雌蝎散步的开头情景的。许多蝎子从各自的瓦屋下出来时都已经成双成对的了。它们就这么手牵着手地度过整个的白昼，一动不动，面面相对，沉思默想。夜晚来临，它们仍不分开，沿着玻璃笼边又重新开始头天晚上，甚至更早就开始的散步。我不知道它们是何时和怎样结合在一起的。有一些是在偏僻小道上偶然相遇的，而我们又很难观察到这一点。当我隐约发现它们时，为时已晚，它们已结伴而行了。

今天，我的运气来了。在我的眼前，提灯照得最亮的地方，一对情侣已结合成了。一只喜形于色、生龙活虎的雄蝎在蝎群中横冲直撞，一下子便同一个它中意的过路雌蝎面对面了。后者没有拒绝，好事也就成了。

它俩头碰头，钳子撑着地，尾巴在大幅度地摆动着，然后，尾巴竖直，尾梢相互钩住，温柔亲切地相互抚摸。这对情侣在拿大顶，其方法我们前面已经叙述过了。不一会儿，竖起的尾巴架拆散了；它们的钳指仍旧钩着，没翻出其他花样，就这么上路了。金字塔形姿势完全是双双出行的前奏曲。这种姿势说实在的并非罕见，两只同性蝎子相遇也会如此，但同性间的这种姿势没有异性间的正规，特别是不那么郑重其事。同性搭建金字塔时动作急躁，并非友爱的撩拨，其两尾是在互相击打而非彼此抚爱。

我们稍稍跟踪一番那只雄蝎。它在急匆匆地往后退，对征服了对方扬扬得意。它遇到其他的一些雌蝎，它们都好奇地，也许是嫉妒地列于两旁，看着这对情侣走过。其中有一只雌蝎猛地扑向被牵拉着的新娘，用爪子箍紧它，想竭力地拆散这对鸳鸯。那雄蝎拼命地抵抗那个进攻者的巨大拖拽力，它使劲儿地摇晃，拼命地拉拽，但都未能奏效。它终于放弃了，对这个意外事件并不感到遗憾。旁边就有一只雌蝎等着。这一次，它随便商谈几句，三下五除二地就把事情办妥了，它拉住这个新雌蝎的手，邀它一同散步。后者不干，挣脱开来，逃之夭夭。

那队雌蝎中，又有一只被这只雄蝎相中了，于是它又采取了同样的开门见山的方法。这只雌蝎答应了，但是这并不能说明半路上它就不会逃离这个雄性勾引者。对于年轻的雄蝎来说这有什么大不了的！走了一个，还有许多其他的雌蝎在等着。那它到底要什么样的呢？要第一个投入怀抱的。

这第一个投入怀抱者，它找到了，它正领着它的被征服者散步哩。雄蝎走到了明亮区域。如果对方拒绝往前走，它就拼命地又摇又拉；如果对方温驯服帖，它就温文尔雅。它常常停下歇息，有时候歇息的时间还挺长。

这时，雄性在进行一些奇怪的操练。它把双钳——更好地说是双臂收回，然后又直伸出去，强迫雌蝎也交替地做这种动作。它俩变成了一个节肢拉杆机械，形成不断启合的状态。这种灵活性训练结束之后，机械拉杆便静止不动，僵持住了。

现在，它俩额头相触；两张嘴相互贴在一起，耳鬓厮磨。这种抚摸亲昵就是我们的接吻和拥抱。只是我不敢这么说而已，因为它们没有头、脸、嘴唇、面颊。仿佛被截肢剪一刀剪去了似的，蝎子甚至都没有鼻子尖。在应该是面庞的部位，它们长的却都是一些丑陋的颌骨平板。

但此时此刻却是蝎子最美好的时刻！它用自己那比其他爪子更敏感、更娇嫩的前爪轻拍着雌蝎的丑脸，可在雄蝎眼里，那可是最美丽最甜润的面庞。它心痒难熬地轻轻咬着，用下颌搔弄对方那同样奇丑无比的嘴。这是温情与天真的最高境界。据说鸽子发明了亲吻，可我却知道早于鸽子的发明者：蝎子。

雌蝎任随雄蝎轻薄，它完全是被动的，心里暗藏着伺机逃跑的计划。可是如何才能溜掉呢？这很简单。雌蝎以尾做棒，朝着忘乎所以的雄蝎腕子猛然一击，后者立即松开了手。于是，两蝎分开。第二天，气消之后，好事又会开始的。

五月二十五日

这猛然一棒告诉我们，最初观察所见的温驯的雌蝎伴侣有自己的小性子，会固执地拒绝对方，说翻脸就翻脸。我们来举一个例子。

这天晚上，一对俊男美女、雌雄二蝎正在散步。它俩发现一片瓦甚为合意。雄蝎于是便松开一只钳子，仅松开一只，以便活动自如点。它用爪子和尾巴开始扫清入口。然后，它钻了进去。随着洞穴逐渐加宽加深，雌蝎便也跟着钻了进去，看上去是自觉自愿的。

不一会儿，也许是住宅和时间不合其意，雌蝎出现在洞口，半截身子退至洞外。它在努力挣脱雄蝎。后者身在洞内，拼命地往里拉拽雌蝎。争斗十分激烈，一个在里面拼命拽，另一个在外面使劲儿挣。双方有进有退，不分胜负。最后，雌蝎猛一用力，反把雄蝎给拽了出来。

这两蝎没有分开，但已到了室外，又开始散起步来。足足一个钟头里，它俩沿着玻璃笼墙根走过来走过去，最后又回到了刚才那片瓦前。穴道本已开通，雄蝎立即钻了进去，然后便疯狂地拉拽雌蝎。后者身在洞外，奋力地抗争着。它挺直足爪，踩住地面，拱起尾巴，顶住屋门，就是不肯进去。我觉得它的反抗并不让人扫兴。如果没有前奏曲进行铺垫，那交尾还有什么劲儿呢？

这时，瓦片内的雄蝎勾引者一再坚持，耍尽花招，雌蝎终于顺从了，进入洞内。钟刚敲十点。我哪怕熬上一整夜，也非要看到剧终不可。我将在合适的时机揭开瓦片，看看下面发生了什么。好机会十分罕见。突然，机会来了，我不敢怠慢。我会看到什么呢？

什么也没看到。刚过不到半个钟头，雌蝎反抗成功，挣脱束缚，爬出洞外，落荒而逃。雄蝎随即从瓦片下深处追了出来，到了门口，左顾右盼。美人儿逃出了它的手心。它只好灰溜溜地回到瓦片下。它上当受骗了。我同它一样也被骗了。

六月开始到来。由于担心光线太强会引起蝎子的惶恐不安，我此前一直都是把提灯挂在玻璃笼子外面，与之保持一定的距离。由于光线不足，我无法看清在散步的蝎子情侣你牵我拽的某些细节。它们彼此手拉手时是否十分主动积极？它们的钳指是否相互咬合着？或者只有一个采取主动？那么是哪一个呢？这一点很重要，必须弄清楚。

写作手法

运用"挺直""踩住""拱起""顶住"一系列动作描写，形象地刻画出雌蝎奋力抗争、不肯就范的情景，用语准确而生动。

写作手法

作者为了观察研究不惜"熬上一整夜"，可见其坚持不懈、细心观察的科学精神。

我把提灯放在玻璃笼子的正中间。笼子内四处都被照得亮堂堂的。蝎子们非但不害怕亮光，而且还乐在其中。它们围着提灯跑来转去，有的甚至还试图爬上提灯好离光源更近一些。它们借助玻璃灯罩倒是爬上去了。它们抓住铁片的边缘，坚忍不拔，不怕滑落，终于爬到了顶上。它们待在上面一动不动，肚子部分贴在玻璃罩上，部分贴在金属框架上，整个夜晚都在看个没完，为这灯的辉煌而叹服。它们让我想起了以前的那些大孔雀蝶在灯罩上的得意忘形劲儿来。

在灯下的一片光亮处，一对情侣正抓紧在拿大顶。它俩用尾巴温情地撩拨一番，然后便往前走去。只有雄蝎在采取主动。它用每把钳子的双指夹住雌蝎与之相对应的双指。只有雄蝎在努力，在夹紧；只有雄蝎想解套就解套，双钳一松，套就解开了。雌蝎则无法这样；雌蝎是俘虏，勾引者已经为它戴上了拇指铐。

在一些较为罕见的情况中，我们还可以看得更清楚一些。我曾偶然发现过雄蝎抓住其美人儿的两只前臂往前拉拽。我还见过雄蝎抓住雌蝎的尾巴和一只后爪生拉硬扯。雌蝎先是拼命推开雄蝎伸出的爪子，而毫不惜力的雄蝎猛地把美人儿掀翻，顺势伸爪抓住对方。事情是明摆着的：这是货真价实的劫持，是暴力拐带，如同罗慕鲁斯王 ❶ 的部下抢掠萨宾妇女一样。

读后思考

本章对朗格多克蝎进行了全方位的细致描写，请结合前文相关内容，按照作者写作顺序简要概括朗格多克蝎的各部位特点。

----

❶ 罗慕鲁斯王：古罗马第一位国王，罗马城的创建者。

导读

金步甲是毛虫的天敌，是凶狠的吞食者，是所有力不及它的昆虫的恶魔。同时，金步甲的世界中同类相残的惨剧也在时刻上演着，雌性金步甲往往在交配繁殖后，将雄性金步甲开膛破肚残忍吃掉，习性同螳螂和朗格多克蝎类似。这种性食同类的奇特行为普遍存在着，是动物在自然界的演化中不断进化的结果，产生的根源和原因还需要人们的进一步探究。

金步甲的婚俗

众所周知，金步甲是毛虫的天敌，所以无愧于它那园丁的称号。它是菜园和花坛的警惕的田野卫士。如果说我的研究在这方面不能为它那久负盛名的美誉增添点什么的话，那至少我可以从下面的介绍中向大家展示这种昆虫的尚未为人所知的一面。它是个凶狠的吞食者，是所有力不及它的昆虫的恶魔，但它也会惨遭灭顶之灾。是谁把它吃掉的呢？是它自己以及其他许多昆虫。

有一天，我在我家门前的梧桐树下看见，一只金步甲慌急慌忙地爬过。朝圣者是受人欢迎的；它将使笼中居民增强团结。我把它抓住后，发现它的鞘翅末端受到损伤。是争风吃醋留下的伤痕吗？我看不出有任何这方面的迹象。要紧的是它可不能伤得很厉害。我仔细地查验一番，看不见什么伤残，可以大加利用，便把它放进玻璃屋中，与二十五只常住居民为伴。

第二天，我去查看这个新寄宿者。它死了。头天夜里，同室居民攻击了它，那残缺的鞘翅没能护好肚腹，被对方给掏空了。破腹手术干净利落，没有伤及一点肢体。爪子、脑袋、胸部，全部完好无损，只是肚子被大开了膛，内脏被掏个精光。我眼前所见的是一副金色贝壳架，由双鞘翅合拢护着。对照一下被掏空软体组织的牡蛎，也没有它这么干净。

这种结果颇令我惊诧，因为我一向很注意查看，不让笼子里缺少吃食。蜗牛、鳃角金龟、螳螂、蚯蚓、毛虫以及其他可口的菜肴，我是换着花样地放进笼中，菜量充足有余。我的那些金步甲把一个盔甲受损、容易攻击的同胞给吞吃掉，是无法以饥饿所致作为借口的。

它们中间是否约定俗成，伤者必须被结果，其要变质的内脏必须掏空？昆虫之间是没有什么怜悯可言的。面对一个绝望挣扎的受伤者，同类中没有谁会驻足不前，没有谁会试图前去帮它一把。在食肉者之间事情可能变得更加地悲惨。有时候，一些过往者会奔向伤残者。是为了安慰它吗？绝对不是，它们是为了去品尝它的味道，而且，如果它们觉得其味鲜美，则会把它吞吃掉，以彻底解除它的痛苦。

当时，有可能是那只鞘翅受损的金步甲暴露了它受伤的地方，同伴们受到了诱惑，视这个受伤的同胞为一只可以开膛破肚的猎物。但是，假如先前并没有谁受伤，那它们之间是否会相互尊重呢？从种种迹象来看，一开始，相互间的关系还是相安无事的。吃食时，金步甲们之间也从未开过战，顶多只不过是相互从嘴中夺食而已。在木板下躲着睡午觉，而且睡得很长，也没见有过打斗。我那二十五只金步甲把身子半埋在凉爽的土中，安静地在消食，打盹儿，彼此相距不远，各睡各的小坑。如果我把遮阴板拿掉，它们立刻惊醒，纷纷四下逃窜，不时地相互碰撞，但却并不干仗。

平静祥和的气氛很浓，似乎会永远这么持续下去，可是，六月，天刚开始热，我查看时发现有一只金步甲死了。它没有被肢解，同金色贝壳一模一样，如同刚才被吞食的那只伤残者的样子，使人想到一只被掏干净的牡蛎。我仔细查看了残骸，除了腹部开了个大洞，其他地方完好无损。由此可见，当其他的金步甲在掏空它时，那只受伤的金步甲是处于正常的状态的。

不几天，又一只金步甲被害，同先前死的一样，护甲全都完好无损。把死者腹部朝下放好，它似乎好好的；而让它背冲下的话，它便是一只空壳，壳内没有一点肉了。稍后不久，又发现一具残骸，然后是一只又一只，越来越多，以致笼中居民迅速减少。如果继续这么残杀下去的话，那我的笼子里很快就什么也没有了。

我的金步甲们是因年老体衰，自然死亡，幸存者们瓜分死者尸体呢，还是牺牲好端端的人以减少人口呢？想弄个水落石出并非易事，因为开膛破肚的事是在夜间进行的。但是，我因时刻警惕着，终于在大白天撞见过两次这种大开膛。

将近六月中旬，我亲眼看见一只雌金步甲在折腾一只雄金步甲。后者体形稍小，一看便知是只雄的。手术开始了。雌性攻击者微微掀起雄金步甲的鞘翅末端，从背后咬住受害者的肚腹末端。它拼命地又拽又咬。受害者精力充沛，但却并不反抗，也不翻转身来。它只是尽力在往相反的方向挣扎，以摆脱攻击者那可怕的齿钩，只见它被攻击者拖得忽而进忽而退的，未见其他任何抵抗。搏斗持续了一刻钟。几只过路的金步甲突然而至，停下脚步，好像在想："马上该我上场了。"最后，那只雄金步甲使出浑身力气挣脱开来，逃之夭夭。可以肯定，如果它没能挣脱掉的话，那它肯定就被那只凶残的雌金步甲开了膛了。

几天过后，我又看到一个相似的场面，但结局却是完满的。仍旧是一只雌性金步甲从背后咬一只雄性金步甲。被咬者没做什么抵抗，只是徒劳地在挣扎，以求摆脱。最后，皮开肉裂，伤口扩大，内脏被悍妇拽出吞食。那悍妇把头扎进其同伴的肚子里，把它掏成个空壳。可怜的受害者爪子一阵颤动，表明已小命休矣。刽子手并未因此心软，继续尽可能地往腹部深处掏挖。死者剩下的只是合抱成小吊篮状的鞘翅和仍旧连在一起的上半身，其他一无所剩。被掏得干干净净的空壳便被撇在原地。

金步甲们大概就是这样死去的，而且死的总是雄性，我在笼子里不时地看见它们的残骸。幸存者大概也是这般死法。从六月中旬到八月一日，开始时的二十五个居民骤减至五只雌性金步甲了。二十只雄性全都被开膛破肚，掏个干干净净。被谁杀死的？看样子是雌金步甲所为。

首先，我有幸亲眼所见，可以为证。我两次在大白天看见雌金步甲把雄的在鞘翅下开膛后吃掉，或至少试图开膛而未遂。至于其他的残杀，如果说我没有亲眼所见的话，我却有一个非常有力的证据。大家刚才全都看见了：被抓住的雄金步甲没有反抗，没有进行自卫，而只是拼命地挣扎、逃跑。

如果这只是日常所见的对手之间的寻常打斗，那么被攻击者显然会转过身来的，因为它完全有可能这么做。它只要身子一转，便可回敬攻击者，以牙还牙。它身强力壮，可以搏斗，定能占到上风，可这傻瓜却任凭对手肆无忌惮地咬自己的屁股。似乎是一种难以压制的厌恶在阻止它转守为攻，也去咬一咬正在咬自己的雌金步甲。这种宽厚令人想起朗格多克蝎，每当婚礼结束，雄蝎便任由其新娘吞食而不去动用自己的武器——那根能致伤其恶妇的毒螫针。这种宽容也让我回想起那个雌螳螂的情人，即使有时被咬剩一截了，仍不遗余力地在继续自己那未竟之业，终于被一口一口地吃掉而未做任何的反抗。这就是婚俗使然，雄性对此不得有任何怨言。

我喂养在笼子里的金步甲中的雄性，一个一个地被开膛破肚，一个不剩，这也是在告诉我们那同样的习性。它们是已经对交尾感到满足的雌性伴侣的牺牲品。从四月至八月的四个月里，每天都有雌雄配对，有时是浅尝即止，有的时候，而且比较经常的是有效的结合。对于这些火辣辣的性格来说，这绝对是没有终结的。

金步甲在情爱方面是快捷利索的。在众目睽睽之下，无须酝酿感情，一只过路的雄金步甲便向一眼见到的雌金步甲扑将上去。雌金步甲被紧紧搂住，微微昂起点头来，以示赞同，而在其上的雄金步甲便用触角尖端抽打对方的脖颈。迅即就交配完毕，双方立即分开，各自跑去吃蜗牛，然后又各自另觅新欢，重结良缘，只要有雄金步甲可资利用即可。对于金步甲来说，生活的真谛即在于此。

在我养的金步甲园地里，男女比例失调，五只雌的对二十只雄的。但这并不要紧，没有什么争风吃醋的拼搏。雄性平和地占有遇上的雌性。有了这种忍让精神，早一天晚一天都没有关系，因为机会多的是，经过多次相遇相试，每个雄性的欲望都能得到满足。

我本想让雌雄比例趋于合理的，但纯属偶然而非有意才造成这种比例失调的。初春时节，我在附近石头下捕捉遇上的所有的金步甲，不问是公是母，而且仅从外部特征去看也挺难辨出雌与雄来。后来，在笼子里喂养之后，我知道了，雌性明显地要比雄性大一些。所以说，我那金步甲园地里的雌雄比例严重失调实属偶然所致。可以相信，在自然条件下，不会是雄性比雌性多这么许多的。

再说，在自由状态之中，不会见到这么多金步甲聚在一块石头下面的。金步甲几乎是孤独生活着的，很少看见两三只聚在同一个住所里。我的笼子里一下子聚着这么多实属例外，而且还没有导致纷争。玻璃屋中场地挺大，足够它们爬来爬去，自由自在，优哉游哉。谁想独处就可以独处，谁想找伴儿马上就能找到伴儿。

再说，囚禁生活似乎并不怎么让它们感觉厌烦，从它们不停地大吃大嚼，每日一再地寻欢交尾就可以看得出来。在野地里倒是自由，但却没这么受用，也许还不如在笼子里，因为野地里食物没有笼子里那么丰盛。在舒适方面，囚徒们也是身处正常状态，完全满足了它们的日常习俗。

只不过在这里同类相遇的机会比在野地里多。这也许对雌性来说是个绝妙的机会，它们可以迫害它们不再想要的雄性，可以咬雄性的屁股，掏光它们的内脏。这种猎杀自己的旧爱的情况因相互比邻而居而加剧了，但是肯定没有因此就花样翻新，因为这种习性并非一时兴起所造就的。

交尾一完，在野外遇见一只雄性的雌金步甲便把对方当成猎物，将它嚼碎，以结束婚姻。我在野地里翻动过不少石头，可从未见到过这种场景，但这并没有关系，我笼子里的情况就足以让我对此深信不疑了。金步甲的世界是多么残忍呀，一个悍妇一旦卵巢中有了孕无须情人时便把后者吃掉！生殖法规拿雄性当成什么，竟然如此这般地残害它们？

这类相爱之后同类相食现象是不是很普遍？目前来说，我已经知晓有三类昆虫是这么一种情况：螳螂、朗格多克蝎和金步甲。在飞蝗这个种族中，情况没有这么残忍，因为被吃掉的雄性是死了的而非活着的。白额雌螽斯很喜欢一点一点地嚼其已死的雄性的大腿。绿蚱蜢也是这种情况。

在一定程度上，这里面有个饮食习惯的问题：白额螽斯和绿蚱蜢首先都是食肉的。遇见一个同类尸体，雌虫总是多少要吃上几口的，不管它是不是其昨夜情郎。猎物就是猎物，跟是否曾是情郎没关系。

可是素食者又是怎么回事呢？接近产卵期时，雌性距螽竟冲着它那尚活蹦乱跳的雄性伴侣下手，剖开后者的肚子，大吃一通，直至吃饱为止。一向温情可爱的雌性蟋蟀性格会突然变得暴戾，会把刚刚还给它弹奏动情的小夜曲的雄性蟋蟀打翻在地，撕扯其翅膀，打碎它的小提琴，甚至还对小提琴手咬上几口。因此，很有可能这种雌性在交尾之后对雄性大开杀戒的情况是很常见的，特别是在食肉昆虫中间。这种残忍的习性到底是什么原因造成的呢？如果条件允许的话，我一定要把它弄个一清二楚。

要点提示

生存和繁衍对生物来说至关重要，虽然交配完成意味着繁衍的任务已经完成，性食同类的奇特行为依旧普遍存在。可见，生物在自然界的演化中不断进行自身的进化，使其拥有能够完美适应自我生存的习性。

导读

作者认为荒诞不经且没有考证的"缩绒鳃角金龟"这个昆虫的称呼怪异而且不合理，于是形象地赋予它"松树鳃角金龟"这一名字。作者介绍了松树鳃角金龟的仪表堂堂、高雅、朴素、大方的特点，并对其习性以及求爱繁殖等进行了介绍。作品中闪烁着智慧的光芒，表现了作者对大自然的热爱和他严谨的科学态度。

松树鳃角金龟

在开始描述松树鳃角金龟时，我是存心在发表异端邪说。这种昆虫正式名称为"缩绒鳃角金龟"。我很清楚，关于术语分类法不必过于挑剔。你随便发出一种声音，再给它续上个拉丁文词尾，你就有了一个与昆虫学家标本盒上贴着的许多标签读音相近的词。假如这个粗俗的术语词指的是所标示的那种昆虫而非别的东西，那么这个词听起来不悦耳倒还罢了，但是，通常这个从希腊文或其他文种词根翻查出来的词都具有一些词义，初出茅庐者总希望从这里面找到一点启迪。

这样他就遭殃了。那个学术味的词告诉他的是一些不得要领且无甚意义的意思，所以他常常是被弄得糊里糊涂，把他引向一些与我们的观察所提供给我们的真实情况没什么关联的现象。这有时会造成极其明显的错误，有时会给你一些荒诞不经的暗喻。只要是名称叫着好听，找一些词源学无法分析的词语岂不很好！

假如说有些词不会让人立即想到其本义的话，那么"fullo"（缩绒）一词就属于此列。这个拉丁文词语意为"foulon"（缩绒工），亦即把呢绒浸湿，使之变得柔软，并对它进行加工处理的人。本篇所述之鳃角金龟与缩绒工在什么方面有些关系呢？我绞尽脑汁也百思不得其解，找不到一个可以接受的答案。

老博物学家普林尼在其著作中用"fullo"给一种昆虫命了名。在有一篇中，这位大博物学家谈到了一些治疗黄疸、发烧、水肿的药物。在他的古方中，几乎应有尽有：黑狗的大长牙；粉红色布包着的鼠嘴；从活绿蜥蜴身上取下来放在羊皮袋里的蜥蜴右眼；用左手掏出的一条蛇的心脏；用黑布包好的带着毒螫针的四条蝎尾（三天中不让病人看到此药以及制作此药的人）。此外，还有不少怪诞的玩意儿。我吓得连忙把这本书合上，为这种治疗方法之愚昧无知而骇然。

在这些假借医学为幌子的荒谬药方中就有缩绒。书中写道，将缩绒金龟子一分为二，一半贴于右臂，另一半贴在左臂。

那么这位古博物学家所说的缩绒金龟子是什么呢？我并不很清楚。在描述这种东西时还说身上带有白点，这与松树鳃角金龟的特征相符，后者也带有白点，但这并不足以说明这就是松树鳃角金龟。普林尼自己似乎也没有十分确定其最好的这种药物究竟是何物。在他那个时代，肉眼还不会观察这种昆虫，因为它太小，只是孩子们的玩物，他们用一根长线拴住它，抡圆了甩着玩，有教养的大人对它是不屑一顾的。

这个专有名词看起来像是出自农村的没有知识又爱瞎起名字的观察者。老博物学家接受了也许出自孩子们想象出来的这个乡野叫法，而且也未多加考证，差不离儿就这么用上了。这个词古色古香，出现在我们面前，现代博物学家们接受了它。这就是我们最漂亮的昆虫之一成为缩绒工的由来。许多世纪以来就这么沿用了这个怪异的称谓。

尽管我对古老语言非常尊敬，但我还是不喜欢这么一个术语，因为它用在这儿是毫无道理的。常理应该战胜分类目录中的谬误。为什么不称它为松树鳃角金龟，以纪念那种它所喜欢的树？那是它空中生活的那两三个星期的天堂呀！其实这是很简单的事，是顺理成章的事。

在找到光明普照的真理之前必须在荒谬的黑夜之中久久地徘徊。我们所有的科学都证明着这一点，甚至数字科学。你试试把一组数字用罗马数字相加，你肯定会被那些复杂的符号搞得晕头转向而放弃，而且你将会承认零的发明在计算上是多么大的革命。这就是哥伦布的那只蛋，实际上不算是一回事，但却必须想到它。

在将来会把不合时宜的"缩绒工"这个词抛弃之前，我们先把它叫作松树鳃角金龟吧。用这个名称谁也不会搞错，因为我们的这个昆虫只光顾松树。

它仪表堂堂，可与葡萄根蛀犀金龟媲美。它的服装假如说没有金步甲、吉丁、金匠花金龟的金属外衣那么豪华的话，那至少也是罕见的高雅。在一种黑色或栗色的底色上散布着一层厚厚的散花白绒点，既朴素又大方。

作为头饰，雄性松树鳃角金龟在短须尖上有七片重叠的大叶片，根据其情绪的变化或呈扇形张开，或闭合起来。人们一开始可能会把这漂亮的簇叶当作一个高灵敏度的感官，可以嗅到极微弱的气味，可以感知几乎听不见的声波，可以获知我们的感官都感觉不到的其他一些信息。雌性松树鳃角金龟却不如雄性的感官灵敏，它作为母亲的职责要求它也必须像做父亲的一样要感觉灵敏，然而它的触须头饰很小，由六片小叶片组成。

雄性松树鳃角金龟那呈扇形张开的大头饰有什么用处？对于松树鳃角金龟

来说，那个七叶器官犹如大孔雀蝶的颤动的长触角，犹如牛蜣螂额上的全副甲胄，犹如鹿角锹甲大颚上的枝杈。到了寻偶求欢之时，它们全会以各自的方式挑逗异性，以求一逞。

漂亮的鳃角金龟夏至将近时出现，与第一批蝉出现的时间差不多。由于它出现的时间很准确，所以在昆虫历中都标明了，而昆虫历并不比四季年历的精确性差。最长的白昼来到，天总不见黑，麦子一片金黄，这时，鳃角金龟总会准时爬到自己的树上去。村里的孩童为纪念太阳节，都要在村子里的街道上点起圣让节篝火，但这个节日都没有鳃角金龟出现的日子准确。

在这一期间，每天日暮黄昏时分，假如天气晴和，鳃角金龟就会来到院子里的松树上。我仔细地观察着它们的一举一动。尤其是雄性鳃角金龟，在默默地不乏激情地使劲儿，飞来转去，把自己那触角张得大大的。它们向着等着它们的雌性鳃角金龟所在的树杈飞去。它们飞过来飞过去，在最后一线光亮逐渐消失的苍茫天空中画出一道道黑线。它们歇了一会儿，又飞起来，重新开始繁忙的巡视。在这半个月左右的狂欢之夜，它们在树上都干些什么呢？

事情是明摆着的：它们在向美人儿们示爱，不断地献媚致意，直至夜色浓重。翌日清晨，雄的和雌的通常都占据着那些矮枝。它们单独地待在那儿，一动不动，对自己周围的一切无动于衷。用手去捉，它们也不逃走。大多数都在用后爪吊住身子，蚕食一根松针。它们咬着松针在悠悠地打盹儿。黄昏又来临时，它们又开始嬉戏调情。

想看它们如何在树的高处嬉戏不怎么可能。我们就试着把它们捉来观察吧。早晨，我捉了四对，放进一个放着一根松枝的大笼子里。我看到的情景并未符合我的期望，原因是它们失去了飞翔的自由。顶多是不时地可以看到一只雄性鳃角金龟向它所爱的雌性靠近。它展开自己的触角叶片，轻轻地抖动它们，也许是在探询对方是否接受它。它把自己打扮成美男子，炫耀着自己那了不起的触角。但它未能遂愿，对方一动不动，好像对它的展示无动于衷。囚禁生活使之忧伤悲痛，难以克制。我未能继续观察下去。交尾似乎应该是在深夜进行，因此我错过了大好时机。

有一点尤为使我感兴趣。雄性鳃角金龟能够发出乐声，雌性亦然。雄性是否在用这种乐声作为逗引和召唤雌性的手段？雌性听到求爱者的乐声是否也用一种类似的乐曲回答对方呢？正常条件下，在树冠中发生这种情况是极有可能的，但我无法肯定这一点，因为我无论是在松树上还是在笼子里都没听见过类似的乐声。

这声音是从其腹部尖端发出的，腹尖轻轻地轮番抬起落下，尾部环节就会摩擦正保持静止状态的鞘翅后边缘。在摩擦面和被摩擦面都没有什么特殊的发音器。我用放大镜反复地观察来观察去，也没有发现有专门用来发声的细微条纹。两个面都是光滑的。那么声音是如何发出来的呢？

写作手法

通过设问句自问自答，用排比和比喻的手法形象地说明雄性松树鳃角金龟头饰的特点。

写作手法

用拟人化手法描写了雄性鳃角金龟向雌性求爱的场景，赋予其人类的行为和情感，文笔风趣生动，富有感染力。

我们用湿手指在一块玻璃上或在一块窗玻璃上划过，就可以听见一种挺响的声音，与鳃角金龟所发出的声音有些相像。假如用一块橡皮在玻璃上摩擦，效果更佳，发出的声音更像鳃角金龟所发出的声音。如果注意音乐节拍，准能以假乱真，因为模仿得太像了。

鳃角金龟运动其腹部柔软部分时，就如同手指头上的肉质部分或那块橡皮，而玻璃片或窗玻璃就如同光滑的鞘翅，它极薄又很硬，而且极易震颤。因此，鳃角金龟的发声方法是非常简单的。如果想让它发出声音，只需用手指捏住它，并稍稍触动它一下即可。但它这并不是在歌唱，而是发出一种哀诉，是对自己不幸的命运的抗争。在它那奇特的世界中，歌声在表达痛苦，而沉默则是表示欢乐。

导读

　　昆虫的健康食品是人类的健康食品吗？对它们造成毒害的食物会对人类造成毒害吗？对此，作者对昆虫中两种蘑菇消费者——真正地啃噬者和将食物变为流质的吸食者进行了研究。他发现昆虫与人类对菌类的态度完全不同，它们是否食用某种菌类与其是否漂亮、是否有毒并没有直接关系。作者效仿村民处理毒蘑菇的方式对一些蘑菇进行加工并食用后，并未出现任何问题，从而指出人们对"野蛮烹调法"的误解，并期望这种简单的烹饪方法能得到普及。

昆虫与蘑菇

　　我对牛肝菌和珊瑚菌情有独钟，没少观察研究。但是，只谈菌类，不与昆虫联系起来，就不太合适了。

　　我们知道，很多菌类都可以食用，而且受到人们的青睐，但是，别忘了，另有一些菌类是可怕的毒菌。我们如何去区别某种菌是有毒的还是无毒的呢？根据人们普遍信奉的一条规律，凡是被昆虫及其幼虫和蠕虫所接受的菌类就是无毒的，都是可以食用的。反之，连昆虫都不愿或不敢去触碰的菌类，我们可千万不能吃，那肯定是有毒的。昆虫的健康食品也应该是我们的健康食品，而能毒害它们的食物自然也能毒害我们。

　　这是人们依照事物表面上的逻辑关系做出的推理，殊不知不同动物的胃对不同的食物具有不同的消化能力。上述推理到底站得住脚吗？这正是我想研究的。

　　昆虫，尤其是处于幼虫状态的昆虫，是蘑菇的开发者。昆虫分为两种消费者：其中一类真正地啃噬蘑菇，是一点儿一点儿地咀嚼、嚼烂了才咽下肚去；另一类昆虫则是先把食物变为流质，然后再吸食，和食肉的蛆虫的进食方式一样。前一类比较少，仅就我住处附近的情况而言，属于咀嚼食物类的昆虫有四种鞘翅目昆虫和衣蛾的毛虫、软体动物、鼻涕虫（或者更确切地说，其棕色外套边缘有一条红色花边的小蛞蝓）。这类昆虫虽为数不多，但十分活跃，侵蚀力很强，尤其是衣蛾。

　　喜食蘑菇的鞘翅目昆虫中，当数隐翅虫列于首位。隐翅虫身着红、蓝、黑三色搭配的漂亮衣服。隐翅虫及其幼虫利用自己身后的一根"柱子"作为支撑来行走，它们常常光顾杨树伞菌，而且专爱吃一种食物。我经常在春天或秋天见到它们待在杨树伞菌上。杨树伞菌是上等菌种中的一种，尽管白得令人生畏，外表常常出现裂痕，伞盖下面的褶皱周围附着红棕色的孢子，显得脏脏的，却不失为一种优质菌种。人不可貌相，植物也同此理，有些外观十分艳丽惹人喜爱的蘑菇偏偏是毒蘑菇，而其貌不扬甚至难看至极的蘑菇却是上等品种。

还有两种喜食蘑菇的鞘翅目昆虫——特里普拉克斯虫和桂皮色的球蕈甲，它们个头儿都很小。特里普拉克斯虫的头部和前胸呈棕色，鞘翅为黑色，其幼虫爱吃带刺多孔菌。这种菌类又大又肥实，表面长着直毛，侧贴在老桑树的树干上，有时也长在胡桃树和榆树上。而桂皮色的球蕈甲的幼虫专门生长在块菰中。最后，最让人感兴趣的喜食蘑菇的鞘翅目昆虫是包尔波赛虫，其叫声如小鸟啁啾，为了寻找喜食的地下菌，不惜往地下钻洞，而且全都是垂直竖井似的洞穴。它也是块菰的偏好者。我曾从地下挖出过包尔波赛虫，看见它的足爪间夹着一块真的块菰，如同榛子那么大。我尝试着喂养它，想了解它的幼虫。于是，我把它放进一只装满新换了沙子的罐子里，罐口用罩子罩住。因为一时找不到地下菌类和块菰，我便以几种较硬的、有点儿像块菰的蘑菇来喂它，其中有马鞍菌、珊瑚菌、鸡油菌、盘菌等，但都遭到它的拒食。

出于无奈，我转而用一种名为"里佐波贡"的植物喂它，得到了它的首肯。这种植物通常生长在松林里的浅土层甚至地表，样子挺像土豆。我放了一把在沙罐里。入夜后，我去查看时多次发现包尔波赛虫爬出洞外，它在沙地上寻找，欲寻觅一块不太容易抱动的食物，悄悄地带进洞穴中去。它把食物留在洞口，因为里佐波贡太大了，进不了家门。第二天，我发现那块里佐波贡仍在原地，只是下方被包尔波赛虫啃过一些。

包尔波赛虫不喜欢露天进食，必须待在地下室里独自用餐。要是在地下寻找不到食物的话，它就会爬出洞搜寻。找到合乎口味的食物时，要是食物不太大，可以拉入洞内，它就把食物运抵地下室；如果食物太大，进不了洞，它就只好把食物留在洞口，自己则藏在洞中，啃咬食物的底部。总之，包尔波赛虫不在公共场合用餐。

到目前为止，我只见过它吃地下菌、块菰和里佐波贡。这就说明，包尔波赛虫并不像巨须隐翅甲那样专吃一种食物，它会变换食谱，也许它吃所有的地下菌也未可知。

衣蛾的食物范围更广。衣蛾毛虫长过五毫米，身子洁白，头部黑亮，在大部分菌类中都会发现它们的身影，而且其幼虫大量地聚集在菌类食物上。幼虫喜食菌类的柄，因为菌柄有一种说不出来的味道。一般来说，它们都寄居于牛肝菌、珊瑚菌、乳菇和红菇上，除了个别菌科的个别几种菌，可以说它们是什么菌都吃。这种弱小的幼虫是菌类最主要的开采者，并在被其糟蹋过的菌类植物下面编织一只小白丝蚕，然后由此变成一只不起眼的蛾。

除了蛞蝓外，贪食的软体动物也值得书上一笔。它们什么蘑菇都吃，而且喜欢挑大个儿的吃。它们往往在蘑菇里建造一个宽敞的窝巢，优哉游哉地在里面进食。与其他的美食家相比，它们的数量并不算多，通常，它们都喜欢离群索居。它们的颚像刨刀，十分锋利，能很快地把蘑菇掏出一个洞来，造成的破坏十分明显。

写作手法

在介绍衣蛾食用的菌类时，作者用"一般来说""除了……"进行限定，体现了说明文语言的严谨性。

根据被啃噬的蘑菇上的咬痕和掉下来的蛀屑，我们很容易就能分辨得出这道残羹剩饭是哪位食客留下的。它们有的在蘑菇里挖出洞壁清晰的隧道，有的挖槽，有的专门腐蚀食物内部而外表不留任何痕迹，有的专门切割食物。另一类蘑菇食客是液化者，专门靠化学作用腐蚀蘑菇，溶解食物，而这都是双翅目昆虫的幼虫所为，这些幼虫属于蝇科的贱民，品种繁多。我们干脆就把它们统称为蛆虫吧。

我选用撒旦牛肝菌作为蛆虫们的开发物，看看它们到底是如何进行工作的。撒旦牛肝菌是最大的菌种中的一种，在我住处附近可以说是俯拾皆是。这种菌类的菌盖呈白色，盖面上显得脏脏的；菌管口呈鲜艳的橘黄色；菌柄肥厚，有如鳞茎，并有美丽的胭脂红筋络。我取出一个长得很好的撒旦牛肝菌、切成均等的两半，放在两个并排放着的盘子里。其中的一半是作为参照物放在盘子里，而另一半的菌管层上放了二十四条蛆虫，是从一个已完全烂掉的牛肝菌上弄到的。

当天，这个试验物就显示出蛆虫巨大的溶解作用。牛肝菌的表面先是变成了鲜红色，管状层变成了棕色，渗出来的液体像黑色钟乳石似的垂挂在斜面上。接着，菌肉也很快地受到了侵蚀，没几天，就变成了如同沥青似的糊状物，像水似的可以流淌。蛆虫在这种糊状物里蠕动着，屁股一拱一拱的，尾部的呼吸孔不时地露到糊状物的表面上来。这与灰蝇和蓝蝇的蛆虫液化尸体的方法如出一辙。

作为参照物的另一半，因为没有放进蛆虫，仍旧好好地放在那只盘子里，与开始时一模一样，没有变质，只不过因蒸发作用失去了水分，表面显得干燥而已。因此，可以说，液化是蛆虫的杰作，是它们的专利。

人们不禁会问，液化是不是一种简单的变化过程？我们一开始看到，在蛆虫的作用下，固体很快就变成了液体，自然而然地便会做如是想。尤其是其中有几种菌液化得很快，譬如担子菌，它会自发地发生液化，变成一种黑色液体，其中一种名为墨盒担子菌的菌种更是如此，能够自动地液化成墨水。

在某些情况下，担子菌的液化速度确实很快。有一天，我从一个菌托上取下了一个长得很漂亮的担子菌，对它进行素描。但是，我尚未完工，这个刚采下来还不到两小时的鲜蘑模型就已经不成形，化为一摊墨汁摊在桌子上了。

不过，不能以此类推认为其他菌类的液化过程也很快，尤其是牛肝菌，它绝不会转瞬即逝，它是可以储存的。牛肝菌味道鲜美，颇受青睐，我便用食用的牛肝菌进行实验。我心里暗想，也许能够从这种牛肝菌中提取一种可以用作调味品的李比希味素来吧。因此，我把食用牛肝菌切成小块，一部分放在清水里煮，另一部分放在加了小苏打的水里煮。加工过程费时两个小时，但是，长时间地放在沸水中煮，甚至是放在加了小苏打的沸水中煮，都没有损坏食用牛肝菌。可是，双翅目昆虫的幼虫轻而易举地就迅速地使之变成流质，如同肉蛆虫把蛋白变成液体，这两种液化过程都是悄悄地进行的，也许是某种特殊的蛋白酶在起作用。这两种液化所使用的酶也许是不同的，肉食液化器使用的是一种蛋白酶，而牛肝菌液化器使用的是另一种蛋白酶。

现在，盘子里装满了一种黑乎乎的流质，稀得很，很像沥青。如果任由水分蒸发掉，这种稀糊糊就会结成硬块，而且一碰就碎，如同甘草提取物。幼虫和蛹嵌于这个硬块中，无法脱身，悉数死去，化学剂给它们带来了死亡的命运。当侵蚀发生在地面上时，情况就大不相同了。滴在地上的液体被地面吸收，里面的蛆虫自然而然地逃离了厄运

蛆虫在紫色牛肝菌和撒旦牛肝菌上的作用所产生的结果是相同的，也就是说，最终见到的都是一种黑色的稀糊糊。值得注意的是，这两种菌被切开之后，特别是被压碎之后，会变成蓝色，而食用牛肝菌被切开之后肉色保持不变，仍是白色，但被蛆虫液化之后所形成的液汁则是浅褐色的。我又用毒蝇菌做了实验，结果变成了粥状物，像杏酱似的。根据不同的菌类所做的实验，我发现了一条规律，即所有的菌类在蛆虫的液化之下都会变成糊状物，只是稀稠、颜色有所区别罢了。

那两种长着红色菌管的牛肝菌——紫色牛肝菌和撒旦牛肝菌，为什么会变成黑色稀糊糊呢？我好像知道了缘由。这两种菌都变成了蓝色并夹杂着绿色。第三种蓝色牛肝菌颜色的变化尤为明显，稍许受到点儿磕碰，碰破的地方就立即起皱，开始时是纯白的，然后就变成了漂亮的蓝色。我曾把这种牛肝菌置于二氧化碳中，即使我把它弄破、压碎、碾挤成浆，蓝色也不会出现。然后，我把压碎的牛肝菌取出一些来放到空气中，漂亮的蓝色就立刻出现了。由此可见，这些菌中含有一种在空气中易变的颜料，这可能就是牛肝菌被蛆虫液化后发黑的原因所在。其他一些菌类，如肉质呈白色的食用牛肝菌，被蛆虫液化后就不会变成沥青色。

所有那些被切开后变成蓝色的牛肝菌恶名远扬，臭名昭著，用"撒旦"这个名字冠之，听了就让我胆寒。但是，衣蛾和蛆虫与人类持有不同的看法，它们偏偏十分喜爱令我们恐惧的那些菌类。令我不解的是，它们对那些撒旦牛肝菌情有独钟，但是对人们认为极其美味的菌类都绝不食用。譬如最有名的食用红鹅膏菌，那可是古罗马帝国时期的罗马人、古代的美食家所津津乐道的，它们却对这些被称为"恺撒伞菌"的美味嗤之以鼻。在我们所食用的菌中，这种伞菌是最漂亮的一种。欲破土而出时，它像一个卵形小球，被菌托整个儿地包裹着，十分美丽。随后，这个卵形小球缓慢地裂开，从星形的开口处可看见一部分漂亮的橘黄色球体，如同煮鸡蛋。剥去外壳，剩下的囊袋中的伞菌宛如剥去蛋壳的蛋。初生的伞菌如同一个上端剥去了部分蛋白，露出一点点蛋黄的鸡蛋，因此被通俗地称为卢胡塞迪鸟，意为"蛋黄"。不久，伞盖完全张开，平展展的，手感柔软如丝绸，看着比金苹果还绚丽，在玫瑰色的欧石楠丛中显得尤为美丽动人。

蛆虫偏偏不吃这种漂亮的恺撒伞菌。我没少在野外观察，但从未发现有被虫子咬过的红鹅膏菌。我还做了实验，把蛆虫关在大口瓶里，只向它们提供捣

理解感悟

作者对实验过程进行了周密安排和缜密分析，然后得出自己的结论，"可能"一词表明这仅仅是作者自己根据实验结果得出的推断，并非下定论，体现了说明文语言的严谨性。

写作手法

作者详细地描绘了伞菌的成长过程。"手感柔软如丝绸，看着比金苹果还绚丽"，从手感和颜色两方面表现了伞菌伞盖完全张开后的美丽姿态。

得如苹果酱般的红鹅膏菌，可是，它们宁可饿着，也绝不去吃。

尽管如此，这种幼虫害怕去吃的漂亮伞菌还是遭到了破坏，但并不是幼虫所为，而是被一种真菌——红色不完全菌破坏的。这种真菌使蘑菇身上出现紫红色斑点，随即腐烂。至于是否有别的什么昆虫在祸害这种红鹅膏菌，我可从未发现过。

还有一种红鹅膏菌，它的菌盖边缘有美丽的花纹，也是一种美味食物，几乎与红鹅膏菌并驾齐驱。我把这种菌称为小灰菌，因为它通常呈灰色，无论是蛆虫还是更加大胆的衣蛾，都从来不敢碰它。豹皮鹅膏菌、春鹅膏菌和柠檬黄鹅膏菌都是毒菌，也同样被蛆虫和衣蛾拒绝。

总而言之，无论是有毒的还是无毒的鹅膏菌，蛆虫均一概排斥，顶多是蛞蝓偶尔咬一口，蛆虫是不是需要某种介于柔嫩的牛肝菌和坚硬的乳菇之间的菌类呢？我们不妨来看看橄榄树伞菌，这是一种漂亮的枣红色菌。这种菌在老橄榄树下十分常见，故此得名，但是，我在黄松树下、圣栎树下、李子树下、柏树下、杏树下，绣球树下都采到过这种菌。因此，它似乎对赖以生存的树木的性质并无苛求，它与其他菌类的明显区别在于它会发出磷光。这种磷光是从它的底面发出来的，像萤火虫尾部发光一样，它之所以闪闪发光，是为了庆贺婚礼和散播孢子。这与化学家所说的磷无关。这是一种缓慢的燃烧，比正常状态下的呼吸更急促有力些的呼吸。这种光在不适于呼吸的氮气、二氧化碳中就会熄灭，而只有在流通的空气中才会持续放光。另外，这种所谓的光极其微弱，只有在很暗很暗的地方才能被察觉出来。夜晚时分，甚至是在白天，在黑暗的地窖里先待上一段时间，再去看这种伞菌，它真的非常好看，它所发出的光犹如皎洁的月光。

蛆虫对这种伞菌会是什么态度呢？它们会不会被这种伞菌美丽的光所吸引呀？不，绝对不会。蛆虫、衣蛾和鼻涕虫从不去碰发光的蘑菇。看来，蛆虫们是否吃某种蘑菇与蘑菇是否有毒、是否漂亮并无关系。我想，我也没有必要继续做实验了，再做实验，我也无法获得准确的答案。看来昆虫无法告诉我们什么蘑菇有毒，什么蘑菇无毒；哪种蘑菇好吃，哪种蘑菇危险。昆虫的胃并不等同于我们人类的胃，我们认为有毒的蘑菇，它们可能认为是美味佳肴；而我们认为鲜美的蘑菇，它们可能会认为是有毒的。我们经常会到林间去采蘑菇，那么，如何区分哪种有毒哪种无毒呢？

其实，区分的方法也很简单。我在塞里尼昂住了三十年，这儿的人喜食蘑菇，常去林中采摘，可我还从未听到过有谁吃蘑菇中毒。我有时还在树林中翻看邻居们采摘的蘑菇，经常会看到一些令真菌学家极其反感的蘑菇。有一天，我对一位采摘了紫色牛肝菌的邻居指明了这种蘑菇的危险性。他竟然睁大了眼睛，惊讶不已地对我说："您说狼面包有毒！算了吧，先生，这可是牛精髓呀，是货真价实的牛精髓呀。"他觉得我少见多怪，不以为然地走了。

另外，在一些人的采摘篮里，我还发现了环状伞菌，研究真菌的专家认为这种菌有剧毒。可是，我的邻居们常常采摘环状伞菌吃。这种伞菌生长茂盛，桑树下尤其多。我还在这些采摘者的篮子里发现过危险的诱惑者撒旦牛肝菌、如羊乳菌一般辛辣的带乳菌和光头鹅膏菌。光头鹅膏菌有一个从菌托中绽开的漂亮的菌盖，边缘镶着一些粉渣，如同蛋白片末似的，有一股肥皂味，很不好闻，令人起疑。

村民们如此放心大胆地采摘，就一点儿也不害怕吗？那么他们是如何防止中毒的呢？在我们的这个村子以及远处的一些村庄，村民们通常要把采摘回来的蘑菇漂一漂，也就是放入沸水中焯一下，水中放上一点儿盐。然后，把焯过的蘑菇浸入冷水中清洗干净，就算完事大吉了。经过这样的热处理和冷处理，即使是毒蘑菇，其有害成分也被去除了，有毒的变为无毒的了。因此，我也仿效他们。从自己的经验来看，这种农村土方法还是挺有效的，我们一家也喜食蘑菇，也经常食用那被认为毒性很强的环状伞菌，经过沸水处理，用这种蘑菇做出来的菜肴鲜美至极。另外，经如此处理而制作成菜的光头鹅膏菌也经常出现在我家的餐桌上。如果不做如此处理，我吃了这种蘑菇，就会有危险。我还尝试过被那位采蘑菇的邻人称为牛精髓的蓝色牛肝菌，特别是紫色牛肝菌和撒旦牛肝菌。此外，我也尝试过豹皮鹅膏菌，书中把这种菌说得糟糕透顶，绝不可食用，但是我尝试过后并无不良反应。我的一位学医的朋友听我介绍了这种加工方法，也做了尝试，他选用了与豹皮鹅膏菌同样恶名在外的西特里那鹅膏菌。他吃过后一点儿问题也没有。我还有一位盲人朋友，他也按照我所说的方法加工了橄榄树伞菌，那可是人人闻之色变的一种菌类，但是他吃了也没有发生任何问题。从以上的一些事实可以看出，先用沸水把蘑菇焯一下，是防止食用蘑菇中毒非常管用的方法。

但是，有人也许会对这种土方法嗤之以鼻，把它斥为"野蛮烹调法"。他们会说，把蘑菇放进沸水中，岂不把它煮烂了，都成酱了？起码，经沸水这么一煮，蘑菇的鲜味就全没有了。这种看法荒谬至极，因为蘑菇很禁煮。我曾说过，我想从牛肝菌中提取溶液，却无法使之溶化，即使把它长时间地浸在水中煮，还在水里加了小苏打，都未能遂愿。另外一些个头儿很大、很适合做菜的蘑菇也同样非常禁煮。

关于蘑菇的鲜味问题，我敢保证，一点儿也不会丢失，其香味也没少一丁点儿，而且，煮过的蘑菇更加好消化，对于一种难以消化的菜来说，这一点至关重要。因此，在我们家里，已经习惯先把采摘来的蘑菇放在水里煮一煮，即便是鹅膏菌，我们也做了如此的处理。

我并不讳言，我是个外行，是个野蛮人，不太容易受到美味食物的诱惑。但是，我所关注的并不是美食家，而是普通的人，尤其是农村田间的劳动者，我希望这样简单的烹调方法能得到普及。当普通人学会这种鉴别蘑菇是否有毒的简单方法，也就是处理有毒蘑菇的简单方法，我想我会因为我的研究得到运用而备感欣慰。

理解感悟

作者仿效村民们的处理方式食用多种类型的毒蘑菇，这体现出他敢于实践、勇于探索的科学精神。

导读

与人类朝夕相处的燕子和麻雀是日常生活中常见的鸟类，它们往往在简陋的地方筑巢搭窝。麻雀往往对树洞情有独钟，它的窝巢虽然布置很乱却极其科学结实。燕子更喜欢在可以遮风避雨的屋檐或者建筑物的突饰底下打窝建巢，甚至把窝巢筑于住宅的房屋内……人类与燕子的亲密关系一直延续着，鸟儿的筑巢地点随着人的居住地发生着变化，这种跨越物种的无限信任无疑是动物和人类和谐相处的生动体现。

燕子与麻雀

燕子与麻雀属于鸟类，而不是昆虫，在我所生活的这个地区，它们是最常见的鸟类。我想，在别的地方，它们想必也是最常见的鸟儿。它们与人类朝夕相处。所以，我心血来潮，在观察研究昆虫的同时又想到了它们。每天，我睁开眼便会看见它们，听见它们叽叽喳喳。

在介绍昆虫的时候，我总是不吝笔墨地要讲述它们的窝巢。那么，燕子在哪儿搭窝筑巢呢？特别是在窗户和烟囱发明之前，燕子把自己的巢建于何处？在瓦屋顶和有窟窿的墙壁出现之前，麻雀会为它的家人选择什么地方作为栖息之处呢？

大卫王早就说过，就这样在屋里孤孤单单地度过。从大卫王的时代起，每年盛夏到来时，麻雀就躲到屋檐瓦片下，悲悲切切地不停地叽叽喳喳，直到如今，它们依然如故，禀性难改。那时候的建筑与我们今天的建筑区别不大，起码对麻雀来说都同样舒适，所以说，麻雀早就以瓦片为栖息藏身之所了。但是，当巴勒斯坦人只是以驼毛来织布、做帐篷的时候，麻雀又会飞到何处去藏身呢？

大诗人维吉尔向我们讲述了善良的艾万德在其向导——两条高大的牧羊犬的引导下，来到了他的主人埃涅阿斯的身旁。维吉尔让我们看到大清早就被鸟儿的歌唱唤醒的艾万德：

> 陋室中的艾万德，听到鸟儿欢唱，他高兴地醒来了。

这些鸟儿从曙光初现时起就在拉丁姆老国王的屋檐下叽叽喳喳，它们是什么鸟儿？据我所知，只有两种：燕子与麻雀。它们都是我的隐居所的报晓钟，而且十分准确。艾万德的宫殿没有一点儿奢华陈设，诗人维吉尔已告诉了我

写作手法

过渡段，排比句式设疑，吸引读者阅读兴趣，引入后文的相关介绍描写。

325

们这一点。那是一间陋室，一张小熊皮和一堆叶子就是显赫的客人的睡榻。艾万德的卢浮宫只是一间比其他茅屋陋舍稍许大这么一点儿的陋室，也许是由树干垒成的，也许是芦苇秆、黏土和泥盖的，屋顶也就是用一些茅草覆盖着而已。居住条件虽然十分简陋、寒碜、原始，燕子和麻雀却并不嫌弃，仍旧在此筑巢搭窝，起码诗人维吉尔为我们证实了这一点。但是，它们在以人类居所为栖息处之前又住在何处呢？

麻雀、燕子以及其他动物在筑巢时，不可能依赖于人类的建筑工艺，每一种动物都应该具备一门生死攸关的建筑技艺，以便最大限度地充分利用可使用的场地。

麻雀首先告诉我们，在尚未有屋顶和墙壁的年代它是如何搭窝建巢的。它利用树洞来作为栖息之所，因为树洞较高，可以避开不速之客的骚扰，而且树洞洞口狭窄，雨水打不进去，洞中却别有一番天地，宽敞得很，因此，即使后来有了屋檐和旧墙，它仍旧对树洞情有独钟。中空的大树因而成为麻雀在利用艾万德的陋室和大卫建在丝隆岩石上的城堡之前的第一宅第。

更令人惊叹的是它筑巢时所使用的材料。它的那张床垫可谓形状怪异，由一堆乱七八糟的羽毛、绒毛、破棉絮、麦秸等组成，这就需要有一个固定而又平展的支撑物来支撑。这种困难对麻雀来说，简直是小事一桩，它会想出一个大胆的方案来：它打算在树梢上仅用三四根小枝丫作为依托，建窝搭巢。它的这个窝巢悬于半空中，摇摇晃晃的，要想让它不掉下来，可得具有高超的建筑技艺呀！它必须掌握编织技艺中的整经工、篾匠和织布工的绝技，它成功了，它所搭建的窝巢很牢固，不会掉落下来。

它在几根枝丫的树杈间把所能找到的东西——碎布头、碎纸片、绒线头、羊毛絮、麦秸秆、干草根、枯树叶、干树皮、水果皮等等全都聚拢在一起，做成了一个很大的空心球，上面有一个小小的出入口。这个球形窝体积庞大，因为它的穹形窝顶需要有足够的厚度来抵御瓦片所阻挡不住的雨水。这个窝布置得很乱，没有一定之规，没有艺术性，但非常结实，能够经受得住一季的风吹雨打。如果找不到合适的树洞，麻雀就只好不辞劳苦地一点儿一点儿地搭建自己的窝巢。

我家屋前有两棵高大的梧桐树，住所被浓荫遮蔽，树枝垂及屋顶。整个夏季，麻雀都飞到这儿栖息，繁衍生息。梧桐树交相掩映的碧绿枝叶，是麻雀飞出其家屋的第一站。小麻雀在能够飞翔觅食之前，总是在这第一站叽叽喳喳地叫个不停；吃得肚子滚圆的大麻雀从田间回来也先在此歇息；成年麻雀经常在这儿开碰头会，照管家中刚刚出巢的小麻雀，它们一边训诫不听话的孩子，一边鼓励胆怯的孩子；麻雀夫妇常在这儿吵嘴；还有一些麻雀常在此议论白天所发生的事情。它们从清晨一直到傍晚，络绎不绝地在梧桐树和屋顶之间飞来飞去。然而，十二年中，我仅见过一次麻雀在树枝间搭窝的。我见到一对麻雀夫妇在忙碌着，辛辛苦苦地在一棵梧桐树上搭建空中巢穴，但是，它们好像对自己的劳动成果并不满意，因为第二年我就没看见它们再搭窝了。瓦屋顶提供的庇护所既牢固又省力，何须再费心劳神地去搭建什么空中楼阁呢？看来，麻雀们更加偏爱这种省时省力而又牢固的屋檐下的窝巢。

麻雀搭窝的原始艺术我们已有所了解了。现在，我们再来看看燕子的情况。经常光临我家的燕子有两种：窗燕（城里的燕子）和烟囱燕（乡间的燕子）。这个名字不知是什么人发明的，简直俗不可耐，而且也很不准确。难道只有城里人家里才有窗子？只有乡下人家才有烟囱？怎么可以用窗子或烟囱来区别城里的燕子和乡间的燕子呢？因此，为了符合我所在的地区的燕子的习性，我把前一种燕子称之为"墙燕"，后一种燕子称为"家燕"。这两种燕子所搭建的窝巢的外形有明显的区别。墙燕的窝巢呈球形，只留出一个狭窄的小洞作为出入口；家燕则将自己的窝巢筑成一个敞口杯状。

关于筑巢的地方，墙燕因不像家燕那样亲近人，所以从不选择住宅的内部。它喜欢把自己的窝巢搭建在户外，支撑物很高，避免受到不速之客的骚扰，与此同时，这个窝巢又必须能避免被雨水打湿，因为它的泥巢与长腹蜂的巢穴一样怕潮湿，因此，它更喜欢在屋檐下和建筑物的突饰底下搭建筑巢。每年春天，墙燕都会来我家拜访。它们喜欢我家房屋，因为屋子房檐向前伸出有几排砖那么宽，屋檐拱曲成半圆形。所以，大家可以看到，我家屋檐下有一长串排列成半圆形的燕子窝，屋顶突出的砖石为它们遮挡住了风雨，朝南的一面又可以接受阳光的沐浴。这一长串燕子窝既整洁又安全，形状全都相同，唯一的缺憾是燕子不知选择哪个隐蔽所栖息为好。除了我家屋檐，就只有教堂那气派的建筑物的突饰底下是它们的隐蔽之所了，我在其他地方再没见到有燕子窝。

另外，陡峭的岩壁就是天然的一堵墙壁，燕子如果发现岩壁上有一些凌空突出的岩石可以遮风避雨，它们肯定会在那儿筑巢搭窝的，因为那儿与我家屋檐几乎功能相同。鸟类学家知道，在深山老林、人烟稀少的地方，墙燕会在山岩峭壁上筑巢搭窝的，条件就是它的球形泥巢能在凸岩下保持干燥，不会受潮。

我家前面不远处，就是吉贡达斯山脉，其形态是我见过的最奇特的。山峦连绵、陡峭、倾斜，在山顶上连站都站不住。只有一面坡度较缓，也得手足并用才可攀上去。其中有一处陡峭悬崖，下面有一个裸露的宽大岩石平台，如同巨人族提坦的城墙。平台上是陡直的山脊，如锯齿一般。有一天，我跑到这块巨石底部采集植物标本。突然间，我猛地抬头，发现裸露的石壁前有一大群鸟在盘旋。我仔细一看，竟然是墙燕。它们平静地飞来飞去，腹部白白的，岩石上附着着球形的窝巢。我对自己的新发现感到十分欣喜，因为我终于从书本以外的地方了解到，如果没有建筑物的突饰和屋檐可供栖息，墙燕会在笔直的岩石壁上筑巢。由此可见，在人类建筑诞生之前，燕子就已经会筑巢搭窝了。

家燕则比墙燕更加信赖热情好客的人类。另外，也许是怕冷的缘故，它们往往要把自己的窝巢筑于住宅的房屋内。在迫不得已的情况之下，窗洞和阳台也可凑合当作筑巢地点，不过，它们喜欢库房、谷仓、马厩和废弃的屋子。它们喜欢与人共居一处，它们与长腹蜂一样，不害怕占据人类的地盘。它们在农家厨房里安营扎寨，在被农家烟火熏黑了的搁栅上搭窝；它们甚至比有些昆虫更具有冒险精神，斗胆把主人家的客厅、卧室、储藏室，以及一切像模像样、进出方便的处所都变成了自己的家。

为了防止它们肆无忌惮地侵占我的家园，每年春天我都要自觉自愿地把我家的库房、地下室的门廊、犬舍、柴房，以及其他一些零散小屋拱手献给它们。有时，它们竟然贪心不足，连我的书房也要侵占。有时候，我连窗户都不敢打开，因为它们会把窝筑在窗帘的金属杆上以及窗子的窗扇边上。有一次，因为窗户开着，它们就飞来筑巢了。当它们铺好第一块草垫时，我毫不客气地把它掀掉了，我是想告诉它们，把窝筑在窗扇上是十分危险的，因为窗扇要经常开开关关的，会把它们的窝碾坏，窝里的雏燕会被碾死。但是，它们根本不听我的劝告，一意孤行，我只好整天地关着窗子，不让它们飞进来。

有一次，我因为掉以轻心，让它们乘虚而入了。它们竟然把窝筑在天花板与墙所形成的一个角落里，就在天花板的石膏线上。燕子窝下面正对着我的大理石托架，架子上放着我经常需要查阅的书籍。我担心燕子窝里有污物掉落，弄脏书籍。便把托架上的书挪开了。直到雏燕孵出之前，大家倒也相安无事。但是，等雏燕孵出之后，事情就来了。它们的肚子像无底洞，食物穿肠而过，很快就被消化、分解。孵化出来的一共是六只雏燕，它们一个劲儿地、几乎片刻不停地排泄，粪便如雨点般飞掉到托架上，简直令人难以忍受。幸亏我有先见之明，把书都移到别处去了，否则，这些书就没法查阅了。我又洗又擦，但是鸟粪味仍弥漫在书房中。另外，书房门窗晚间通常都是关着的，而雄燕晚上在屋外过夜。等到雏燕们渐渐长大一些，雌燕也睡到屋外去了。这么一来，每天清晨，天刚破晓，等在窗口的燕子夫妇便因进不了屋，见不着儿女，十分伤心。为了不让这对夫妇如此伤心，我只好强打起精神，揉着眼睛披上衣服，进书房开窗，放它们进屋探看儿女。

我们不难看出，这种窝巢似半口杯的燕子完全可以称为"家养的"，可以称为"家燕"，也就是说，它们是栖息在我们室内的。这么一来，我不禁又要提出如对麻雀与墙燕所产生的疑问一样的问题了：在入居屋宇之前，它们又是在哪儿栖息的呢？据我孤陋寡闻之见，它们除了以我们的住所为隐蔽所外，似乎没有在其他地方筑过窝巢。我查阅过一些书籍，但是都没有得到有关这一问题的答案。没有一本书提到除了平民百姓的住所，燕子曾在这些中世纪领主们的小城堡中栖息繁衍过。是不是燕子与人相处融洽，而且相处日久，在百姓住所寻找到了安逸舒适，忘了自己的古老习惯了？我并不相信，因为我觉得，动物习性一旦养成就不会被遗忘，到了必要的时候，它就会记起来的。现在，在一些地方仍然有一些燕子并不依赖人类，而是独立自主地生活着，如同它们处于原始时代一样。对于燕子来说，归根结底，我们的住所意味着什么呢？意味着可以抵御风雨严寒，尤其是可以使泥巢不受雨水浇淋。天然的岩洞、洞穴和岩石崩塌所形成的坑洞，都可以成为它们的栖息之所，顶多脏一点儿，舒适程度差一点儿，但毕竟还是可以栖身的。毫无疑问，在人类居所尚未出现时，它们就是在上述那些地方隐居的。与毛象和驯鹿同属一个时期的人类，过的也曾是岩石下的穴居生活，所以人类与燕子的亲密关系也许就始于那个时期。后来，渐渐地，茅屋代替了洞穴，简陋的小屋又代替了茅屋，最后，瓦宇房舍又代替了茅屋陋舍；而鸟儿的筑巢地点也同样随之发生了变化，逐步地升级换代，最后，燕子跟随着人类迁入了十分舒适的屋宇。

理解感悟

依人筑巢是燕子自然状态下的最好选择，人类建筑深刻改变了燕子的筑巢高度和区位选择，燕子进驻人家筑巢，是跨越物种的无限信任，这是动物和人类和谐相处的典范。

读后思考

作者在文中提到维吉尔作品中关于艾万德的诗歌，这部分插叙内容似乎可有可无，你认为是否可以删除呢？他这样描写的用意是什么呢？请谈谈你的看法。

法布耳《昆虫记》❶

◎周作人

　　法国法布耳所著的《昆虫记》共有十一册，我只见到英译《本能之惊异》《昆虫的恋爱与生活》《蠮虫的生活》和从全书中摘辑给学生读的《昆虫的奇事》，日本译《自然科学故事》《蜘蛛的生活》以及全译《昆虫记》第一卷罢了。在中国要买外国书物实在不很容易，我又不是专门家，积极的去收罗这些书，只是偶然的遇见买来，所以看见的不过这一点，但是已经尽够使我十分佩服这"科学的诗人"了。

　　法布耳的书中所讲的是昆虫的生活，但我们读了却觉得比看那些无聊的小说戏剧更有趣味，更有意义。他不去做解剖和分类的工夫（普通的昆虫学里已经说的够了），却用了观察与试验的方法，实地的记录昆虫的生活现象，本能和习性之不可思议的神妙与愚蒙。我们看了小说戏剧中所描写的同类的运命，受到深切的铭感，现在见了昆虫界的这些悲喜剧，仿佛是听说远亲——的确是很远的远亲——的消息，正是一样迫切的动心，令人想起种种事情来。他的叙述，又特别有文艺的趣味，更使他不愧有昆虫的史诗之称。戏剧家罗斯丹（Rostand）批评他说，"这个大科学家像哲学者一般的想，美术家一般的看，文学家一般的感受而且抒写，实在可以说是最确切的评语"。默忒林克（Maeterlinck）称他为"昆虫的荷

马",也是极简明的一个别号。

法布耳(Jean Henri Fabre)的少年生活,在他的一篇《爱昆虫的小孩》中说的很清楚,他的学业完全是独习得来的,他在乡间学校里当理化随后是博物的教师,过了一世贫困的生活,他的特别的研究后来使他得了大名,但在本地不特没有好处,反造成许多不愉快的事情。同僚因为他的博物讲义太有趣味,都妒忌他,叫他做"苍蝇",又运动他的房东,是两个老姑娘,说他的讲义里含有非宗教的分子,把他赶了出去。许多学者又非难他的著作太浅显了,缺少科学的价值。法布耳在《荒地》一篇论文里说,"别的人非难我的文体,以为没有教室里的庄产,不,还不如说是干燥。他们恐怕一页书读了不疲倦的,未必含着真理。据他们说,我们的说话要晦涩,这才算是思想深集,你们都来,你们带刺者,你们蓄翼着甲者,都来帮助我,替我作见证,告诉他们,我的对于你们的密切的交情,观察的忍耐,记录的仔细。你们的证据是一致的:是的,我的书册,虽然不曾满装着空虚的方式与博学的胡诌,却是观察得来的事实之精确的叙述,一点不多,也一点不少;凡想去考查你们事情的人,都能得到同一的答案"。他又直接的对着反对他的人们说:"倘若我为了学者,哲学家,将来想去解决本能这个难问题的人而著达,我也为了而且特别为了少年而著述;我想使他们爱那自然史,这就是你们使得他们如此厌恶的;因此,我一面仍旧严密的守着真实,却不用你们的那科学的散文,因为那种文章有时似乎是从伊罗瓜族的方言借用来的!"我们固然不能菲薄纯学术的文体,但读了他的诗与科学两相调和的文章,自然不得不更表敬爱之意了。

小孩子没有不爱生物的。幼时玩弄小动物,随后翻阅《花镜》《格致镜原》和《事类赋》等书找寻故事,至今还约略记得。见到这个布罗凡斯(Provence)的科学的诗人的著作,不禁引起旧事,羡慕有这样好书看的别国的少年,也希望中国有人来做这翻译编纂的事业,即使在现在的混乱秽恶之中。

名家点评

1.《昆虫记》不愧为"昆虫的史诗"。

——雨果

2.《昆虫记》熔作者毕生的研究成果和人生感悟于一炉，以人性观察虫性，将昆虫世界化作供人类获取知识、趣味、美感和思想的美文。

——巴金

3. 在这些天才式的观察中，融合热情与毅力，简直就是艺术品的杰作，令人感动不已。

——罗曼·罗兰

4. 他的叙述，又特别有文艺的趣味，更使他不愧有昆虫的史诗之称。

——周作人

5. 这个大科学家像哲学者一般的想，美术家一般的看，文学家一般的感受而且抒写。

——罗斯丹

思考领悟

1. 本书是作者为昆虫谱写的生命乐章，也是一部不朽的世界名著。文中将作者对昆虫的观察、研究和人生体会融于一体，将严肃的学术著作写得犹如优美的散文，给人以美的享受。请结合本书中相关内容，谈谈你对这段话的理解。

2.《昆虫记》既是科普作品，又是文学经典，请结合本书中相关的精彩片段，鉴赏并评析本书的写作手法。

3. 请认真研读法布尔着力探究的相关案例，总结他的科学探究经验，结合本文谈谈法布尔有哪些科学精神值得我们学习。

4. 怀疑精神是科学精神的重要组成部分，有时提出问题往往比解决问题更重要。请结合本文的相关描写，谈谈你对这句话的理解。

5. 有人说"这种敬畏生命的情怀，给《昆虫记》这部科学著作注入了灵魂和生气"，请结合文段相关描写，谈谈作品是如何体现作者"敬畏生命"的情怀的。

话题探究

巴金说："《昆虫记》熔作者毕生的研究成果和人生感悟于一炉，以人性观察虫性，将昆虫世界化作供人类获取知识、趣味、美感和思想的美文。"请从"趣味""美感""思想"中任选一个关键词，结合《昆虫记》的内容谈谈你对这个词的理解。

1.（2020 年四川宜宾）文学是生活的一面镜子。文学作品所描写的内容、塑造的形象、体现的思考等，都无不与我们的生活息息相关。请从下列作品中任选一部，就其一个或多个方面谈谈你的理解。（限 60 字内）

《西游记》　《朝花夕拾》　《简·爱》　《昆虫记》

2.（2020 年四川成都）名著阅读。

下面是一位同学读完《昆虫记》后写给法布尔笔下昆虫的小诗，请根据你的阅读体验，在代表昆虫的字母后填上恰当的选项。

A. 蚂蚁　　　　a. 身后那条黑色的细线，其实是我刚刚狼吞虎咽下的美餐。

B. 萤火虫　　　b. 为什么与自己的姐妹同类相残？为什么当妈妈前性情大变？

C. 圣甲虫　　　c. 前人的寓言迷惑了我的眼，你真实的身份原来是疯狂抢劫犯。

D. 螳螂　　　　d. 早知你要将我吮吸进肚中，我就该拒绝你带着麻醉的亲吻。

A_____　　　B_____　　　C_____　　　D_____

3.（2019 年江苏连云港）阅读《昆虫记》节选，完成问题。

①蝉是非常喜欢唱歌的。它翼后的空腔里带有一种像钹一样的乐器。它还不满足，还要在胸部安置一种响板，以增加声音的强度。因为有这种巨大的响板，使得生命器官都无处安置，只得把它们压紧到身体最小的角落里。当然了，要热心委身于音乐，那么只有缩小内部的器官，来安置乐器了。

②但是不幸得很，它这样喜欢的音乐，对于别人，却完全不能引起兴趣。就是我也还没有发现它唱歌的目的。通常的猜想以为它是在叫喊同伴，然而事实明显，这个意见是错误的。

③蝉与我比邻相守，到现在已有十五年了，每个夏天差不多有两个月之久，它们总不离我的视线，而歌声也不离我的耳畔。我通常都看见它们在梧桐树的柔枝上，排成一列，歌唱者和它的伴侣比肩而坐。吸管插到树皮里，动也不动地狂饮，夕阳西下，它们就沿着树枝用慢而且稳的脚步，寻找温暖的地方。无论在饮水或行动时，它们从未停止过歌唱。

④所以这样看起来，它们并不是叫喊同伴，你想想看，如果你的同伴在你面前，你

大概不会费掉整月的工夫叫喊他们吧！

⑤其实，照我想，便是蝉自己也听不见所唱的歌曲。不过是想用这种强硬的方法，强迫他人去听而已。

⑥它有非常清晰的视觉，只要看到有谁跑来，它会立刻停止歌唱，悄然飞去。然而喧哗却不足以惊扰它。你尽管站在它的背后讲话，吹哨子、拍手、撞石子，这镇静的蝉却仍然继续发声，好像没事儿人一样。

⑦有一回，我借来两支乡下人办喜事用的土铳，里面装满火药，将它放在门外的梧桐树下。我们很小心地把窗打开，以防玻璃被震破。

⑧我们六个人等在下面，热心倾听头顶上的乐队会受到什么影响。"碰！"枪放出去，声如霹雳。

⑨一点没有受到影响，它仍然继续歌唱。它既没有表现出一点儿惊慌扰乱之状，声音的质与量也没有一点轻微的改变。第二枪和第一枪一样，也没有发生影响。

⑩我想，经过这次试验，我们可以确定，蝉是听不见的，好像一个极聋的聋子，它对自己所发的声音是一点也感觉不到的！

（节选自法布尔《昆虫记·蝉》，有删改）

（1）蝉的歌唱源于它怎样的身体构造？

（2）第③段画线句子语言有什么特色？请略作分析。

（3）第⑦至⑩自然段，写了什么事？从中可以看出作者具有怎样的治学态度？

（4）"垂緌饮清露，流响出疏桐。居高声自远，非是藉秋风。"虞世南的《蝉》和法布尔的《蝉》都写了蝉鸣，其用意有何不同？

一、填空题

1.红蚂蚁能够在捕食后按照原路返回，是凭借着强大的＿＿＿＿＿＿。红蚂蚁属于＿＿＿＿＿＿目昆虫，此目的昆虫还有＿＿＿＿＿＿＿。

2.蝉的幼虫生活在＿＿＿＿＿＿，幼虫在挖洞过程中将土壤和＿＿＿＿＿混合。蝉的成虫生活在＿＿＿＿＿，以＿＿＿＿＿为食。

3.螳螂被称为"＿＿＿＿＿＿＿＿"，螳螂捕食猎物时第一口先咬＿＿＿＿＿＿，目的是＿＿＿＿＿＿＿＿＿＿＿。

4.法布尔在探究雌性大孔雀蝶对雄性的吸引原因时发现，雌性大孔雀蝶是依靠＿＿＿＿＿吸引雄性的。

5.朗多克蝎子的蝎尾其实就是它的＿＿＿＿＿＿＿＿，蝎尾的最末一节是一个非常光滑的"小葫芦"，用来储存＿＿＿＿＿＿＿＿，蝎尾的顶部长着一根尖利的深色弯曲的＿＿＿＿＿＿＿。

6.在寓言中，祈求施舍的昆虫是＿＿＿＿＿＿＿，作者认为在现实中＿＿＿＿＿才是祈求施舍的昆虫。

7.＿＿＿＿＿可以将固体的蜗牛肉转化为液体，它发出的光是＿＿＿＿＿（填"可以或不可以"）自我控制的。

二、选择题

1.《昆虫记》的作者是法国作家 （　　）

A.法布尔　　　　B.达尔文

C.康德　　　　　D.泰戈尔

2.下列关于圣甲虫的相关说法，不正确的一项是 （　　）

A.圣甲虫头部边缘是个帽子，宽大扁平，上有六个细尖齿，排成半圆。

B.它的肠道出奇地长，盘来绕去，使得进入的食物可以慢慢地被吸收，直至最后一个可以利用的颗粒被消化掉为止。

C.圣甲虫这位一流的揉制工在揉制粪球时所表现出的逻辑性可与我们人类的相媲美。

D.圣甲虫的梨形粪球如同首饰匠的首饰一样，如同让铁匠放在铁砧上锤打的。

3. 下列关于萤火虫的相关说法，不正确的一项是 （   ）

A. 萤火虫看上去既小又弱，像是与他人无害，可它却是个最小最小的食肉动物，是猎取野味的猎手。

B. 与双翅目昆虫爱吃肉的幼虫一样，萤火虫也是先把猎物变为流质，对之进行液化处理、加工，然后食之。

C. 萤火虫不管是雌性还是雄性，其尾部均可以发光，这个发光点从背部或腹部都可以看见，但只有雄性萤火虫才有的那两条宽带，才在腹部下面发光。

D. 萤火虫发出来的光呈白色，很柔和，但这光虽然很亮，却不具有较强的照射能力。

4. 在古希腊，被称作"占卜者"或者"先知"，被人们看成是一个传达神谕的女预言家的昆虫是 （   ）

A. 螳螂　　　　B. 蚂蚁

C. 蝗虫　　　　D. 胡蜂

5.《昆虫记》中蟹蛛最喜欢捕捉的一种昆虫是 （   ）

A. 蜜蜂　　　　B. 蝎子

C. 大孔雀蝶　　D. 苍蝇

三、简答题

1.《昆虫记》"透过昆虫世界折射出社会人生"，请结合本书谈谈蟋蟀给你带来较大触动的几个方面。

2.《昆虫记》被誉为"昆虫的史诗"，这离不开作者法布尔的功劳，你从他身上能得到哪些启示呢？

3. 假如你要向朋友推荐《昆虫记》这本书，你会如何推荐呢？请结合本书的内容，说说推荐的理由。

4.《昆虫记》出版后被翻译成几十种文字，影响着全世界的读者，被誉为"昆虫的史诗"。它既是一部严谨的科学著作，也是公认的文学经典，作者法布尔也由此获得了"科学诗人""昆虫界的维吉尔"等称号。通过对选文的阅读，结合对《昆虫记》的了解，你认为它能够成为世界名著的原因主要有哪些？

5. 鲁迅把《昆虫记》奉为"讲昆虫生活的楷模"，你认为鲁迅给予该书这么高的评价的原因是什么？

高频考点真题

1.示例:《昆虫记》:一面是科学,另一面是文学;一面是自然,另一面是人类。万物共生,生命同质。以大的视角看,人类只是一种特殊的昆虫;以小的视角看,每一只昆虫都是一种独特的存在……大自然是一本教科书,文学作品是生活的一面镜子。

2.A—c   B—d   C—a   D—b

3.(1)它翼后的空腔里带有一种像钹一样的乐器;胸部安置一种响板,以增加声音的强度。

(2)行文生动活泼,语调轻松诙谐。用人格化的手法(拟人的修辞手法),通过比肩而坐、狂饮树汁、慢步行走等动作(细节),生动地描写了蝉的生活习性。

(3)作者用土铳的枪声对蝉的听觉进行测试,结果证明蝉是没有听觉的。作者勇于实践和探究,具有严谨的治学态度。

(4)虞世南的《蝉》,以蝉喻人,旨在借蝉抒怀:品格高洁者,不需借助外力,自能声名远播。法布尔的《蝉》旨在探究科学奥秘:观察探究蝉的身体构造和歌唱的特点,通过试验证明蝉是感受不到声音的。

综合检测题

一、填空题

1.记忆能力   膜翅   泥蜂

2.地下   尿液   树上   树汁

3.祷上帝   颈部   从根本源头上使猎物失去活力

4.气味

5.腹部   毒汁   螯针

6.蝉   蚂蚁

7.萤火虫   可以

二、选择题

1.A

2.D   **解析**:文中提到"这个精巧的杰作也不可能是猛烈撞击的结果""是不可能让铁

匠放在铁砧上锤打的"，因此说法错误。

3.C　**解析**：文中提到"但只有雌性萤火虫才有的那两条宽带，才在腹部下面发光"，因此说法错误。

4.A

5.A

三、简答题

1.示例：机智，聪明，在住宅建造时总是选择较为隐蔽和安全性高的地方；灵活，蟋蟀洞穴的空间总是随着蟋蟀身体或者天气的变化而变大变小；勤劳，总是能在地底下一钻一两个小时；善于持家，是装饰和改造家的高手，对此工作总是孜孜不倦。

2.热爱大自然，热爱细小生命的生活态度，有严谨细致、实事求是的工作作风。

3.《昆虫记》是作者对昆虫最直观的研究记录，影响了无数科学家、文学家及普通大众，其文学及科学方面的非凡成就受到世人的推崇。虽然全文用大量篇幅介绍了昆虫的生活习性，但行文优美，生动活泼，充满了盎然的情趣和诗意，是公认的跨越领域、超越年龄的不朽传世经典！

4.书中生动形象地揭示了昆虫鲜为人知的生活和习性，使人们得以了解昆虫的真实生活情景；行文生动而活泼，语调轻松诙谐，充满盎然的情趣；法布尔透过昆虫世界折射出社会人生，全书充满了对生命的关爱，以及对自然万物的赞美之情。

5.《昆虫记》不仅是一部研究昆虫的科学巨著，也是一部讴歌生命的宏伟诗篇。法布尔严谨而细致，他根据观察得来的大量的第一手资料，将昆虫鲜为人知的生活习性生动地揭示出来。这本书笔调轻松诙谐，充满了盎然的情趣，既是优秀的科普著作，也是公认的文学经典。